高 等 学 校 规 划 教 材

Physical Chemistry

物理化学（上）

（第二版）

刘宗健 姚 楠 卢春山 主编

· 北 京 ·

内 容 简 介

《物理化学》(第二版) 分上、下册出版。上册包括气体的 pVT 关系和性质、热力学第一定律、热力学第二定律、多组分系统热力学、化学平衡和相平衡六章；下册包括电化学、统计热力学、界面现象、胶体化学和化学动力学五章。书中列举了众多物理化学在日常生活和科研生产中的实例，有助于读者对物理化学原理和定律的理解。本书对重难点知识点和部分例题习题配有微课讲解，读者可扫描封底二维码获得正版授权后免费学习。

本书可作为高等院校化学类、化工类、材料类、制药类、环境类、生化类等专业的教材，亦可作为科研和工程技术人员的参考书。

图书在版编目（CIP）数据

物理化学．上/刘宗健，姚楠，卢春山主编．—2版．—北京：化学工业出版社，2021.11

高等学校规划教材

ISBN 978-7-122-40338-4

Ⅰ.①物…　Ⅱ.①刘…②姚…③卢…　Ⅲ.①物理化学-高等学校-教材　Ⅳ.①O64

中国版本图书馆 CIP 数据核字（2021）第 239780 号

责任编辑：宋林青　李　琰　　　装帧设计：史利平

责任校对：边　涛

出版发行：化学工业出版社（北京市东城区青年湖南街 13 号　邮政编码 100011）

印　　装：三河市延风印装有限公司

787mm×1092mm　1/16　印张 16¾　字数 409 千字　2022 年 1 月北京第 2 版第 1 次印刷

购书咨询：010-64518888　　　售后服务：010-64518899

网　　址：http：//www.cip.com.cn

凡购买本书，如有缺损质量问题，本社销售中心负责调换。

定　　价：38.00 元

前言

近年来，随着教育理念的不断更新以及信息化、人工智能技术的迅速发展，融合线上线下教学优势的混合教育模式备受重视，并逐渐成为大学教学的发展方向。为了适应大学教育的发展和高校教学的多层次需求，我们对《物理化学》(化学工业出版社，2014年出版）教材进行了修订，将纸质教材发展成为立体化教材，即把教材、线下课堂和教学资源一体化。重新修订的教材突出以“学生为中心”的教学理念，对所有学习重点、难点进行了针对性地微课讲解，部分例题和习题也配有视频讲解，以便学生课前预习、课后复习或自学；形式上突出立体化，教材中的图标代表此处有重难点讲解，图标代表此处有例题、习题讲解，读者可扫描封底二维码按提示获取并学习。在微课视频内容中突出对知识点的深度剖析，增加部分对物理化学核心知识点的应用实例，以激发学生的学习兴趣，引导其学以致用，从而适应不同层次学生的学习需求，以提高课程的高阶性、创新性和挑战度。同时我校的物理化学课程也在爱课程（网址 https://www.icourse163.org/course/ZJUT-1205771813、https://www.icourse163.org/course/ZJUT-1205880802?tid=1206163207）以及浙江省精品在线开放课程(网址 http://www.zjooc.cn/course/2c918084701add5e01701fb7892c3df1）网站中建有线上课程，欢迎大家积极参与我们的在线课堂。

本立体化教材修订过程分成两个部分。一部分是对原有纸质版教材进行订正，主要由刘宗健老师（第1、3、4、5、7、8、9和10章)、姚楠老师（第6章)、卢春山老师（第11章）和衢州学院的刘佳老师（第2章）完成；另一部分是微课视频等资源的制作，主要由唐浩东老师（第2、3、4和6章)、张歌珊老师（第5章)、刘宗健老师（第7章)、丰枫老师（第8、9章）以及李小年老师（第10章）完成。全书纸质版部分和微课视频等立体资源部分分别由刘宗健老师和唐浩东老师统稿，吕德义老师审阅。

本书在编写过程中得到了吕德义、李瑛、韩文锋、张群峰、祝一锋、朱英红、宁文生等老师的大力支持，在视频剪辑、整理等环节，田有文、关健、王瑶、葛玮健等同学做了大量工作，在此谨向他们表示诚挚的谢意。

由于水平有限，时间仓促，不足及疏漏之处难免，恳请广大读者批评指正。

编者

2021年国庆于杭州

第一版前言

物理化学是化学中最重要的学科之一，是探求化学变化中具有普遍性规律的学科。它所研究的内容普遍适用于各个化学分支的理论问题，因而成为化学化工和诸多近化学化工专业的重要专业基础课，是两个一级学科（化学和化学工程与技术）的核心骨干课程，处于承上（公共理论层次）启下（专业理论层次）的重要枢纽地位。深入理解并掌握物理化学的基本理论知识不仅对化学、化工、环境、材料、生化、制药、食品等专业类学生构建其化学化工理论知识体系具有非常重要的作用，而且对训练学生逻辑思维、提高观察和分析事物的能力、掌握获取新知识的方法至关重要。因此，物理化学课程历来深受化学、化工、环境、材料、生化、制药、食品等专业师生的重视。

本书是根据2010年教育部高等学校化学与化工学科教学指导委员会制定的近化学专业化学基础课教学基本要求，承浙江工业大学物理化学教研室历代先贤的经验，集全教研室老师的集体智慧，结合编者多年的教学实践和体会编著而成的。全书包括化学热力学、电化学、化学动力学、统计热力学、界面现象和胶体化学等共计11章（其中带*内容供老师选用）。鉴于结构化学在大多数工科学校单独开设，外加限于课时和篇幅，书中未包含结构化学内容。在编写过程中，我们力求简洁明了，多举日常生活中所观察到的、科研生产中所碰到的典型实例，并对其用物理化学基本知识、原理和方法进行剖析。尽可能做到：深入浅出，融抽象的定律、概念于宏观模型的形象思维之中；删繁就简，化纷繁的公式及严格的使用条件于日常现象和生产实例的解释之间，使学生在探究客观现象和解决生产实践问题的过程中，学懂、学好物理化学，从而提高观察现象，发现问题、分析问题和解决问题的能力。

全书所有物理量的符号和单位一律采用国际单位制（SI）。物理名词则尽可能与全国自然科学名词审定委员会所公布的《化学名词》一致。尽管编者作了很大努力，仍不免有疏忽之处，希望读者随时指正。

作为浙江省新世纪高等教育教学改革（物理化学课程模块化教学的改革与实践）项目的配套教材，我们在选材和内容编排上尽可能地体现近年来国内外物理化学的教学理念、教学模式的发展趋势和教学改革成功的经验。

本书得到了浙江省“十二五”重点建设教材项目的资助，化学工业出版社的编辑以及浙江工业大学教务处、化学工程学院和物理化学教研室的许多老师为本书的付梓做了大量工作，在此，感谢他们的支持和帮助。同时，还要感谢为本书的出版（打字、绘图等）付出辛勤劳动的吴仙斌、陈阳、仲淑彬、朱红娜、孙慧同学和赵晓红、黄冠花女士。

全书包括绪论共计11章，各章执笔人分别为浙江工业大学吕德义教授（绪论，第2、3、4、8、9、10章），李小年教授（第11章），刘宗健教授（第5章），唐浩东副教授（第6章）和衢州学院许建帼副教授（第1、7章），全书由吕德义教授统稿。在编写和统稿过程中，参考了国内外许多经典物理化学教材，在此，对书中被引用的教材和文献的作者表示衷心的感谢。已故老一辈化学家傅鹰教授在他所编著的《化学热力学导论》的前言中写道："编写课本即非创作，自不得不借助于前人，编者只在安排取舍之间略抒己见而已，若此书偶有可取，主要归功于上列诸家，若有错误、点金成铁之咎责在编者"。诚哉斯言，限于编者的水平，书中欠妥之处敬请读者指正。

编者

2013年中秋于杭州

目录

◎ 第3章　热力学第二定律　72

第4章　多组分系统热力学

第5章 化学平衡

第6章 相平衡

绪　论

关注易读书坊
扫封底授权码
学习线上资源

0.1　物理化学的研究对象和方法

自然界中物质的运动形式从低级到高级可分为：物理运动（包括机械运动、声、光、电、磁等）、化学运动和生物运动。在这些运动形式中，往往是高级运动中包含有低级运动。以化学运动为例，化学过程总是包含或伴随有物理过程。当一个化学反应发生时，往往伴随有热量的吸收或放出、体积或压力的变化、电磁效应、光效应等。反过来，在一定的条件下，温度、压力、电磁或光的照射等物理因素，也会引起或影响化学变化。例如，煤气燃烧时会放出大量的热；当接通电池正、负极时，电池中电极和电解质之间进行化学反应时伴随有电流通过；照相底片感光所引起的化学反应可使图像显现出来等。在日常生活、生产和科研中，诸如此类的例子举不胜举。人们在长期的生产实践中注意到这些物质的化学运动和物理运动之间的相互关系，并加以归纳总结，逐渐形成一门独立的学科分支——**物理化学**。物理化学就是从物质运动的化学现象和物理现象之间的相互联系入手，探求化学运动中具有普遍性的基本规律的一门学科。其研究方法也主要是采用物理学方法。

物理化学虽然是化学领域中的一门独立的学科，但是，它并非完全独立于其他化学学科（如无机化学、分析化学、有机化学等）之外。它有别于化学中其他学科，又与其他学科有着密切的联系。无机化学、分析化学、有机化学等有着各自关注的问题和研究对象。而物理化学更侧重于研究化学运动中具有普遍性的、更本质的内在规律。正因为如此，物理化学又称为理论化学。

(1) 物理化学的研究对象和内容

物理化学作为探求化学运动中具有普遍性基本规律的一门学科，其目的和任务主要是解决科学研究和生产实践向化学提出的理论问题，概括起来，主要有如下三个方面：

① 化学变化的方向和限度　具体来说，就是在给定的条件下，一个化学反应能否向指定的方向进行，如果能进行，反应能进行到什么程度；反应过程中，能量变化是多少；外界条件（温度、压力等）的变化如何影响反应进行的方向和限度。关于这些问题的研究是物理化学的一个分支——热力学的研究范畴。

② 化学反应速率和机理　根据化学热力学的判断，如果一个化学反应能发生，其反应速率有多快，反应过程中，从反应物到产物经历了哪些步骤（即反应的机理是什么）；外界条件（浓度、温度、催化剂、光强度等）如何影响反应速率和反应机理。关于这一方面的研究是物理化学另一个分支——化学动力学的研究范畴。

③ 物质的宏观性质和微观结构之间的关系　物质的宏观性质从本质上讲是由物质的微观结构所决定的。要想从根本上理解物质宏观上所具有的性质和化学变化的原因以及反应机理，就必须深入物质的微观世界了解物质的内部结构。不仅如此，研究物质的宏观性质和微观结构之间的关系，还可以为制备各种具有特殊性能（如耐高温、耐低温、耐高压、耐腐

蚀、抗老化、抗辐射、吸收特定波长的电磁波等）提供方向和线索。关于物质宏观性质和微观结构之间关系的研究是物理化学又一分支——结构化学的研究范畴。

（2）物理化学的研究方法

物理化学作为自然科学中一个独立的分支，当然遵循一般科学研究的“实践—理论—实践”的认识过程。物理化学的研究方法除了必须遵循一般科学研究的方法以外，由于研究对象的特殊性，还有其特殊的研究方法。相应于上述的研究任务，对应的物理化学研究方法分别为热力学方法、化学动力学方法、统计热力学方法和量子力学方法。

热力学方法是以众多质点组成的宏观系统作为研究对象，以三个经典热力学定律为基础，用一系列热力学函数（热力学能 U、焓 H、熵 S 等）及其变量（T、p、V）描述系统从始态到终态系统与环境之间交换的能量和系统宏观性质的变化，而不涉及变化的细节和时间。经典热力学方法只适用于平衡系统，热力学方法又称为状态函数法。

量子力学的方法是用量子力学的基本方程（薛定谔方程）求解组成系统的微观粒子之间的相互作用及其运动规律，从而指示物性与结构之间的关系。

从统计热力学角度讲，由大量粒子构成的系统的热力学宏观性质实际上是该系统众多质点微观运动状态的统计平衡结果。统计热力学方法是以大量粒子所构成的系统的微观运动状态为研究对象，以微观粒子普遍遵循的量子力学定律为基础，以统计热力学原理为工具，求解由众多粒子构成的热力学系统的统计平均值，进而解释热力学系统的宏观现象，计算相应的热力学宏观性质。统计热力学是联系物质微观结构性质及运动状态与系统宏观热力学性质的桥梁。

对于物理化学规律的理解是建立在上述热力学方法、动力学方法、量子力学方法和统计热力学方法基础上的。在本课程中，主要讨论热力学方法和动力学方法，对统计热力学方法亦作初步介绍。限于篇幅和课时，量子力学方法就不在本课程中讨论。至于统计热力学方法中涉及的量子力学结论，在本课程中采用拿来主义，直接引用。

0.2 学习物理化学的要求及方法

现代社会，知识以几何级数的方式加速增长。知识体系的更新周期越来越快。如果以一个知识体系中 20% 的知识被刷新为一个更新周期的话，知识体系的更新周期由 19 世纪每 50 年更新一次，60 年前每 15 年更新一次，到 20 世纪 90 年代后则缩短到 3～4 年更新一次。不仅如此，知识综合化的趋势也在加强。传统界限分明的数学、经济、计算机、化学、物理、生物等学科相互渗透、交叉，产生了诸如数学物理、生物物理、生物化学、材料物理、材料化学、数量经济学、航天生物学等由原来两门乃至几门传统学科综合、交叉在一起的新学科。所有这些表明大学乃至日后硕士、博士期间的学习不可能储备日后工作所需要的全部知识。因此，不论是从事教育事业的老师还是以学习为主的学生都必须重视这一问题，即不仅要通过每门课程的学习获取一定的知识，更重要的是培养获取知识的能力。而大学期间的四年时间正是培养这种能力的绝佳时机。通过各门课程和各个教学环节逐步提高认识、分析、梳理、归纳水平，培养获取新知识的综合能力。作为化学、化工相关专业的学生，通过物理化学课程的学习，正是培养获取新知识能力的最好途径。物理化学是一门逻辑性很强的学科，其中的许多定律（如热力学第一、第二、第三定律等）、定理、公式等就是通过对日常生活、生产中的现象和科学实验结果进行分析、梳理和归纳得到的。因此，物理化学是一门很好的提高分析、梳理、归纳水平和获取新知识能力的课程。更具体地讲，就是在物理化学的学习过程中，应当培养一种理论思维的能力，或者说是用物理化学的观点和方法来观察、分析化学中一切问题的能力；也即是“要用热力学方法分析其有无可能，用动力学的方法分析其能否实现，用分子和原子内部结构的观点分析其内在的原因”。这种能力的培养和获得，非物理化学课程的学习不可，是其他课程所不能取代的。

因此，如何学好物理化学这门课程，除了一般课程学习中行之有效的方法之外，针对物理化学课程的特点，如下几点可供参考。

① 物理化学是一门逻辑性很强的学科。在贯穿整个物理化学的学习过程中，要注意逻辑推理的思维方法。在进行逻辑推理过程中，时刻都不要忘记前提（在物理化学中就是假设和条件），逻辑推理的前提与逻辑推理的过程和结果是“皮”与“毛”的关系。

② 做到课前预习、课后复习、培养自学能力。通过课前的预习，知道哪里不懂、哪里是难点，有利于抓住老师讲课的重点，提高课堂听课效率；课后复习，温故而知新，在课后复习、整理笔记的过程中，温习老师课堂的讲解，能进一步加深对物理化学定律、概念、公式等的理解。

③ 自己动手推导公式。在课后的复习过程中，要注意自己动手推导公式。物理化学不但公式多，而且每个公式都有其特定的使用范围和条件，这些条件往往不止一条，有的多达三四条，甚至五六条，仅凭听课和课后复习，不亲自推导，要记住物理化学中许多公式及其使用范围和条件是很困难的，这也是物理化学难学的原因之一。解决这一问题的最有效方法就是自己亲自动手推导公式。在推导公式的过程中，每一步所需要的假设、条件就自然产生了，最终所得的公式的使用范围和限制条件也就自然而然明确了。此外，通过推导公式，还能有效培养自己的逻辑思维能力。

④ 每学完一章，要进行归纳、总结，列出本章所学的内容、定理、定律、公式及其使用条件。通过归纳，使本章所学的内容条理分明，重点、难点一目了然。养成对所学的内容进行梳理、归纳的习惯定会使你受益终生。

⑤ 多做习题。学习物理化学的目的在于运用它，而做习题是将所学的物理化学知识联系实际的第一步。物理化学中的许多定理、定律、公式及其使用范围和条件，只有通过解题才能加以领会。

⑥ 学习中要熟悉和掌握物理化学处理问题的方法——热力学方法，亦曰“状态函数法”。

⑦ 勤于观察、思考。其实只要用心去观察、思考日常见到的自然现象和周围生活中所接触到的事物，并试着用物理化学的观点、方法去理解、分析它，你就会觉得物理化学并不是那么抽象，只有公式和定律，而会体会到物理化学无处不在。当你用物理化学的方法探明了那些现象和事物的深层原因时，那种内心的愉悦和成就感一定会使你喜欢上物理化学。

第1章

气体的pVT关系和性质

物质的聚集状态一般有三种，即气体、液体、固体，分别用符号 g、l、s 表示。在特殊的条件下物质还会呈现等离子体、超临界流体、超导体、液晶等状态。对于纯物质，通常只有一种气体和液体，在少数情况下，有两种液体，如液氦Ⅰ和液氦Ⅱ，但常常可以有不止一种固体，如固体碳可有无定形、石墨、金刚石、碳 60、碳 70 等状态；硫有单斜晶体和正交晶体；固体水有 6 种不同晶型；SiO_2、Al_2O_3 等固体也可呈现不同的晶型。气体与液体的共同点是可流动性，因此称为流体；液体和固体的共同性是分子间空隙小，则其压缩性小，故称为凝聚态。

决定物质聚集状态的因素有两种：一是分子的热运动，主要是平动、振动和转动，它们是分子无序运动的起因；二是分子间的力，主要是范德华（van der Waals）力和化学键力。它们使分子间保持一定的距离，使分子趋向有序排列。这两个因素所起作用相对大小，取决于内、外两个方面：其一是内因，即物质本身的结构和化学性质；其二是外因，主要是环境的温度、压力。对于气体，温度升高，分子热运动剧烈程度大，促其离散；压力升高，分子间距离减小，范德华力增大，促其靠拢。对于液体、固体，上述两种外因虽有影响，但影响不大。气体、液体、固体三种不同聚集态的差别主要在于分子间的距离不同，从而表现出不同的物理性质。

三种状态中，结构最简单的是气体，最复杂的为液体。无论物质处于哪种聚集平衡状态，都会表现出许多宏观性质，如压力 p、体积 V、温度 T、密度 ρ、热力学能 U 等。众多宏观性质中，p、V、T 三者物理意义明确，又易直接测量，是最基本的性质。对于一定量的纯物质，只要 p、V、T 三者中任意确定两个后，第三个量即随之确定。此时就说物质处于一定的状态。处于一定状态的物质，各种宏观性质都有其确定的值和确定的关系。联系 p、V、T 之间关系的方程称为**状态方程**。状态方程的建立常成为研究物质其他性质的基础。改变温度和压力时，气体的体积变化较大，而凝聚态改变较小，因此一般的物理化学中只讨论气体的状态方程。根据讨论的 p、T 范围及使用精度的要求，通常把气体分为理想气体和真实气体分别讨论。

1.1 低压气体的经验定律

在 17 世纪至 19 世纪，一些物理学家对低压下（$p<1MPa$）的真实气体的 p、V、T 进行了大量的实验测量，并总结归纳出三个重要的结论。

(1) 波义耳（Boyle Robert，1662）**定律**

在物质的量和温度恒定条件下，气体的体积与压力成反比，即

$$pV=常数\ (n,\ T\ 一定) \tag{1-1}$$

(2) 盖-吕萨克（Gay J-Lussac J，1808）**定律**

在物质的量和压力恒定条件下，气体的体积与热力学温度成正比，即

$$V/T=常数\ (n,\ p\ 一定) \tag{1-2}$$

(3) 阿伏伽德罗（Avogadro A，1811）**定律**

在相同的温度和压力条件下，1mol 任何气体占有相同体积，即

$$V/n=常数\ (T,\ p\ 一定) \tag{1-3}$$

这三条定律纯属经验定律，它是依据大量实验结果总结归纳而得到的。由于当时一方面研究的是低压下的气体，另一方面实验的精度也不是很高，因此，这三条定律只能适用低压下的气体。

1.2 理想气体及状态方程

1.2.1 理想气体模型

分子之间无相互作用力、分子本身不占有体积的气体称为**理想气体**。事实上，真正的理想气体是不存在的，是一种假想的气体，实际气体在压力趋于零的极限情况下可看作理想气体。

1.2.2 理想气体状态方程

对于物质的量一定的体系，联系 p、V、T 三者关系的方程称为**状态方程**。对于低压气体，将上述三条低压气体经验定律结合起来，即可得出其状态方程。

设一定量的某种气体从始态 p_1、V_1、T_1 变化到终态 p_2、V_2、T_2 分两步进行，如图 1-1 所示，第 (1) 步系统保持温度不变，只改变压力，由 p_1、V_1、T_1 变化到 p_2、V'_2、T_1。根据波义耳定律，得：

$$p_1V_1=p_2V'_2$$

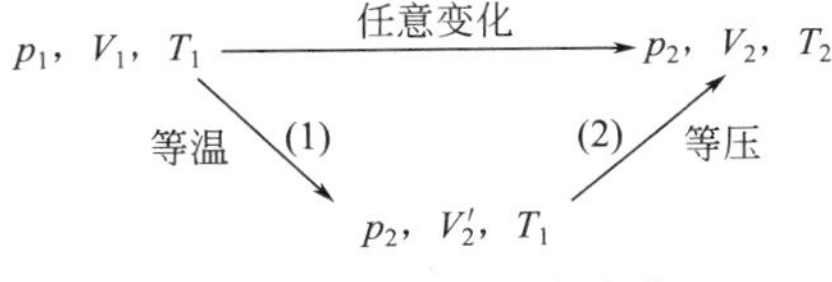

图 1-1　气体的状态变化

第 (2) 步系统保持压力不变，只改变温度，由 p_2、V'_2、T_1 变化到 p_2、V_2、T_2，根据盖-吕萨克定律，得：

$$\frac{V'_2}{T_1}=\frac{V_2}{T_2}$$

两式消去 V'_2，得：

$$\frac{p_1V_1}{T_1}=\frac{p_2V_2}{T_2} \tag{1-4}$$

由于始态和终态是任意指定的，所以式(1-4) 可写成一般式：

$$\frac{p_1V_1}{T_1}=\frac{p_2V_2}{T_2}=\cdots=C\ 或\ pV=CT$$

式中，C 为常数，如取气体物质的量为 1mol，体积 V 为摩尔体积 V_m，则常数 C 用 R 表示，则得：

$$pV_m=RT \tag{1-5}$$

如取气体物质的量为 n(mol)，则体积 $V=nV_m$，式(1-5) 可写成：

$$pV=nRT \tag{1-6}$$

当压力趋于零时，式(1-5) 与式(1-6) 即为理想气体状态方程式，R 称为摩尔气体常数。

理想气体状态方程是由低压下气体的行为导出的。各种气体在应用理想气体状态方程时多少有些偏差，压力越低，偏差越小，在极限压力下理想气体状态方程可较准确地描述气体行为。因为极低压力意味着分子之间的距离非常大，此时分子之间的相互作用非常小，同时也意味着分子本身所占的体积与此时气体所具有的非常大的体积相比可忽略不计，因而分子可近似被看作是没有体积的质点。理想气体可以看作是真实气体在压力趋于零时的极限情况。严格说来，只有符合理想气体模型的气体才能在任何温度和压力下均服从理想气体状态方程。将低压下的气体按理想气体处理，具有重要的实际意义。因为这样处理，可以大大简化各种真实气体的 pVT 计算过程，而不致带来太大的误差。至于在多大的压力范围可以使用理想气体状态方程，尚未有明确的界限。因为这不仅与气体的种类和性质有关，还取决于对计算结果所要求的精度。通常，在低于几兆帕的压力下，理想气体状态方程能满足一般的工程计算要求。此外，易液化的气体如水蒸气、氨气、二氧化碳等适用的压力范围要窄些；而难液化的气体如氢气、氦气、氮气、氧气等适用的压力范围相对宽些。总之，对一般气体而言，温度 T 越高，压力 p 越低，越适用于理想气体状态方程。

1.2.3 摩尔气体常数

理想气体状态方程式中的摩尔气体常数 R 的准确数值是通过实验测定出来的。因真实气体只有在压力趋于零时才严格服从理想气体状态方程，所以原则上应测量一定量的气体在压力趋于零时的 p、V、T 数据，代入理想气体状态方程，算出 R 的数据。但在压力趋于零时，p、V、T 数据不易测准，所以 R 值的确定，实际上是采用外推法来进行的。首先测量某些真实气体在一定温度下于不同压力 p 时的摩尔体积 V_m，然后将 pV_m 对 p 作图，外推到 $p \to 0$ 处，求出所对应的 pV_m 值，进而计算 R 值。图 1-2 表示了一些气体在 300K 下的 pV_m-p 图。按照波义耳定律，理想气体 pV_m 应不随压力而变化，如图中虚线所示。而真实气体在不同的压力下，却有着不同的 pV_m 值。不同的真实气体尽管 pV_m-p 等温线的形状不同，但在 $p \to 0$ 时，却趋于共同值 $2494.35\text{J}\cdot\text{mol}^{-1}$，所以由此可得：

$$R = \lim_{p \to 0} \frac{(pV_m)_T}{T} = \frac{2494.35\text{J}\cdot\text{mol}^{-1}}{300\text{K}} = 8.3145\text{J}\cdot\text{mol}^{-1}\cdot\text{K}^{-1}$$

在其他温度条件下进行类似的测定，所得 R 值完全相同。这一事实表明：在压力趋于零时的极限条件下，各种气体的 pVT 行为均服从 $pV_m = RT$ 的定量关系，R 是一个对各种气体都适用的常数，故 R 又称为**普适气体常数**。在使用状态方程时，各物理量都应采用 SI 单位，如压力为 Pa（帕斯卡，$1\text{Pa} = 1\text{N}\cdot\text{m}^{-2}$），体积为 m^3，温度为 K（Kelvin)，能量为 J（$1\text{J} = 1\text{N}\cdot\text{m}$)，这样不容易产生计算错误。

有了理想气体状态方程后，我们又可以把理想气体定义为：在任何温度、任何压力下，都服从理想气体状态方程的气体称为理想气体。

理想气体 pVT 关系除了可用状态方程表示外，还可以用图来表示。图 1-3 是理想气体状态方程 pVT 关系示意图。在 pVT 图上，状态方程给出的是一个曲面，在曲面上任何一点，都表示体系的一个状态，不同的点表示不同的状态。而过程方程（例如，恒温过程方程 pV=常数、恒压过程方程 V/T=常数等）在 pVT 图上是面上的一条线，如图 1-3 所示。

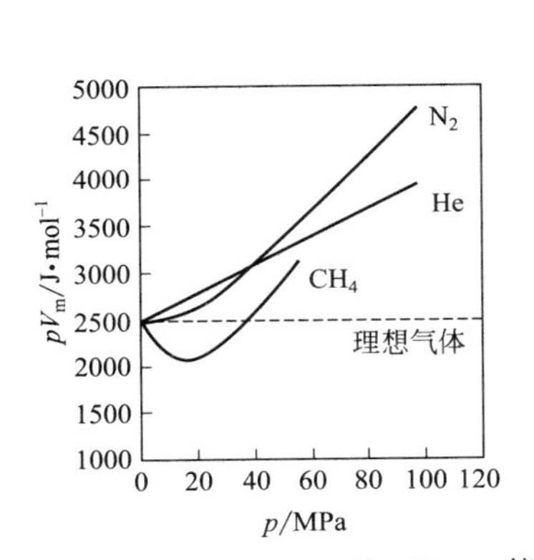

图 1-2　300K N_2、He、CH_4 的 pV_m-p 等温线

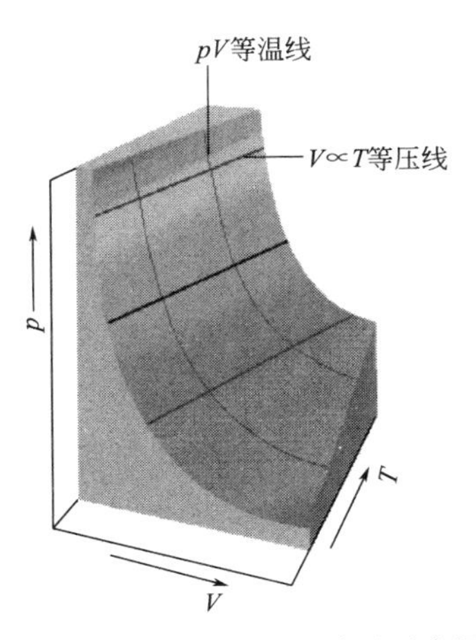

图 1-3　状态方程 pVT 关系示意图

例题 1-1　生产上用管道输送乙烷（摩尔质量为 30.068×10^{-3}kg·mol^{-1}），设管内压力为 500kPa，温度为 298K，试求管道内乙烷的密度。设这时的气体可作为理想气体处理。

解　根据理想气体状态方程

$$pV=nRT=\frac{m}{M}RT$$

$$\rho=\frac{m}{V}=\frac{pM}{RT}=\left(\frac{500\times10^{3}\times30.068\times10^{-3}}{8.314\times298}\right)\text{kg}\cdot\text{m}^{-3}=6.068\text{kg}\cdot\text{m}^{-3}$$

1.3　理想气体混合物

将几种不同的纯理想气体混合在一起，即形成了理想气体混合物，本节将讨论理想气体混合物 pVT 的关系。

1.3.1　混合物组成表示方法

理想气体混合物的组成表示方法比较简单，常用的有如下三种。

(1) B 的摩尔分数 x_B（或 y_B）

物质 B 的摩尔分数 x_B（或 y_B）等于 B 物质的量与混合物的物质的量之比。用公式表示为：

$$x_B(\text{或 } y_B)=\frac{n_B}{\sum_A n_A} \tag{1-7}$$

式中，x_B（或 y_B）是量纲为 1 的量，也称作物质的量分数；$\sum_A n_A$ 表示混合物中所有物质的物质的量的加和。显然，所有物质的摩尔分数之和等于 1，即 $\sum_B x_B=1$ 或 $\sum_B y_B=1$。

本书对气相混合物的摩尔分数用 y 表示，对液相混合物的摩尔分数用 x 表示，以便区分。

(2) B的体积分数 φ_B

物质B的体积分数 φ_B 等于混合前纯B的体积与混合前各纯组分体积总和之比。用公式表示为：

$$\varphi_B = \frac{x_B V^*_{m,B}}{\sum_A x_A V^*_{m,A}} \tag{1-8}$$

式中，$V^*_{m,A}$ 是纯物质（用 * 号表示）A在相同温度和压力下的摩尔体积；φ_B 也是量纲为1的量，显然 $\sum_B \varphi_B = 1$。

(3) B的质量分数 w_B

物质B的质量分数等于物质B的质量与混合物的质量之比。用公式表示为：

$$w_B = \frac{m_B}{\sum_A m_A} \tag{1-9}$$

式中，w_B 也是量纲为1的量，显然 $\sum_B w_B = 1$。

1.3.2 理想气体状态方程用于理想气体混合物

如前所述，理想气体的分子之间没有相互作用，分子本身无体积，故理想气体的 pVT 性质与气体的种类无关。一种理想气体加入到另一种理想气体中，形成理想气体混合物后，理想气体的 pVT 性质并不改变，只是 $pV=nRT$ 中的 n 此时代表的是混合物中总的物质的量，所以理想气体混合物的状态方程为

$$pV = nRT = \left(\sum_B n_B\right) RT \tag{1-10}$$

及

$$pV = \frac{m}{M_{mix}} RT \tag{1-11}$$

式(1-10) 中 n_B 为混合物中某种气体的物质的量，式(1-11) 中 m 是理想气体混合物的总的质量，M_{mix} 为混合物的摩尔质量。式(1-10)、式(1-11) 中 p、V 为混合物的总压及总体积。

混合物的摩尔质量定义为：

$$M_{mix} = \sum_B y_B M_B \tag{1-12}$$

式中，M_B 为混合物中某一组分B的摩尔质量。混合物的摩尔质量等于混合物中各物质的摩尔分数与其摩尔质量的乘积之和。

因混合物中任一物质B的质量 $m_B = \sum_B n_B M_B$，而 $n_B = y_B n$，所以混合物的总质量 m 与混合物的摩尔质量 M_{mix} 的关系为：

$$m = \sum_B m_B = \sum_B n_B M_B = \sum_B (n y_B) M_B = n \sum_B y_B M_B = n M_{mix}$$

因此

$$M_{mix} = \frac{m}{n} = \frac{\sum_B m_B}{\sum_B n_B} \tag{1-13}$$

即混合物的摩尔质量又等于混合物的总质量除以混合物的总的物质的量。

1.3.3 道尔顿（Dalton）分压定律

对于混合气体，无论是理想的还是真实的，都可用分压力的概念来描述其中某一种气体

所产生的压力，或者说某种气体对总压的贡献。分压力的数学定义为：

$$p_B = y_B p \tag{1-14}$$

即混合气体中某一组分B的分压 p_B 等于它的摩尔分数 y_B 与总压 p 的乘积。

因为混合气体中各种气体摩尔分数之和 $\sum_B y_B = 1$，所以各种气体的分压之和等于总压：

$$p = \sum p_B \tag{1-15}$$

对于理想气体混合物，因为：

$$p = \frac{RT\sum_B n_B}{V},\quad y_B = \frac{n_B}{\sum_B n_B}$$

因此，

$$p_B = p y_B = \left(\frac{\sum_B n_B RT}{V}\right) y_B = \left(\frac{\sum_B n_B RT}{V}\right)\left(\frac{n_B}{\sum_B n_B}\right) = \frac{n_B RT}{V} \tag{1-16}$$

即理想气体混合物B组分的分压等于该组分在与混合物具有相同温度、相同体积条件下，单独存在时所具有的压力。而混合物的总压等于各组分单独存在于混合气体的温度、总体积条件下所产生压力的总和，这就是**Dalton 分压定律**。该定律是道尔顿在1810年发现的，使用道尔顿分压定律时需注意，要在相同的温度和相同的体积下才能使用。该分压定律从原则上讲只适用于理想气体混合物，不过对于低压下的真实气体混合物也可以近似适用，它常用来计算低压下真实气体混合物中某一组分的分压。

例题 1-2 现有一含有水蒸气的天然气混合物，温度为300K，压力为104.365kPa。已知在此条件下，水蒸气的分压为3.167kPa。试求：

(1) 水蒸气和天然气的摩尔分数；

(2) 欲得到除去水蒸气1kmol干天然气，则所需湿天然气混合物的初始体积。

解 (1) 设天然气、水蒸气的分压分别为 p_A、p_B；天然气的摩尔分数为 y_A，水蒸气的摩尔分数为 y_B。据式(1-14)：

$$y_B = \frac{n_B}{n} = \frac{p_B}{p} = \frac{3.167\text{kPa}}{104.365\text{kPa}} = 0.030$$

$$y_A = 1 - y_B = 1 - 0.030 = 0.970$$

(2) 所需初始体积 V

$$p_A = p - p_B = (104.365 - 3.167)\text{kPa} = 101.198\text{kPa}$$

由式(1-16)可知：

$$V = \frac{nRT}{p} = \frac{n_A RT}{p_A} = \left(\frac{1000\times 8.315\times 300}{101.198\times 10^3}\right)\text{m}^3 = 24.65\text{m}^3$$

1.3.4 阿马加（Amagat）分体积定律

对理想气体混合物，除有Dalton分压定律外，还有与之相应的阿马加（Amagat）分体积定律。该定律为：在一定的温度和压力下，理想气体混合物的总体积 V 等于各组分B单独存在于与混合物具有相同温度 T 和相同总压力 p 下所占有的分体积 V_B^* 之和。用公式表示为：

$$V=\sum_{\mathrm{B}} V_{\mathrm{B}}^{*} \qquad V_{\mathrm{B}}^{*}=\frac{n_{\mathrm{B}} R T}{p} \tag{1-17}$$

$$\frac{V_{\mathrm{B}}^{*}}{V}=\frac{n_{\mathrm{B}}}{n}=y_{\mathrm{B}} \tag{1-18}$$

式中，V、p 和 n 分别为理想气体混合物的总体积、总压力和总物质的量；n_{B} 和 y_{B} 分别为纯 B 组分的物质的量和摩尔分数。

使用阿马加分体积定律时必须注意要在相同的温度和总压力下。原则上只适用于理想气体混合物，不过对于低压真实气体混合物也可以近似适用，压力增高，混合前后气体的体积要发生变化，这时该定律不再适用，要使用偏摩尔体积的概念进行加和计算，详见第 4 章。

1.4 真实气体

由理想气体模型可知，理想气体分子间不存在作用力。所以，理论上，多大的压力都不可能使理想气体液化。而真实气体则不然，例如，100℃的水蒸气在 100kPa 压力下，$H_2O(g) \longrightarrow H_2O(l)$，压力为 100kPa 的 N_2 在－195.8℃被液化。这说明真实气体分子间存在着作用力。分子间作用力与分子距离密切相关，当分子间距离较远时，主要是吸引力，即范德华（van der Waals）力；距离很近时，主要表现出排斥力。

1.4.1 真实气体分子间力

(1) 范德华力

范德华力包含三种力，即永久偶极作用力、诱导偶极作用力和瞬间偶极作用力，又称为色散力（效应）。

① 永久偶极作用力　永久偶极作用力是具有永久偶极矩的分子由于偶极矩的作用所产生的分子间的力。在热运动时，永久偶极作用力总的平均效果是使气体分子比较靠近的相吸排布。例如，H—Cl···H—Cl···H—Cl···。

② 诱导偶极作用力　诱导偶极作用力是极性物质对非极性物质发生诱导作用，使之具有偶极矩，它们之间相互作用力称为诱导偶极作用力。这种作用力又称为**德拜力**，是 1920 年由德拜首先提出的。

③ 瞬间偶极作用力，又称为色散力（效应）　瞬间偶极作用力是由于中性分子或原子的电子云分布瞬间不对称所产生的偶极矩与其邻近的极化原子间的相互作用力。

气体的液化主要靠范德华力起作用。范德华力对分子间势能的贡献可定量表达为：

$$U_{\text{吸}}(r)=-\frac{A}{r^{6}} \tag{1-19}$$

(2) 排斥力

排斥力产生于两个分子或原子相互靠近时电子云间和原子核间的相互作用力。按兰纳德-琼斯（Lennard-Jones）理论，排斥力对分子间势能的贡献可定量表达为：

$$U_{\text{斥}}(r)=\frac{B}{r^{12}} \tag{1-20}$$

而分子间的力是吸引力和排斥力共同作用的结果，所以分子间势能为

$$U(r)=-\frac{A}{r^{6}}+\frac{B}{r^{12}} \tag{1-21}$$

式中，A、B 是与分子结构有关的常数。由上式可知，相对而言，分子间的斥力是短程力，只有在很小的距离（分子直径）范围内、几乎相互接触时才明显起作用；而吸引力为长程力，能在较长（几个分子直径）范围内起作用。在吸引力和排斥力共同作用下，分子间势能曲线，即著名的兰纳德-琼斯曲线示意图如图 1-4 所示。

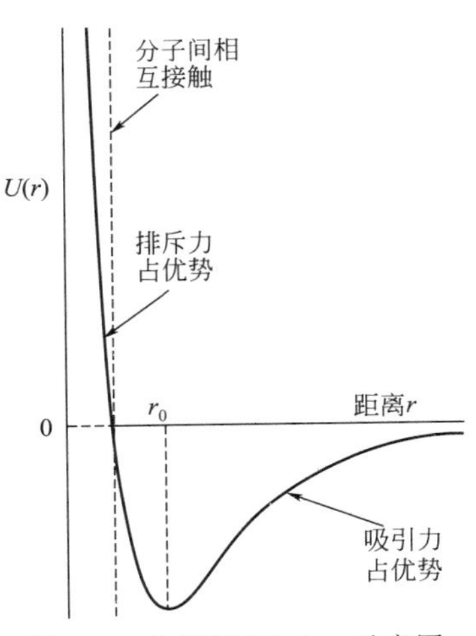

图 1-4　分子间 $U(r)$-r 示意图

根据图 1-4 分子间 $U(r)$-r 关系，随着分子间距离 r 的变化，分子间作用力服从下式：

$$F=-\frac{\mathrm{d}U(r)}{\mathrm{d}r} \tag{1-22}$$

图 1-4 中 r_0 为两分子间平衡距离。当两分子间相距为 r_0 时，相互作用力为零。由图可知，当两个分子相距较远时，它们之间的相互作用力几乎为零。随着 r 逐渐减小，分子间开始表现出相互吸引作用，势能逐渐降低，作用力逐渐增大。当 $r=r_0$ 时，此时，势能降到最低，分子间作用力为零。分子进一步靠近时，即 $r<r_0$ 时，分子间相互作用转变为排斥力，并随着 r 减小迅速上升。

1.4.2　真实气体的 pV_m-p 图及波义耳（Boyle）温度

一定温度下理想气体的 pV_m 值是不随压力变化的，如图 1-5 所示。而真实气体由于分子本身体积不为零，分子间存在着作用力，故其恒温条件下 pV_m 值与压力有关。不同的气体，在同一温度，其 pV_m-p 曲线不同。就是同一气体，在不同温度的情况下，pV_m-p 曲线也不一样。存在如图 1-5 所示三种类型。①当 $T>T_B$ 时，pV_m 随 p 增加而上升；②$T=T_B$ 时，pV_m 随 p 增加，开始不变，然后增加；③$T<T_B$ 时，pV_m 随 p 增加，先降后升。对任何气体都有一个特殊的温度 T_B——波义耳温度，在该温度下，压力趋于零时，pV_m-p 等温线的斜率为零。波义耳温度定义为：

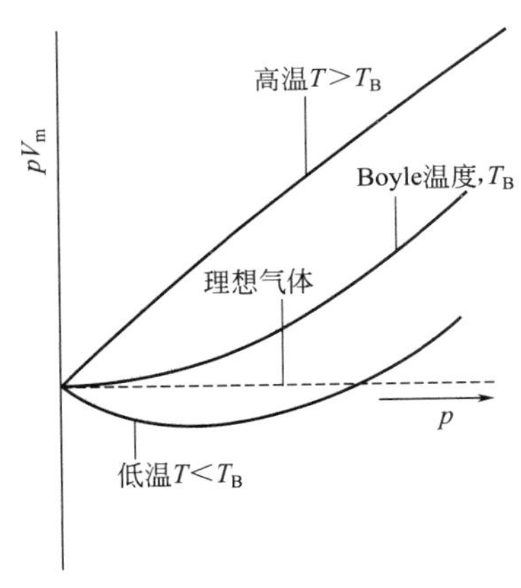

图 1-5　不同温度下 pV_m-p 关系示意图

$$\lim_{p\to 0}\left[\frac{\partial(pV_m)}{\partial p}\right]_{T_B}=0 \tag{1-23}$$

波义耳温度是气体的特性之一，不同的气体，其波义耳温度不同。一般说来，不易液化的气体有较低的波义耳温度，例如，H_2、He 就有较 N_2、CH_4 低得多的波义耳温度。

1.4.3　真实气体的 p-V_m 图及气体的液化

真实气体分子间存在作用力，且相互间的碰撞为非弹性碰撞。其相互间作用力主要为范德华力，正是由于存在范德华力，加压可使分子间距离减小，使相互间作用力增加，从而导致气体液化。

一定条件下真实气体的液化过程，可以从根据实验数据绘制的 p-V_m 图上清楚地看出。图 1-6 是纯 CO_2 气体 p-V_m 图。图上每条曲线都是等温线，即真实气体在一定温度下，摩尔体积随压力的变化情况。不同的物质因性质不同，p-V_m 图会有所差异，但变化的基本规律

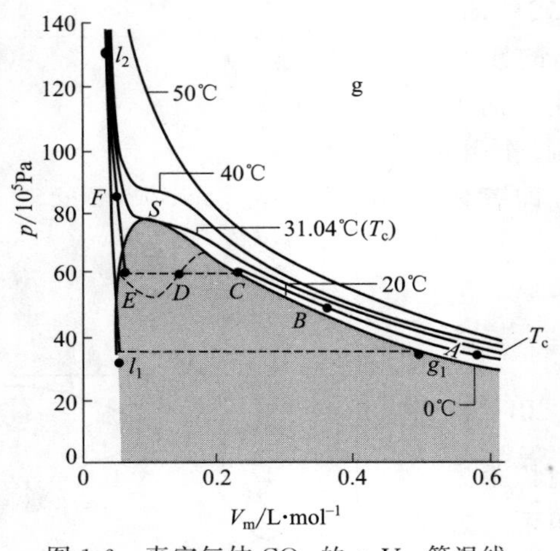

图 1-6 真实气体 CO_2 的 p-V_m 等温线

是相同的。p-V_m 等温线一般可以划分为 $T<T_c$、$T=T_c$ 及 $T>T_c$ 三种类型。

① $T<T_c$ 时，以温度 $T=20℃$ 等温线为例，设气体的起始状态为 A，随压力的增加，气体的摩尔体积减小，如线段 ABC 所示。当压力增加到状态点 C 时，气体为饱和蒸气，压力为饱和蒸气压，体积为饱和蒸气的摩尔体积 $V_{m(g)}$。恒温继续压缩，气体开始不断液化，产生状态点为 E 的饱和液体，其摩尔体积为 $V_{m(l)}$。由于温度一定，液体的饱和蒸气压一定，因此，只要有气相存在，压力则维持为饱和蒸气压值不变。CDE 水平线段表示气-液两相共存时的情况，这时的摩尔体积是指气-液两相共存时的摩尔体积。若气相、液相的物质的量分别为 $n_{(g)}$、$n_{(l)}$，总物质的量为 $n=n_{(g)}+n_{(l)}$，则

$$V_m=\frac{n_{(g)}V_{m(g)}+n_{(l)}V_{m(l)}}{n}$$

随着气体不断液化，摩尔体积 V_m 不断减小，当达到状态点 E 时，气体全部液化，均变为饱和液体，摩尔体积为饱和液体的摩尔体积 $V_{m(l)}$。再继续加压则为液体的恒温压缩，由于液体的可压缩性很小，所以液体的压缩曲线 El_2 很陡。

② $T=T_c=31.04℃$时的情况，随着压力升高，其变化趋势与 $T=20℃$时类似，只是气-液两相共存的水平线段缩成一点，称为临界点（S 点），S 点是 T_c 温度时等温线上出现的拐点。在温度 T_c 之上，无论加多大的压力都不能使 CO_2 气体液化。因此 T_c 称为 CO_2 的**临界温度**，在临界温度使 CO_2 液化所需加的最小压力 p_c 称为 CO_2 的**临界压力**，在临界温度、临界压力所对应的摩尔体积 $V_{m,c}$ 称为 CO_2 的**临界体积**。CO_2 处在 $T_c=304.2K$、$p_c=73.97\times10^5Pa$、$V_{m,c}=0.0957dm^3\cdot mol^{-1}$ 的状态称为**临界状态**。实验证明，每种气体都存在临界状态，其临界点参数 T_c、p_c、$V_{m,c}$ 因气体的性质不同而异（表 1-1），更多数据可从相关手册中查到。处在临界状态时，气、液两相的摩尔体积 $[V_{m(l)}=V_{m(g)}]$ 及其他性质完全相同，因而界面消失，气态和液态已经不能区分。

表 1-1 某些物质的临界参数

物 质		临界温度 T/K	临界压力 p/MPa	临界密度 ρ/kg·m^{-3}	临界压缩因子 Z_c
He	氦	5.19	0.227	69.8	0.301
Ar	氩	150.8	4.87	53.3	0.291
H_2	氢	33.2	1.297	31.0	0.305
N_2	氮	126.2	3.39	313	0.290
O_2	氧	154.58	5.043	436	0.288
F_2	氟	144.3	5.215	574	0.288
Cl_2	氯	416.9	7.977	573	0.275
Br_2	溴	588	10.3	1260	0.270
H_2O	水	647.25	22.12	320	0.23
NH_3	氨	305.65	11.40	236	0.242
HCl	氯化氢	324.55	8.319	450	0.25
H_2S	硫化氢	373.55	9.008	346	0.284

续表

物　质		临界温度 T/K	临界压力 p/MPa	临界密度 ρ/kg·m^{-3}	临界压缩因子 Z_c
CO	一氧化碳	133.15	3.496	301	0.295
CO_2	二氧化碳	304.15	7.387	468	0.275
SO_2	二氧化硫	430.95	7.873	525	0.268
CH_4	甲烷	191.05	4.64	163	0.286
C_2H_6	乙烷	305.35	4.884	204	0.283
C_3H_8	丙烷	369.95	4.254	220	0.285
C_2H_4	乙烯	282.34	5.117	215	0.281
C_3H_6	丙烯	364.25	4.600	227	0.275
C_2H_2	乙炔	308.65	6.242	213	0.291
$CHCl_3$	氯仿	536.15	5.472	491	0.291
CCl_4	四氯化碳	556.25	4.560	557	0.272
CH_3OH	甲醇	513.15	7.954	272	0.224
C_2H_5OH	乙醇	516.15	6.383	236	0.240
C_6H_6	苯	562.05	4.924	306	0.268
$C_6H_5CH_3$	甲苯	539.95	4.215	290	0.266

③ $T>T_c$ 时，以 $T=50℃$ 等温线为例，此时气体无论加多大的压力也不能变为液体，等温线为一条光滑曲线。

把图 1-6 中开始出现液相的点如 g_1，C，…，临界点 S 与气相消失的点如 E、l_1…依次相连，得到 l_1SCg 曲线。在曲线左边是液相区，右边是气相区，曲线内是气-液两相区，曲线最高点是 S 点，这临界点又是 T_c 等温线上的拐点，在数学上有：

$$\left(\frac{\partial p}{\partial V_m}\right)_{T_c}=0 \qquad \left(\frac{\partial^2 p}{\partial V_m^2}\right)_{T_c}=0$$

这个特征在以后讨论真实气体状态方程时将会用到。

温度，压力略高于临界点的状态，称为超临界状态，又称为超临界流体。这种流体具有液体的密度，有很强的溶解能力，又具有气体的黏度，有很强的扩散能力，所以是理想的萃取剂。目前较广泛使用的是 CO_2 超临界流体，CO_2 的临界温度为 304.2K，临界压力是 74×10^5Pa，制备条件比较容易达到，并且低毒，无味，价格便宜又容易与被萃取物分离，所以已广泛用于天然植物中的有效成分及动物油等的萃取。

1.4.4 真实气体状态方程

当压力较高时，理想气体状态方程不再适用于真实气体，不能广泛满足工程应用的需要，尤其是对那些易于液化（例如 H_2O、NH_3、CO_2 等）的气体。于是人们不断地寻找能准确描述实际气体的状态方程。迄今为止，至少提出了数百种状态方程。其中，范德华从理想气体模型得到启发，找出理想气体与真实气体的差别，并进行校正，推导出著名的范德华方程。本书只介绍范德华方程，简述维里方程。真实气体的状态方程一般都有一个共同特点，就是它们均是在理想气体状态方程的基础上，经过修正得出的，在压力趋于零时，都可还原为理想气体状态方程。

(1) 范德华（van der Waals）方程

真实气体状态方程一般可分为两大类，一类为纯经验公式，另一类为有一定物理模型的半经验方程，范德华方程是后者中一个著名的方程。

1873年荷兰科学家范德华将真实气体看作是硬球，在这模型基础上，对理想气体状态方程进行了两项修正。一项是体积的修正，他认为真实气体不同于理想气体，分子自身是有体积的，所以将气体的体积修正为（$V-nb$），即从 $n$mol 气体的活动空间 V 中扣除气体分子自身占有的体积 nb。另一项是压力修正项。我们知道，压力是大量气体分子对器壁连续不断碰撞时单位时间单位面积上所引起的动量变化值的统计平均结果。如图 1-7(a) 所示。范德华认为真实气体分子之间是有引力的，$F_{吸}\propto 1/r^6$，处在容器内部的分子，其前后、左右和上下各方向受力相同，合力为零，作用于 A 分子的引力处在一合力为零的平衡状态，引力对于分子的运动并不产生特殊影响；但靠近器壁，在距容器壁为 d 的范围内，对即将与器壁碰撞的 B 分子而言，所受引力并不处在平衡状态，它受到容器中分子的拉力，导致真实气体在单位时间对单位面积器壁连续不断碰撞所引起的动量变化值的统计平均小于理想气体。致使真实气体施于器壁的宏观压力 p 要比理想气体小，二者的差值叫内压力，用 p_i 表示。根据气体分子运动理论，单位时间的连续碰撞次数 Z 与气体密度 N 有关，即碰撞次数 $Z\propto n/V$，同时，一个分子所受到的其他分子的作用力亦与气体密度成正比，由此得 $p_i\propto 1/V_m^2$。所以，范德华方程表示为

$$\left(p+\frac{an^2}{V^2}\right)(V-nb)=nRT \tag{1-24}$$

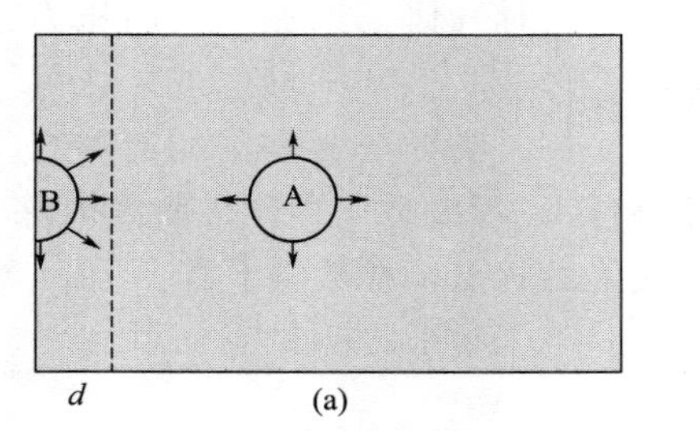

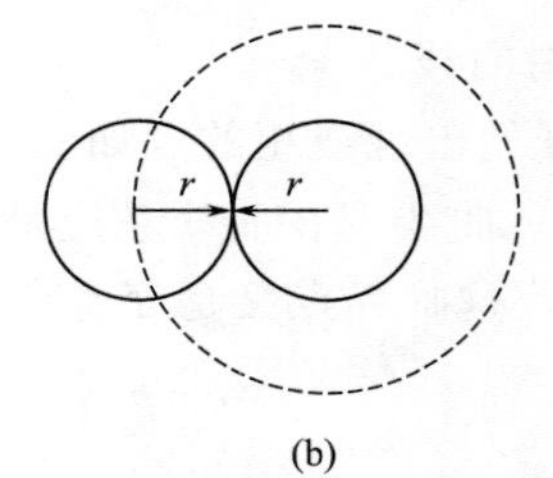

图 1-7　范德华方程中压力校正和体积校正因子说明示意图

或者表示为

$$\left(p+\frac{a}{V_m^{\ 2}}\right)(V_m-b)=RT \tag{1-25}$$

式中，a、b 称为范德华常数，a 值与气体分子种类有关。分子间引力越大，a 值也越大，a 的单位是 $Pa\cdot m^6\cdot mol^{-2}$。$b$ 是 1mol 气体分子的排斥体积，单位为 $m^3\cdot mol^{-1}$。关于 b 的数量级的估算可参考图 1-7(b)。如图 1-7(b) 所示，设分子是半径为 r 的刚性球，则两分子的连心线长为 $2r$，若将第二个分子看作是其质心处在圆心的质点，则这个质点不可能进入以第一个分子中心为中心，以 $2r$ 为半径的球体中。由此得一个分子所形成的禁区为

$$\frac{4}{3}\pi(2r)^3=8\times\frac{4}{3}r^3\pi$$

但上述体积为两个分子所共有，对每个分子而言，其禁区体积为其一半，即 $4\times(4/3)r^3\pi$。对于有 L 个分子组成的体系，其中任何一个分子都不能进入其余（L—1）个分子的禁区，这样禁区的总体积

$$b=4(L-1)\frac{4}{3}r^3\pi\approx 4L\ \frac{4}{3}r^3\pi\approx 10^{-3}\,dm^3\cdot mol^{-1}$$

相对于 0℃、$p=10^5$Pa、$V_m=22.4dm^3$ 而言，b 只是 V_m 的万分之几，故在低压下，b 对 V_m 的影响可忽略不计。

真实气体当 $p\to 0$ 时，$V_m\to\infty$，此时范德华方程中 $\left[p+a\left(\frac{n}{V}\right)^2\right]$ 及（V_m-b）两项分别简化为 p、V_m，还原为理想气体状态方程。

各种真实气体的 a、b 值可以由实验测定 p、V_m、T 的数据拟合得出，也可以通过气体的临界参数求取。一般常见气体的 a、b 值见表 1-2，更多数据可从相关手册中查到。

表 1-2 某些气体的范德华常数

物质		$10^3 a$ /Pa·m^6·mol^{-2}	$10^6 b$ /m^3·mol^{-1}	物质		$10^3 a$ /Pa·m^6·mol^{-2}	$10^6 b$ /m^3·mol^{-1}
Ar	氩	136.3	32.19	C_2H_6	乙烷	556.2	63.80
H_2	氢	24.76	26.61	C_3H_8	丙烷	877.9	84.45
N_2	氮	140.8	39.13	C_2H_4	乙烯	453.0	57.14
O_2	氧	137.8	31.83	C_3H_6	丙烯	849.0	82.72
Cl_2	氯	634.3	56.22	C_2H_2	乙炔	444.8	51.36
H_2O	水	553.6	30.49	$CHCl_3$	氯仿	1537	102.2
NH_3	氨	422.5	37.07	CCl_4	四氯化碳	2066	138.3
HCl	氯化氢	371.6	40.81	CH_3OH	甲醇	964.9	67.02
H_2S	硫化氢	449.0	42.87	C_2H_5OH	乙醇	1218	84.07
CO	一氧化碳	150.5	39.85	C_6H_6	苯	1824	115.4
CO_2	二氧化碳	364.0	42.67	$(C_2H_5)_2CO$	乙醚	1761	134.4
SO_2	二氧化硫	680.3	56.36	$(CH_3)_2CO$	丙酮	1409	99.4
CH_4	甲烷	228.3	42.78				

(2) 从临界参数求 a、b 值

由式(1-23) 可知，在临界点 S 处，压力对摩尔体积的一次和二次偏微分都等于零。现在用范德华方程式(1-25) 来计算这两个偏微分。将式(1-25) 改写为：

$$p=\frac{RT}{V_m-b}-\frac{a}{V_m^2} \tag{1-26}$$

$$\left(\frac{\partial p}{\partial V_m}\right)_{T_c}=\frac{-RT_c}{(V_{m,c}-b)^2}+\frac{2a}{V_{m,c}^3}=0 \tag{1-27}$$

$$\left(\frac{\partial^2 p}{\partial V_m^2}\right)_{T_c}=\frac{2RT_c}{(V_{m,c}-b)^3}-\frac{6a}{V_{m,c}^4}=0 \tag{1-28}$$

由式(1-27) 和式(1-28) 可解得

$$V_{m,c}=3b \tag{1-29}$$

将式(1-29) 代入式(1-27)，得

$$T_c=\frac{8a}{27Rb} \tag{1-30}$$

将式(1-29) 和式(1-30) 代入范德华方程式(1-26)，得

$$p_c=\frac{a}{27b^2} \tag{1-31}$$

式(1-29)、式(1-30) 及式(1-31) 表明了范德华常数 a、b 与气体的临界参数的关系。由于 $V_{m,c}$ 较难测准，故一般可由 p_c、T_c 求算 a、b。由式(1-30) 及式(1-31) 得

$$a=\frac{27R^2T_c^2}{64P_c},\ b=\frac{RT_c}{8P_c} \tag{1-32}$$

用范德华方程可以计算 p-V_m 等温线，在临界温度以上，计算所得的等温线与实验测定的比较符合。但是，在临界温度以下的气-液两相区，计算值和实验值相差较大。由范德华方程计算的 p-V_m 等温线在气-液两相区区域内会出现一个极大值和一个极小值。如图 1-6 中 s 形虚线所示，这与实际情况应为水平线段是不相符的。随着温度的升高，极大值与极小值逐渐靠拢，到达临界点时，两个极值重合为一点，这就是 S 点。

如果已知真实气体的范德华常数 a、b 的值，使用范德华方程可以解得真实气体的 p、V、T 之间的关系。但在已知温度 T、压力 p，求摩尔体积 V_m 时，需要解一个一元三次方程。当 $T>T_c$ 时，在任何压力 p 下，均得一个实根和两个虚根，虚根无意义；当 $T=T_c$ 时，且 $p=p_c$时，得三个相等的实根即临界摩尔体积 $V_{m,c}$；当 $p\neq p_c$ 时，得一个实根，二个虚根；当 $T<T_c$ 时，如果压力为该温度下的饱和蒸气压 p_s 时，可得三个不相等的实根，最大值为饱和蒸气体积 $V_{m(g)}$、最小值为饱和液体体积 $V_{m(l)}$；如果压力 $p<p_s$ 时，或解得三个实根，其中最大的即为所求的解，或解得一个实根及两个虚根。

(3) 波义耳温度 T_B 与范德华气体常数 a、b 的关系

波义耳温度 T_B 与范德华气体常数 a、b 都是与气体性质有关的常数，它们之间应该是相互关联的。根据 T_B 的定义，$[\partial(pV_m)/\partial p]_{T_B,p\to 0}=0$，有

$$\left[\frac{\partial(pV_m)}{\partial p}\right]_{T_B,p\to 0}=\left\{\left[\frac{\partial(pV_m)}{\partial V_m}\right]_{T_B}\left[\frac{\partial V_m}{\partial p}\right]_{T_B}\right\}_{p\to 0}$$

将范德华方程 $pV_m=\dfrac{RTV_m}{V_m-b}-\dfrac{a}{V_m}$代入上式，得

$$\left\{\left[\frac{RT}{V_m-b}-\frac{RTV_m}{(V_m-b)^2}+\frac{a}{V_m^2}\right]\left[\frac{\partial V_m}{\partial p}\right]\right\}_{T_B,p\to 0}=0$$

即

$$\frac{RT_B}{V_m-b}-\frac{RT_BV_m}{(V_m-b)^2}+\frac{a}{V_m^2}=0$$

整理得

$$RT_B=\frac{a}{b}\left(\frac{V_m-b}{V_m}\right)^2$$

当 $p\to 0$ 时，$\dfrac{V_m-b}{V_m}\to 1$，由此得

$$T_B=\frac{a}{Rb} \tag{1-33}$$

上式说明，不同的气体有不同的 T_B，表明 T_B 是与气体特性有关的常数。一般而言，若 $T_B>T_{室}$，说明 a 值较大，易压缩。反之，T_B 越小越难压缩。

范德华方程提供了一种真实气体的简化模型，从理论上分析了真实气体与理想气体的区别，是公认的处理真实气体的经典方程。实践表明，许多气体在压力不太高时，其 pVT 性质能较好地服从范德华方程，计算精度要高于理想气体状态方程。例如：373.2K，对 H_2 和 CO_2，在 50×10^5Pa 压力下，用理想气体状态方程计算的偏差分别为-2.6%和 14%，用范德华方程计算的偏差分别为 0.4%和-1.0%。但是，由于范德华方程未考虑温度对 a、b 值的影响，因此，在压力较高时，还是不能满足工程计算上的要求。需要采用其他更合适的方程。

例题 1-3 若 CO_2 在 500K 和 100×10^5Pa 压力下服从 van der Waals 方程，试计算其摩尔体积（已知 van der Waals 常数 $a=0.3658\text{Pa}\cdot\text{m}^6\cdot\text{mol}^{-2}$，$b=4.28\times10^{-5}\text{m}^3\cdot\text{mol}^{-1}$）。

解 将 van der Waals 方程式(1-25) 整理为：

$$V_m^3-\left(b+\frac{RT}{p}\right)V_m^2+\left(\frac{a}{p}\right)V_m-\frac{ab}{p}=0$$

由已知条件算得方程中系数为：

$$\frac{RT}{p}=0.4157\times10^{-3}\,m^3\cdot mol^{-1},\quad b+\frac{RT}{p}=0.4585\times10^{-3}\,m^3\cdot mol^{-1}$$

$$\frac{a}{p}=3.658\times10^{-8}\,m^6\cdot mol^{-2},\quad \frac{ab}{p}=1.566\times10^{-12}\,m^9\cdot mol^{-3}$$

上述方程即为 $V_m^3-4.585\times10^{-4}V_m^2+3.658\times10^{-8}V_m-1.566\times10^{-12}=0$

解得：$V_m=3.66\times10^{-4}\,m^3\cdot mol^{-1}$。在上述相同条件下，理想气体的摩尔体积为 $4.10\times10^{-4}\,m^3\cdot mol^{-1}$。

(4) 维里（Virial）方程

“Virial”一词在拉丁文中是力的意思，在20世纪初，Kammerlingh（卡末林）-Onnes（昂尼斯）提出了以级数形式表示的真实气体的状态方程，称为维里方程，一般它有两种表达形式：

$$pV_m=RT(1+B'p+C'p^2+\cdots) \tag{1-34}$$

$$pV_m=RT\left(1+\frac{B}{V_m}+\frac{C}{V_m^2}+\cdots\right) \tag{1-35}$$

式中，B、$C\cdots$和 B'、$C'\cdots$分别为第二、第三……维里系数，它们都是温度的函数，并与气体的种类有关，第一维里系数 A 和 A' 为1。维里系数通常可由实验测定的 p、V_m、T 数据拟合得出。当 $p\to0$ 时，$V_m\to\infty$，维里方程还原为理想气体状态方程。

维里方程最初虽然完全是一个经验方程，但后来从统计力学的角度得到了证明，所以维里方程已从原来的纯经验方程式发展为具有一定理论意义的方程。其系数有着确定的物理意义，它们和分子间的作用力有直接联系。第二维里系数是考虑到二个分子碰撞或相互作用所导致的和理想行为的偏差。第三维里系数则是反映三个分子碰撞所导致的非理想行为等等。因为二个分子之间相互作用的概率比三个分子之间相互作用的概率要大得多，而三个分子之间的相互作用的概率又比四个分子之间的相互作用的概率大得多。因此，高次项对偏差的作用依次迅速减弱，但是压力增加时，更高的维里系数也变得重要了。从工程实用上来讲，对于中压和低压的气体或蒸气，一般只要最前两项或三项进行计算就能满足工程计算精度要求，所以，第二维里系数较其他维里系数更为重要。常见气体第二维里系数可从相关手册中查找。

1.4.5 对应状态原理及普遍化压缩因子图

理想气体状态方程是一个不涉及各种气体特性的普遍化方程。真实气体状态方程常含有与气体特性有关的常数，如范德华常数 a、b，维里系数等。因此，真实气体状态方程在应用中很不方便。能否寻找到一种既简单又能描述各种真实气体行为的普遍化状态方程，这一直是从事工程计算的人们颇感兴趣的课题，而对应状态原理在这方面给了人们很大的启迪。

(1) 压缩因子

压缩因子是指真实气体的摩尔体积与相同温度、相同压力下的理想气体的摩尔体积之比。数学定义式为：

$$Z=\frac{V_{m(真实)}}{V_{m(理想)}} \tag{1-36}$$

式中，Z 为压缩因子。因为 $V_{m(理想)}=RT/p$，故 Z 又可以表示为：

$$Z=\frac{pV_m}{RT}=\frac{pV}{nRT} \tag{1-37}$$

或

$$pV_m=ZRT \tag{1-38}$$

压缩因子的量纲为 1。很明显，Z 的大小反映了真实气体对理想气体的偏差程度。对于理想气体，在任何温度压力下 Z 恒等于 1，当 $Z<1$ 时，说明真实气体的 V_m 比相同条件下理想气体的小，此时真实气体比理想气体易压缩；反之，当 $Z>1$ 时，说明真实气体的 V_m 比相同条件下理想气体的大，此时真实气体比理想气体难压缩。由于 Z 反映了真实气体压缩的难易程度，所以将它称为压缩因子。式(1-38) 也被认为是真实气体普遍化状态方程，它是对理想气体状态方程的修正式，修正系数即为压缩因子。

由压缩因子定义可知，维里方程实质是压缩因子用 V_m 或 p 的级数展开式。

$$Z=1+B'p+C'p^2+\cdots \tag{1-39}$$

或者

$$Z=1+\frac{B}{V_m}+\frac{C}{V_m^2}+\cdots \tag{1-40}$$

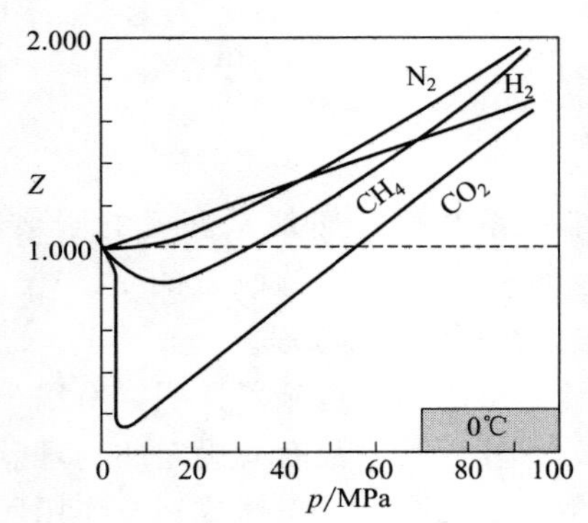

图 1-8 一些气体 Z 随压力 p 的变化

引入压缩因子概念后，表示真实气体对理想气体的偏差程度可用 Z-p 等温线表示。图 1-8 是一些气体的压缩因子随压力变化的实验值。从图 1-8 可知，在很低的压力下，所有气体的压缩因子 $Z=1$，它的行为接近理想气体；在高压下，所有气体的压缩因子 $Z>1$，这表明真实气体的 V_m 比理想气体的大，此时分子排斥力占主导地位，在中间压力下，多数气体的压缩因子 $Z<1$，说明此刻分子的吸引力使真实气体的 V_m 小于理想气体的 V_m。从该图还可看出，即使在相同温度、相同压力下，不同的真实气体有不同的压缩因子。

将压缩因子的概念应用于临界点，可得出临界压缩因子 Z_c：

$$Z_c=\frac{p_cV_{m,c}}{RT_c} \tag{1-41}$$

将实测各物质的 p_c、$V_{m,c}$ 及 T_c 值代入上式可以得大多数物质的 Z_c 值约为 0.26～0.29。

若将临界参数与范德华常数之间的关系式(1-29)～式(1-31) 代入式(1-41)，可得：

$$Z_c=\frac{3}{8}=0.375$$

这一结果表明：范德华方程如果能够精确描述真实气体 pVT 行为，那么各种气体应有相同的 Z_c 值。由实验测得的大多数气体的 Z_c 与 0.375 有较大的偏差，说明范德华方程是一个近似方程，它与真实情况还有一些距离。但这一结果却反映了气体的临界压缩因子 Z_c 大体上是一个与气体性质无关的常数，暗示各种气体在临界状态下的共性［例如 $V_{m,c}(g)=V_{m,c}(l)$］增强，而其本身的特性差异则相对减弱，各种气体在临界状态下的性质具有一定的普遍规律，这为以后在工程计算中建立起来的一些普遍化 pVT 经验关系式奠定了基础。

真实气体的压缩因子 Z 在一般计算中可用下面将要讲的压缩因子图的方法求得。在精确计算时，则需要通过实测真实气体的 pVT 数据，通过定义式(1-37) 来计算。许多真实气

体的 pVT 数据可由手册或文献查出。

(2) 对应状态原理

由于各种气体的性质不同，其 p、V、T 行为也不一样。临界参数的不同也体现了这一点。但各种气体在临界点时都有着共同的特征——气、液不分，$V_{m,c}(g)=V_{m,c}(l)$，以临界参数作为衡量各真实气体 p、V、T 的对比尺度，引入对比参数：

$$p_r=\frac{p}{p_c} \quad V_r=\frac{V}{V_c} \quad T_r=\frac{T}{T_c} \tag{1-42}$$

式中，p_r、V_r、T_r 分别称为**对比压力**、**对比体积**、**对比温度**。注意，对比温度必须采用热力学温标。对比参数反映了气体所处的状态偏离临界点的倍数。三个参数的量纲均为 1。

范德华指出：对于不同的气体，如果有两个对比参数相同，则第三个对比参数必定大致相同。这就是**对应状态原理**。处在相同对比参数的气体称为处于相同的对应状态。

根据对应状态原理，类似于理想气体 p、V、T 之间的关系，真实气体的 p_r、V_r 及 T_r 之间也应存在一个基本能普遍适用于各种真实气体的函数关系，即 $f(p_r,V_r,T_r)=0$。

范德华将式(1-42) 所示的对比参数应用到范德华方程，得到

$$p_r p_c=\frac{RT_rT_c}{(V_rV_{m,c}-b)}-\frac{a}{V_r^2V_{m,c}^2}$$

然后将式(1-32) 所示的范德华常数 a、b 与临界参数的关系代入上式，整理得到

$$p_r=\frac{8T_r}{3V_r-1}-\frac{3}{V_r^2} \tag{1-43}$$

该式中已不出现与物质有关的常数 a、b，因而具有普遍性，称为普遍化范德华方程。不过式(1-43) 中，气体的性质实际上是隐含在对比状态参数中，因此式(1-43) 与范德华方程相比并没有在准确性上有所提高，它应当是对应状态原理的一种具体函数形式。这种推导揭示了一种把真实气体的 pVT 关系进行普遍化的方法，对于其他普遍化关系的建立有一定的启发。

(3) 普遍化压缩因子图

将对比参数与压缩因子相结合，可以得到

$$Z=\frac{pV_m}{RT}=\frac{p_rp_cV_rV_{m,c}}{RT_rT_c}=\frac{p_cV_{m,c}}{RT_c}\times\frac{p_rV_r}{T_r}=Z_c\times\frac{p_rV_r}{T_r}$$

实践表明，大多数气体的临界压缩因子 Z_c 数值为 0.26～0.29，相差不大，可以看成一个常数。根据对应状态原理：在相同的对比温度 T_r、对比压力 p_r 下，有相同的对比体积 V_r。因此，压缩因子 Z 可近似表示为：

$$Z=f(p_r,T_r) \tag{1-44}$$

式(1-44) 表明，无论何种气体只要处在相同的对比状态下，就具有相同的压缩因子 Z。换句话说，各种不同的气体如果处在偏离临界状态相同的**程度**，则偏离理想气体程度也相同。荷根（Hongen O. A.）与华特生（Watson K. M.）在 20 世纪 40 年代，用若干种无机、有机气体的实验值取平均，描绘出如图 1-9 所示的等 T_r 下 $Z=f(p_r)$ 曲线，称为双参数普遍化压缩因子图。图 1-9 适用于所有真实气体，准确度不高，但能满足一般工程计算要求。

由图 1-9 可知：在任何 T_r 下，$p_r \to 0$，$Z \to 1$；而在相同 p_r 下，T_r 越大，Z 偏离 1 的程度越小，这说明低压高温气体更接近于理想气体。当 $T_r<1$ 时，Z-p_r 等温线均在某 p_r 下中断，这是因为 $T_r<1$ 的真实气体升压至饱和蒸气压时会液化。在 T_r 不太高时，大多数气

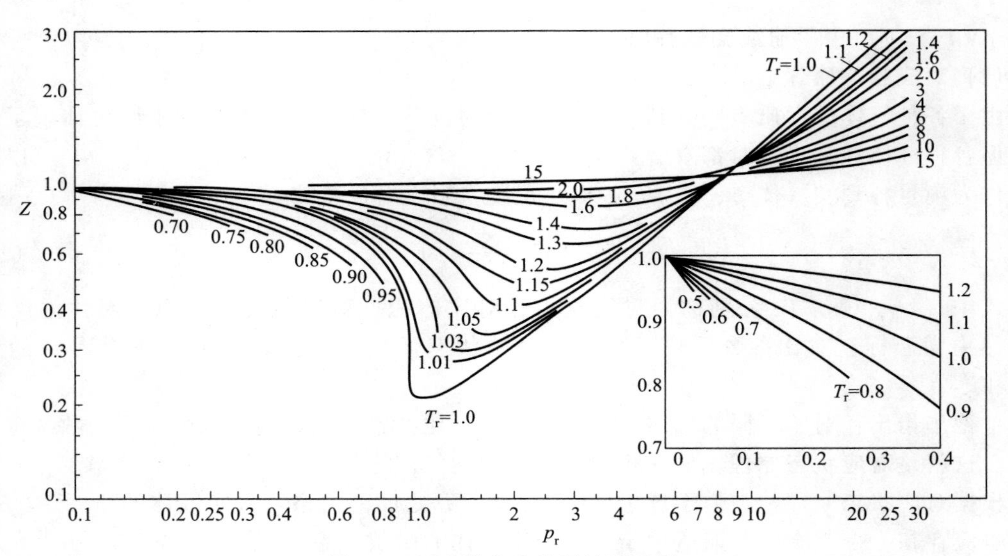

图 1-9 双参数普遍化压缩因子图

体会随着 p_r 增大，Z 有先下降，后上升的趋势，反映出气体低压易压缩，高压难压缩。

普遍化压缩因子图在工程计算上有很大的实用价值。在具体应用时会遇到下面三种情况。

① 已知 p、T 求 Z 和 V_m。这是最常见也是最简单的一类情况，可直接使用普遍化压缩因子图。先计算 T_r、p_r，由 T_r、p_r 查图 1-9 得 Z 值，然后由式(1-38) 计算 V_m。

② 已知 T、V_m 求 Z 和 p_r。这种情况需要通过在压缩因子图上作辅助线来解。因为 T、V_m 已知，所以有

$$Z=\frac{pV_m}{RT}=\frac{p_cV_m}{RT}\times p_r$$

式中，p_cV_m/RT 为常数，故 Z 与 p_r 为直线关系。将该直线绘制在图 1-9 上，该直线与所求得的 T_r 等温线的交点所对应的 Z 和 p_r，即为所求。

例题 1-4 将 1kmol 甲烷压缩贮于容积为 $0.125m^3$、温度为 323.16K 的钢瓶内，问此时甲烷产生的压力多大？

解 从手册上查得甲烷的临界参数 $T_c=190.6K$，$p_c=4.600MPa$。

$$T_r=\frac{T}{T_c}=\frac{323.16}{190.6}=1.695$$

$$Z=\frac{p_cV_m}{RT}\times p_r=\frac{4.6\times10^6\times0.125\times10^{-3}}{8.315\times323.16}\times p_r=0.214p_r$$

在压缩因子图上作 Z-p_r 辅助线，在 $T_r=1.695$ 线上，与 Z-p_r 线交点坐标为：$z=0.88$，$p_r=4.11$。

所以
$$p=p_cp_r=4.6\times10^6\times4.11\text{Pa}=18.906\times10^6\text{Pa}$$

$$\text{或 } p=\frac{ZRT}{V}=\frac{0.88\times8.315\times323.16}{0.125\times10^{-3}}\text{Pa}=18.917\times10^6\text{Pa}$$

③ 已知 p、V_m 求 Z 和 T_r。这种情况需要作辅助图。因 p、V_m 已知，故有

$$Z=\frac{pV_m}{RT_rT_c}=\frac{pV_m}{RT_c}\times\frac{1}{T_r}$$

式中，pV_m/RT_c 为常数。在坐标纸上先按上式绘出 Z-T_r 曲线，再由普遍化压缩因子图找出给定 p 下的 Z 与 T_r 关系并将其绘于同一坐标纸上，两线交点处所对应的 Z 和 T_r 即为所求。

本章小结及基本要求

本章主要叙述了理想气体的定义，分子模型及其遵循的理想气体状态方程，理想气体混合物遵循的道尔顿分压定律及阿马加分体积定律。描述了真实气体与理想气体差异，即真实气体分子之间有相互作用力、分子本身有体积。这种差异导致了真实气体在低压下比理想气体易压缩而在高压下难压缩及真实气体在临界温度以下可以液化等现象。介绍了真实气体状态方程，如范德华方程、维里方程、真实气体普遍化状态方程（$pV_m=ZRT$）及对应状态原理，普遍化压缩因子图及该图在工程计算中的应用。

本章的基本要求如下。

① 熟练掌握理想气体状态方程及其应用。

② 理解理想气体的模型。

③ 掌握道尔顿定律及阿马加定律及其应用。

④ 理解真实气体 pV_m-p 行为。

⑤ 准确理解临界状态和临界参数。

⑥ 理解真实气体和理想气体的差别，能理解建立范德华方程的思路。

⑦ 了解对应状态原理，能应用压缩因子图进行真实气体 pVT 计算。

习题

一、填空题

1. 范德华方程为____________________。

2. 临界温度是气体可以液化的________温度（最高，最低）。

3. 水的临界点的温度是647K，在高于临界点温度时，不可能用________方法使气体液化。

4. 气体液化条件是________和________。

5. 某气体符合状态方程 $p(V-nb)=nRT$，b 为常数。若一定温度和压力下，摩尔体积 $V_m=10b$，则其压缩因子 $Z=$____________。

6. 实际气体符合理想气体行为的条件是在________温度时，该气体的 $\left[\frac{\partial(pV)}{\partial p}\right]_{T,p\to 0}$ 的值应等于________。

7. 两瓶不同种类的气体，其分子平均平动能相同，但气体的密度不同。问它们的温度是否相同？压力是否相同？为什么？

答案：1. $(p+a/V_m^2)(V_m-b)=RT$；2. 最高；3. 加压的；4. $T\leqslant T_c$，$p\geqslant p_c$；5. 10/9；6. 波义耳，零；7. 温度相同，压力不相同。

二、选择题（单选题）

1. 理想气体模型的基本特征是（　　）。

a. 分子不断地做无规则运动、它们均匀分布在整个容器中

b. 各种分子间的作用力相等，各种分子的体积大小相等

c. 所有分子都可看作一个质点，并且它们具有相等的能量

d. 分子间无作用力，分子本身无体积

2. 在两个气球中分别装有理想气体A和B，已知两者的温度和密度都相等，并测得A气球中的压力是B气球的1.3754倍，若A的相对分子质量为32，则B的相对分子质量为（　　）。

a. 24　　b. 34　　c. 44　　d. 54

3. 在一个密闭恒容的容器中盛有A、B、C三种理想气体，恒温下再注入一定量D气体（理想气体），则（　　）。

a. A的分体积不变　　b. A的分压不变

c. A的分体积增大　　d. A的分压增大

4. 理想气体状态方程 $pV=nRT$ 表明了气体的 p、V、T、n 这几个参数之间的定量关系，与气体种类无关。该方程实际上包括了三个气体定律，这三个气体定律是（　　）。

a. 波义耳定律、盖-吕萨克定律和分压定律

b. 波义耳定律、阿伏伽德罗定律和分体积定律

c. 阿伏伽德罗定律、盖-吕萨克定律和波义耳定律

d. 分压定律、分体积定律和波义耳定律

5. 温度升高时 CO_2 饱和气体的密度（　　）。

a. 增大　　b. 减小　　c. 不变　　d. 变化方向不确定

6. 将相同数量的同一液体放入相同温度而体积不同的两刚性真空容器中（$V_A>V_B$）（注：两刚性容器中始终保持有液体，但液体的量不一定相同），则两容器内压力关系为（　　）。

a. $p_A=p_B$　　b. $p_A>p_B$　　c. $p_A\leqslant p_B$　　d. $p_A\geqslant p_B$

7. 对于A、B两种实际气体处于相同的对应状态，下列正确的是（　　）。

a. A、B两种气体处于相同的状态　　b. A、B两种气体的压力相等

c. A、B两种气体的对比参数相等　　d. A、B两种气体的临界压力相等

8. 物质临界点的性质与什么有关？

a. 与外界温度有关　　b. 与外界压力有关

c. 与外界物质有关　　d. 与物质本身性质有关

9. 对临界点性质的下列描述中，错误的是（　　）。

a. 液相摩尔体积与气相摩尔体积相等　　b. 液相与气相的界面消失

c. 汽化热为零　　d. 固、液、气三相共存

10. 理想气体的压缩因子（　　）。

a. $Z=1$　　b. $Z>1$　　c. $Z<1$　　d. 随所处状态而定

11. 实际气体的压缩因子（　　）。

a. $Z=1$　　b. $Z>1$　　c. $Z<1$　　d. 随所处状态而定

12. 若气体能通过加压而被液化，则其对比温度应满足（　　）。

a. $T_r>1$　　b. $T_r=1$　　c. $T_r<1$　　d. T_r 为任意值

13. 临界温度高的气体（　　）。

a. 易液化　　b. 难压缩

c. 有较大的对比温度值　　d. 不能近似为理想气体

14. 关于物质临界状态的下列描述中，不正确的是（　　）。

a. 在临界状态，液体和蒸气的密度相同，液体与气体无区别

b. 每种气体物质都有一组特定的临界参数

c. 在以 p、V 为坐标的等温线上，临界点对应的压力就是临界压力

d. 临界温度越低的物质，其气体越易液化

15. 气体的 $\left[\dfrac{\partial(pV_{\mathrm{m}})}{\partial p}\right]_T$（　　）。

a. 大于零　　b. 小于零　　c. 等于零　　d. 以上三者皆有可能

16. 对于真实气体，下面的陈述中正确的是（　　）。

a. 不是任何实际气体都能在一定条件下液化

b. 处于相同对比状态的各种气体，有大致相同的压缩因子

c. 对于实际气体，范德华方程应用最广，是因为它比其他状态方程更精确

d. 临界温度越高的实际气体越不易液化

17. 两种物质处于对应状态，则它们的（　　）。

a. 温度相同　　b. 密度相同　　c. 压缩因子相同　　d. pV_{m} 相同

18. A球中装有1mol的理想气体，B球中装有1mol的非理想气体，两球中气体的 pV_{m} 相同，在小于 T_{c}、p_{c} 的温度、压力下，非理想气体将比理想气体的温度（　　）。

a. 高　　b. 低　　c. 相等　　d. 不能比较

答案：1　d；2　c；3　b；4　c；5　a；6　a；7　c；8　d；9　d；10　a；11　d；12　c；13　a；14　d；15　d；16　b；17　c；18　a

三、计算题

1. 物质的体膨胀系数 α_V 与等温压缩率 κ_T 的定义如下：

$$\alpha_V=\frac{1}{V}\left(\frac{\partial V}{\partial T}\right)_p,\ \kappa_T=-\frac{1}{V}\left(\frac{\partial V}{\partial p}\right)_T$$

试导出理想气体的 α_V，κ_T 与温度、压力的关系。

答案：$\alpha_V=T^{-1}$，$\kappa_T=p^{-1}$

2. 在0℃、101.325kPa的条件常称为气体的标准状况，试求氯乙烯（C_2H_3Cl）在标准状况下的密度。

答案：$2.788\mathrm{kg\cdot m^{-3}}$

3. 某气柜内贮存有122kPa，温度为300K的氯乙烯（C_2H_3Cl）300$\mathrm{m^3}$，若以每小时90kg的流量输往使用车间，试问贮存的气体能用多少小时。

答案：10.19h

4. 有一抽真空的容器，质量为30.0000g。充4℃的水之后，总质量为130.0000g，若改充以25℃，24.79kPa的某碳氢化合物气体，则总质量为30.0160g。试估算该气体的摩尔质量。水的密度按 $1\mathrm{g\cdot cm^{-3}}$ 计算。

答案：$16.0\mathrm{g\cdot mol^{-1}}$

5. 在两个容积均为 V 的玻璃泡中装有氮气，玻璃泡之间有细管相通，细管的体积可忽略不计。若将两玻璃泡均放在100℃的沸水中时，管内压力为50kPa。若一只玻璃泡仍浸在100℃的沸水中，将另一只放在0℃的冰水中，试求玻璃泡内气体的压力。

答案：$p'=42.26\mathrm{kPa}$

6. 一容器的容积为 $V=162.4\mathrm{m^3}$，内有压力为94430Pa，温度为288.65K的空气。当把

容器加热至 T_x 时，从容器中逸出气体在压力为 92834Pa、温度为 289.15K 下，占体积 114.3m^3，求 T_x。

答案：933.31K

7. 测定大气压力的气压计，其简单构造为：一根一端封闭的玻璃管插入水银槽内，玻璃管中未被水银充满的空间是真空，水银槽通大气，则水银柱的压力即等于大气压力。有一气压计，因为空气漏入玻璃管内，所以不能正确读出大气压力：在实际压力为 102.00kPa 时，读出的压力为 100.66kPa，此时气压计玻璃管中未被水银充满的部分的长度为 25mm。如果气压计读数为 99.32kPa，则未被水银充满部分的长度为 35mm，试求此时实际压力是多少。设两次测定时温度相同，且玻璃管截面积相同。

答案：100.28kPa

8. 0℃时氯甲烷（CH_3Cl）气体的密度 ρ 随压力的变化如下：

p/kPa	101.325	67.550	50.663	33.775	25.331
ρ/g·dm^{-3}	2.3074	1.5263	1.1401	0.75713	0.56660

试作 ρ/p-p 图，用外推法求氯甲烷的摩尔质量。

答案：$M=50.5\times10^{-3}$kg·mol^{-1}

9. 让 20℃、20dm^3 的空气在 101325Pa 下缓慢通过盛有 30℃溴苯液体的饱和器，经测定从饱和器中带出 0.950g 溴苯，试计算 30℃时溴苯的饱和蒸气压。设空气通过溴苯之后即被溴苯蒸气所饱和；又设饱和器前后的压力差可以略去不计。（溴苯的摩尔质量为 157.0g·mol^{-1}）

答案：732Pa

10. 两个容器 A 和 B 用旋塞连接，体积分别为 1dm^3 和 3dm^3，各自盛有 N_2 和 O_2（二者可视为理想气体）均为 25℃，压力分别为 100kPa 和 50kPa。打开旋塞后，两气体混合后的温度不变，试求混合后气体总压及 N_2 和 O_2 的分压与分体积。

答案：$p=62.5$kPa，$p_A=25.0$kPa，$p_B=37.5$kPa，$V_A=1.6$dm^3，$V_B=2.4$dm^3

11. 在 25℃，101325Pa 下，采用排水集气法收集氧气，得到 1dm^3 气体。已知该温度下水的饱和蒸气压为 3173Pa，试求氧气的分压及其在标准状况下的体积。

答案：$p_{O_2}=98.152$kPa，$V_{O_2,STP}=0.8875$dm^3

12. 在 25℃时将乙烷和丁烷的混合气体充入一个 0.5dm^3 的真空容器中，当容器中压力为 101325Pa 时，气体的质量为 0.8509g。求该混合气体的平均摩尔质量和混合气体中两种气体的摩尔分数。

答案：$M_{mix}=41.63$g·mol^{-1}，$y_{乙烷}=0.5879$，$y_{丁烷}=0.4121$

13. 如图所示一带隔板的容器中，两侧分别有同温同压的氢气与氮气，二者均可视为理想气体。

H_2	3dm^3	N_2	1dm^3
p	T	p	T

（1）保持容器内温度恒定时抽出隔板，且隔板本身的体积可忽略不计，试求两种气体混合后的压力；

（2）隔板抽去前后，H_2 及 N_2 的摩尔体积是否相同？

（3）隔板抽去后，混合气体中 H_2 及 N_2 的分压力之比以及它们的分体积各为若干？

答案：（1）混合后的压力等于混合前的氢气压力或氮气压力；（2）H_2 及 N_2 的摩尔体

积相同；(3) $V_{H_2}=3dm^3$，$V_{N_2}=1dm^3$

14. 室温下一高压釜内有常压的空气。为进行实验时确保安全，采用同样温度的纯氮进行置换，步骤如下：向釜内通氮直到4倍于空气的压力，尔后将釜内混合气体排出直至恢复常压，重复三次。求釜内最后排气至恢复常压时其中气体含氧的摩尔分数。设空气中氧、氮摩尔分数之比为1∶4。

答案：0.313%

15. 氯乙烯、氯化氢及乙烯构成的混合气体中，各组分的摩尔分数分别为0.89，0.09及0.02。于恒定压力101.325kPa下，用水吸收其中的氯化氢，所得混合气体中增加了分压力为2.670kPa的水蒸气。试求洗涤后的混合气体中 C_2H_3Cl 及 C_2H_4 的分压力。

答案：$p_{C_2H_3Cl}=96.487kPa$，$p_{C_2H_4}=2.168kPa$

16. 一密闭刚性容器中充满了空气，并有少量的水。当容器于300K条件下达平衡时，容器内压力为101.325kPa。若把该容器移至373.15K的沸水中，试求容器中达到新平衡时应有的压力。设容器中始终有水存在，且可忽略水的任何体积变化。300K时水的饱和蒸气压为3.567kPa。

答案：222.92kPa

17. 25℃时饱和了水蒸气的湿乙炔气体（即该混合气体中水蒸气分压力为同温度下水的饱和蒸气压）总压力为138.705kPa，于恒定总压下冷却到10℃，使部分水蒸气凝结为水。试求每摩尔干乙炔气在该冷却过程中凝结出水的物质的量。已知25℃及10℃时水的饱和蒸气压分别为3.17kPa及1.23kPa。

答案：0.01444mol

18. 今有0℃、40530kPa的 N_2 气体，分别用理想气体状态方程及范德华方程计算其摩尔体积。实验值为 $70.3cm^3 \cdot mol^{-1}$。

答案：$56.039cm^3 \cdot mol^{-1}$，$73.08cm^3 \cdot mol^{-1}$

19. 把25℃的氧气充入 $40dm^3$ 的氧气钢瓶中，压力达 202.7×10^2kPa。试用普遍化压缩因子图求钢瓶中氧气的质量。

答案：11kg

20. 300K时 $40dm^3$ 钢瓶中储存乙烯的压力为 146.9×10^2kPa。欲从中提用300K、101.325kPa的乙烯气体 $12m^3$，试用压缩因子图求钢瓶中剩余乙烯气体的压力。

答案：1978kPa

21. 函数 $1/(1-x)$ 在 $-1<x<1$ 区间内可用下述幂级数表示：

$$1/(1-x)=1+x+x^2+x^3+\cdots$$

先将范德华方程整理成

$$p=\frac{RT}{V_m}\left(\frac{1}{1-b/V_m}\right)-\frac{a}{V_m^2}$$

再用上述幂级数展开式来求证范德华气体的第二、第三维里系数分别为：

$$B(T)=b-a/(RT)\quad C(T)=b^2$$

22. 试证明理想混合气体中任一组分B的分压力 p_B 与该组分单独存在于混合气体的温度、体积条件下的压力相等。

23. 试由波义耳温度 T_B 的定义式，证明范德华气体的 T_B 可表示为 $T_B=a/(bR)$。式中 a，b 为范德华常数。

第2章 热力学第一定律

关注易读书坊
扫封底授权码
学习线上资源

2.1 概论

热力学是研究能量相互转换过程中所应遵循的规律的科学。作为一门学科，它诞生于19世纪中叶，焦耳（Joule，1818—1889，英国人）大约在1850年左右建立了能量守恒定律，即热力学第一定律。开尔文（Kelvin，1824—1907，英国人）和克劳修斯（Clausius，1822—1888，德国人）分别于1848年和1850年建立了热力学第二定律。热力学第一、第二定律的建立，标志着热力学理论体系的形成。热力学的大多数结论主要是建立在这两个定律的基础上。这两个定律是人们的经验总结，无需也不可能用数学、逻辑或其他的什么理论加以证明，自它诞生以来，其正确性已被无数的实验事实所证实。之后，能斯特（Nernst，1864—1941，德国人）和佛勒（Fowler，英国人）分别于1912年和20世纪30年代建立了热力学第三定律和热力学第零定律，使热力学理论体系更加严密完整。

将热力学基本原理应用于化学过程及与化学过程相关联的物理过程构成了**"化学热力学"**。化学热力学主要研究的内容为化学变化及与化学变化相关的物理过程的能量效应以及过程进行的方向和限度。具体为：

① 热力学第一定律所研究的是系统从始态到终态在系统与环境之间所交换的能量及其计算；

② 根据热力学第二定律判断过程变化的方向和限度；

③ 通过热力学第三定律给出的标准熵的数值，计算化学反应的熵变。

热力学方法是一种演绎的方法，是严格的数理逻辑的推理方法。热力学所研究的对象是由众多质点构成的宏观系统，所研究内容是系统的宏观性质。至于系统中个体（分子、原子或离子等）的行为，热力学无法回答。在讨论化学变化及与化学变化相关的物理过程的能量效应和方向、限度问题时，热力学只需知道所研究系统的起始状态和最终状态以及变化过程中的外界条件即可，无需知道所研究系统内部物质的结构知识，亦无需知道过程进行的机理、速率和时间。热力学的这些特点为其处理问题提供了极大的方便。但上述热力学方法的优点也正是它的局限性所在。由于热力学方法中没有时间的概念，所以它不涉及过程进行的速率。它只能告诉人们化学过程及与化学过程相关的物理过程的能量效应以及过程进行的方向和程度。至于过程在什么时候发生、如何发生、以怎样的速率进行，热力学则无能为力。本章主要介绍热力学第一定律及其在化学化工领域的应用。

系统和环境

2.2 基本概念

2.2.1 系统和环境

人们用观察、实验的方法进行科学研究时，首先必须确定所研究的对象。在物理化学中，人们将要研究的一部分物质与其余的部分分开，作为研究对象，这个被划出的研究对象就称为**“系统”**（以前也称为体系），而在系统之外并与系统有相互作用、且影响所能及的部分称为**“环境”**。系统与环境之间一定存在着边界，根据研究的需要，这个边界可以是有形的，也可以是无形（虚构）的。

例如，将钢瓶中的气体作为系统，钢瓶壁及钢瓶以外与之密切相关的部分空气就是环境，而钢瓶的内壁就是系统与环境之间的有形边界。

根据系统与环境之间所进行的能量和物质交换的情况，可将系统分为三种。

① 隔离系统　隔离系统又称为孤立系统。这种系统与环境之间既无能量交换，亦无物质交换。隔离系统完全不受环境影响。需要指出的是，在现实世界中，绝对的隔离系统是不存在的。在物理化学中为了研究方便，有时将所研究的系统与其环境作为一个整体构成一隔离系统，或者将所研究的系统在进行研究的时间段近似地看作隔离系统，譬如带软木塞子的杜瓦瓶在较短的时间段内就可以看作是一隔离系统。

② 封闭系统　这种系统与环境之间只有能量交换而没有物质的交换。例如，拧紧阀门的钢瓶里的气体可看作是一封闭系统。封闭系统是热力学研究基础，在本章及第3章热力学第二定律的内容中，除特别声明外，均以封闭系统作为研究对象。

③ 敞开系统　这种系统与环境之间既可有能量的交换，又可有物质的交换。例如，敞开容器烧水，若将容器中的水作为研究对象，它就是一个敞开系统。其实，我们每一个人就是一个典型的敞开系统。

状态函数及应用

2.2.2 状态和状态函数

某一热力学系统的**状态**是该系统物理性质和化学性质的综合表现。在物理化学中，通常用系统的宏观可测量的性质如温度、压力、体积、黏度、表面张力和折射率等来表征系统的状态，这些性质又称为**热力学变量**或**状态函数**。此外，在以后所讲到的热力学能（内能）、焓、熵等也是热力学性质。在物理化学中，将热力学性质分为两类。

① 广度性质　广度性质又称为容量性质或广延量。广度性质有两个重要特征：一是其数值与系统中物质的量成正比；二是具有加和性，即整个系统的容量性质的数值是系统中各部分该性质数值的加和，例如，体积、热力学能、熵等。

② 强度性质　这类性质的数值与系统中物质的量无关，亦无加和性，其数值取决于自身的特性。例如，密度、黏度、压力、温度等。

值得注意的是两个容量性质之比为强度性质。例如系统的任一容量性质与系统中所含物质量之比为强度性质，如摩尔体积、摩尔热力学能、摩尔熵等。

系统的热力学性质只能说明系统当前所处的状态，而不能告之系统当前的状态从何而来。例如，$p=10^5$ Pa，25℃的一杯水，只能说明系统当前处在25℃，但无法告知这25℃的水是由50℃的水冷却而来，还是由0℃的水加热而来。其实，当系统处于一定的状态时，系统的热力学性质也就随之确定，其数值只取决于系统所处的状态，而与其历史无关。若外界条件稳定，系统的状态不变，那么各热力学性质的数值不变。当系统由某一状态变到另一状态时，系统的一系列热力学性质（注意，不是每一个性质）也随之改变，且改变值的大小只取决于系统的起始状态和最终状态，而与系统具体的变化途径无关。无论变化途径多么复杂，只要系统恢复原状，则系统的热力学性质亦恢复到原值。在热力学中，将具有这种特性的热力学性质叫作**状态函数**。状态函数的这种特性可描述为“殊途同归，值变相等；周而复始，其值不变”。状态函数在数学上具有全微分函数的性质，在公式推导和演算中可按全微分函数的运算规则处理。

另外还应注意，系统状态一定，系统的每个热力学性质都有确定值。但是，这并不是说描述一个系统的状态需要用到系统所有的热力学性质，即需要每个热力学性质有确定值，系统状态才能确定。这是因为，系统的热力学性质之间不是相互独立无关而是相互关联的，也就是说这些性质之间只有部分是独立的。通常只要指定其中几个热力学性质，其余的也就随之确定了。例如，对液态纯水，若温度和压力一定，则其密度、黏度、摩尔体积、折射率等都有确定的数值；又如理想气体的 p、V_m、T 之间，由于有一个状态方程 $pV_m = RT$ 将其关联，三个变量中只有二个是独立的。综上所述，只需用系统的几个性质就可以描述系统所处的状态，通常由于强度性质与系统中物质的量无关，所以总是优先选用易于直接测量的强度性质，外加上必要的广度性质来描述系统所处的状态。

遗憾的是热力学本身并不能告诉人们描述一个系统最少需要指定哪几个性质。但经验表明，对于纯物质单相系统来说，要描述系统状态需要三个状态性质，一般采用温度、压力和物质的量（T、p、n）；当系统物质的量一定，即为封闭系统时，只需要两个状态性质（T、p）就能描述该系统。对于由多种物质（例如 k 种）组成的系统，则要用 T，p，n_A，n_B，…，n_K 来描述它的状态。

2.2.3 热力学平衡态

热力学所指的状态皆为平衡态。如果系统与环境之间没有任何能量和物质交换，且系统中各个热力学性质均不随时间而变化，则称系统处于**热力学平衡态**。处在热力学平衡态的系统必定满足下列四个平衡。

① 热平衡　处在热平衡的系统各部分温度相等。若系统中存在绝热壁将其分成两部分，则这两部分的温度可以不相等，但每一部分的内部各点的温度应相等。

② 力学平衡　在忽略重力场影响的情况下，处在力学平衡的系统各部分之间没有不平衡力存在，即各部分压力相同。若系统中存在固定的刚性壁将其分隔开，则刚性壁两边的压力可以不相等，但刚性壁两边各自内部的各处的压力应相等。

③ 相平衡　处在相平衡的系统中各个相（气、液、固等）间没有物质的净转移，各相的数量和组成不随时间变化。

④ 化学平衡　处在化学平衡的系统宏观上系统内的化学反应已停止，系统的组成不再随时间而改变。

在以后的讨论中，如果不作特别说明，所说的系统状态（始态、终态等）指的都是这种热力学平衡态。如果上述四个条件有一条不满足那就不是热力学平衡态。此外值得注意的是不要混淆了**热力学平衡态**和**稳态**的概念。

2.2.4 过程和途径

系统状态发生的一切变化均称为**“过程”**。具体地说，就是系统发生由始态到终态的变化称为“过程”。通常分为单纯的 pTV 变化过程、相变化过程和化学变化过程等。常见的 pTV 变化过程有：

① 恒温过程　系统由始态到终态及在变化过程中的温度皆不变，且等于环境的温度，即始态$\xrightarrow{T_{始}=T_{终}=T_{环}}$终态。

② 恒压过程　系统由始态到终态及在变化过程中的压力相等，且等于环境的压力，即始态$\xrightarrow{p_{始}=p_{终}=p_{环}}$终态。

③ 恒容过程　系统在变化过程中体积保持不变，在刚性容器中发生的变化一般都是等容过程，即始态$\xrightarrow{V=定值}$终态。

④ 绝热过程　系统在变化过程中与环境之间没有热的交换。有时我们把因为变化太快而与环境之间来不及热交换或热交换量极少的过程也近似看作是绝热过程，即始态$\xrightarrow{Q=0}$终态。

⑤ 循环过程　系统由某一状态出发，经过一系列变化，又回到原来的状态称为循环过程。经过循环过程，所有热力学性质（状态函数）的改变值皆为零。

系统从始态到终态变化可以由一个或多个不同的步骤来完成，这种完成某一过程的具体步骤称为**途径**。

2.2.5　热、功和热力学能（内能）

当系统的状态发生变化并引起系统的能量发生变化时，这种能量的变化必然是通过系统与环境之间能量的交换传递实现的。系统与环境之间交换能量的形式有两种，也只有两种：**热**和**功**。

（1）热

由于温度不同而在系统与环境之间传递的能量。用符号 Q 表示。为了表示热传递的方向，热力学中规定系统吸热时 Q 取正值，即 $Q>0$；系统放热时 Q 取负值，即 $Q<0$。

（2）功

在热力学中，把除热以外在系统与环境之间所传递的其他所有形式的能量叫做**功**，用 W 表示。当系统对环境做功时，W 取负值，即 $W<0$；反之，环境对系统做功时，W 取正值，即 $W>0$。

从微观角度来看，功是大量质点以有序运动的方式传递的能量，热是大量质点以无序运动的方式传递的能量。认识功与热的这一本质区别，对理解热力学第二定律中所讲到的“热不能百分之百转变为功而不引起其他变化”的含义非常重要。

要特别强调的是：功和热都是被传递的能量。它们只体现在系统的变化过程中，其值的大小与系统变化所进行的具体过程有关。系统从同一始态变到同一终态，不同的变化过程，Q 和 W 各自具有不同的数值，即 Q 和 W 都不是状态函数，而是途径函数或者说是过程量，所以，对于其微小的变化，我们用“δ”表示，例如 δW、δQ，以区别于状态函数的微小变化用“d”表示。

在物理课中，我们知道有体积功（又称膨胀功）、机械功、电功等。一般来说，各种形式的功都可以看成是强度因素（广义力）和广度因素（广义位移）的积。例如：$W_{机}=F\mathrm{d}l$（机械功），$\delta W_{电}=E\mathrm{d}Q$（电功），$\delta W_{\mathrm{e}}=-p_{\mathrm{ex}}\mathrm{d}V$（膨胀功），$\delta W_{表}=\gamma\mathrm{d}A$（表面功）等。强度因素决定了能量传递方向。因此，功可以写成通式：功=广义力×广义位移。

如果系统在变化过程中涉及多种形式的功，通常可以将系统抵抗外力所做的功表示为：

$$\delta W = -p_{ex}dV + (Xdx + Ydy + Zdz + \cdots) = \delta W_e + \delta W_f \tag{2-1}$$

式中，p_{ex} 为环境压力，即外压；X、Y、Z…是广义力；dV、dx、dy、dz…是相应的广义位移；W_e 表示膨胀功（体积功）；W_f 代表除体积功之外的其他所有形式的功，称为非体积功。

需要注意的是：功一定是系统所反抗的广义外力与在反抗外力的方向上所发生的（广义）位移的乘积。因此，对于体积功而言，系统本身的 pV 乘积或 Vdp 尽管具有能量的量纲，但不是体积功。

(3) 热力学能（内能）

一个热力学系统的总能量（E）是由三部分构成的：整个系统在三维空间整体运动的动能（T）、系统在外力场中的位能（V）和热力学能（U）。在热力学研究中，系统往往处于宏观静止状态，无整体运动，并且一般没有特殊的、可变的外力场（如电磁场、离心力场等）存在，因此，只需讨论热力学能。热力学能包括系统内分子运动的平动能（U_t）、转动能（U_r）、振动能（U_v）、电子及核的能量、分子与分子之间相互作用的位能以及分子内部电子与核之间相互作用等能量的总和。

任一系统，当其状态一定时，系统的热力学能有确定的值。可以证明，系统的热力学能是状态函数。当系统的状态发生变化时，热力学能的改变值 ΔU 只取决于系统的始态和终态，而与变化的途径无关。此外要注意的是，系统热力学能的绝对值不知道。不过，这并不影响热力学能的计算，因为热力学关心的不是热力学能的绝对值是多少，而是当系统的状态发生变化时，热力学能的改变值为多少，即系统与环境之间交换了多少能量。热力学第一定律正是通过测量系统与环境之间所交换的能量来衡量系统热力学能的变化，这也是热力学解决问题的一种特殊方法。

功、热和热力学能的单位都是能量单位 J（焦耳）。

2.3 热力学第一定律

2.3.1 热力学第一定律

18 世纪末，瓦特（Watt）蒸汽机的使用在工业上产生了很大的影响。人们知道以 H_2O 作介质，通过燃烧煤产生的热能使机器对外做功。作为能量，热和功的等价关系是什么？尽管人们在实践中直观感觉到能量不能无中生有，亦不能无形消失。但是由于受当时“热质论”的影响，人们对这一原理的认识仅停留在感性上。直到 1840 年，焦耳（Joule，1818—1889）和迈耶（Mayer，1814—1878）前后经历了 20 多年，用各种不同的实验方法求得热功当量，人们才知道热和功的定量关系。这一数值以后经实验精确测定为 1cal＝4.1840J。到 1850 年，科学界已经公认“能量守恒”是自然界的规律，即“自然界的一切物质都具有能量，能量有各种不同的形式，可从一种形式转化为另一种形式，在转化中，能量的总值不变”。能量守恒原理是人们长期经验的总结，无需也无法给予数学证明，不论是在宏观世界还是微观世界中，都没有发现过任何例外的情形。

将能量守恒原理用于热力学研究就是热力学第一定律。根据热力学第一定律，要想制造出一种机器既不需要外界供应能量，本身也不消耗能量，又能不断地对外做功，这是不可能的。人们把这种“既要马儿跑得快，又要马儿不吃草”的假想的机器称为第一类永动机。因此，热力学第一定律也可以表述为“第一类永动机永远造不出来”。尽管人们主观愿望上总想造出第一类永动机，但是因为它违背了热力学第一定律，所以想造第一类永动机的努力总是以失败而告终。在热力学第一定律建立以后，人们才从理论上接受永动机造不出来的事实，因此，法国科学院于 1875 年正式宣布不再接受永动机发明专利的申请。

2.3.2　热力学第一定律数学表达式

当系统的状态发生变化并引起系统的能量发生变化时，这种能量的变化必须依赖于系统和环境之间的能量交换来实现。由热和功的定义可知，系统与环境之间交换能量的途径只有功和热。设想系统由状态（1）变到状态（2），根据能量守恒原理及热和功的定义，若过程中系统与环境间的热交换为 Q，与环境的功交换为 W，则系统热力学能的变化是：

始态（1） $\xrightarrow[W]{Q}$ 终态（2）

$$\Delta U = U_2 - U_1 = Q + W \text{（封闭系统）} \tag{2-2}$$

若系统发生微小的变化，热力学能的变化值为：

$$dU = \delta Q + \delta W \text{（封闭系统）} \tag{2-3}$$

式(2-2) 或式(2-3) 就是热力学第一定律的数学表达式。

热力学第一定律是建立热力学能函数的依据，它既说明了热力学能、热和功之间可以互相转化，又给出了它们转化时的定量关系。

从式(2-2) 或式(2-3) 还可以看出两点：

① 热力学总是通过外界的变化（环境得到或失去热和功）来衡量系统热力学能的变化量；

② 虽然 Q 和 W 都是途径函数，其值分别与具体途径有关，但由式(2-2) 或式(2-3) 可知，它们的和（$W+Q$）却与状态函数的改变值 ΔU 相等，这表明沿不同途径所交换的功与热之和（$W+Q$）只取决于系统的始、末态，而与具体的途径无关。

例题 2-1　有一电炉丝浸于水中（如图）以未通电时为始态，通电指定时间后为终态。如果按下列几种情况作体系，问 ΔU、Q、W 之值为正，为负还是为零？（假定电池在放电过程中没有热效应）

（1）以电池为体系；

（2）以水为体系；

（3）以电阻丝为体系；

（4）以水和电阻丝为体系；

（5）以电池和电阻丝为体系；

解　（1）$Q=0$，$W<0$，$\Delta U<0$

（2）$Q>0$，$W=0$，$\Delta U>0$

（3）$Q<0$，$W>0$，$\Delta U>0$（通电指定时间后电阻丝和水的温度均有所升高）

（4）$Q=0$，$W>0$，$\Delta U>0$

（5）$Q<0$，$W=0$，$\Delta U<0$

上例结果表明，同样一个实验结果，选择的系统不同，所得到的热力学结论不一样。在科学实验中，合理地选择系统，能够大大简化被处理问题的复杂性。

2.4　膨胀功与可逆过程

根据热力学第一定律的数学表示式，要想知道系统从状态（1）变到状态（2）其热力学能改变多少，就必须计算出系统与环境之间所交换的热和功的数值。在本节及下一节中，将分别讨论不同过程功和热的计算。

前面曾提到过，在热力学中，将功分为两类：膨胀功（体积功）和非膨胀功。膨胀功在热力学中有着特殊的意义，本节重点讨论不同过程膨胀功的计算，并由此引出热力学上一个非常重要的概念——可逆过程。

2.4.1 功与过程

如图 2-1 所示，设圆筒内盛有气体，压力为 p_i，圆筒的截面积为 A，筒上有一无质量、无摩擦力的理想活塞，活塞的外压力为 p_{ex}。如果 $p_i > p_{ex}$，则气体膨胀，设活塞向右移动了 dl，则所做之功为：

$$\delta W = -p_{ex} A\,dl = -p_{ex}\,dV \tag{2-4}$$

式(2-4) 中 dV 是系统膨胀时气体体积的变化，负号是因为规定系统对外做功为负。

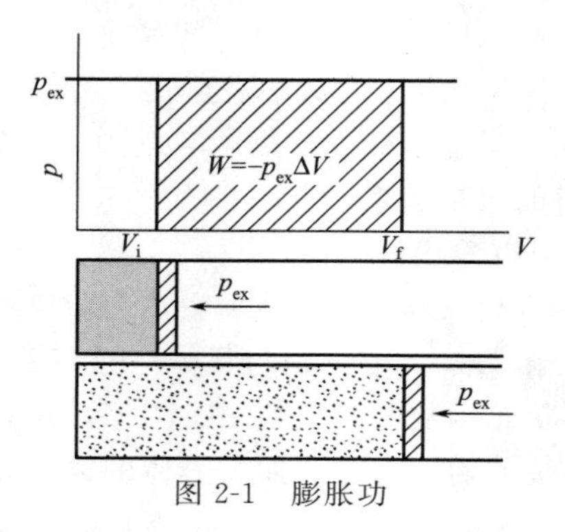

图 2-1 膨胀功

前面讲到，功不是状态函数，而是途径函数。现通过计算一组具有相同始、终态的气体系统，途径几种不同的等温过程所做的膨胀功来说明功是一途径函数。

① 真空膨胀 真空膨胀又称为自由膨胀。此时加在活塞上的 $p_{ex}=0$，所以在膨胀过程中系统对环境做功为零，即

$$W_{e,1} = -p_{ex}\int dV = 0$$

② 等外压膨胀 在等外压条件下，$p_{ex}=$常数。此时，当系统从 V_1 膨胀到 V_2 时，系统对外做功为

$$W_{e,2} = -\int_{V_1}^{V_2} p_{ex}\,dV = -p_{ex}(V_2 - V_1)$$

$W_{e,2}$ 的绝对值对应于图 2-2(a) 中阴影部分。

③ 多次等外压膨胀 系统从始态 V_1，经过多次等外压膨胀到 V_2，设经过外压分别为 p'_{ex}、p''_{ex}和 p_{ex} 的三次等外压膨胀，对应的体积分别为 V'、V''和 V_2，体积变化值分别为 $\Delta V_1=(V'-V_1)$、$\Delta V_2=(V''-V')$ 和 $\Delta V_3=(V_2-V'')$，整个过程系统对外做功为：

$$\begin{aligned} W_{e,3} &= -\int_{V_1}^{V'} p'_{ex}\,dV - \int_{V'}^{V''} p''_{ex}\,dV - \int_{V''}^{V_2} p_{ex}\,dV \\ &= -p'_{ex}(V'-V_1) - p''_{ex}(V''-V') - p_{ex}(V_2 - V'') \end{aligned}$$

$W_{e,3}$ 的绝对值对应于图 2-2(b) 中的阴影面积。显然，有 $|W_{e,3}|>|W_{e,2}|$。试想，当系统从相同的始态 V_1 等温膨胀到相同的终态 V_2，是不是所经历的等外压膨胀的次数越多，其对

环境做功就越大呢？如果答案是肯定的，最大值是多少？

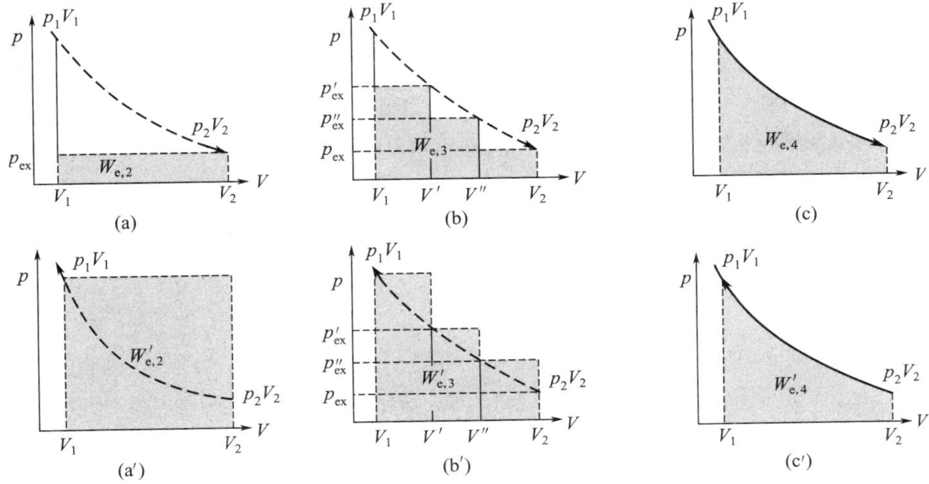

图 2-2　不同过程的膨胀和压缩功

④ 无限多次膨胀　通过不断调节 p_{ex}，使系统的压力 p_i 始终保持比外压 p_{ex} 大一无限小的值，即 $p_i-p_{ex}=dp$，从始态 V_1 膨胀到终态 V_2。

$$W_{e,4}=-\sum p_{ex}dV=-\sum(p_i-dp)dV$$

略去二阶无穷小 $dp\,dV$，此时可用 p_i 近似代替 p_{ex}，若气体为理想气体且温度恒定，则

$$W_{e,4}=-\sum p_i dV=-\int_{V_1}^{V_2}p_i dV=-nRT\ln\frac{V_2}{V_1} \tag{2-5}$$

$W_{e,4}$ 的绝对值对应于图 2-2(c) 中的阴影面积。很明显，在 $p_i-p_{ex}=dp$ 条件下膨胀，系统对外做功最大。

上述四种情况下，虽然系统的始、终态相同，但是由于做功的途径不同，系统所做的功不一样。由此证明功是途径函数，是一与过程有关的量，不是状态函数。

现在我们再考虑压缩过程，将气体从 V_2 压缩到 V_1。

① 在 $p_{ex}=p_1$ 条件下，一次性将系统从状态 p_2V_2 压缩到 p_1V_1。

$$W'_{e,2}=-p_1(V_1-V_2)$$

因为 $V_1<V_2$，所以 $W'_{e,2}>0$。$W'_{e,2}$所对应于图 2-2(a′)。

② 多次恒压压缩　设由三个恒外压过程将系统从 p_2V_2 压缩到 p_1V_1。首先分别恒定外压为 p''_{ex}和 p'_{ex}，将系统从 V_2 压缩到 V''和 V'，再在 $p_{ex}=p_1$ 条件下将系统从 V'压缩到 V_1，则环境对系统做功为：

$$W'_{e,3}=-p''_{ex}(V''-V_2)-p'_{ex}(V'-V'')-p_1(V_1-V')$$

类似地，$W'_{e,3}>0$。$W'_{e,3}$值对应于图 2-2(b′) 中的阴影面积。比较图 2-2(a′) 和图 2-2(b′) 可知，$W'_{e,3}<W'_{e,2}$。以此类推，压缩的步骤越多，环境消耗的功就越少。

③ 无限多次压缩　通过调节外压 p_{ex}，始终保持外压比内压大一个无限小值，即 $p_{ex}-p_i=dp$，在无数个无限缓慢条件下将系统从 V_2 压缩到 V_1，则

$$W'_{e,4}=-\sum p_{ex}dV=-\sum(p_i+dp)dV$$

略去 $dp\,dV$，此时可用 p_i 近似代替 p_{ex}，若气体为理想气体且温度恒定，则

$$W'_{e,4}=-\sum p_i \mathrm{d}V=-\int_{V_2}^{V_1} p_i \mathrm{d}V=-nRT\ln\frac{V_1}{V_2} \tag{2-6}$$

$W'_{e,4}$值对应于图 2-2(c′) 中的阴影面积。

比较图 2-2(a′)、图 2-2(b′) 和图 2-2(c′)，有 $W'_{e,4}<W'_{e,3}<W'_{e,2}$。再比较图 2-2(c) 和图 2-2(c′) 中的 $W_{e,4}$ 和 $W'_{e,4}$，可以看出，$W_{e,4}$ 和 $W'_{e,4}$刚好大小相等，符号相反。即：若将系统从 V_1 经无限多次膨胀到 V_2 所做的功收集起来，刚好可以将系统从 V_2 经无限多次压缩到 V_1。

2.4.2 可逆过程

系统在相同的始、终态间，在上述的四种膨胀方式和三种压缩方式中，第四种膨胀方式和第三种压缩方式是热力学中一种极为重要的过程。比较式(2-5) 和式(2-6) 以及图 2-2(c) 和图 2-2(c′) 可以看出，当系统经过第四种恒温膨胀到终态 p_2V_2，再经过第三种恒温压缩过程从 p_2V_2 恢复到 p_1V_1，系统恢复到原来的状态，环境中无功的得失；由于系统回到原状，总的 $\Delta U=0$，根据 $\Delta U=Q+W$，所以环境亦无热的得失；也就是说，当系统回复到原状时，环境亦恢复到原状。我们把"某过程进行之后系统恢复原状的同时，环境也能恢复原状而未留下任何永久性变化（痕迹）的过程称为热力学**可逆过程**"。上述第四种恒温膨胀方式和第三种恒温压缩方式就属于可逆过程。图 2-2 中除了第四种恒温膨胀［图 2-2(c)］过程和第三种恒温压缩过程［图 2-2(c′)］外，其他的恒温膨胀和压缩过程皆为不可逆过程。

在四种恒温膨胀过程中，系统的始、终态都相同，体积变化 $\Delta V=V_2-V_1$ 亦相同。因此，在不同的恒温膨胀过程中，系统做功（绝对值）的大小就取决于外压 p_{ex} 的大小。p_{ex} 越大，则系统所做的功（绝对值）亦越大。在可逆膨胀过程中，$p_{ex}=p_i-\mathrm{d}p$，即外压 p_{ex} 时时刻刻只与系统压力 p_i 相差一无限小，亦即系统在膨胀时抵抗了最大外压，所以，"在恒温条件下，系统在可逆过程中所做的功（绝对值）最大"；同理，在恒温压缩过程中，p_{ex} 越小，环境消耗的功越小。在可逆恒温压缩过程中，由于 $p_{ex}=p_i+\mathrm{d}p$，亦即压缩时环境始终只使用了最小的外压 p_{ex}，所以"在恒温压缩过程中，环境所消耗的功最小"。

仔细分析系统恒温可逆膨胀或压缩过程不难发现这种膨胀或压缩进行得无限慢，所以需要的时间是无限长。

综上所述，热力学可逆过程具有如下特征。

① 可逆过程是以无限小变化进行的，系统始终无限接近于平衡态，也就是，可逆过程是由一系列连续的、渐变的平衡态所构成的；

② 可逆过程进行时，过程的推动力与阻力相差无限小；

③ 系统进行可逆过程时，完成任一有限量的变化所需时间无限长；

④ 在恒温可逆过程中，系统对环境所做之功最大（绝对值），环境对系统所做之功最小。

上面通过气体膨胀引出了热力学可逆过程与不可逆过程的概念。其实，任何热力学过程都可按可逆和不可逆的两种方式进行，且任何可逆过程均具有上述特征。自然界中有许多过程可近似地看作可逆过程，例如：

a. 可逆相变过程　在相变温度及与该温度所对应的平衡压力下发生的相变。常见的可逆相变有：固$\rightleftharpoons$液相变、液$\rightleftharpoons$气相变、固$\rightleftharpoons$气相变和晶型转换等。例如：

$$H_2O(l,100℃)\xrightleftharpoons{101.325\text{kPa}}H_2O(g,100℃)$$

$$H_2O(l,25℃)\xrightleftharpoons{3.1672\text{kPa}}H_2O(g,25℃)$$

b. 气体在系统内外压力差为 $\mathrm{d}p$ 条件下的膨胀或压缩；

c. 系统在内外温差为 $\mathrm{d}T$ 条件下的吸热（升温）或放热（降温）。

应该指出，可逆过程是一种理想过程，是一种科学的抽象。实际上自然界中并不存在什么可逆过程，实际过程只能无限地趋近于它。然而，我们不能因为自然界中不存在可逆过程就认为可逆过程没有实际意义。恰恰相反，它与科学中其他的、从实际过程中抽象出来的理想概念，如理想气体、朗格缪尔（Langmuir）单分子层吸附、绝对黑体等一样，具有重要的理论价值和实际意义。可逆过程是在系统接近平衡状态下发生的，因此它和平衡态密切相关。在后面的课程中我们可以看到一些重要的热力学函数（例如熵 S）的增量，只有通过可逆过程才能求得。从消耗及获得能量的角度看，可逆过程是效率最高的过程，是提高实际过程效率的最高限度。

例题 2-2　计算 1mol 理想气体在下列四个过程中所做的膨胀功。已知始态体积为 $25\mathrm{dm^3}$，终态体积为 $100\mathrm{dm^3}$；始态及终态皆为 100℃。

（1）向真空膨胀；

（2）在外压恒定为气体终态的压力下膨胀；

（3）先在外压恒定为体积等于 $50\mathrm{dm^3}$ 时的平衡压力下膨胀，当膨胀到 $50\mathrm{dm^3}$（此时系统温度仍为 100℃）以后，再在外压等于 $100\mathrm{dm^3}$ 时的平衡压力下膨胀；

（4）等温可逆膨胀。

试比较这四个过程的功。比较的结果说明了什么问题？

解　首先画出过程框图如下：

自由膨胀，$p_{\mathrm{ex}}=0$

$n=1\mathrm{mol}$ $V_1=25\mathrm{dm^3}$ $t_1=100℃$ $p_1=?$	恒外压 $p_{\mathrm{ex},2}$ 膨胀 分别恒外压 $p_{\mathrm{ex},1}$ 和 $p_{\mathrm{ex},2}$ 下膨胀 等温可逆膨胀	$n=1\mathrm{mol}$ $V_2=100\mathrm{dm^3}$ $t_2=t_1=100℃$ $p_2=?$

$$p_1=\frac{1\times8.314\times373.15}{25\times10^{-3}}\mathrm{Pa}=1.241\times10^5\mathrm{Pa}$$

$$p_2=p_{\mathrm{ex},2}=\frac{1\times8.314\times373.15}{100\times10^{-3}}\mathrm{Pa}=3.1\times10^4\mathrm{Pa}$$

$$p_{\mathrm{ex},1}=\frac{1\times8.314\times373.15}{50\times10^{-3}}\mathrm{Pa}=6.2\times10^4\mathrm{Pa}$$

$$W_1=-p_{\mathrm{ex}}\Delta V=-0\times\Delta V=0\mathrm{J}$$

$$W_2=-p_{\mathrm{ex},2}(100-25)\times10^{-3}=-2325\mathrm{J}$$

$$\begin{aligned}W_3&=-p_{\mathrm{ex},1}(V'-V_1)-p_{\mathrm{ex},2}(V_2-V')\\&=[-6.2\times10^4\times(50-25)\times10^{-3}-3.1\times10^4\times(100-50)\times10^{-3}]\mathrm{J}\\&=(-1550-1550)\mathrm{J}=-3100\mathrm{J}\end{aligned}$$

$$W_4=-nRT\ln\frac{V_2}{V_1}=\left(-1\times8.314\times373.15\ln\frac{100}{25}\right)\mathrm{J}=-4300.8\mathrm{J}$$

计算结果表明，虽然系统的始态和终态均相同，但不同的膨胀方式，系统做功不同，说明：（1）功是途径函数，不是状态函数；（2）等温可逆过程对外做功（绝对值）最大。

例题 2-3 假设 CO_2 遵守范德华（van der Waals）方程，试求 1mol CO_2 在 27℃时由 $10dm^3$ 等温可逆压缩到 $1dm^3$ 所做的功。已知 CO_2 的范德华常数 $a=0.3658Pa\cdot m^6\cdot mol^{-2}$，$b=0.428\times10^{-4}m^3\cdot mol^{-1}$。

解 过程框图如下：

$n=1mol$ $t_1=27℃$ $V_1=10dm^3$ $p_1=?$	—等温可逆压缩→	$n=1mol$ $t_2=27℃$ $V_2=1.0dm^3$ $p_2=?$

首先要求出遵守范德华方程气体的等温可逆过程膨胀功的计算公式。对于等温可逆过程

$$W=-\int_{V_1}^{V_2}p_{ex}dV=-\int_{V_1}^{V_2}pdV$$

将范德华方程 $\left(p+\frac{a}{V_m^2}\right)(V_m-b)=RT$ 代入上式，得

$$W=-\int_{V_1}^{V_2}\left(\frac{RT}{V_m-b}-\frac{a}{V_m^2}\right)dV=-RT\ln\frac{V_{m,2}-b}{V_{m,1}-b}-a\left(\frac{1}{V_{m,2}}-\frac{1}{V_{m,1}}\right)$$

将题目给定的已知条件代入上式，得

$$\begin{aligned}W&=-RT\ln\frac{V_{m,2}-b}{V_{m,1}-b}-a\left(\frac{1}{V_{m,2}}-\frac{1}{V_{m,1}}\right)\\&=\left[-8.314\times300\ln\frac{1.0\times10^{-3}-0.428\times10^{-4}}{10\times10^{-3}-0.428\times10^{-4}}-0.3658\times\left(\frac{1}{1\times10^{-3}}-\frac{1}{10\times10^{-3}}\right)\right]J\\&=(5841.5-329.2)J=5512.3J\end{aligned}$$

2.5 恒容热、恒压热、焓

将能量转化与守恒定律用于热力学就是热力学第一定律。整个第 2 章的中心任务就是根据热力学第一定律计算系统经过各种不同的过程从始态变到终态时，系统与环境之间所交换的能量。当系统从始态变到终态时，根据热力学第一定律数学表达式 $\Delta U=Q+W$，可通过测量系统与环境之间交换的能量（热 Q 和功 W）来确定系统热力学能的改变值 ΔU（实际上，通过测量环境的变化来求系统状态函数的改变值这也是热力学解决问题的一种特殊的、常用的方法）。设系统在变化过程中只做膨胀功而不做其他功（即 $W_f=0$），则

$$\Delta U=Q+W_e$$

在本章中，除特别声明外，只讨论封闭系统、除膨胀功外不做其他功的情况，因此习惯上还是将 W_e 中下标“e”拿掉，将膨胀功写作 W，即 $\Delta U=Q+W$。

2.5.1 恒容热（Q_V）

如果系统的变化是在恒容条件下完成，则 $\Delta V=0$，因此 $W=0$。此时，根据功的定义可知，系统与环境之间唯一交换能量的形式只有热，即

$$\Delta U=Q_V(dV=0,W_f=0,\text{封闭体系})\tag{2-7}$$

式(2-7) 中 Q_V 叫**恒容热**。式(2-7) 表明：①尽管系统与环境之间交换的热是一途径函数，但一旦确定其途径，则系统与环境之间所交换的热只与始、终态有关；②在恒容、不做其他

功的封闭系统中，系统热力学能的改变值 ΔU 等于系统在变化过程中与环境所交换的热 Q_V。这样就可以通过测 Q_V 得知系统热力学能的变化情况。

2.5.2　恒压热（Q_p）及焓

如果系统变化是恒压过程，即 $p_1=p_2=p_{ex}=p$，则有

$$\Delta U=W+Q_p$$

$$U_2-U_1=-p(V_2-V_1)+Q_p$$

$$Q_p=(U_2+p_2V_2)-(U_1+p_1V_1) \tag{2-8}$$

因为 p 和 V 是系统的性质，是状态函数，所以 $U+pV$ 也是一状态函数。其改变值仅仅取决于系统的始态和终态。在热力学中，把 $U+pV$ 用一新函数来定义，取名叫“焓”，用符号 H 来表示，即

$$H\equiv U+pV \tag{2-9}$$

所以

$$\Delta H=H_2-H_1=\Delta U+\Delta(pV)$$

恒压时

$$\Delta H=H_2-H_1=\Delta U+p\Delta V \tag{2-10}$$

比较式(2-8) 和式(2-10)，有

$$Q_p=\Delta H \quad (\mathrm{d}p=0,\ W_f=0,\ \text{封闭系统}) \tag{2-11}$$

式中，Q_p 叫**恒压热**，式(2-11) 表明：①尽管系统与环境之间交换的热是一途径函数，但一旦确定其途径，则系统与环境之间所交换的热只与始、终态有关；②在恒压、$W_f=0$ 的封闭系统中，系统与环境之间所交换的能量（Q_p）等于系统焓的改变值 ΔH。这样就可以通过测 Q_p 得知系统焓的变化情况。

关于焓（H）：由式(2-9) 可知，焓是一状态函数，且为容量性质，其改变值只与始、终态有关，与途径无关，就像不知道一个系统的热力学能的绝对值一样，焓的绝对值也不知道；焓的定义式(2-9)，除了表明焓是系统热力学能与系统 pV 乘积的加和之外，其本身并没有明确的物理意义。但是在封闭系统、恒压、$W_f=0$ 的条件下，式(2-11) $\Delta H=Q_p$ 却具有非常明确的物理意义，即在封闭系统、恒压不做非膨胀的条件下，系统与环境之间交换的热等于系统状态函数焓的改变值。

此外还必须着重指出，U 和 H 是系统的状态函数，系统不论发生什么过程，都有 ΔU 和 ΔH。只是对于除 $W_f=0$ 的封闭系统恒压过程之外的其他过程，式(2-11) 不成立，ΔH 也不具有等于系统与环境间所交换的热的物理意义。所以，在物理化学中，千万要注意热力学每一个公式的使用条件和范围，否则将得出错误的结论。

2.5.3　$\Delta U=Q_V$ 和 $\Delta H=Q_p$ 关系式的热力学意义

在 $W_f=0$、封闭系统的恒容或恒压条件下，根据热力学第一定律，分别得到 $\Delta U=Q_V$ 和 $\Delta H=Q_p$ 两个重要公式。之所以说上述两公式在本章具有重要意义是因为：

① 热力学或化学热力学的主要目的之一就是计算系统从状态 1 经过某一过程变到状态 2，系统能量变化（根据热力学第一定律，也可说是系统与环境之间交换了多少能量）。但是不可能直接通过 $\Delta U=U_2-U_1$ 求算系统热力学能的改变值。而在公式 $\Delta U=Q_V$ 和 $\Delta H=Q_p$ 两式中，等式左侧皆为不可直接测量的系统状态函数的改变值，而右侧为过程热，是可测量的量。也就是说可用物理方法，通过直接测量过程热效应而求得系统能量的变化，这为 ΔU 和 ΔH 在热力学中的计算和应用奠定了理论基础，即通过测定恒容或恒压热效应，就可获得一系列重要的热力学基础数据（热容、相变焓、化合物的生成焓和燃烧焓等），有了这些

基础数据，就可以解决其他更多、更复杂的热力学计算问题。

② 公式 $\Delta U=Q_V$ 和 $\Delta H=Q_p$ 左侧是状态函数的改变值，这为我们利用：a. 状态函数的改变值只取决于系统的始、终态，与途径无关；b. 不同状态间的改变值具有加和性的性质，来求算难以准确测量其热效应的物理变化或化学变化过程中在系统与环境之间所交换的能量提供了极大的方便。例如求算变化很慢且热效应较小过程的热效应，或求某反应中间产物反应热效应等。举例说明如下：

求反应 C(石墨)$+\frac{1}{2}O_2 \xrightarrow{\text{恒压}} CO(g)$ 的热效应 Q_p。

在上述反应中，很难保证反应仅产生 CO(g)，而 CO(g) 不继续反应生成 $CO_2(g)$。因此，从理论上讲，很难准确测量上述反应的 Q_p。但是我们可以通过测量与之相关反应的 Q_p，再利用方程 $\Delta H=Q_p$ 以及 ΔH 具有加和性的性质，求出上述反应的 Q_p。

恒压下：$C(s)+O_2(g) = CO_2(g)$ (1) $\Delta H_1=Q_{p,1}$

$C(s)+\frac{1}{2}O_2(g) = CO(g)$ (2) $\Delta H_2=Q_{p,2}$

$CO(g)+\frac{1}{2}O_2 = CO_2(g)$ (3) $\Delta H_3=Q_{p,3}$

因为(1)−(3)=(2)，又因 ΔH 与途径无关，只与始、末态有关，所以可设计如下始、终态相同的过程求 $Q_{p,2}$。

C(石墨) T，p —— $+\frac{1}{2}O_2$，ΔH_2 ——→ CO(g) T，p

C(石墨) —— $+O_2$，ΔH_1 ——→ $CO_2(g)$ T，p

CO(g) —— $+\frac{1}{2}O_2$，ΔH_3 ——→ $CO_2(g)$

$$\Delta H_1=\Delta H_2+\Delta H_3$$

$\Delta H_2=\Delta H_1-\Delta H_3$，即 $Q_{p,2}=Q_{p,1}-Q_{p,3}$

简而言之，$\Delta U=Q_V$ 和 $\Delta H=Q_p$ 两式第一方面重要意义是利用公式右侧过程热的可测性解决了 ΔU 和 ΔH 的测定、计算及应用问题；第二方面的重要意义是利用公式左侧是状态函数改变值，而状态函数的改变值只取决于始、终态，与途径无关以及状态函数改变值具有加和性的性质，为难以准确测量其热效应的物理或化学变化过程热效应的计算提供了方便。

2.6 理想气体热力学能和焓

焦耳（Joule）在 1843 年做了如下实验，如图 2-3，将两个导热的球形容器通过中间的活塞连通在一起，其中之一（左边容器）装满气体，另一（右边容器）抽为真空，放在有绝热壁的水浴中，水中插有温度计以观察实验中水温变化。视气体为系统。实验时打开中间的活塞，气体就由左边容器向右边真空容器中膨胀，最后达到平衡，这时没有观察到水浴温度发生变化，即 $\Delta T=0$。这说明在此膨胀过程中，系统与环境之间没有热交换，即 $Q=0$；又因为此过程为真空膨胀，故 $W=0$，根据热力学第一定律，作为系统的气体的热力学能的改变值 $\Delta U=0$。所以，焦耳实验结果说明：低压气体在自由膨胀过程中温度不变，热力学能不变。但实验过程中系统的体积增大了，由此得出结论：当温度一定时，低压气体的热力学

能 U 是一定值，与体积无关。这一结论的数学形式推导如下：

首先，对于没有化学变化的一定量的纯物质的封闭系统，可以用两个变量描述系统的状态。热力学能 U 可由 p、V、T 中的任意两个独立变量来确定。设以 T、V 为独立变量，则 $U=f(T,V)$

$$dU=\left(\frac{\partial U}{\partial T}\right)_V dT+\left(\frac{\partial U}{\partial V}\right)_T dV$$

将此公式用于焦耳实验，因温度不变，$dT=0$，又因为 $dU=0$，故

$$\left(\frac{\partial U}{\partial V}\right)_T dV=0$$

因为 $dV\neq 0$，所以 $$\left(\frac{\partial U}{\partial V}\right)_T=0 \tag{2-12}$$

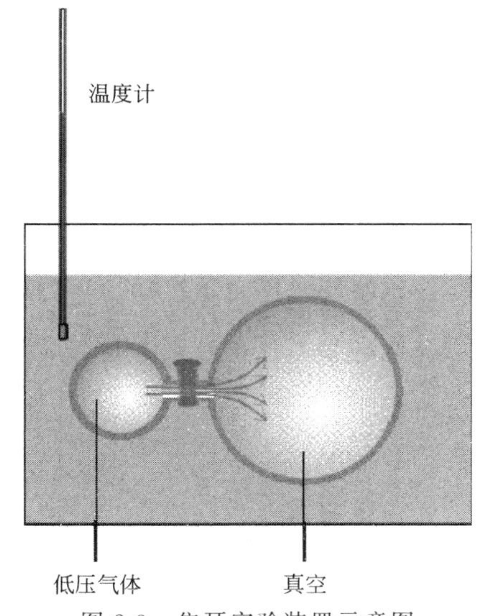

图 2-3　焦耳实验装置示意图

式(2-12) 说明，低压气体热力学能仅是温度函数，与体积、压力无关，即

$$U=f(T) \tag{2-13}$$

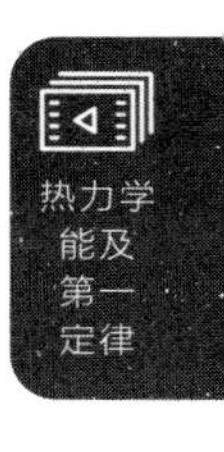

严格讲，焦耳的实验是不够精确的，因为水浴中水的热容量太大，即使气体在膨胀时吸收了一点热量，水温的变化也未必能测得出来。尽管如此，焦耳实验结果还是揭示了低压气体的极限结论，即气体的压力越小，越接近理想气体，式(2-12) 越正确。科学允许并接受合理的外推，因此，可以断定，当 $p\to 0$ 时，式(2-12) 和式(2-13) 完全正确，**即理想气体的热力学能仅为温度的函数，与体积或压力无关。**

根据焓的定义：　$H=U+pV$

将上式在恒温条件下对体积求偏导数可得

$$\left(\frac{\partial H}{\partial V}\right)_T=\left(\frac{\partial U}{\partial V}\right)_T+\left[\frac{\partial (pV)}{\partial V}\right]_T$$

对于理想气体，$\left(\frac{\partial U}{\partial V}\right)_T=0$，又因为 $pV=$常数，故 $\left[\frac{\partial (pV)}{\partial V}\right]_T=0$，因此有

$$\left(\frac{\partial H}{\partial V}\right)_T=0 \tag{2-14}$$

或

$$H=f(T) \tag{2-15}$$

也就是说，**理想气体的焓亦只是温度的函数，与体积或压力无关**。所以，对理想气体的等温过程有 $\Delta U=0$，$\Delta H=0$。

值得指出的是，对非理想气体来说 $\left(\frac{\partial U}{\partial V}\right)_T\neq 0$，$\left(\frac{\partial H}{\partial V}\right)_T\neq 0$。

2.7　热容及恒容或恒压变温过程 ΔU 和 ΔH 的计算

2.7.1　摩尔恒容热容和摩尔恒压热容的定义

对于单纯 pVT 状态变化（无相变化和化学变化）且不做非膨胀功的封闭系统，热容的定义是：系统升高单位热力学温度所吸收的热，用符号 C 表示，单位为 $J\cdot K^{-1}$。其公式为：

$$C(T)\equiv\frac{\delta Q}{\mathrm{d}T}$$

热容显然与系统所含物质的量及升温条件有关，摩尔热容定义为：

$$C_{\mathrm{m}}(T)\equiv\frac{C(T)}{n}=\frac{1}{n}\times\frac{\delta Q}{\mathrm{d}T}$$

其单位是 $\mathrm{J\cdot K^{-1}\cdot mol^{-1}}$。

正如前面所指出的那样，Q 是过程量，所以如果不指定条件，则热容或摩尔热容就是一个数值不确定的物理量。通常条件为恒容或恒压，恒容下热容叫恒容热容，用 C_V 表示，若恒容条件下，且系统物质的量为1mol，叫摩尔恒容热容，用 $C_{V,\mathrm{m}}$ 表示，其定义式为：

$$C_{V,\mathrm{m}}=\frac{1}{n}\times\frac{\delta Q_V}{\mathrm{d}T}$$

由于 $\delta Q_V=\mathrm{d}U=n\mathrm{d}U_{\mathrm{m}}$，代入上式并写成偏导数形式有

$$C_{V,\mathrm{m}}=\frac{1}{n}\times\frac{\delta Q_V}{\mathrm{d}T}=\left(\frac{\partial U_{\mathrm{m}}}{\partial T}\right)_V \tag{2-16}$$

同理，摩尔恒压热容定义式为：

$$C_{p,\mathrm{m}}=\frac{1}{n}\times\frac{\delta Q_p}{\mathrm{d}T}=\left(\frac{\partial H_{\mathrm{m}}}{\partial T}\right)_p \tag{2-17}$$

$C_{V,\mathrm{m}}$ 和 $C_{p,\mathrm{m}}$ 的单位皆为 $\mathrm{J\cdot K^{-1}\cdot mol^{-1}}$。

2.7.2　$C_{V,\mathrm{m}}$ 和 $C_{p,\mathrm{m}}$ 的关系

根据 $C_{V,\mathrm{m}}$ 和 $C_{p,\mathrm{m}}$ 的物理意义我们知道，$C_{V,\mathrm{m}}$ 和 $C_{p,\mathrm{m}}$ 是物质的量为1mol系统分别在恒容和恒压条件下升高1K温度所吸收的热。同样是升高1K温度，但在恒压条件下系统还要对外做功，很显然，$C_{p,\mathrm{m}}>C_{V,\mathrm{m}}$。大多少呢？二者的定量关系怎样？由 $C_{p,\mathrm{m}}$ 和 $C_{V,\mathrm{m}}$ 的定义式，可导出两者之间的定量关系如下：

$$\begin{aligned}C_{p,\mathrm{m}}-C_{V,\mathrm{m}}&=\left(\frac{\partial H_{\mathrm{m}}}{\partial T}\right)_p-\left(\frac{\partial U_{\mathrm{m}}}{\partial T}\right)_V=\left[\frac{\partial(U_{\mathrm{m}}+pV_{\mathrm{m}})}{\partial T}\right]_p-\left(\frac{\partial U_{\mathrm{m}}}{\partial T}\right)_V\\&=\left(\frac{\partial U_{\mathrm{m}}}{\partial T}\right)_p+p\left(\frac{\partial V_{\mathrm{m}}}{\partial T}\right)_p-\left(\frac{\partial U_{\mathrm{m}}}{\partial T}\right)_V\end{aligned}$$

上式中的第一项和第三项虽然都是摩尔热力学能 U_{m} 对温度 T 的偏微方，但由于下标不同，其物理意义不一样，二者之间的关系可由下面推导得出。

前面已指出过，对于物质的量一定的单相纯物质封闭系统，可以用两个变量来描述体系的状态，当然也可以描述任一热力学性质（状态函数）。

$$U=f(T,V)$$

$$\mathrm{d}U=\left(\frac{\partial U}{\partial T}\right)_V\mathrm{d}T+\left(\frac{\partial U}{\partial V}\right)_T\mathrm{d}V$$

对于1mol物质系统

$$\mathrm{d}U_{\mathrm{m}}=\left(\frac{\partial U_{\mathrm{m}}}{\partial T}\right)_V\mathrm{d}T+\left(\frac{\partial U_{\mathrm{m}}}{\partial V_{\mathrm{m}}}\right)_T\mathrm{d}V_{\mathrm{m}}$$

将上式两边恒压下除以 $\mathrm{d}T$ 后得

$$\left(\frac{\partial U_{\mathrm{m}}}{\partial T}\right)_p=\left(\frac{\partial U_{\mathrm{m}}}{\partial T}\right)_V+\left(\frac{\partial U_{\mathrm{m}}}{\partial V_{\mathrm{m}}}\right)_T\left(\frac{\partial V_{\mathrm{m}}}{\partial T}\right)_p$$

将此式代入 $C_{p,\mathrm{m}}-C_{V,\mathrm{m}}$ 的推导中，得

$$C_{p,\mathrm{m}}-C_{V,\mathrm{m}}=\left[\left(\frac{\partial U_{\mathrm{m}}}{\partial V_{\mathrm{m}}}\right)_T+p\right]\left(\frac{\partial V_{\mathrm{m}}}{\partial T}\right)_p \tag{2-18}$$

式(2-18) 中，$\left(\frac{\partial V_{\mathrm{m}}}{\partial T}\right)_p$ 为恒压下 1mol 物质温度升高 1K 时体积的增量。由式(2-18) 可知，$C_{p,\mathrm{m}}$ 与 $C_{V,\mathrm{m}}$ 的差别来自两个方面。其一，$\left(\frac{\partial U_{\mathrm{m}}}{\partial V_{\mathrm{m}}}\right)_T$ 相当于1mol 物质恒温下增加单位体积而导致的热力学能的变化。由于体积膨胀，要克服分子间的吸引力，同时还要保持温度不变，这样就需要从环境吸收热量，从而使得热力学能增加，故$\left(\frac{\partial U_{\mathrm{m}}}{\partial V_{\mathrm{m}}}\right)_T>0$；其二，$p\left(\frac{\partial V_{\mathrm{m}}}{\partial T}\right)_p>0$，相当于恒压下，系统温度升高 1K 导致体积膨胀对外做功而从环境吸收的热量。故 $C_{p,\mathrm{m}}-C_{V,\mathrm{m}}>0$。

式(2-18) 是有关 $C_{p,\mathrm{m}}$ 与 $C_{V,\mathrm{m}}$ 关系的通式，对于理想气体、实际气体及凝聚态物质系统，其 $C_{p,\mathrm{m}}$ 与 $C_{V,\mathrm{m}}$ 的具体关系式各不一样。对于理想气体系统，将理想气体状态方程代入$\left(\frac{\partial V_{\mathrm{m}}}{\partial T}\right)_p$ 中得 $(\partial V_{\mathrm{m}}/\partial T)_p=R/p$，对于理想气体，根据焦耳实验结论有 $(\partial U_{\mathrm{m}}/\partial V)_T=0$，将上述结果代入式(2-18) 中可得

$$C_{p,\mathrm{m}}-C_{V,\mathrm{m}}=R \tag{2-19a}$$

$$C_p-C_V=nR \tag{2-19b}$$

以上两式即为理想气体摩尔恒压热容与摩尔恒容热容之间的关系式。

统计热力学可以证明，理想气体摩尔恒容热容和摩尔恒压热容皆为常数。

单原子分子系统　$C_{V,\mathrm{m}}=\frac{3}{2}R$，$C_{p,\mathrm{m}}=\frac{5}{2}R$

双原子或线型多原子系统　$C_{V,\mathrm{m}}=\frac{5}{2}R$，$C_{p,\mathrm{m}}=\frac{7}{2}R$

多原子分子（非线型）系统　$C_{V,\mathrm{m}}=\frac{6}{2}R=3R$，$C_{p,\mathrm{m}}=4R$

对于实际气体和凝聚系统，可按关系式

$$C_{p,\mathrm{m}}-C_{V,\mathrm{m}}=T\left(\frac{\partial V_{\mathrm{m}}}{\partial T}\right)_p\left(\frac{\partial p}{\partial T}\right)_V$$

通过系统的 pVT 关系式求得［此方程将在第 3 章中根据热力学基本方程和麦克斯韦(Maxwell) 关系式导出］。

2.7.3 $C_{p,\mathrm{m}}$ $(C_{V,\mathrm{m}})$与温度的关系

无论是气体、液体还是固体，其热容都与温度有关，且随着温度升高而增大。但热容与温度关系并不是简单的线性关系。由于热容与温度关系对变温过程热的计算非常重要，是单质或化合物的基本热力学数据。因此，许多科学家用实验方法精确测定了常规的各种物质在不同温度下的 $C_{p,\mathrm{m}}$ 数据，通过对大量数据的归纳和总结，求出了如下两个 $C_{p,\mathrm{m}}$ 与 T 的经验方程。

$$C_{p,\mathrm{m}}=a+bT+cT^2 \tag{2-20a}$$

$$C_{p,\mathrm{m}}=a+bT+c'T^{-2} \tag{2-20b}$$

式中，T 为热力学温度；a、b、c 及 c' 为经验常数，随着物质及温度范围不同而异。常见物质热容经验公式中的常数见附录或有关手册。在查手册时要注意所给常数的适用温度范围。此外，不同手册中所查得的常数数值不尽相同，但在多数情况下的计算结果差不多是相符的。在高温时，不同公式之间的误差可能较大，要注意。

严格来讲，除了理想气体外，$C_{p,\mathrm{m}}$ 不仅仅是温度函数，还与压力有关，即 $C_{p,\mathrm{m}}=f(T,p)$。只是对于低压实际气体和凝聚态物质，压力对 $C_{p,\mathrm{m}}$ 的影响可忽略不计。

2.7.4 恒容或恒压变温过程 ΔU 或 ΔH 的计算

定义了摩尔恒压热容，有了式(2-18) $C_{p,\mathrm{m}}$ 与 $C_{V,\mathrm{m}}$ 的关系以及式(2-20a)、式(2-20b) $C_{p,\mathrm{m}}$ 与 T 的关系，对于单纯的 pVT 变化，我们可以计算有关物质系统从状态 1 在经历恒容或恒压变温过程后达到状态 2 的 ΔU 和 ΔH。

(1) 理想气体

对于组成恒定的理想气体封闭系统，若仅发生 pVT 变化，且不做非膨胀功 ($W_{\mathrm{f}}=0$)，可通过下式计算物质的量为 n 的理想气体系统发生恒容过程的 Q_V、ΔU 和恒压过程的 Q_p、ΔH：

$$\Delta U=Q_V=n\int_{T_1}^{T_2}C_{V,\mathrm{m}}\mathrm{d}T \tag{2-21}$$

$$\Delta H=Q_p=n\int_{T_1}^{T_2}C_{p,\mathrm{m}}\mathrm{d}T \tag{2-22}$$

即使是非恒容或恒压过程，对于理想气体而言，其单纯 pVT 变化过程的 ΔU 和 ΔH 仍可分别利用式(2-21) 和式(2-22) 进行计算，证明如下：

广泛的经验事实证明，对于纯物质单相封闭系统，可通过任意两个独立变量来描述系统的状态。若选择 T、V 作为热力学能 U 的特征变量，T、p 作为焓 H 的特征变量，则

$$U=f(T,V)$$

$$H=f(T,p)$$

对于任意单纯 pVT 变化过程，都应有

$$\mathrm{d}U=\left(\frac{\partial U}{\partial T}\right)_V\mathrm{d}T+\left(\frac{\partial U}{\partial V}\right)_T\mathrm{d}V$$

$$\mathrm{d}H=\left(\frac{\partial H}{\partial T}\right)_p\mathrm{d}T+\left(\frac{\partial H}{\partial p}\right)_T\mathrm{d}p$$

对于理想气体，$\left(\frac{\partial U}{\partial V}\right)_T=0$，$\left(\frac{\partial H}{\partial p}\right)_T=0$，且$\left(\frac{\partial U}{\partial T}\right)_V=C_V$，$\left(\frac{\partial H}{\partial T}\right)_p=C_p$，得

$$\mathrm{d}U=\left(\frac{\partial U}{\partial T}\right)_V\mathrm{d}T=C_V\mathrm{d}T=nC_{V,\mathrm{m}}\mathrm{d}T$$

$$\Delta U=\int_{U_1}^{U_2}\mathrm{d}U=n\int_{T_1}^{T_2}C_{V,\mathrm{m}}\mathrm{d}T \tag{2-23}$$

$$\mathrm{d}H=\left(\frac{\partial H}{\partial T}\right)_p\mathrm{d}T=C_p\mathrm{d}p=nC_{p,\mathrm{m}}\mathrm{d}T$$

$$\Delta H=\int_{H_1}^{H_2}\mathrm{d}H=n\int_{T_1}^{T_2}C_{p,\mathrm{m}}\mathrm{d}T \tag{2-24}$$

由此可知，对于组成一定的理想气体单纯 pVT 变化过程，不论过程恒容、恒压与否，系统的热力学能和焓的改变值均存在，且可利用 $C_{p,\mathrm{m}}$ 和 $C_{V,\mathrm{m}}$ 分别通过式(2-23) 和式(2-24) 进行计算。究其原因，这是因为对于理想气体，热力学能和焓都仅仅是温度的函数，即 $U=f(T)$，$H=f(T)$。不过，要注意的是若非恒容或恒压过程，通过式(2-23) 和式(2-24) 计算的 ΔU 和 ΔH 不等于 Q_V 和 Q_p。

(2) 凝聚态物质系统

凝聚态物质是指处于液态或固态的物质。凝聚态物质具有很好的不可压缩性。所以，在 T 一定时，只要压力变化不是很大，压力 p 对 H 的影响往往可忽略不计，故物质的量一定

的凝聚态封闭系统发生单纯的 pVT 变化、且不作非膨胀功时，系统焓的改变值仅取决于始、末态的温度，即

$$\Delta H = n\int_{T_1}^{T_2} C_{p,\mathrm{m}}\mathrm{d}T$$

若再加上恒压条件，则

$$\Delta H = Q_p = n\int_{T_1}^{T_2} C_{p,\mathrm{m}}\mathrm{d}T$$

至于过程的 ΔU，因 $\Delta H = \Delta U + \Delta(pV)$，对于凝聚态系统，$\Delta(pV)\approx 0$，因此有

$$\Delta U \approx \Delta H = n\int_{T_1}^{T_2} C_{p,\mathrm{m}}\mathrm{d}T\text{（凝聚态系统）} \tag{2-25}$$

值得讨论的是，尽管凝聚态系统具有很好的不可压缩性，但不能认为其变化为恒容过程，故不能用公式 $Q_V = \Delta U = n\int_{T_1}^{T_2} C_{V,\mathrm{m}}\mathrm{d}T$ 计算过程的热力学内能的改变值和 Q_V，此式只有在真正的恒容条件下才能使用。

（3）真实气体

对于真实气体系统，需将 $C_{p,\mathrm{m}}$ 与温度的关系式(2-20a) 或式(2-20b) 代入式(2-24) 中，根据真实气体状态方程求 ΔH。

例题 2-4 压力和体积分别为 101325Pa 和 $24.62\mathrm{dm}^3$ 的 1mol 理想气体（IG），其 $C_{V,\mathrm{m}} = 21\mathrm{J\cdot K^{-1}\cdot mol^{-1}}$，从 300K 开始经历下列过程，由状态Ⅰ加热至原温度的 2 倍到状态Ⅱ，（1）恒容过程；（2）恒压过程。分别求这两个过程的 Q、W、ΔU 和 ΔH。

解 过程框图如下

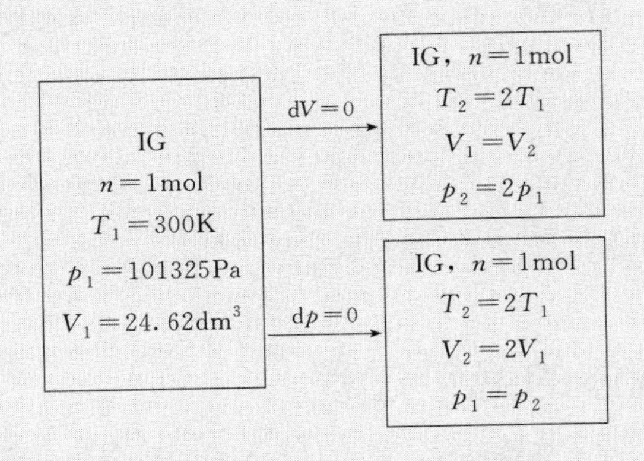

（1）恒容过程

$$W_1 = 0$$

$$\Delta U_1 = Q_V = nC_{V,\mathrm{m}}(T_2 - T_1) = [21\times(600-300)]\mathrm{J} = 6300\mathrm{J}$$

$$\Delta H_1 = nC_{p,\mathrm{m}}(T_2 - T_1) = [(21+8.314)\times(600-300)]\mathrm{J} = 8794.2\mathrm{J}$$

（2）恒压过程

$$W_2 = -p(V_2 - V_1) = -pV_1 = -nRT = (-101325\times 24.62\times 10^{-3})\mathrm{J} = -2494.2\mathrm{J}$$

$$\Delta U_2 = \Delta U_1 = 6300\mathrm{J}$$

$$Q_p = \Delta U_2 - W_2 = [6300-(-2494.2)]\mathrm{J} = 8794.2\mathrm{J}$$

$$\Delta H_2 = \Delta H_1 = Q_p = 8794.2\mathrm{J}$$

上述计算结果表明，对于理想气体单纯的 pVT 变化，无论什么过程，ΔU 和 ΔH 都可以分别用式(2-23) 和式(2-24) 计算，但是只有恒容（恒压）过程的 $\Delta U(\Delta H)$ 才等于其热效应。

例题 2-5 容积为 $0.1m^3$ 的恒容密闭、绝热的容器中有一绝热隔板，其两侧分别为0℃、4mol 的 Ar(g) 及 150℃、2mol 的 Cu(s)。现将隔板撤掉，整个系统达到热平衡，求末态温度 t 及过程的 ΔH。已知：Ar(g) 和 Cu(s) 的摩尔恒压热容 $C_{p,m}$ 分别为 $20.786J \cdot mol^{-1} \cdot K^{-1}$ 及 $24.435J \cdot mol^{-1} \cdot K^{-1}$，且假设均不随温度而变。

解 过程框图如下

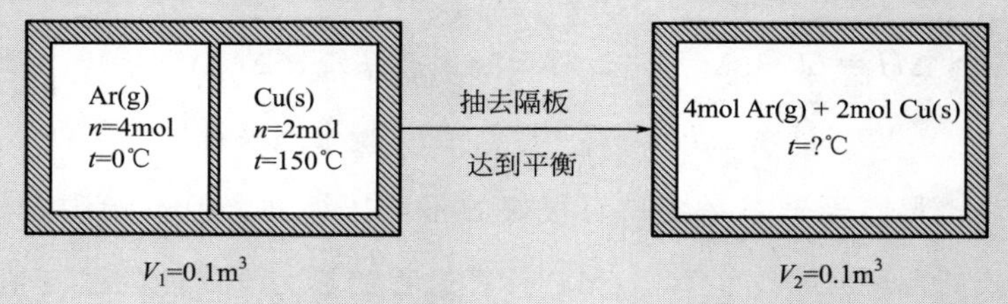

设隔板抽去的瞬间，Ar 瞬间充满整个容器，此后开始升温，则对于 Ar 来说是恒容升温过程。过程中，Ar(g) 吸热为 Q_1，Cu(s) 放热为 Q_2。因为整个体系处在绝热状态。所以有

$$Q_1 + Q_2 = 0$$

设终态温度为 t，则

$$Q_1 = n_1 C_{V,m}(t-0)$$

$$Q_2 = n_2 C_{p,m}(t-150)$$

$$n_1 C_{V,m}(t-0) + n_2 C_{p,m}(t-150) = 0$$

$$4 \times (20.786 - 8.314)t = 2 \times 24.435(150 - t)$$

求得

$$t = 74.22℃$$

设 Ar 为理想气体，H(Ar) 的改变值为 ΔH_1，H(Cu) 的改变值为 ΔH_2

$$\Delta H_1 = n_1 \int_{T_1}^{T_2} C_{p,m} dT = n_1 C_{p,m}(74.22 - 0) = (4 \times 20.786 \times 74.22)J = 6.171kJ$$

$$\Delta H_2 = n_2 \int_{T_1}^{T_2} C_{p,m} dT = n_2 C_{p,m}(74.22 - 150) = (-2 \times 24.435 \times 75.78)J = -3.703kJ$$

$$\Delta H = \Delta H_1 + \Delta H_2 = (6.171 - 3.7034)kJ = 2.4676kJ$$

2.8 理想气体的绝热过程

系统从始态到末态，除了恒容过程、恒压过程和恒温过程外，还有一常见的过程——绝热过程。如果一系统在状态发生变化过程中，系统与环境间不存在以热的形式交换的能量，这个过程叫绝热过程。可以想象得到，当系统发生绝热膨胀过程时，由于系统要对外做功而又得不到环境能量的补充，做功所需的能量一定来自于系统自身热力学能的消耗，这必然造成系统的温度的降低；反之亦然，当系统经过绝热压缩时，系统的温度将升高。绝热过程可以以可逆的方式进行，也可以以不可逆的方式进行。不过，从同一始态出发，可逆和不可逆过程所达到的终态不可能相同。对于物质的量一定的理想气体系统，恒温、恒压和恒容可逆过程的过程方程分别为 pV=常数、T/V=常数和 T/p=常数，类似地，绝热可逆过程也应有其过程方程，推导如下。

当系统发生绝热过程时，由于 $\delta Q=0$，根据热力学第一定律，

$$dU = \delta W \tag{2-26}$$

式(2-26) 说明绝热过程的功等于系统热力学能的变化。对于理想气体而言，在任意变化过

程中有 $\mathrm{d}U=nC_{V,\mathrm{m}}\mathrm{d}T$，而 $\delta W=-p_{\mathrm{ex}}\mathrm{d}V$，由此得

$$nC_{V,\mathrm{m}}\mathrm{d}T=-p_{\mathrm{ex}}\mathrm{d}V$$

对于可逆绝热过程，

$$nC_{V,\mathrm{m}}\mathrm{d}T=-p\mathrm{d}V$$

代入理想气体状态方程并整理得

$$nC_{V,\mathrm{m}}\frac{\mathrm{d}T}{T}=-nR\frac{\mathrm{d}V}{V}\text{或}C_{V,\mathrm{m}}\frac{\mathrm{d}T}{T}=-R\frac{\mathrm{d}V}{V}$$

对于理想气体，$C_{p,\mathrm{m}}-C_{V,\mathrm{m}}=R$，若令 $\dfrac{C_{p,\mathrm{m}}}{C_{V,\mathrm{m}}}=\gamma$，则 $\dfrac{C_{p,\mathrm{m}}-C_{V,\mathrm{m}}}{C_{V,\mathrm{m}}}=\gamma-1$，

代入上式，得

$$\frac{\mathrm{d}T}{T}+(\gamma-1)\frac{\mathrm{d}V}{V}=0$$

此式无论 $C_{V,\mathrm{m}}$ 是否与 T 有关，均能成立。若 $C_{V,\mathrm{m}}$ 是常数（对于理想气体，在常温下，$C_{V,\mathrm{m}}$ 确是常数，这将在统计热力学一章证明），上式积分后得

$$\ln T+(\gamma-1)\ln V=\text{常数}$$

即

$$TV^{\gamma-1}=\text{常数} \tag{2-27}$$

若分别以 $T=\dfrac{pV}{nR}$ 和 $V=\dfrac{nRT}{p}$ 代入式(2-27)，得

$$pV^{\gamma}=\text{常数} \tag{2-28}$$

$$p^{1-\gamma}T^{\gamma}=\text{常数} \tag{2-29}$$

式(2-27)、式(2-28) 和式(2-29) 都是理想气体绝热可逆过程的**过程方程**。

在这里，我们顺便讨论一下状态方程和过程方程的关系。从理想气体 p、V、T 图（图 2-4）可以看出过程方程和状态方程的区别。状态方程在 p-V-T 图上是一个面，面上的任意一点代表系统的一个状态；而过程方程在 p-V-T 图上是状态方程所表示的面中的一条线，例如等压过程是一条 $nRT/V=$ 常数的直线，等容过程是 $nRT/p=$ 常数的另一条直线，而等温可逆过程和绝热可逆过程分别是 $pV=$ 常数和 $pV^{\gamma}=$ 常数、各点斜率不同的曲线（见图 2-4）。

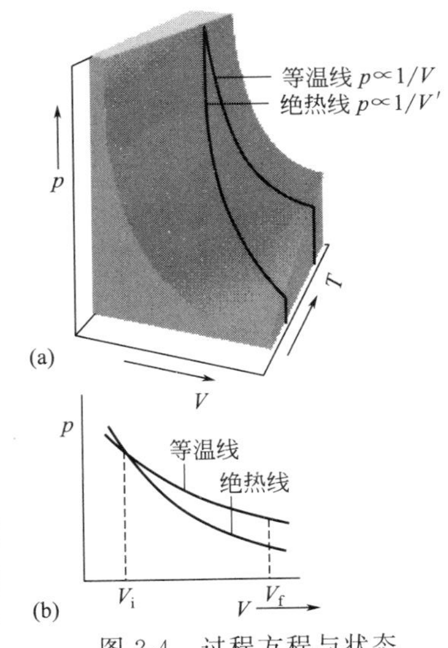

图 2-4　过程方程与状态方程的图解示意图

对于理想气体绝热过程，无论过程可逆与否，式(2-26) 都是成立的，即可通过计算系统热力学能的改变值来求绝热过程系统所做的功，反之亦然。同时，对于绝热可逆过程，有了式(2-28) 后，我们还可以通过下式求绝热可逆过程中的功。

$$W=-\int_{V_1}^{V_2}p\mathrm{d}V=-\int_{V_1}^{V_2}\frac{K}{V^{\gamma}}\mathrm{d}V=-\left[\frac{K}{(1-\gamma)V^{\gamma-1}}\right]_{V_1}^{V_2}=-\frac{K}{1-\gamma}\left[\frac{1}{V_2^{\gamma-1}}-\frac{1}{V_1^{\gamma-1}}\right]$$

由于 $p_1V_1^{\gamma}=p_2V_2^{\gamma}=K$，故上式又可写为

$$W=\frac{p_2V_2-p_1V_1}{\gamma-1}=\frac{nR(T_2-T_1)}{\gamma-1} \tag{2-30}$$

接下来比较系统从同一始态出发，到达体积为 V_2 的终态，绝热可逆过程和恒温可逆过程各自所做的功，以及变化过程中相同 V 时所对应的绝热线和等温线的斜率。如图 2-4(b) 所

示，$|W_{绝热}|<|W_{恒温}|$，且从同一始态出发，到达相同的 V_2 终态时，绝热可逆过程的压力小于恒温可逆过程，即绝热可逆线上沿图各点的斜率的绝对值皆大于恒温可逆过程，对式(2-28) 微分，可得绝热可逆过程线上各点斜率为 $\left(\frac{\partial p}{\partial V}\right)_s=-\gamma\frac{p}{V}$，而恒温可逆过程线的各点斜率为 $\left(\frac{\partial p}{\partial V}\right)_T=-\frac{p}{V}$。

由于 $\gamma>1$，所以绝热过程曲线上各点斜率的绝对值皆大于相应的等温线各点斜率的绝对值。究其原因是在绝热过程中，系统体积变化作膨胀功，且系统对外做功是通过消耗自身的内能完成的，因而气体温度下降，这两个因素都使气体的压力降低，而等温过程却只有体积变大对外做功这一个因素。

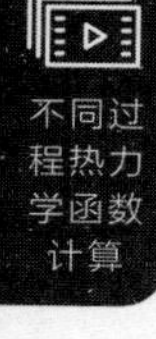

例题 2-6 某双原子理想气体 1mol 从始态 350K、200kPa 经过如下四个不同过程达到各自的平衡态，求各过程的 W、Q、ΔU 和 ΔH。

(1) 恒温可逆膨胀到 50kPa；

(2) 恒温反抗恒外压 50kPa 膨胀；

(3) 绝热可逆膨胀到 50kPa；

(4) 绝热反抗 50kPa 恒外压膨胀至终态。

解 (1) 因为 $U=f(T)$，$H=f(T)$

所以 $\Delta U_1=0$，$\Delta H_1=0$

$$W_1=-Q_1=-\int_{V_1}^{V_2}p\,\mathrm{d}V=-\int_{V_1}^{V_2}\frac{nRT}{V}\mathrm{d}V=-RT\ln\frac{V_2}{V_1}=-8.314\times350\ln\frac{p_1}{p_2}$$

$$=\left(-8.314\times350\ln\frac{200}{50}\right)\mathrm{J}=-4.034\mathrm{kJ}$$

$Q_1=4.034\mathrm{kJ}$

(2) $\Delta U=0$，$\Delta H=0$

$$W_2=-Q_2=-p_{\mathrm{ex}}(V_2-V_1)=-p_2\left(\frac{RT}{p_2}-\frac{RT}{p_1}\right)=\left[-8.314\times350\times\left(1-\frac{50}{200}\right)\right]\mathrm{J}=-2.182\mathrm{kJ}$$

$Q_2=2.182\mathrm{kJ}$

(3) 对于绝热过程，关键是求出 T_2，对于可逆过程，有

$$T_2p_2^{\frac{1-\gamma}{\gamma}}=T_1p_1^{\frac{1-\gamma}{\gamma}},\ T_2=T_1\left(\frac{p_1}{p_2}\right)^{\frac{1-\gamma}{\gamma}}$$

对于双原子理想气体，$\gamma=\dfrac{C_{p,\mathrm{m}}}{C_{V,\mathrm{m}}}=\dfrac{\frac{7}{2}R}{\frac{5}{2}R}=\dfrac{7}{5}=1.4$

$$T_{2,\mathrm{r}}=T_1\left(\frac{p_1}{p_2}\right)^{-\frac{0.4}{1.4}}=(350\times0.673)\mathrm{K}=235.5\mathrm{K}$$

$$\Delta U_3=W=C_{V,\mathrm{m}}(T_{2,\mathrm{r}}-T_1)=\left[\frac{5}{2}R(235.5-350)\right]\mathrm{J}=-2.380\mathrm{kJ}$$

$$\Delta H_3=C_{p,\mathrm{m}}(T_{2,\mathrm{r}}-T_1)=\left[\frac{7}{2}R(235.5-350)\right]\mathrm{J}=-3.332\mathrm{kJ}$$

$Q_3=0$

(4) 因为是反抗恒定外压，$(p_{ex}-p_i)\neq dp$，为一宏观量，所以是一不可逆绝热过程。对于不可逆绝热过程，最重要的同样是求出末态温度 T_2。不过，对于绝热不可逆过程，千万不要用绝热可逆过程的过程方程求 T_2，而要用式(2-26)。

因为
$$Q_4=0$$
所以
$$\Delta U=W$$

$$nC_{V,m}(T_{2,i}-T_1)=-p_2(V_2-V_1)=-p_2\left(\frac{nRT_{2,i}}{p_2}-\frac{nRT_1}{p_1}\right)$$

$$C_{V,m}(T_{2,i}-T_1)=-R\left(T_{2,i}-T_1\frac{p_2}{p_1}\right)$$

$$T_{2,i}=\frac{\left(C_{V,m}+\dfrac{p_2}{p_1}R\right)}{C_{V,m}+R}T_1=\frac{\dfrac{5}{2}R+\dfrac{50}{200}R}{\dfrac{7}{2}R}T_1=275\text{K}$$

$$\Delta U_4=C_{V,m}(T_{2,i}-T_1)=\left[\frac{5}{2}R(275-350)\right]\text{J}=-1.559\text{kJ}$$

$$\Delta H_4=C_{p,m}(T_{2,i}-T_1)=\left[\frac{7}{2}R(275-350)\right]\text{J}=-2.183\text{kJ}$$

$$W_4=-1.559\text{kJ}$$

$$Q_4=0$$

比较 (3)、(4) 的结果可知，由同一始态出发，经过绝热可逆过程和绝热不可逆过程，达不到相同的终态。当两终态压力相同时，由于不可逆过程对外做功少一些，故 $T_{2,i}>T_{2,r}$。

2.9 实际气体的节流膨胀

2.9.1 焦耳-汤姆逊实验——节流膨胀及其热力学特征

在前面讨论焦耳实验时曾提及，焦耳关于低压气体自由膨胀实验不够精确。为了能较好地观察实际气体在膨胀时所发生的温度变化，1852 年汤姆逊（W. Thomson）和焦耳进行了另外一个实验，设法克服了由于环境热容太大而不易观察到气体膨胀后温度可能发生微小变化的困难。实验装置与过程如图 2-5 所示，其装置和思路是既要将压缩区的气体通过压缩进入到膨胀区，又要分别维持压缩区和膨胀区气体的压力为恒定值。为此，在压缩区和膨胀区

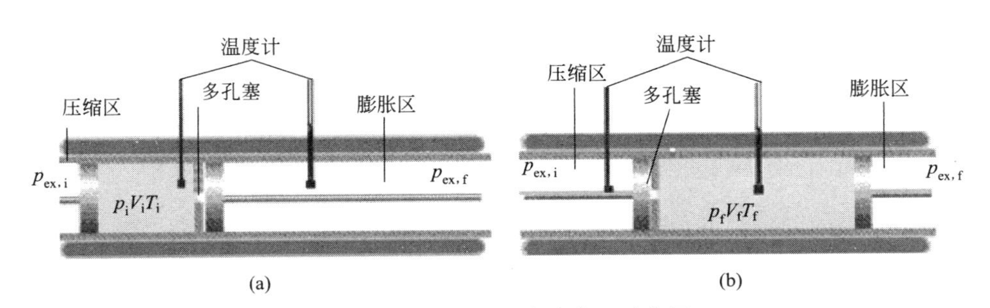

图 2-5　焦耳-汤姆逊实验装置示意图

(a) 始态；(b) 终态

之间加一多孔塞，由于多孔塞的节流作用，可以维持两边的压力差，同时维持压缩区高压 p_i 部分和膨胀区低压 p_f 部分的压力恒定不变，待达到稳定后，气体由压缩区通过多孔塞向膨胀区流动时温度的变化可由安置在多孔塞两边的温度计直接测量出来。整个系统是绝热的，系统与环境之间无热交换，**这种气体始、终态压力分别保持恒定条件下的绝热膨胀过程称为“节流膨胀”**。

如图 2-5 所示，系统的始态为 p_i、V_i、T_i，在活塞推进过程中，可以认为 $p_{ex,i} \approx p_i$，$p_{ex,f} \approx p_f$，经过节流膨胀后，气体的终态为 p_f、V_f、T_f。在左边，环境对系统做功为

$$W_1 = -p_i \Delta V = -p_i(0 - V_i) = p_i V_i$$

而这部分气体经过多孔塞节流膨胀到右边膨胀区时系统对环境所做的功为

$$W_2 = -p_f \Delta V = -p_f(V_f - 0) = -p_f V_f$$

因此，在整个节流膨胀过程中系统所做的净功为

$$W = W_1 + W_2 = p_i V_i - p_f V_f$$

由于过程是绝热的，$Q=0$，因此，根据热力学第一定律有

$$U_f - U_i = \Delta U = W = p_i V_i - p_f V_f$$

整理上式得

$$U_f + p_f V_f = U_i + p_i V_i$$

即

$$H_f = H_i \text{ 或 } \Delta H = 0$$

上述热力学推导证明，节流过程是一等焓过程。

2.9.2 焦耳-汤姆逊系数

在上述实验中，可用 $(\Delta T/\Delta p)_H$ 来表示在等焓条件下，随着压力的降低而引起的系统温度对压力的变化率。其微分表达式为

$$\mu_{J\text{-}T} = (\partial T/\partial p)_H \tag{2-31}$$

$\mu_{J\text{-}T}$ 称为**焦耳-汤姆逊系数**，简称焦-汤系数，是系统的强度性质。因为节流膨胀过程的 $dp<0$，所以

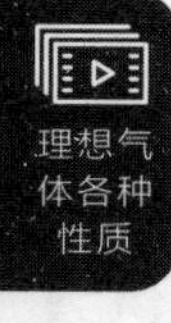

当 $\mu_{J\text{-}T}>0$，经节流膨胀后，气体温度下降；

$\mu_{J\text{-}T}=0$，经节流膨胀后，气体温度不变；

$\mu_{J\text{-}T}<0$，经节流膨胀后，气体温度升高。

理想气体 $H=f(T)$，H 不变，T 亦不变，所以 $\mu_{J\text{-}T}(\text{IG})=0$。而实际气体经过节流膨胀后，温度往往发生变化。在常温下，一般气体的 $\mu_{J\text{-}T}$ 均为正值，例如，空气 $\mu_{J\text{-}T}=0.395\text{K}/100\text{kPa}$，即压力下降 100kPa，空气温度下降 0.395K。但 H_2 和 He 等气体在常温下，$\mu_{J\text{-}T}<0$，经节流膨胀后，其温度不降反升。若在很低温度（H_2 在 200K 以下，He 在 50K 以下）下进行节流膨胀，可使其 $\mu_{J\text{-}T}>0$。通常将 $\mu_{J\text{-}T}=0$ 的温度称为**转化温度**，在转化温度时，气体经节流膨胀时温度不变。

例题 2-7 （1）CO_2 气体通过一节流孔由 5×10^6Pa 向 1×10^5Pa 膨胀，其温度由原来的 25℃下降到 −39℃，试估算其 $\mu_{J\text{-}T}$。（2）已知 CO_2 的沸点为 −78.5℃，将 25℃的 CO_2 经一步节流膨胀使其温度下降到沸点，其起始压力应为若干（终态压力为 1×10^5Pa）?

解 （1）在实验的温度和压力范围内，

$$\mu_{J\text{-}T} = \left(\frac{\partial T}{\partial p}\right)_H = \frac{\Delta T}{\Delta p} = \left(\frac{-39-25}{10^5 - 5\times10^6}\right)\text{K}\cdot\text{Pa}^{-1} = 1.31\times10^{-5}\,\text{K}\cdot\text{Pa}^{-1}$$

（2）根据（1）的结果及 $\mu_{J\text{-}T}$ 的定义，则

$\mu_{J\text{-}T} = \dfrac{\Delta T}{\Delta p}$，即 $1.31\times10^{-5} = \dfrac{-78.5-25}{10^5 - (p_2/\text{Pa})}$，得

$$p_2 = 8.0\times10^6\,\text{Pa}$$

2.9.3 等焓线

实际上，每一次焦-汤实验，只能提供一个 $(\Delta T/\Delta p)_H$ 值，要想得到某气体在某 p，T 的 $\mu_{J\text{-}T}$ 值，还必须画出等焓线。要在 T-p 图上画出等焓线，需要做若干个实验。其方法是在节流膨胀实验装置的左方，选定一个固定的始态 (p_1, V_1, T_1)（图 2-5），调节右边的压力为 p_2，进行一次节流膨胀，并测量 T_2，得到两个实验点 $1(T_1, p_1)$ 和 $2(T_2, p_2)$，在 T-p 图上分别标出 $1(T_1, p_1)$ 和 $2(T_2, p_2)$ 点（图 2-6），始态 $1(T_1, p_1)$ 与终态 $2(T_2, p_2)$ 具有相同的焓值。同理，保持始态 $1(T_1, p_1)$ 不变，调节右边的压力分别为 p_3、p_4、…，各进行一次节流膨胀，分别得到 $3(T_3, p_3)$、$4(T_4, p_4)$ 等实验点，依次将 $3(T_3, p_3)$、$4(T_4, p_4)$ 等实验点标在 T-p 图上，并将其连成光滑的曲线，即得一条等焓线（图 2-6）。在图 2-6 中的等焓线上任意一点的切线 $(\partial T/\partial p)_H$，就是该 p、T 下的 $\mu_{J\text{-}T}$ 值。显然，在图 2-6 等焓线上，状态 3 的点为极值点，在该点，$\mu_{J\text{-}T}=0$，在 3 的左侧有 $\mu_{J\text{-}T}>0$，而在状态 3 的右侧有 $\mu_{J\text{-}T}<0$，说明在等焓线上第 3 点左边相应的压力、温度条件下，进行节流膨胀时，气体温度将降低，而在第 3 点的右侧相应的温度、压力条件下节流膨胀，气体温度将升高，在状态 3 的温度、压力进行节流膨胀，气体的温度不变。状态 3 所处的温度就是该气体的转化温度。

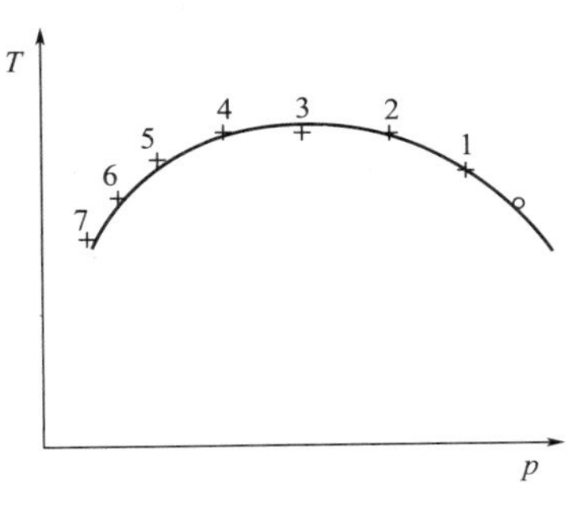

图 2-6 气体的等焓线示意图

就图 2-6 而言，我们只能知道在等焓线上的温度、压力条件下进行节流膨胀的 $\mu_{J\text{-}T}$ 值，要想知道某一气体在不同 T、p 范围内的 $\mu_{J\text{-}T}$ 是大于零，还是小于零，就需要在 T-p 图上画出该气体的转化曲线。

2.9.4 转化曲线

选择不同起始状态 p_i、T_i，作若干条等焓线，将各条等焓线的极大值相连，就得到一条曲线 ABC，曲线 ABC 就称为转化曲线（见图 2-7）。转化曲线 ABC 将 T-p 图分成两个区域。

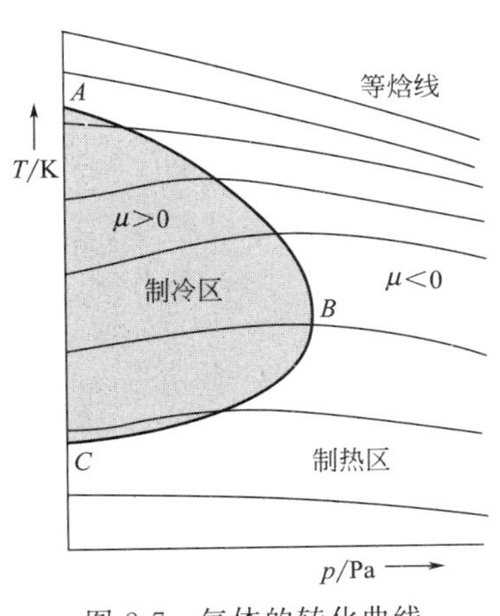

图 2-7 气体的转化曲线

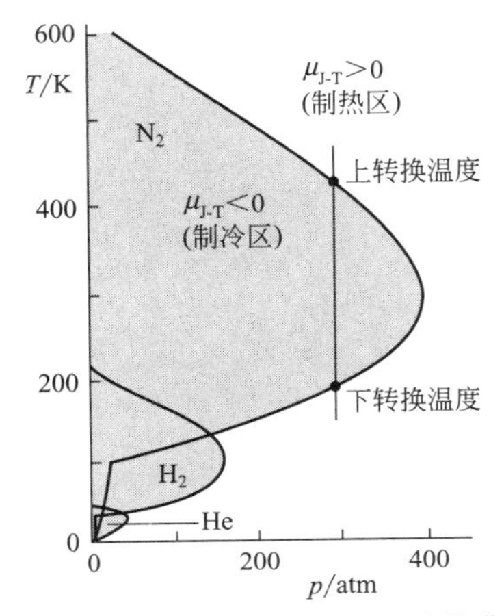

图 2-8 N_2、H_2 和 He 气体的转化曲线

在转化曲线与纵坐标轴包围的曲线内，$\mu_{J\text{-}T}>0$，是制冷区，即当气体的 T、p 落在这一区域内进行节流膨胀时，气体温度将下降，在这个区域内，气体可经过多次节流膨胀而被

液化；在转化曲线以外，$\mu_{J-T}<0$，是制热区，在该区域内，气体通过节流膨胀，其温度将升高。

显然，工作物质（即被节流膨胀的气体）不同，其转化曲线的 T、p 区间也不同。如图 2-8 所示，N_2 的转化曲线的温度高、压力范围宽，能液化的 T、p 范围大；而 H_2 和 He 转化曲线的温度低，压力范围小，很难被液化。

*2.9.5 焦耳-汤姆逊系数（μ_{J-T}）正、负号的热力学分析

对于一定量的气体，$H=f(T,p)$

$$dH=\left(\frac{\partial H}{\partial T}\right)_p dT+\left(\frac{\partial H}{\partial p}\right)_T dp$$

经过节流膨胀后，$dH=0$，故

$$\left(\frac{\partial T}{\partial p}\right)_H=-\frac{\left(\frac{\partial H}{\partial p}\right)_T}{\left(\frac{\partial H}{\partial T}\right)_p}$$

又因为 $\mu_{J-T}=\left(\frac{\partial T}{\partial p}\right)_H$，$\left(\frac{\partial H}{\partial T}\right)_p=C_p$，$H=U+pV$，所以上式可写为

$$\mu_{J-T}=\left(\frac{\partial T}{\partial p}\right)_H=-\frac{\left[\frac{\partial(U+pV)}{\partial p}\right]_T}{C_p}=\left\{-\frac{1}{C_p}\left(\frac{\partial U}{\partial p}\right)_T\right\}+\left\{-\frac{1}{C_p}\left[\frac{\partial(pV)}{\partial p}\right]_T\right\} \tag{2-32}$$

由式(2-32) 可知，μ_{J-T} 值的正负由等式右边的两项来决定。因为 $C_p\geqslant0$，更确切地说，μ_{J-T} 取决于 $\left(\frac{\partial U}{\partial p}\right)_T$ 和 $\left[\frac{\partial(pV)}{\partial p}\right]_T$。

对于理想气体：$\left(\frac{\partial U}{\partial p}\right)_T=0$，$\left[\frac{\partial(pV)}{\partial p}\right]_T=0$，所以 $\mu_{J-T}=0$。

对于实际气体：

① 由于分子间存在着吸引力，在压力减小（即体积增大）的同时还要保持等温，系统必须吸收能量以克服分子间的引力，所以热力学能增加，又因为 C_p 大于零，故第一项大于零，即：

$$\left(\frac{\partial U}{\partial p}\right)_T<0,\ C_p>0,\ \text{所以}\left\{-\frac{1}{C_p}\left(\frac{\partial U}{\partial p}\right)_T\right\}>0$$

② 式(2-32) 中的第二项符号取决于 $[\partial(pV)/\partial p]_T$，而 $[\partial(pV)/\partial p]_T$ 的正负，由实际气体的 pV_m-p 图可知，它既取决于气体的种类，又取决于气体所处的温度和压力。以 H_2 和 CH_4 气体为例，如图 2-9 所示，在 $T=273.15K$ 时，对 H_2 而言，在任何压力下都有 $[\partial(pV)/\partial p]_T>0$，所以对 H_2 来说，式(2-32) 中的第二项总是负的，且其值超过了第一项，故 μ_{J-T} 为负。同样是在 273.15K，CH_4 的 pV_m-p 曲线则与 H_2 不一样，根据压力的大小，可分为（1）和（2）两段。当压力小于某一数值时，式(2-32) 中的第二项为正值，μ_{J-T} 也就必为正值。而在压力较大时，即在曲线的第（2）段，$[\partial(pV)/\partial p]_T>0$，此时第二项为负值，$\mu_{J-T}$ 的正负也就取决于第一项和第二项的相对大小。由上述分析可知，式(2-32) 中的两项的数值可以相互抵消，也可相互加强，所

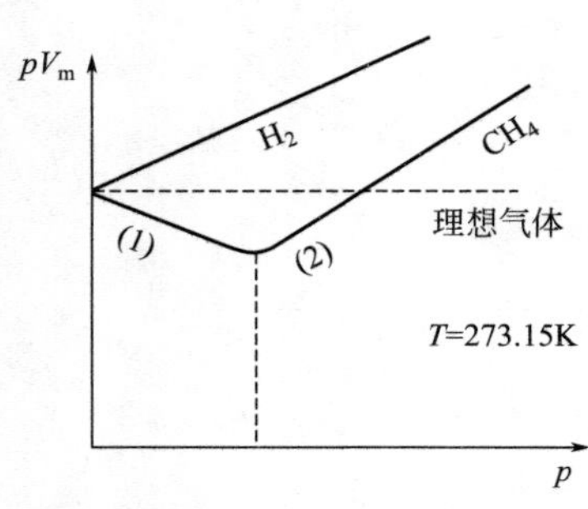

图 2-9 实际气体 pV_m-p 关系示意图

以 $\mu_{J\text{-}T}$ 的值取决于气体的种类以及所处的温度和压力。就是 H_2，当温度足够低时，其 $pV_m\text{-}p$ 曲线也可以类似于 CH_4 在 273.15K 的 $pV_m\text{-}p$ 曲线，也就有 $\mu_{J\text{-}T}>0$ 的可能出现。

焦耳-汤姆逊实验（节流膨胀）使人们对实际气体的 U 和 H 的性质有更深入的了解，并且在气体液化、低温和空分工业中有重要的应用。

2.10 相变焓

物质总是以一定的聚集形态存在于自然界中。不同的物质有不同的聚集形态，即使是同一种物质，当其所处的（温度、压力等）条件不同时，亦存在不同的聚集形态。为了准确描述和区分物质的不同的聚集形态，人们将**系统中物理性质和化学性质完全相同的形态定义为“相”**，相与相之间在指定的条件下有明显的界面，在界面上，宏观性质的改变是突变式的。根据上述相的定义，对气体而言，不论多少种气体混合在一起，系统只有一个相；对于不同物质的液体，根据混合组分的互溶程度，可以是一相、两相或三相共存。例如：水与乙醇混合，构成单相系统；而水加苯，由于其几乎完全不互溶，在水与苯之间存在明显的界面，上层是纯苯，下层为纯水，二者的物理性质和化学性质完全不同，故为二相系统；固体物质，除了固体溶液外，一般一种固体，至少存在一个相。对于“相”的定义和理解，可更简单且直观地解释为：系统中，**纯物质或多种物质之间以分子（离子或原子）尺度相互均匀混合的部分为同一个“相”**。

在本章主要涉及的是同一物质的不同相态之间变化的热效应。同一物质根据其所处的温度、压力不同，可以以不同的相态存在。例如，H_2O 可以以气、液、固三种相态中的任意一种相态存在，也可以以两种，甚至三种相态同时存在。系统中的同一种物质的不同相之间的转变称为**相变化**。常见的相变化过程如图 2-10 所示。

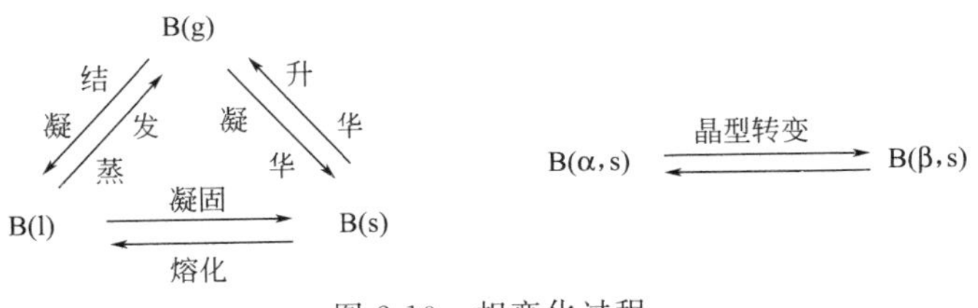

图 2-10　相变化过程

2.10.1 摩尔相变焓

相变化一般是在恒温恒压条件下进行的，通常涉及 Q、V、U、H 等状态函数的变化，当然也存在相变（膨胀）功。相变过程所产生的热效应称为**相变热**。对于组成恒定，$W_f=0$ 的封闭系统，有

$$Q_p=\Delta H$$

物质的相变热与其发生相变时的温度和压力有关，而物质的相变过程热效应又是重要的基础热力学数据之一，因此需要有统一规定的名词和定义。

由 1mol 物质在恒定温度 T 以及与该温度相对应的平衡压力下的相变化（α 相 $\rightleftharpoons$ β 相）所引起的状态函数焓的改变值叫**摩尔相变焓**，记作 $\Delta_\alpha^\beta H_m$ 或 $\Delta_{相变}H_m$，其 SI 单位为 $J\cdot mol^{-1}$ 或 $kJ\cdot mol^{-1}$。

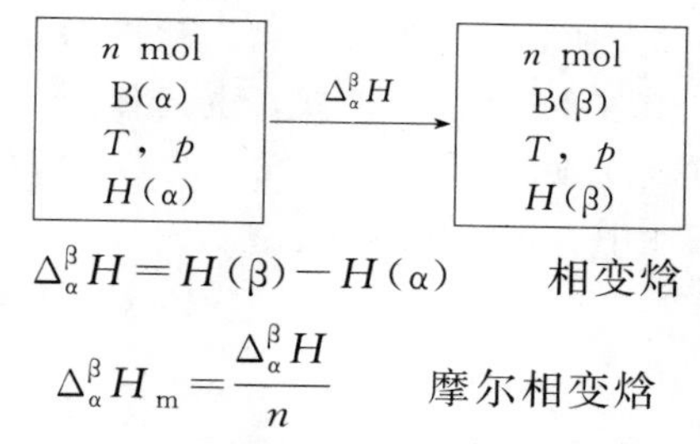

$$\Delta_\alpha^\beta H = H(\beta) - H(\alpha) \qquad 相变焓$$

$$\Delta_\alpha^\beta H_m = \frac{\Delta_\alpha^\beta H}{n} \qquad 摩尔相变焓$$

同一种物质，相同条件下互为相反的两种相变过程，其摩尔相变焓的关系为

$$\Delta_\alpha^\beta H_m = -\Delta_\beta^\alpha H_m$$

例如

$H_2O(l)$，100℃，101325Pa $\underset{\Delta_g^l H_m(H_2O) = -40.668\text{kJ}\cdot\text{mol}^{-1}}{\overset{\Delta_l^g H_m(H_2O) = 40.668\text{kJ}\cdot\text{mol}^{-1}}{\rightleftharpoons}}$ $H_2O(g)$，100℃，101325Pa

2.10.2 相变过程热力学能和功

对于凝聚相系统诸如熔化（结晶）和晶型转变的相变过程。

$$Q_p = \Delta_\alpha^\beta H = \Delta_\alpha^\beta U + \Delta_\alpha^\beta(pV) = \Delta_\alpha^\beta U + p\Delta_\alpha^\beta V \tag{2-33}$$

由于凝聚相的不可压缩性，当压力不是很大时，$p\Delta_\alpha^\beta V = W \approx 0$，所以有

$$\Delta_\alpha^\beta H_m \approx \Delta_\alpha^\beta U \tag{2-34}$$

而对于 s $\rightleftharpoons$ g 或 l $\rightleftharpoons$ g 过程，有

$$\begin{aligned} Q_p &= \Delta_\alpha^\beta H = \Delta_\alpha^\beta U + p\Delta_\alpha^\beta V \\ &\approx \Delta_\alpha^\beta U + pV_g \ （与气态体积相比，凝聚相体积可忽略不计） \\ &= \Delta_\alpha^\beta U + n_g RT \ （假设气体为理想气体） \end{aligned} \tag{2-35}$$

$$W = -p\Delta_\alpha^\beta V = -n_g RT \tag{2-36}$$

式中，n_g 是发生相变的气态物质的量。

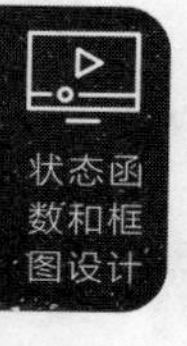

例题 2-8 在100℃的恒温槽中有容积恒定为 50dm^3 的真空容器，容器内底部有一小玻璃瓶，瓶中有29.39g液态水，现将小瓶打破，液态水完全蒸发成压力为101.325kPa的水蒸气（可视为理想气体），求过程的 Q、W、ΔU 和 ΔH。已知：100℃、101.325kPa条件下 $\Delta_l^g H_m(H_2O) = 40.668\text{kJ}\cdot\text{mol}^{-1}$。（压力变化很小，不考虑压力对汽化热的影响）

解 首先画出过程框图

[$V=50\text{dm}^3$，真空；$H_2O(l)$，29.39g；$T_1=100$℃] $\xrightarrow{p_{外}=0}$ [$V=50\text{dm}^3$，$p_2=100\text{kPa}$；$T_2=T_1=100$℃；$H_2O(g)$，29.39g]

$$n = \frac{29.39}{18} = 1.633\text{mol}$$

$$\Delta H = n\Delta H_m = 1.633 \times 40.668 = 66.41\text{kJ}$$

$$W = -p_{ex}\Delta V = -0 \times \Delta V = 0$$

$$\begin{aligned} \Delta U &= \Delta H - \Delta(pV) = \Delta H - (p_2V_g - p_1V_l) \approx \Delta H - p_2V_g = \Delta H - nRT \\ &= (66.41 - 1.633 \times 8.314 \times 373 \times 10^{-3})\text{kJ} = 61.34\text{kJ} \end{aligned}$$

$$Q = \Delta U - W = (61.34 - 0)\text{kJ} = 61.34\text{kJ}$$

例题 2-9　在带活塞的绝热容器中，有温度为 $-20℃$ 的过冷水 1kg。环境压力维持在恒定压力 101.325kPa 不变。已知在 101.325kPa 下水的凝固点为 0℃，在此条件下冰的比熔化焓为 $333.3 \mathrm{J \cdot g^{-1}}$，过冷水的比恒压热容为 $4.184 \mathrm{J \cdot g^{-1} \cdot K^{-1}}$。求当过冷水失稳结冰后的末态时冰的质量。

解　(1) 相变焓的定义是同一物质恒温恒压下在两个热力学稳定相态之间的相变热效应，而在该题中，始态为一亚稳态。对于凝聚相而言，当忽略亚稳态与热力学平衡态的差异时，也可近似地将亚稳态到平衡态间的相变焓按热力学稳定态处理。

解题之前首先要回答的问题是：末态是冰？是水？还是冰＋水？

首先大致考虑 1kg 过冷的亚稳态水是否会全部结成 0℃的冰。

放热：$1000 \times 333.3 = 3.333 \times 10^5 \mathrm{J}$，吸热：$1000 \times 20 \times 4.184 = 8.3680 \times 10^4 \mathrm{J}$

放热＞吸热，不需要全部过冷水结成冰，只需部分过冷水结成冰，就能将体系的温度升至 0℃。所以终态将是在 0℃ s-l 平衡共存。

(2) 画出过程变化框图，设有 x g 过冷水凝聚成冰。

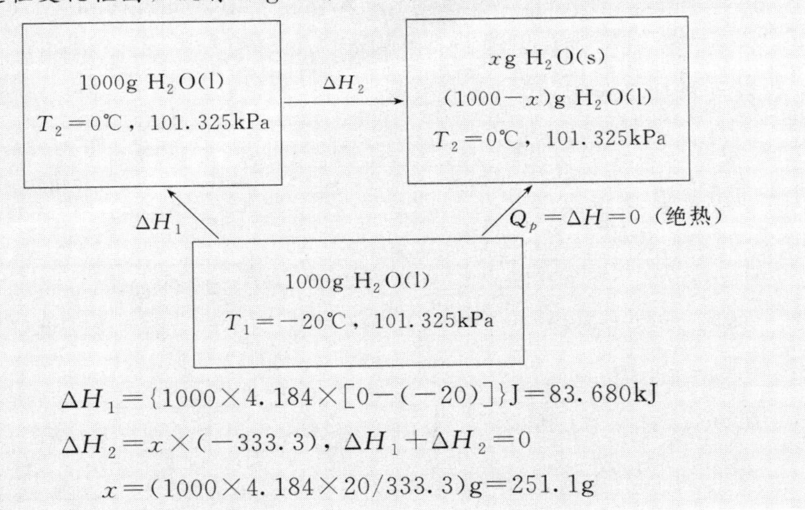

$$\Delta H_1 = \{1000 \times 4.184 \times [0-(-20)]\} \mathrm{J} = 83.680 \mathrm{kJ}$$

$$\Delta H_2 = x \times (-333.3),\ \Delta H_1 + \Delta H_2 = 0$$

解得
$$x = (1000 \times 4.184 \times 20/333.3)\mathrm{g} = 251.1 \mathrm{g}$$

2.10.3　摩尔相变焓随温度变化

因为相变焓是物质的重要热力学数据之一，在工程计算中经常用到。此外，一般手册上供查阅的只有特定条件（101.325kPa，正常相变温度）下的相变数据，而工程中的条件各种各样，常常要用到其他温度条件下的相变焓数据。要得到这些不同温度下的相变焓数据，方法之一是通过实验测定，另一方法是通过手册上已知的标准数据来计算工程条件下的相变焓。

对于组成一定的体系，已知

$$H = f(T, p)$$

一般地，

$$\Delta_\alpha^\beta H_m = f(T, p)$$

原则上应考虑压力对相变焓的影响，但实际上压力对凝聚态物质的摩尔焓影响很小，常压下压力对气体摩尔焓的影响也可以忽略不计，所以只考虑温度对相变焓的影响。

通常是通过已知某温度（如 298.15K）下已知的 $\Delta_\alpha^\beta H_m(T_1, p_{s,1})$，通过状态函数法来计算工程条件下的相变焓 $\Delta_\alpha^\beta H_m(T_2, p_{s,2})$，设计过程框图如下：

$$
\begin{array}{ccc}
\boxed{B(\alpha), T_2, p_{s,2}} & \xrightarrow{\Delta_\alpha^\beta H_m(T_2)} & \boxed{B(\beta), T_2, p_{s,2}} \\
\downarrow \Delta H_m(\alpha) & & \uparrow \Delta H_m(\beta) \\
\boxed{B(\alpha), T_1, p_{s,1}} & \xrightarrow{\Delta_\alpha^\beta H_m(T_1)} & \boxed{B(\beta), T_1, p_{s,1}}
\end{array}
$$

$$\Delta_\alpha^\beta H_m(T_2) = \Delta H_m(\alpha) + \Delta_\alpha^\beta H_m(T_1) + \Delta H_m(\beta)$$

$$\Delta H_m(\alpha) = \int_{T_2}^{T_1} C_{p,m}(\alpha)\mathrm{d}T, \ \Delta H_m(\beta) = \int_{T_1}^{T_2} C_{p,m}(\beta)\mathrm{d}T$$

$$\Delta H_m(\alpha) + \Delta H_m(\beta) = \int_{T_1}^{T_2} [C_{p,m}(\beta) - C_{p,m}(\alpha)]\mathrm{d}T$$

令 $\Delta C_{p,m} = C_{p,m}(\beta) - C_{p,m}(\alpha)$，则

$$\Delta_\alpha^\beta H_m(T_2) = \Delta_\alpha^\beta H_m(T_1) + \int_{T_1}^{T_2} \Delta C_{p,m}\mathrm{d}T \tag{2-37}$$

例题 2-10 水在 $T_1 = 100℃$ 时的饱和蒸气压 $p_1 = 101.325\text{kPa}$，在 $T_2 = 80℃$ 时的饱和蒸气压 $p_2 = 47360\text{Pa}$。已知，$\Delta_l^g H_m(H_2O, 373.15\text{K}) = 40.668\text{kJ}\cdot\text{mol}^{-1}$，$C_{p,m}(H_2O,g) = 33.58\text{J}\cdot\text{K}^{-1}\cdot\text{mol}^{-1}$，$C_{p,m}(H_2O,l) = 75.29\text{J}\cdot\text{K}^{-1}\cdot\text{mol}^{-1}$。求 $\Delta_l^g H_m(H_2O, 353.15\text{K})$。

解 设计过程框图如下：

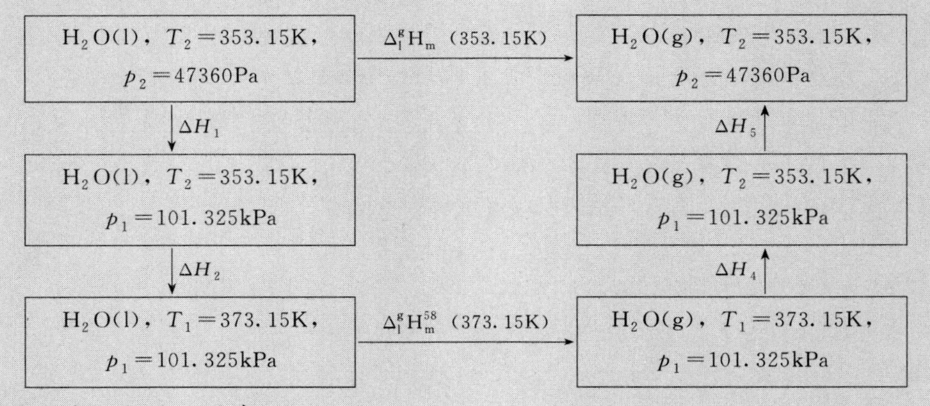

根据状态函数的性质有

$$\Delta_l^g H_m(H_2O, 353.15\text{K}) = \Delta H_1 + \Delta H_2 + \Delta_l^g H_m(H_2O, 373.15\text{K}) + \Delta H_4 + \Delta H_5$$

对于液态水的恒温变压过程 ΔH_1 可忽略不计。气相 $H_2O(g)$ 低压下的恒温变压过程的 ΔH_5 也可忽略不计。同时假设 $C_{p,m}(H_2O)$ 不随温度变化，则

$$
\begin{aligned}
\Delta_l^g H_m(H_2O, 353.15\text{K}) &= \Delta H_2 + \Delta_l^g H_m(H_2O, 373.15\text{K}) + \Delta H_4 \\
&= \Delta_l^g H_m(H_2O, 373.15K) + \int_{T_1}^{T_2} [C_{p,m}(g) - C_{p,m}(l)]\,\mathrm{d}T \\
&= 40.668 + \int_{373.15\text{K}}^{353.15\text{K}} (33.58 - 75.29) \times 10^{-3}\,\mathrm{d}T \\
&= [40.668 - 41.71 \times 10^{-3} \times (80 - 100)]\text{kJ}\cdot\text{mol}^{-1} \\
&= 41.502\text{kJ}\cdot\text{mol}^{-1}
\end{aligned}
$$

计算结果表明，随着温度 T 升高，$\Delta_{vap}H_m$ 下降，这是预料中的结果。可以推测，在临界状态，应该有 $\Delta_{vap}H_m = 0$。

2.11 热化学

化学反应涉及分子中化学键的断裂和产生，常伴有放热和吸热现象。对这些热效应进行精密的测量和讨论，成为物理化学一个重要的分支——热化学。实际上，热化学就是热力学第一定律在化学过程中的应用，研究化学反应过程中系统与环境之间以热的形式所交换的能量。

热化学对化工生产有很重要的意义。例如，确定化工设备的设计和生产程序，常常需要有关热化学数据；至于判断反应方向，计算平衡常数，热化学的数据更是不可或缺的。

2.11.1 化学反应的热效应——恒压反应热效应与恒容反应热效应

当系统发生化学变化之后，系统的温度回到反应前的温度（即产物的温度与反应物温度相同），且只做膨胀功而不做其他功时，化学反应所吸收或放出的热，称为此过程的**热效应或反应热**。热是一种过程量，只有指明了具体途径才有意义，通常所谓反应热如不特别注明，指的都是恒压或恒容反应过程中只做膨胀功而不做其他功的**恒压热效应**Q_p（$\Delta_r H$）或**恒容热效应**Q_V（$\Delta_r U$）。

一个化学反应的恒容热效应 $\Delta_r U$ 代表在一定的温度和体积下，产物的总热力学能与反应物总热力学能之差，即

$$\Delta_r U = U_P - U_R \text{（下标 P 表示产物，R 表示反应物）} \tag{2-38}$$

同理，一个化学反应的恒压热效应 $\Delta_r H$ 代表在一定的温度和压力下，产物的总焓与反应物的总焓差值，即

$$\Delta_r H = H_P - H_R \tag{2-39}$$

根据焓的定义，$\Delta_r H$ 与 $\Delta_r U$ 的关系为

$$\Delta_r H = \Delta_r U + \Delta(pV) \tag{2-40}$$

对于仅有理想气体的反应系统或同时有纯物质凝聚相和气体可视为理想气体的反应系统，由于理想气体的热力学能仅为温度函数，而凝聚相 ΔV 很小，因此，对于反应系统中的凝聚相部分，有 $\Delta_r H$（凝聚相）$\approx \Delta_r U$（凝聚相），所以式(2-40) 可写为

$$\Delta_r H = \Delta_r U + \Delta n_g RT \tag{2-41}$$

或

$$Q_p = Q_V + \Delta n_g RT \tag{2-42}$$

式中，Δn_g 为反应前后气体的物质的量之差。

2.11.2 反应进度

在讨论化学反应时，需要引入一个重要的物理量——反应进度，用符号 ξ 表示。这个概念是20世纪初由比利时热化学家德唐德（T. de Donder）引进的，已普遍用于反应焓变的计算以及化学平衡和反应速率的表示式中。

对于任一化学反应

$$c\mathrm{C} + d\mathrm{D} \longrightarrow y\mathrm{Y} + z\mathrm{Z}\cdots \text{ 可写作 } \quad 0 = \sum_{\mathrm{B}} \nu_{\mathrm{B}} \mathrm{B}$$

式中，B 为反应物或产物，ν_B 称为物质 B 的化学计量数，产物取“+”，反应物取“－”，$[\nu_B]=1$。

设某反应	$c\mathrm{C}$	+	$d\mathrm{D} \longrightarrow$	$y\mathrm{Y}$	+	$z\mathrm{Z}$
反应前各物质的量	$n_C(0)$		$n_D(0)$	$n_Y(0)$		$n_Z(0)$
反应到某时刻 t 各物质的量	$n_C(t)$		$n_D(t)$	$n_Y(t)$		$n_Z(t)$

反应进度 ξ 定义为
$$\xi=\frac{n_B(t)-n_B(0)}{\nu_B} \tag{2-43}$$
反应进度 ξ 的单位为 mol。引入反应进度的优点在于不论反应进行到什么时刻，可用任一反应物或产物来表示反应进行的程度，且所得的结果是相同的。例如，对于上述反应
$$d\xi=\frac{dn_C}{\nu_C}=\frac{dn_D}{\nu_D}=\frac{dn_Y}{\nu_Y}=\frac{dn_Z}{\nu_Z}$$

值得注意的是，在计算某一反应的反应进度时，要与具体的化学反应计量方程相对应，当反应按反应式的计量系数比例进行了一个单位的化学反应时，即 $\Delta n_B=\nu_B \text{mol}$，这时 $\xi=$ 1mol 反应。

例题 2-11 当 5mol $H_2(g)$ 和 5mol $Cl_2(g)$ 在光照下进行反应，有 3mol HCl(g) 生成，请按如下两个方程式分别计算反应的进度。

(1) $H_2+Cl_2 \longrightarrow 2HCl$

(2) $\frac{1}{2}H_2+\frac{1}{2}Cl_2 \longrightarrow HCl$

解	$n(H_2)$/mol	$n(Cl_2)$/mol	nHCl(g)/mol
当 $t=0$，$\xi=0$ 时	5	5	0
$t=t$，$\xi=\xi$ 时	3.5	3.5	3

根据反应式(1) 计算
$$\Delta\xi=\frac{n_{HCl}(t)-n_{HCl}(0)}{\nu_{HCl}}=\frac{n_{H_2}(t)-n_{H_2}(0)}{\nu_{H_2}}=\frac{n_{Cl_2}(t)-n_{Cl_2}(0)}{\nu_{Cl_2}}$$
$$=\frac{3-0}{2}\text{mol}=\frac{3.5-5}{-1}\text{mol}=\frac{3.5-5}{-1}\text{mol}=1.5\text{mol}$$

按反应式(2)计算
$$\Delta\xi=\frac{n_{HCl}(t)-n_{HCl}(0)}{\nu_{HCl}}=\frac{n_{H_2}(t)-n_{H_2}(0)}{\nu_{H_2}}=\frac{n_{Cl_2}(t)-n_{Cl_2}(0)}{\nu_{Cl_2}}$$
$$=\frac{3-0}{1}\text{mol}=\frac{3.5-5}{-\frac{1}{2}}\text{mol}=\frac{3.5-5}{-\frac{1}{2}}\text{mol}=3\text{mol}$$

上述计算结果表明，同一反应系统进行到某时刻，反应进度 ξ 值与反应式的书写有关。

U 和 H 皆是状态函数，且为容量性质，故反应热（$\Delta_r U$ 或 $\Delta_r H$）的量值必然与反应进度 ξ 成正比。当反应进度 $\xi=1$mol 时，系统的恒容反应热或恒压反应热称为摩尔反应热力学能 $\Delta_r U_m$ 或摩尔反应焓 $\Delta_r H_m$。
$$\Delta_r U_m=\frac{\Delta_r U}{\xi} \quad 和 \quad \Delta_r H_m=\frac{\Delta_r H}{\xi} \tag{2-44}$$

式中，$\Delta_r U_m$ 和 $\Delta_r H_m$ 的单位为 $kJ\cdot mol^{-1}$。

2.11.3 标准态、标准摩尔反应焓和热化学方程式书写

(1) 标准态和标准摩尔反应焓

关于标准状态，简称为标准态，是热力学中为了方便比较和计算所规定的一种状态。从 1993 年开始，在我国国家标准中，标准压力规定为 100kPa，即 $p^\ominus=100$kPa。各物质状态的标准态规定为：气体（无论是理想气体还是实际气体）温度为 T 时的标准态规定为

$p=p^{\ominus}$的纯理想气体；液体或固体温度为 T 时的标准态为 $p=p^{\ominus}$的纯液体或纯固体。注意，物质的标准态没有规定温度，因此每个温度都存在一个相应的标准态。

如果反应是在标准状态下进行，式(2-44) 可写为

$$\Delta_r U_m^{\ominus}=\frac{\Delta_r U^{\ominus}}{\xi} \quad 和 \quad \Delta_r H_m^{\ominus}=\frac{\Delta_r H^{\ominus}}{\xi} \tag{2-45}$$

$\Delta_r U_m^{\ominus}$ 和 $\Delta_r H_m^{\ominus}$ 分别称为标准摩尔反应热力学能和标准摩尔反应焓。其中上标符号"$\ominus$"表示标准状态。

在热化学中，某反应在标准状态下进行指的是下述过程

$$\boxed{\begin{matrix}\nu_C C\\ T,\ p^{\ominus}\end{matrix}}+\boxed{\begin{matrix}\nu_D D\\ T,\ p^{\ominus}\end{matrix}}=\!=\!=\boxed{\begin{matrix}\nu_Y Y\\ T,\ p^{\ominus}\end{matrix}}+\boxed{\begin{matrix}\nu_Z Z\\ T,\ p^{\ominus}\end{matrix}}$$

即反应物和产物皆处在各自标准态下进行的反应，而不是指整个系统为处在 T、$p^{\ominus}$下的反应。需要指出的是，在实际反应过程中，各物质常常不是处在标准态，而且存在混合过程。一般说来，由于理想气体焓仅是温度函数，其等温混合焓为零。而凝聚相，只要所处压力不是很高，与标准态相比较，其焓变亦可忽略不计。因此，在实际计算过程中，对于理想气体反应系统或凝聚相和气体可视为理想气体的反应系统，即使各物质不是处在标准态，只要压力不是很大，仍有 $\Delta_r H_m \approx \Delta_r H_m^{\ominus}$，由此引起的误差可忽略不计。换句话说，标准态及标准反应的定义要严格，但是具体的实际计算要根据误差要求具体分析。

(2) 热化学方程式书写

同反应进度 ξ 一样，$\Delta_r U_m^{\ominus}$ 和 $\Delta_r H_m^{\ominus}$ 值同样与反应式的书写有关。在书写热化学方程式时，除了写出普通化学方程式外，还必须注意：

① 由于温度对反应热（$\Delta_r U_m^{\ominus}$ 和 $\Delta_r H_m^{\ominus}$）的影响较为明显。因此，讨论化学反应热时要注明温度。由于压力对反应热影响很小，通常情况下，压力可以不注明。不过，对于气体，由于考虑到反应熵的计算（将在下一章讨论），往往要注明压力。

② 必须标明任何出现在化学反应方程式中物质的物态，如气态、液态和固态分别用 (g)、(l) 和 (s) 表示，如果固态有不止一种晶型，还需注明具体的晶型。

③ 方程式后面加上反应热的量值。

根据以上规定，在标准压力和 298K 下，石墨和氧反应生成二氧化碳反应的热化学方程式可写为　$C(石墨)+O_2(p^{\ominus},g)=\!=\!=CO_2(p^{\ominus},g)$；$\Delta_r H_m^{\ominus}=-393.5\text{kJ}\cdot\text{mol}^{-1}$

例题 2-12　正庚烷的燃烧反应为

$$C_7H_{16}(l)+11O_2(p^{\ominus},g)=\!=\!=7CO_2(p^{\ominus},g)+8H_2O(l)$$

25℃时，在弹式量热计中 1.2500g 正庚烷充分燃烧所放出的热为 60.089kJ。试求该反应的恒压反应热效应 $\Delta_r H_m^{\ominus}(298\text{K})$。

解　正庚烷的摩尔质量 $M=100\text{g}\cdot\text{mol}^{-1}$，反应前的物质的量为

$$n(0)=\frac{1.2500}{100}\text{mol}=0.0125\text{mol}$$

由于充分燃烧，反应后物质的量 $n=0$，所以反应进度：

$$\xi=\frac{n-n(0)}{\nu}=\frac{0-0.0125}{-1}\text{mol}=0.0125\text{mol}$$

在弹式量热计中反应为恒容反应，故

$$\Delta_r U = -60.089\text{kJ}$$

$$\Delta_r U_m^\ominus = \frac{\Delta_r U}{\xi} = \frac{-60.089}{0.0125}\text{kJ}\cdot\text{mol}^{-1} = -4807\text{kJ}\cdot\text{mol}^{-1}$$

又因为 $\Delta\nu_g = \Delta n_g = 7 - 11 = -4$

所以 $\Delta_r H_m^\ominus = \Delta_r U_m^\ominus + \Delta\nu_g RT$

$$= (-4807 - 4\times 8.314\times 10^{-3}\times 298)\text{kJ}\cdot\text{mol}^{-1} = -4817\text{kJ}\cdot\text{mol}^{-1}$$

2.12 标准摩尔反应焓的计算

式(2-39) 表明，任一化学反应，其 $\Delta_r H_m$ 总是等于产物的总焓与反应物总焓之差。如果知道了参与反应各纯物质焓的绝对值 $H_m^*(B)$ 就能计算出相应化学反应的 $\Delta_r H_m$ 或 $\Delta_r H_m^\ominus$，即

$$\Delta_r H_m = \sum \nu_B H_m^*(B) \tag{2-46}$$

或

$$\Delta_r H_m^\ominus = \sum \nu_B H_m^\ominus(B) \tag{2-47}$$

式中，ν_B 为 B 物质的化学计量数，对产物取正号，反应物取负号。遗憾的是焓的绝对值无法求得，因此上述式(2-46) 和式(2-47) 无法适用于实际计算。为了解决这一困难，人们采用了一个相对标准，同样可以很方便地计算出反应的 $\Delta_r H_m$ 或 $\Delta_r H_m^\ominus$。

2.12.1 标准摩尔生成焓及由标准摩尔生成焓计算标准摩尔反应焓

人们规定在标准压力（100kPa）下，在进行的反应温度为 T 时，由最稳定的单质合成标准压力 $p^\ominus$ 下单位量物质 B 的反应焓变，称为物质 B 的**标准摩尔生成焓**，用符号 $\Delta_f H_m^\ominus$（B，相态，T）表示。在上述定义中，反应物必须是最稳定的单质，例如，碳的稳定单质是石墨，而不是金刚石，磷的稳定单质是白磷而不是红磷。此外，定义中并没有规定温度，一般可查到 298.15K 的标准摩尔生成焓数据。例如，298.15K 时

$$\text{H}_2(p^\ominus,\text{g}) + \frac{1}{2}\text{O}_2(p^\ominus,\text{g}) = \text{H}_2\text{O}(p^\ominus,\text{g});\Delta_r H_m^\ominus = -241.82\text{kJ}\cdot\text{mol}^{-1}$$

$$\text{H}_2(p^\ominus,\text{g}) + \text{S}(\text{正交},\text{s},p^\ominus) + 2\text{O}_2(p^\ominus,\text{g}) = \text{H}_2\text{SO}_4(\text{l},p^\ominus);$$

$$\Delta_f H_m^\ominus(\text{H}_2\text{SO}_4,\text{l}) = -813.99\text{kJ}\cdot\text{mol}^{-1}$$

因此，H_2O(g) 和 H_2SO_4(l) 的标准摩尔生成焓分别为 $\Delta_f H_m^\ominus$(H_2O，g，298.15K)＝$-241.82\text{kJ}\cdot\text{mol}^{-1}$，$\Delta_f H_m^\ominus$($H_2SO_4$，l，298.15K)＝$-813.99\text{kJ}\cdot\text{mol}^{-1}$。

从上面的例子中可以知道，一个化合物的生成焓并不是它的焓的绝对值，只是相对于合成它的最稳定单质的相对焓变。因此，最稳定单质的标准摩尔生成焓为零，即

$$\Delta_f H_m^\ominus(\text{最稳定的单质},T) = 0 \tag{2-48}$$

如果一个化合物不能直接由单质合成，例如不能由 C、H_2、O_2 直接合成 CH_3COOH(l)，但可以根据焓是状态函数，且为容量性质的特性间接求得其生成焓。例如，在 298.15K 时，

(1) $\text{CH}_3\text{COOH(l)} + 2\text{O}_2(p^\ominus,\text{g}) = 2\text{CO}_2(p^\ominus,\text{g}) + 2\text{H}_2\text{O(l)}$　　$\Delta_r H_{m,1}^\ominus$

(2) $\text{C(s)} + \text{O}_2(p^\ominus,\text{g}) = \text{CO}_2(p^\ominus,\text{g})$　　$\Delta_r H_{m,2}^\ominus$

(3) $H_2(p^\ominus, g)+\frac{1}{2}O_2(p^\ominus, g) = H_2O(l)$ $\qquad \Delta_r H^\ominus_{m,3}$

由 [(2)+(3)]×2−(1) 得

(4) $2C(s)+2H_2(p^\ominus, g)+O_2(p^\ominus, g) = CH_3COOH(l)$

$$\Delta_r H^\ominus_{m,4} = (\Delta_r H^\ominus_{m,2}+\Delta_r H^\ominus_{m,3})\times 2-\Delta_r H^\ominus_{m,1} = \Delta_f H^\ominus_m(CH_3COOH, l, 298.15K)$$

如果一个化学反应各物质的标准摩尔生成焓都已知（一般物质在 298.15K 时的 $\Delta_f H^\ominus_m$ 手册上可以查到），则只需将式(2-47) 中的 $H^\ominus_m(B)$ 换成 $\Delta_f H^\ominus_m(B)$ 即可计算整个化学反应的 $\Delta_r H^\ominus_m$，即

$$\Delta_r H^\ominus_m = \sum_B \nu_B \Delta_f H^\ominus_m(B, 相态, T) \tag{2-49}$$

附录中列出了一些常见化合物在 298.15K 时的标准摩尔生成焓数据。

2.12.2 标准摩尔燃烧焓及由标准摩尔燃烧焓计算标准摩尔反应焓

对于许多有机物，用标准摩尔燃烧焓计算标准摩尔反应焓更方便。这是因为有机物燃烧反应的热效应容易测量，实验方便，反应中的反应物和产物含有相同种类、相同物质的量的单质，它们分别进行完全氧化反应后就必然得到完全相同的氧化物，这为通过状态函数法计算标准摩尔反应焓提供了可行性保证。

人们规定在标准压力（100kPa）下，在进行的反应温度为 T 时，单位物质的量的 B 物质，被完全氧化为指定物质时的标准摩尔焓变，称为物质 B 的**标准摩尔燃烧焓**，记作 $\Delta_c H^\ominus_m$（B，相态，T）。所谓完全氧化为指定物质是指 B 物质中 C 变为 $CO_2(g)$，H 变为 $H_2O(l)$，N 变为 $N_2(g)$，S 变为 $SO_2(g)$，Cl 变为 HCl(aq)，金属元素变为游离态。

由标准摩尔燃烧焓计算标准摩尔反应焓的公式推导如下：

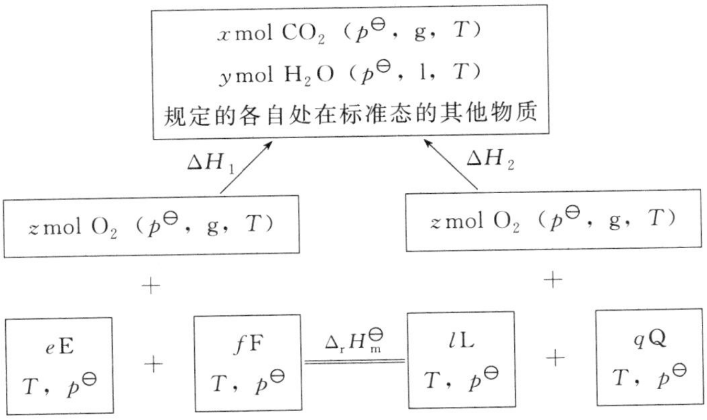

x mol CO_2（$p^\ominus$，g，T）
y mol H_2O（$p^\ominus$，l，T）
规定的各自处在标准态的其他物质

ΔH_1 $\qquad$ ΔH_2

z mol O_2（$p^\ominus$，g，T） $\qquad$ z mol O_2（$p^\ominus$，g，T）

\+ $\qquad$ \+

eE $T, p^\ominus$ + fF $T, p^\ominus$ $\xrightarrow{\Delta_r H^\ominus_m}$ lL $T, p^\ominus$ + qQ $T, p^\ominus$

$$\Delta H_1 = e\Delta_c H^\ominus_m(E)+f\Delta_c H^\ominus_m(F)$$

$$\Delta H_2 = l\Delta_c H^\ominus_m(L)+q\Delta_c H^\ominus_m(Q)$$

$$\Delta_r H^\ominus_m(T) = \Delta H_1-\Delta H_2 = [e\Delta_c H^\ominus_m(E)+f\Delta_c H^\ominus_m(F)]-[l\Delta_c H^\ominus_m(L)+q\Delta_c H^\ominus_m(Q)]$$

$$\Delta_r H^\ominus_m(T) = -\sum_B \nu_B \Delta_c H^\ominus_m(B, 相态, T) \tag{2-50}$$

一般有机物 298.15K 时的燃烧热数据可在手册上查到，根据式(2-50) 可以很容易计算有机物 B 的标准摩尔反应焓。

需要引起注意的是，在用燃烧焓求标准摩尔反应焓时，往往会产生较大的误差，当燃烧焓是一个很大的值，而反应焓只是一个较小的值时更是如此。数学中的误差分析告诉我们，从两个较大的实验值之差求一个较小的值，易造成较大的相对误差。由此可知，

即使燃烧焓的数据有一个不大的误差，也会使计算出的反应焓产生较大的相对误差。例如，$(COOCH_3)_2$ 的标准摩尔燃烧焓 $\Delta_c H_m^\ominus=-1677.8\text{kJ}\cdot\text{mol}^{-1}$，其1%的偏差为16.8kJ，对反应

$$(COOH)_2(s)+2CH_3OH(l)=\!=\!=(COOCH_3)_2(l)+2H_2O(l)$$

的 $\Delta_r H_m^\ominus$（$=-26.9\text{kJ}\cdot\text{mol}^{-1}$）就可能造成60%以上的偏差。故利用燃烧焓计算反应焓时，必须注意数据的可靠性。

燃烧焓是重要的热力学数据之一，工业上某一燃料的热值（燃烧焓），往往是判断燃料品质好坏的重要标志。而脂肪、碳水化合物和蛋白质的燃烧焓，在营养学研究中就很重要，因为这些物质是食物中提供能量的来源。

2.12.3 标准摩尔反应焓随温度变化——基尔霍夫（Kirchhoff）公式

化学反应的热效应是温度的函数，尽管298.15K的标准摩尔反应焓可以通过手册查获标准摩尔生成焓或标准摩尔燃烧焓后分别通过式(2-49)和式(2-50)计算。但是，在实际的科学研究和生产中，温度往往不是298K。为此，我们要解决任意反应温度下标准摩尔反应焓的计算问题。在热化学中，解决该问题的思路是以 $\Delta_r H_m^\ominus(298.15\text{K})$ 为基础，利用状态函数法计算 $\Delta_r H_m^\ominus(T)$。过程框图设计如下：

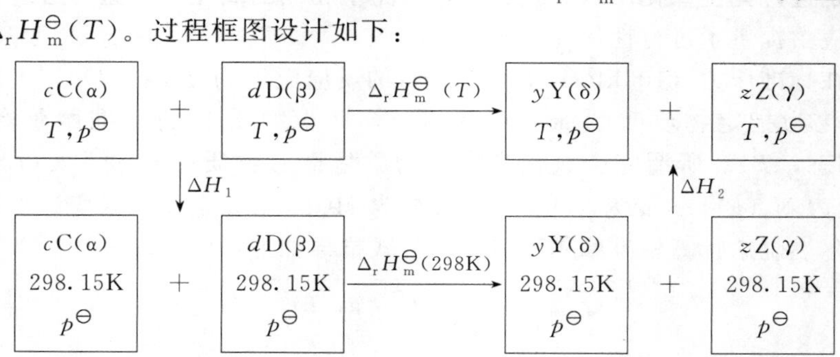

根据状态函数的性质，有

$$\Delta_r H_m^\ominus(T)=\Delta_r H_m^\ominus(298.15\text{K})+\Delta H_1+\Delta H_2$$

其中

$$\Delta H_1=\int_T^{298.15\text{K}}[cC_{p,m}(\text{C})+dC_{p,m}(\text{D})]\,dT$$

$$\Delta H_2=\int_{298.15\text{K}}^T[yC_{p,m}(\text{Y})+zC_{p,m}(\text{Z})]\,dT$$

代入上式并整理，得

$$\Delta_r H_m^\ominus(T)=\Delta_r H_m^\ominus(298.15\text{K})+\int_{298.15\text{K}}^T\Delta_r C_{p,m}\,dT \tag{2-51}$$

且

$$\left(\frac{\partial\Delta_r H_m^\ominus(T)}{\partial T}\right)_p=\Delta_r C_{p,m} \tag{2-52}$$

式中

$$\begin{aligned}\Delta_r C_{p,m}&=[yC_{p,m}(\text{Y})+zC_{p,m}(\text{Z})]-[cC_{p,m}(\text{C})+dC_{p,m}(\text{D})]\\&=\sum_B\nu_B C_{p,m}(\text{B},相态)\end{aligned} \tag{2-53}$$

将 $C_{p,m}=a+bT+cT^2$ 代入式(2-53)中，得

$$\Delta_r C_{p,m}=\Delta a+(\Delta b)T+(\Delta c)T^2 \tag{2-54}$$

式中，$\Delta a=\sum_B\nu_B a_B$，$\Delta b=\sum_B\nu_B b_B$，$\Delta c=\sum_B\nu_B c_B$

式(2-51)和式(2-52)分别是 $\Delta_r H_m^\ominus(T)$ 与 T 关系的积分式和微分式，皆称为**基尔霍夫**

(Kirchhoff，德国人）公式。此外，基尔霍夫公式的另一种常用形式是其不定积分公式

$$\Delta_r H_m^{\ominus}(T)=\Delta H_0+\int \Delta_r C_{p,m} \mathrm{d}T \tag{2-55}$$

式中，ΔH_0 是积分常数。将式(2-54) 代入上式，得

$$\Delta_r H_m^{\ominus}(T)=\Delta H_0+(\Delta a)T+\frac{1}{2}(\Delta b)T^2+\frac{1}{3}(\Delta c)T^3 \tag{2-56}$$

由式(2-52) 或式(2-55) 可知：

若 $\Delta_r C_{p,m}=0$，表示标准摩尔反应焓与温度无关。

若 $\Delta_r C_{p,m}=$常数$\neq 0$，则

$$\Delta_r H_m^{\ominus}(T)=\Delta_r H_m^{\ominus}(298.15\mathrm{K})+\Delta_r C_{p,m}(T-298.15\mathrm{K})$$

例题 2-13　反应 $N_2(g)+3H_2(g) \longrightarrow 2NH_3(g)$ 在 25℃ 时的反应焓 $\Delta_r H_m^{\ominus}(298.15\mathrm{K})=-92.38\mathrm{kJ \cdot mol^{-1}}$，又知：

$$C_{p,m}(N_2)=[26.98+5.912\times10^{-3}T/\mathrm{K}-3.376\times10^{-7}(T/\mathrm{K})^2]\mathrm{J \cdot K^{-1} \cdot mol^{-1}}$$

$$C_{p,m}(H_2)=[29.07-0.837\times10^{-3}T/\mathrm{K}+20.12\times10^{-7}(T/\mathrm{K})^2]\mathrm{J \cdot K^{-1} \cdot mol^{-1}}$$

$$C_{p,m}(NH_3)=[25.89+33.00\times10^{-3}T/\mathrm{K}-30.46\times10^{-7}(T/\mathrm{K})^2]\mathrm{J \cdot K^{-1} \cdot mol^{-1}}$$

试计算此反应在 125℃的反应焓。

解　根据式(2-54)，先求 Δa、Δb 和 Δc

$$\Delta a=(2\times25.89-26.98-3\times29.07)\mathrm{J \cdot mol^{-1} \cdot K^{-1}}=-62.41\mathrm{J \cdot mol^{-1} \cdot K^{-1}}$$

$$\Delta b=(2\times33.00-5.912+3\times0.837)\times10^{-3}\mathrm{J \cdot mol^{-1} \cdot K^{-2}}$$
$$=62.60\times10^{-3}\mathrm{J \cdot mol^{-1} \cdot K^{-2}}$$

$$\Delta c=[-(2\times30.46)+3.376-3\times20.12]\times10^{-7}\mathrm{J \cdot mol^{-1} \cdot K^{-3}}$$
$$=-117.9\times10^{-7}\mathrm{J \cdot mol^{-1} \cdot K^{-3}}$$

所以 $\Delta_r C_{p,m}=\Delta a+\Delta bT+\Delta cT^2$

$$=(-62.41+62.60\times10^{-3}T/\mathrm{K}-117.9\times10^{-7}T^2/\mathrm{K}^2)\mathrm{J \cdot K^{-1} \cdot mol^{-1}}$$

$$\Delta_r H_m^{\ominus}(398.15\mathrm{K})-\Delta_r H_m^{\ominus}(298.15\mathrm{K})=\int_{298.15\mathrm{K}}^{398.1\mathrm{K}}\Delta_r C_{p,m}\mathrm{d}T$$
$$=[-62.41(398-298)+31.30\times10^{-3}(398^2-298^2)$$
$$-39.3\times10^{-7}(398^3-298^3)]\mathrm{J \cdot mol^{-1}}$$
$$=-4.21\times10^3\mathrm{J \cdot mol^{-1}}=-4.21\mathrm{kJ \cdot mol^{-1}}$$

$$\Delta_r H_m^{\ominus}(398.15\mathrm{K})=\Delta_r H_m^{\ominus}(298.15\mathrm{K})-4.21=(-92.38-4.21)\mathrm{kJ \cdot mol^{-1}}$$
$$=-96.59\mathrm{kJ \cdot mol^{-1}}$$

例题 2-14　利用例题 2-13 所给数据，求出反应 $N_2(g)+3H_2(g) \longrightarrow 2NH_3(g)$ 的式(2-56) 的表达式，即 $\Delta_r H_m^{\ominus}(T)$ 与温度 T 的关系式。

解　根据上例，此反应的 $\Delta a=-62.41\mathrm{J \cdot mol^{-1} \cdot K^{-1}}$；$\Delta b=62.60\times10^{-3}\mathrm{J \cdot mol^{-1} \cdot K^{-2}}$；$\Delta c=-117.9\times10^{-7}\mathrm{J \cdot mol^{-1} \cdot K^{-3}}$，所以，$\Delta_r H_m^{\ominus}(T)$ 与温度 T 的关系式为

$$\Delta_r H_m^{\ominus}=\Delta H_0-[62.41T/\mathrm{K}+31.30\times10^{-3}(T/\mathrm{K})^2-39.3\times10^{-7}(T/\mathrm{K})^3]\mathrm{J \cdot mol^{-1}}$$

又已知 298K 时，$\Delta_r H_m^{\ominus}=-92.38\mathrm{kJ \cdot mol^{-1}}$，代入上式可求得 $\Delta H_0=-76.65\mathrm{kJ \cdot mol^{-1}}$

所以，该反应的反应焓与温度关系的通式为

$$\Delta_r H_m^{\ominus}=[-76.65\times10^3-62.41T/K+31.30\times10^{-3}(T/K)^2-39.3\times10^{-7}(T/K)^3]J\cdot mol^{-1}$$

值得注意的是，式(2-51)和式(2-52)只适用于参与反应的各物质及产物在所考虑的温度 T_1 和 T_2 之间不存在相变化。若有相变化存在，应分段考虑。

例题 2-15 计算1000K温度下，下列反应的标准摩尔反应焓

$$2MgO(s)+Si(s)=\!=\!=SiO_2(s)+2Mg(g)$$

已知 MgO(s) 及 SiO_2(s) 的 $\Delta_f H_m^{\ominus}$(291K) 分别为 $-611.282kJ\cdot mol^{-1}$ 和 $-85.077kJ\cdot mol^{-1}$，金属镁的摩尔升华焓近似取 $151.126kJ\cdot mol^{-1}$，各物质的恒压摩尔热容($J\cdot mol^{-1}\cdot K^{-1}$)分别为：

MgO(s)：$C_{p,m}=[45.44+5.008\times10^{-3}T/K-8.732\times10^5(T/K)^{-2}]J\cdot mol^{-1}\cdot K^{-1}$

Si(s)：$C_{p,m}=[24.02+2.582\times10^{-3}T/K-4.226\times10^5(T/K)^{-2}]J\cdot mol^{-1}\cdot K^{-1}$

SiO_2(s)：$C_{p,m}=[45.48+36.451\times10^{-3}T/K-10.092\times10^5(T/K)^{-2}]J\cdot mol^{-1}\cdot K^{-1}$

Mg(g)：$C_{p,m}=20.79J\cdot mol^{-1}\cdot K^{-1}$

解 由题意可知，反应过程中有相变化发生，因此不能直接套用基希霍夫方程，对于发生相变的物质要分段考虑。过程框图如下：

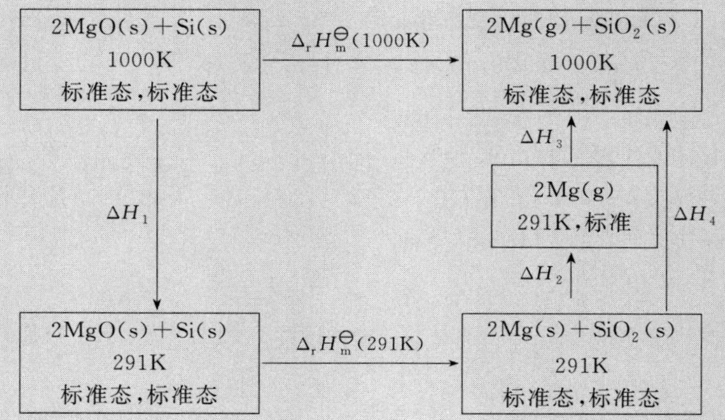

由状态函数性质可得

$$\Delta_r H_m^{\ominus}(1000K)=\Delta H_1+\Delta_r H_m^{\ominus}(291K)+\Delta H_2+\Delta H_3+\Delta H_4$$

$$\Delta H_1=\int_{1000K}^{291K}\{2\times[45.44+5.008\times10^{-3}T/K-8.732\times10^5(T/K)^{-2}]\}dT$$
$$+\int_{1000K}^{291K}\{[24.02+2.582\times10^{-3}T/K-4.226\times10^5(T/K)^{-2}]\}dT$$
$$=\int_{1000K}^{291K}[114.9+12.598\times10^{-3}T/K-21.685\times10^5(T/K)^{-2}]dT$$
$$=\left[114.9\times(291-1000)+\frac{12.598}{2}\times10^{-3}\times(291^2-1000^2)\right.$$
$$\left.+21.685\times10^5\times\left(\frac{1}{291}-\frac{1}{1000}\right)\right]kJ\cdot mol^{-1}$$
$$=(-81.464-5.765+5.282)kJ\cdot mol^{-1}=-81.947kJ\cdot mol^{-1}$$

$$\Delta_r H_m^{\ominus}(291K)=(-85.077+2\times611.282)kJ\cdot mol^{-1}=1137.487kJ\cdot mol^{-1}$$

假设忽略温度对升华热的影响

$$\Delta H_2 = 2 \times 151.126 = 302.252\text{kJ}$$

$$\Delta H_3 = [2 \times 20.79 \times (1000 - 291)]\text{J} \cdot \text{mol}^{-1} = 29.480\text{kJ} \cdot \text{mol}^{-1}$$

$$\Delta H_4 = \int_{291\text{K}}^{1000\text{K}} [45.48 + 36.451 \times 10^{-3} T/\text{K} - 10.092 \times 10^5 (T/\text{K})^{-2}]\text{d}T = 63.173\text{kJ} \cdot \text{mol}^{-1}$$

$$\Delta_r H_m^{\ominus}(1000K) = (-81.947 + 1137.487 + 302.252 + 29.480 + 63.173)\text{kJ} \cdot \text{mol}^{-1} = 1450.45\text{kJ} \cdot \text{mol}^{-1}$$

2.13 绝热反应——非等温反应

在 2.12 节中，讨论了等温反应，即反应过程中所释放（或吸收）的热量能及时得到逸出（或供给），系统始终处于相同温度。实际化工生产中，情况往往不总是这样，这时，系统的温度就要发生变化，始、终态温度就不相同。一种极端的情况是热量一点都不逸出（或供给），即反应在绝热条件下进行。利用状态函数和已知某温度（往往是 298.15K）下的 $\Delta_r H_m^{\ominus}(T_1)$ 数据，通过绝热反应，我们可以计算某反应的最高温度。

常见的绝热反应根据其反应过程可分为如下的恒压绝热反应和恒容绝热反应。

① 计算物质在恒压下燃烧的最高温度时，可将该燃烧反应看作是在恒压绝热条件下进行的，反应过程产生的热量一点都不损失，全部用来升高系统温度，其计算公式为 $Q_p = \Delta H = 0$（恒压，绝热，$W_f = 0$）。

② 欲计算某一爆炸反应所能达到的最高温（或压力），由于在爆炸刚刚发生的极短的一瞬间，系统的体积来不及变化，产生的热量也来不及逸出，可将该过程看作是恒容绝热过程，其最高温度的计算公式为 $Q_V = \Delta U = 0$（恒容，绝热，$W_f = 0$）。

例题 2-16 甲烷（CH_4,g）与理论量二倍的空气混合，始态温度 25℃，在常压下（$p=$ 100kPa）燃烧，求燃烧产物所能达到的最高温度。空气中 O_2 的摩尔分数为 0.21，其余为 N_2。

解 (1) 假设燃烧 1mol CH_4，则根据化学反应方程式

$$CH_4(g) + 2O_2(g) = CO_2(g) + 2H_2O(g)$$

理论需氧量为 2mol，实际用氧量为 4mol，需要的空气用量为 4/0.21=19.05mol，其中含氮量为 19.05−4=15.05mol。

(2) 过程框图如下

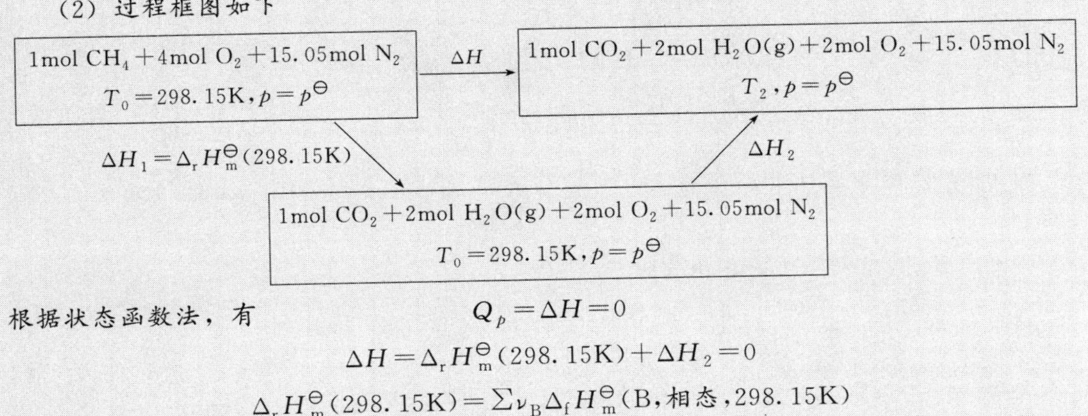

根据状态函数法，有

$$Q_p = \Delta H = 0$$

$$\Delta H = \Delta_r H_m^{\ominus}(298.15\text{K}) + \Delta H_2 = 0$$

$$\Delta_r H_m^{\ominus}(298.15\text{K}) = \sum \nu_B \Delta_f H_m^{\ominus}(\text{B},相态,298.15\text{K})$$

查表得：$\Delta_f H_m^\ominus(CH_4,g,298.15K)=-74.81kJ\cdot mol^{-1}$

$\Delta_f H_m^\ominus(CO_2,g,298.15K)=-393.509kJ\cdot mol^{-1}$

$\Delta_f H_m^\ominus(H_2O,g,298.15K)=-241.818kJ\cdot mol^{-1}$

代入上式，得

$$\begin{aligned}\Delta_r H_m^\ominus(298.15K)&=2\Delta_f H_m^\ominus(H_2O,g,298.15K)+\Delta_f H_m^\ominus(CO_2,g,298.15K)\\&\quad-\Delta_f H_m^\ominus(CH_4,g,298.15K)\\&=(-2\times241.818-393.509+74.81)kJ\cdot mol^{-1}\\&=-802.335kJ\cdot mol^{-1}\end{aligned}$$

$$\Delta H_2=\int_{298.15K}^{T_1}[C_{p,m}(CO_2)+2C_{p,m}(H_2O,g)+2C_{p,m}(O_2)+15.05C_{p,m}(N_2)]dT$$

各热容数据可由附录查出，并代入上式，整理后得

$$\begin{aligned}\Delta H_2&=\int_{298.15K}^{T_1}[552.576+177.533\times10^{-3}T/K-34.0933\times10^{-6}(T/K)^2]dT\\&=\{552.576[(T_1/K)-298.15]+88.767\times10^{-3}[(T_1/K)^2-298.15^2]\\&\quad-11.364\times10^{-6}[(T_1/K)^3-298.15^3]\}J\end{aligned}$$

将上式解得的 ΔH_2 与 T 的关系式代入 $\Delta H=\Delta_r H_m^\ominus(298.15K)+\Delta H_2=0$ 中，可解得 $T_1=1497K$。

其实，若采用平均热容 $\overline{C}_{p,m}$ 计算，可避免解三次方程。当然方便是以牺牲准确性为代价的。不过，只要误差在允许范围内，还是选用简单方法方便。若利用计算机进行计算，则方便和准确性皆可兼顾。

欲用 $\overline{C}_{p,m}$ 计算燃烧后的最终温度 T，先要估算 $T_{1,估}$ 值，求出温度区间 $T_{1,估}-T_0$ 后，再确定该区间的 $\overline{C}_{p,m}$ 值。

(3) 求 $T_{1,估}$

查表得 $C_{p,m}(CO_2)=37.11J\cdot mol^{-1}\cdot K^{-1}$，$C_{p,m}(H_2O,g)=33.577J\cdot mol^{-1}\cdot K^{-1}$

$C_{p,m}(O_2)=29.355J\cdot mol^{-1}\cdot K^{-1}$，$C_{p,m}(N_2)=29.125J\cdot mol^{-1}\cdot K^{-1}$

$$\begin{aligned}C_p&=\sum_B\nu_B C_{p,m}=(37.11+2\times33.577+2\times29.355+15.05\times29.125)J\cdot K^{-1}\\&=601.3J\cdot K^{-1}\end{aligned}$$

$$\Delta H_2=C_p(T_{1,估}-T_0)$$

因为
$$\Delta H=\Delta_r H_m^\ominus(298.15K)+\Delta H_2=0$$

所以
$$T_{1,估}=-\frac{\Delta_r H_m^\ominus(298.15K)}{C_p}+T_0=\left(\frac{802335}{601.3}+298.15\right)K=1623K$$

因为 $C_{p,m}$ 随着温度升高而增大，所以实际温度应低于 1623K，大致估计为 1500K 左右。

(4) 求 T_0～1500K 之间各物质的 $\overline{C}_{p,m}$ 值

利用公式 $\overline{C}_{p,m}(B)=\int_{T_0}^{T_1}\frac{C_{p,m}(B)dT}{1500-T_0}$

求得：$\overline{C}_{p,m}(CO_2)=51.51J\cdot mol^{-1}\cdot K^{-1}$，$\overline{C}_{p,m}(H_2O,g)=40.31J\cdot mol^{-1}\cdot K^{-1}$

$$\overline{C}_{p,\mathrm{m}}(O_2)=33.14\mathrm{J\cdot mol^{-1}\cdot K^{-1}},\ \overline{C}_{p,\mathrm{m}}(N_2)=32.03\mathrm{J\cdot mol^{-1}\cdot K^{-1}}$$

$$\overline{C}_p=\sum_B \nu_B \overline{C}_{p,\mathrm{m}}(B)=(51.51+2\times40.31+2\times33.14+15.05\times32.03)\mathrm{J\cdot K^{-1}}$$

$$=680.46\mathrm{J\cdot K^{-1}}$$

$$T_1=-\frac{\Delta_r H_m^{\ominus}(298.15\mathrm{K})}{\overline{C}_p}+T_0=\left(\frac{802335}{680.46}+298.15\right)\mathrm{K}=1477\mathrm{K}$$

若要想求得更准确的 T_1 值，可重复 (4)，直至求得满意的 T_1 值。

值得提醒的是，在计算最高温度时，不要忘记了系统中未参加反应的惰性气体。

本章小结及基本要求

本章的主要内容是以众多质点组成的宏观体系作为研究对象，以热力学第一定律为基础，用状态函数 U、H 及可测量变量 T、p、V 描述系统从始态到终态系统宏观性质的变化，计算在系统与环境之间交换的能量。更具体地讲就是通过测量系统宏观可测量量 p、V、T 和 $C_{p,\mathrm{m}}$，再加上状态方程，利用热力学第一定律，用状态函数法计算系统通过某一过程（如恒温过程、恒压过程、恒容过程、绝热过程、节流膨胀过程、相变化、化学反应等）从状态 1 变到状态 2 在系统与环境之间所交换的能量。

本章的基本要求如下。

① 熟记并理解热力学的一些基本概念（如系统、环境、功、热、状态函数、过程和途径等）和热化学的基本概念（如标准摩尔生成焓、标准摩尔燃烧焓等）。

② 理解各种不同变化过程（如恒温过程、恒压过程、恒容过程、绝热过程、节流膨胀过程、循环过程、可逆过程、可逆相变化过程等）的物理意义，并掌握其热力学特征。

③ 掌握热力学第一定律和热力学能概念，明确热和功是系统与环境之间交换的能量，是过程函数。

④ 明确 U 及 H 是状态函数，理解状态函数的特性。

⑤ 熟练应用状态函数法和热力学第一定律计算理想气体在恒温、恒压、绝热等过程的 ΔU、ΔH、Q、W。

⑥ 熟练地应用生成焓、燃烧焓、恒压热容等热力学数据以及基希霍夫定律计算纯物质的相变焓和化学反应的摩尔反应焓。

习　题

1. 在一刚性、绝热且装有冷却盘管的装置中，一边是温度为 T_1 的水，另一边是温度为 T_1 的浓硫酸，中间以薄膜分开。现将薄膜捅破，两边的温度均由 T_1 升到 T_2，如果以水和浓硫酸为体系，问此体系的 Q、W、ΔU 是正、负、还是零。如果在薄膜破了以后，且从冷却盘管中通入冷却水使浓硫酸和水的温度仍为 T_1，仍以原来的水和浓硫酸为体系，问 Q、W、ΔU 是正、负，还是零。

答案：(1) $Q=0$，$W=0$，$\Delta U=0$；(2) $Q<0$，$W=0$，$\Delta U<0$

2. 在一个外有绝热层的橡皮球内充 100kPa 的理想气体，突然将球投入真空中，球的体积增加了一倍。忽略橡皮球对气体的弹性压力不计，以球内理想气体为系统，指出该过程中 Q、W、ΔU 和 ΔH 的值（用正、负号表示）。

答案：$Q=0$，$W=0$，$\Delta U=0$，$\Delta H=0$

3. 10mol 氧在压力为 100kPa 下等压加热，使体积自 1000dm^3 膨胀到 2000dm^3，设其为理想气体，求系统对外所做的功。

答案：$W=-100\times10^3\text{J}$

4. 1mol 水蒸气（H_2O，g）在 100℃、100kPa 下全部凝结成液态水。求过程的功。假设相对于水蒸气的体积，液态水的体积可以忽略不计，且水蒸气可视为理想气体。

答案：$W=3.102\text{kJ}$

5. 一辆汽车的轮胎在开始行驶时胎内气体的温度为 298K、压力为 280kPa。经过 3h 高速行驶以后，轮胎压力达到 320kPa，计算轮胎的内能变化是多少？已知空气的 $C_{V,\text{m}}=20.88\text{J}\cdot\text{K}^{-1}\cdot\text{mol}^{-1}$，轮胎内体积为 57.0dm^3 且保持不变。（视空气为理想气体）

答案：$\Delta U=5.726\text{kJ}$

6. 一个人每天通过新陈代谢作用放出 10460kJ 热量。

(1) 如果人是绝热体系，且其热容相当于 70kg 水，那么一天内体温可上升到多少度？

(2) 实际上人是开放体系。为保持体温的恒定，其热量散失主要靠水分的挥发。假设 37℃时水的汽化热为 $2405.8\text{J}\cdot\text{g}^{-1}$，那么为保持体温恒定，一天之内一个人要蒸发掉多少水分？（设水的比热容为 $4.184\text{J}\cdot\text{g}^{-1}\cdot\text{K}^{-1}$）

答案：(1) $T=345.9\text{K}$；(2) $m_x=4.35\text{kg}$

7. 某理想气体的 $C_{V,\text{m}}/\text{J}\cdot\text{K}^{-1}\cdot\text{mol}^{-1}=25.52+8.2\times10^{-3}\ (T/\text{K})$，问

(1) $C_{p,\text{m}}$和 T 的函数关系是什么？

(2) 一定量的此气体在 300K 下，由 $p_1=1.0\times10^3\text{kPa}$，$V_1=1\text{dm}^3$ 膨胀到 $p_2=100\text{kPa}$，$V_2=10\text{dm}^3$ 时，此过程的 ΔU、ΔH 是多少？

(3) 第 (2) 问中的状态变化能否用绝热过程来实现？

答案：(1) $C_{p,\text{m}}=(33.83+8.2\times10^{-3}T/\text{K})\text{J}\cdot\text{K}^{-1}\cdot\text{mol}^{-1}$；

(2) $\Delta T=0$，所以 $\Delta U=\Delta H=0$；

(3) 若是进行绝热自由膨胀，则 $W=Q=0$，由此得 $\Delta U=\Delta H=0$，可与 (2) 过程等效

8. 将 101325Pa 下的 100g 气态氨在正常沸点（−33.4℃）凝结为液体，计算 ΔH、W、ΔU。已知氨在正常沸点时的蒸发焓为 $1368\text{J}\cdot\text{g}^{-1}$，气态氨可作为理想气体，液体的体积可忽略不计。

答案：$\Delta H=Q_p=-136.8\text{kJ}$，$W=11.70\text{kJ}$，$\Delta U=-125.1\text{kJ}$

9. 1mol 水在 100℃，$p^\ominus$下变成同温同压下的水蒸气（视水蒸气为理想气体），然后等温可逆膨胀到 $0.5p^\ominus$，计算全过程的 ΔU，ΔH。已知 $\Delta_l^g H_\text{m}(H_2O, 373.15\text{K}, p^\ominus)=40.67\text{kJ}\cdot\text{mol}^{-1}$。

答案：$\Delta H=40.67\text{kJ}$，$\Delta U=37.57\text{kJ}$

10. 1.00mol 冰在 0℃、100kPa 下变为水，求 Q、W、ΔU 及 ΔH。已知冰的熔化热为 $335\text{J}\cdot\text{g}^{-1}$。冰与水的密度分别为 $0.917\text{g}\cdot\text{cm}^{-3}$ 及 $1.00\text{g}\cdot\text{cm}^{-3}$。

答案：$Q=Q_p=\Delta H=6.03\text{kJ}$，$W=0.163\text{J}$，$\Delta U\approx\Delta H=6.03\text{kJ}$

11. (1) 将 100℃和 100kPa 的 1g 水在恒外压（$0.5\times100\text{kPa}$）下恒温汽化为水蒸气，然后将此水蒸气慢慢加压（近似看作可逆）变为 100℃和 100kPa 的水蒸气。求此过程的 Q，

W 和该体系的 ΔU、ΔH。（100℃，100kPa下水的汽化热为 $2259.4\mathrm{J\cdot g^{-1}}$）

（2）将100℃和100kPa的1g水突然放到100℃的恒温真空箱中，液态水很快蒸发为水蒸气并充满整个真空箱，测得其压力为100kPa。求此过程的 Q、W 和体系的 ΔU、ΔH。（水蒸气可视为理想气体）

答案：（1）$W=-52.91\mathrm{J}$，$Q=2139.96\mathrm{J}$，$\Delta U=2087.05\mathrm{J}$，$\Delta H=2259.4\mathrm{J}$；

（2）$\Delta U=2087.05\mathrm{J}$，$\Delta H=2259.4\mathrm{J}$，$Q=2087.05\mathrm{J}$，$W=0$

12. 1mol单原子分子理想气体，沿着 $p/V=K$（K 为常数）的可逆途径变到终态，试计算沿该途径变化时气体的热容。

答案：$C=C_V+pnR/2VK=2R$

13. 在一个有活塞的装置中，盛有298K、100g的氮气，活塞上压力为 $3.0\times10^6\mathrm{Pa}$，突然将压力降至 $1.0\times10^6\mathrm{Pa}$，让气体绝热膨胀，若氮气的 $C_{V,\mathrm{m}}=20.71\mathrm{J\cdot K^{-1}\cdot mol^{-1}}$，计算气体的最终温度。此氮气的 ΔU 和 ΔH 为若干？（设此气体为理想气体）

答案：$T_2=241\mathrm{K}$，$\Delta U=-4231\mathrm{J}$，$\Delta H=-5923.7\mathrm{J}$

14. 恒定压力下，2mol、50℃的液态水变作150℃的水蒸气，求过程的热。已知：水和水蒸气的平均恒压摩尔热容分别为 $75.31\mathrm{J\cdot K^{-1}\cdot mol^{-1}}$ 及 $33.47\mathrm{J\cdot K^{-1}\cdot mol^{-1}}$；水在100℃及标准压力下蒸发成水蒸气的摩尔汽化热 $\Delta_{\mathrm{vap}}H_{\mathrm{m}}^{\ominus}$ 为 $40.67\mathrm{kJ\cdot mol^{-1}}$。

答案：$Q_p=92.22\mathrm{kJ}$

15. 在一绝热保温瓶中，将100g 0℃的冰和100g 50℃的水混合在一起，最后平衡时温度为多少？其中有多少克水？（冰的熔化热 $\Delta_{\mathrm{fus}}H_{\mathrm{m}}^{\ominus}=333.46\mathrm{J\cdot g^{-1}}$，水的平均比热容 $c_p=4.184\mathrm{J\cdot K^{-1}\cdot g^{-1}}$）

答案：最后温度为0℃（冰水混合物），水的质量为162.736g

16. 计算1mol理想气体在下列四个过程中所做的体积功。已知始态体积为 $25\mathrm{dm^3}$，终态体积为 $100\mathrm{dm^3}$；始态及终态温度均为100℃。（1）等温可逆膨胀；（2）向真空膨胀；（3）在外压恒定为气体终态的压力下膨胀；（4）先在外压恒定为体积等于 $50\mathrm{dm^3}$ 时气体的平衡压力下膨胀，当膨胀到 $50\mathrm{dm^3}$（此时温度仍为100℃）以后，再在外压等于 $100\mathrm{dm^3}$ 时气体的平衡压力下膨胀。

试比较这四个过程的功。比较的结果说明什么？

答案：（1）$W_1=-4299\mathrm{J}$；（2）$W_2=0$；（3）$W_3=-2325.8\mathrm{J}$；（4）$W_4=-3101\mathrm{J}$

计算结果说明膨胀次数愈多，即体系与环境的压力差愈小，系统对外做功的绝对值愈大

17. 某高压容器中含有未知气体，可能是氮或氩气。今在298K时取出一些样品，从 $5\mathrm{dm^3}$ 绝热可逆膨胀到 $6\mathrm{dm^3}$，温度降低了21K，问能否判断容器中是何种气体？假设单原子分子气体的 $C_{V,\mathrm{m}}=\frac{3}{2}R$，双原子分子气体的 $C_{V,\mathrm{m}}=\frac{5}{2}R$。

答案：$C_{V,\mathrm{m}}=\frac{R}{0.4}=2.5R$，由此判断是 N_2

18. 一气体的状态方程式是 $pV=nRT+\alpha p$，α 只是 T 的函数。

（1）设在恒压下将气体自 T_1 加热到 T_2，求 $W_{可逆}$；

（2）设膨胀时温度不变，求 $W_{可逆}$。

答案：（1）$W=-nR(T_2-T_1)-(\alpha_2-\alpha_1)p$；（2）$W=-nRT\ln\frac{V_2-\alpha}{V_1-\alpha}=nRT\ln\frac{p_2}{p_1}$

19. 27℃时，5mol NH_3 由 $5dm^3$ 恒温可逆膨胀至 $50dm^3$，试计算体积功。假设服从范德华方程。已知 NH_3 的 $a=0.423Pa\cdot m^6\cdot mol^{-2}$，$b=0.0371\times10^{-3}m^3$。

答案：$W_R=-27.25kJ$

20. 容积为 $200dm^3$ 的容器中装有某理想气体，$t_1=20℃$，$p_1=253.31kPa$。已知其 $C_{p,m}=1.4C_{V,m}$，试求其 $C_{V,m}$。若该气体的摩尔热容近似为常数，试求恒容下加热该气体至 $t_2=80℃$ 所需的热。

答案：$C_{V,m}=20.8J\cdot mol^{-1}\cdot K^{-1}$，$Q=\Delta U=25.94kJ$

21. 已知氢的 $C_{p,m}=\{29.07-0.836\times10^{-3}(T/K)+20.1\times10^{-7}(T/K)^2\}J\cdot K^{-1}\cdot mol^{-1}$

(1) 求恒压下 1mol 氢的温度从 300K 上升到 1000K 时需要多少热量？

(2) 若在恒容下需要多少热量？

(3) 求在这个温度范围内氢的平均恒压摩尔热容。

答案：(1) $Q_p=\Delta H=20620J$；(2) $Q_V=\Delta U=14800J$；

(3) $C_{p,m}=29.46J\cdot K^{-1}\cdot mol^{-1}$

22. 已知水在 25℃的密度 $\rho=997.04kg\cdot m^{-3}$。求 1mol 水($H_2O$, l) 在 25℃下

(1) 压力从 100kPa 增加至 200kPa 时的 ΔH；

(2) 压力从 100kPa 增加至 1MPa 时的 ΔH。

假设水的密度不随压力改变，在此压力范围内水的摩尔热力学能近似认为与压力无关。

答案：(1) $\Delta H=V(p_2-p_1)=1.8J$；(2) $\Delta H=V(p_2-p_1)=16.2J$

23. 2mol、100kPa、373K 的液态水放入一小球中，小球放入 373K 恒温真空箱中。打破小球，刚好使 $H_2O(l)$ 蒸发为 100kPa、373K 的 $H_2O(g)$ [视 $H_2O(g)$ 为理想气体]，求此过程的 Q、W、ΔU、ΔH；若此蒸发过程在常压下进行，则 Q、W、ΔU、ΔH 的值各为多少？已知水的蒸发热在 373K、100kPa 时为 $40.66kJ\cdot mol^{-1}$。

答案：(1) $W=0$，$\Delta H=81.3kJ$，$\Delta U=75.1kJ$，$Q=\Delta U=75.1kJ$；

(2) $\Delta H=Q_p=n\Delta_l^g H_m=81.3kJ$，$W=-6.2kJ$，$\Delta U=75.1kJ$

24. 在 100kPa 下，把极小的一块冰投到 100g、−5℃的过冷水中，结果有一定数量的水凝结为冰，而温度变为 0℃。由于过程进行得很快，所以可看作是绝热的。已知冰的熔化焓为 $333.5J\cdot g^{-1}$，在 −5～0℃之间水的比热容为 $4.230J\cdot K^{-1}\cdot g^{-1}$。(1) 试确定系统的初、终状态，并求过程的 ΔH。(2) 求析出的冰的数量。

答案：(1) $\Delta H=Q_p=0J$；(2) 析出冰 $x=6.34g$

25. 5mol 双原子理想气体从始态 300K、200kPa，先恒温可逆膨胀到压力为 50kPa，再绝热可逆压缩到末态压力 200kPa。求末态温度 T 及整个过程的 W、Q、ΔU 和 ΔH。

答案：$T_3=445.8K$，$\Delta H=21.21kJ$，$\Delta U=15.15kJ$，$W=-2.14kJ$，$Q=17.29kJ$

26. 1.0mol 理想气体由 500K、1.0MPa，反抗恒外压绝热膨胀到 0.1MPa 达平衡，然后恒容升温至 500K，求整个过程的 W、Q、ΔU 和 ΔH。已知 $C_{V,m}=20.786J\cdot K^{-1}\cdot mol^{-1}$。

答案：$T_2=371.4K$；整个过程 $\Delta T=0$，$\Delta U=0$，$\Delta H=0$；$W=-2673J$；$Q=-W=2673J$

27. 计算 20℃，101.325kPa，1mol 液态水蒸发为水蒸气的汽化热。(已知，100℃，101.325kPa 时，水的 $\Delta_{vap}H_m=40.67kJ\cdot mol^{-1}$，水的 $C_{p,m}=75.3J\cdot K^{-1}\cdot mol^{-1}$，水蒸气的 $C_{p,m}=33.2J\cdot K^{-1}\cdot mol^{-1}$)

答案：$\Delta_{vap}H_m(293K)=44.04kJ\cdot mol^{-1}$

28. 101.325kPa下冰(H_2O，s)的熔点为0℃。在此条件下冰的摩尔熔化焓$\Delta_{fus}H_m=6.012kJ\cdot mol^{-1}$。已知在−10～0℃范围内过冷水($H_2O$，l)和冰的摩尔恒压热容分别为$C_{p,m}(H_2O,l)=76.28\ J\cdot mol^{-1}\cdot K^{-1}$和$C_{p,m}(H_2O,s)=37.20J\cdot mol^{-1}\cdot K^{-1}$。求在常压及−10℃下过冷水结冰的摩尔凝固焓。

答案：$\Delta_l^s H_m(263.15K)=-5.621kJ\cdot mol^{-1}$

29. 0.500g正庚烷放在弹形量热计中，燃烧后温度升高2.94K。若量热计本身及附件的热容为$8.177kJ\cdot K^{-1}$，计算298K时正庚烷的摩尔燃烧焓（量热计的平均温度为298K）。正庚烷的摩尔质量为$0.1002kg\cdot mol^{-1}$。

答案：$Q_V=24040J$，$\Delta_r U_m=-4818000J\cdot mol^{-1}$，

$\Delta_c H_m^{\ominus}(C_7H_{16},l,298K)=-4828000J\cdot mol^{-1}$

30. 用量热计测得乙醇(l)，乙酸(l)和乙酸乙酯(l)的标准恒容摩尔燃烧热$\Delta_c U_m^{\ominus}$(298K)分别为$-1364.27kJ\cdot mol^{-1}$，$-871.50kJ\cdot mol^{-1}$和$-2251.73kJ\cdot mol^{-1}$。

(1) 计算在$p^{\ominus}$和298K时，下列酯化反应的$\Delta_r H_m^{\ominus}$(298K)；

$$C_2H_5OH(l)+CH_3COOH(l) = CH_3COOC_2H_5(l)+H_2O(l)$$

(2) 已知CO_2(g)和H_2O(l)的标准摩尔生成焓$\Delta_f H_m^{\ominus}$(298K)分别为$-393.51kJ\cdot mol^{-1}$和$-285.84kJ\cdot mol^{-1}$，求C_2H_5OH(l)的标准摩尔生成焓。

答案：(1) $\Delta_r H_m^{\ominus}=15.96kJ\cdot mol^{-1}$；(2) $\Delta_f H_m^{\ominus}(C_2H_5OH)=-277.79kJ\cdot mol^{-1}$

31. 将10g 25℃、101.325kPa下的萘置于一含足够O_2的容器中进行恒容燃烧，产物为25℃下的CO_2及液态水，过程放热401.727kJ。试求25℃下萘的标准摩尔燃烧焓$\Delta_c H_m^{\ominus}$(298.15K，$C_{10}H_8$)。

答案：$\Delta_c H_m^{\ominus}(C_{10}H_8)=-5147.1kJ\cdot mol^{-1}$

32. 求反应$C(s)+2H_2O(g) = CO_2(g)+2H_2(g)$的反应热与温度的关系式。

已知：

	$\frac{\Delta_f H_m^{\ominus}(298K)}{kJ\cdot mol^{-1}}$	$\frac{C_p=a+bT+cT^2}{J\cdot K^{-1}\cdot mol^{-1}}$		
		a	$b\times10^3$	$c\times10^6$
H_2(g)	0	29.08	−0.837	2.01
C(s)	0	17.15	4.27	—
H_2O(g)	−241.8	30.13	11.30	—
CO_2(g)	−393.5	44.14	9.04	—

答案：$\Delta_r H_m^{\ominus}(T)=[83513+24.89T/K-9.75\times10^{-3}(T/K)^2+1.34\times10^{-6}(T/K)^3]J\cdot mol^{-1}$

33. 298K时，1mol CO(g)放在10mol O_2中充分燃烧，求(1)在298K时的$\Delta_r H_m$；(2)该反应在398K时的$\Delta_r H_m$。已知，CO_2和CO的$\Delta_f H_m^{\ominus}$(298.15K)分别为$-393.509kJ\cdot mol^{-1}$和$-110.525kJ\cdot mol^{-1}$，CO、CO_2和O_2的$C_{p,m}$分别是$29.142J\cdot K^{-1}\cdot mol^{-1}$、$37.11J\cdot K^{-1}\cdot mol^{-1}$和$29.355J\cdot K^{-1}\cdot mol^{-1}$。

答案：(1) $\Delta_r H_m(298K)=-282.984kJ\cdot mol^{-1}$；(2) $\Delta_r H_m(398K)=-283.653kJ\cdot mol^{-1}$

34. 为解决能源危机，有人提出用$CaCO_3$制取C_2H_2作燃料。具体反应为

(a) $CaCO_3(s)\xrightarrow{\triangle}CaO(s)+CO_2(g)$

(b) $CaO(s)+3C(s)\xrightarrow{\triangle}CaC_2(s)+CO(g)$

(c) $CaC_2(s)+H_2O(l)\xrightarrow{298K}CaO(s)+C_2H_2(g)$

问：(1) 1mol C_2H_2 完全燃烧可放出多少热量？

(2) 制备 1mol C_2H_2 需多少 C(s)，这些碳燃烧可放热多少？

(3) 为使反应 (a) 和 (b) 正常进行，需消耗多少热量？

评论 C_2H_2 是否适合作燃料？已知有关物质的 $\Delta_f H_m^\ominus(298K)/kJ \cdot mol^{-1}$ 为

$CaC_2(s)$：−60，$CO_2(g)$：−393，$H_2O(l)$：−285，$C_2H_2(g)$：227，

$CaO(s)$：−635，$CaCO_3(s)$：−1207，$CO(g)$：−111

答案：(1) $\Delta_c H^\ominus(C_2H_2,g,298K)=-1298kJ$；

(2) 制取 1mol $C_2H_2(g)$ 需 3mol C(s)，$3C(s)+3O_2(g) \longrightarrow 3CO_2(g)$，$\Delta_r H^\ominus(298K)=-1179kJ$；

(3) 为使反应 (a) 和 (b) 正常进行，需消耗 $(179+464)\times 10^3=643kJ$ 热量，即制取 1mol 乙炔 $(179+464-63)\times 10^3=580kJ$ 能量。

1mol C_2H_2 完全燃烧给出 1298kJ 热量，只比 3mol C 完全燃烧多给出 119kJ 热量，而制取 1mol 乙炔需消耗 (179+464−63=580)kJ 热量。故此法并不经济。

35. 在 $p^\ominus$、25℃ 时，丙烯腈 ($CH_2=CH-CN$)、石墨和氢气的燃烧热分别为 $-1758kJ \cdot mol^{-1}$，$-393kJ \cdot mol^{-1}$ 和 $-285.9kJ \cdot mol^{-1}$；气态氰化氢和乙炔的生成焓分别为 $129.7kJ \cdot mol^{-1}$ 和 $226.7kJ \cdot mol^{-1}$。已知 $p^\ominus$ 下 $CH_2=CH-CN$ 的凝固点为 −82℃，沸点为 78.5℃，在 25℃ 时其汽化热为 $32.84kJ \cdot mol^{-1}$。求 25℃ 及 $p^\ominus$ 下，反应 $C_2H_2(g)+HCN(g) \longrightarrow CH_2=CH-CN(g)$ 的 $\Delta_r H_m^\ominus(298K)$。

答案：$\Delta_f H_m^\ominus(\text{丙烯腈})(g)=150.15+32.84=182.99kJ \cdot mol^{-1}$，

$\Delta_r H_m^\ominus(298K)=182.04-(129.7+226.7)=-173.4kJ \cdot mol^{-1}$

36. 某工程用黄色炸药 TNT (三硝基甲苯) 进行爆破，所用药柱直径为 3cm，高为 20cm，质量为 200g，药柱紧塞石眼底部，进行负氧爆破，试估算此药柱在爆破瞬间所产生的最高温度和压力。假定反应后产生的气体服从理想气体行为。TNT 负氧爆炸反应如下 (假设反应在常温常压下瞬间完成)：

$$C_6H_2(NO_2)_3CH_3(s) = \frac{7}{2}CO(g)+\frac{5}{2}H_2O(g)+\frac{3}{2}N_2(g)+\frac{7}{2}C(s)$$

已知：$C_{p,m}(\text{石墨})=(17.15+4.27\times 10^{-3}T)J \cdot mol^{-1} \cdot K^{-1}$

$C_{p,m}(CO)=(26.537+7.683\times 10^{-3}T-1.172\times 10^{-6}T^2)J \cdot mol^{-1} \cdot K^{-1}$

$C_{p,m}[H_2O(g)]=(30+10.7\times 10^{-3}T-2.022\times 10^{-6}T^2)J \cdot mol^{-1} \cdot K^{-1}$

$C_{p,m}(N_2)=(27.32+6.226\times 10^{-3}T-0.95\times 10^{-6}T^2)J \cdot mol^{-1} \cdot K^{-1}$

TNT 的爆炸热 $\Delta_r H=69.87kJ \cdot mol^{-1}$

答案：$T=628.4K$ $p=2.455\times 10^8 Pa$

37. 某炸弹内盛有 1mol CO 和 0.5mol O_2，估计完全燃烧后的最高温度和压力各为多少。设起始温度 $T_1=300K$，压力 $p_1=100kPa$。300K 时反应

$$CO(g)+\frac{1}{2}O_2(g) = CO_2(g)$$

的 $Q_V=-281.58kJ$，CO_2 的 $C_{V,m}/J \cdot K^{-1} \cdot mol^{-1}=20.96+0.0293(T/K)$，并假定高温气体服从理想气体行为。

答案：$T_m=3785K$，最终压力 $p_2=n_2RT_m/V_2=842.1kPa$

38. 求乙炔在理论量的空气中燃烧时的最高火焰温度。燃烧反应在 $p^\ominus$ 下进行，乙炔和

空气的温度为25℃，设空气中O_2和N_2的组成分别为20%（体积分数）和80%，各物质摩尔热容与温度的关系式为

$$C_{p,CO_2}/J \cdot K^{-1} \cdot mol^{-1} = 28.66 + 35.70 \times 10^{-3}\ (T/K)$$

$$C_{p,H_2O}(g)/J \cdot K^{-1} \cdot mol^{-1} = 30.00 + 10.71 \times 10^{-3}\ (T/K)$$

$$C_{p,N_2}/J \cdot K^{-1} \cdot mol^{-1} = 27.87 + 4.27 \times 10^{-3}\ (T/K)$$

各物质的生成焓 $\Delta_f H_m^\ominus(298K)/kJ \cdot mol^{-1}$：$CO_2$ 为 -393.5；$H_2O(g)$ 为 -241.8；C_2H_2 为 226.8

答案：$T=2596K$

关注易读书坊
扫封底授权码
学习线上资源

第3章 热力学第二定律

热力学第一定律给出了能量守恒与转化以及在转化过程中各种能量之间的定量关系。在一定的条件下，一个系统从始态到终态若发生了变化，根据热力学第一定律可以计算变化过程中系统与环境之间所交换的能量 ΔU（ΔH）。但是，对于一个给定的变化，在一定的条件下能否自发进行？能进行到什么程度？热力学第一定律则无能为力。即热力学第一定律不能给出变化的方向和变化进行的限度。换句话说，自然界中所发生的一切过程一定符合热力学第一定律，但是，符合热力学第一定律的过程不一定能自发进行。即热力学第一定律只解决了能量转化的数量关系，但能量转换的方向和限度必须由热力学第二定律来回答。例如，热可以自动地从高温物体流向低温物体，而它的逆过程即热从低温物体自动地流向高温物体则是不能自动发生的。对于所研究系统在指定条件下，判断其物理变化或化学变化过程的“**方向**”和“**限度**”问题是一个极为重要的问题，该问题的解决有赖于热力学第二定律。

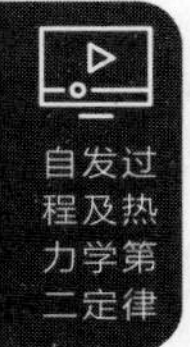

3.1 自发过程的共同特征

人们的观察和经验总结表明，自然界中一切“**自发过程**”都是有方向性的。所谓“自发过程”就是指无需外力帮助，任其自然能自动发生的过程。而自发过程的逆过程则是不能自动发生的。例如，重物下降带动搅拌器，量热器中的水温因搅拌而上升，然而其逆过程即水的温度自动下降而重物被举起的过程不会自动发生；墨水滴入水中自动扩散，最后浓度均匀，而其逆过程即已扩散均匀的墨水自动聚集成一滴的过程不可能发生；气体向真空膨胀，它的逆过程即气体自动压缩的过程不会自动发生；化学反应 $Zn+CuSO_4 \longrightarrow Cu+ZnSO_4$ 能自动进行，但它的逆过程则不会自动进行；热量由高温物体自动地传给低温物体，其逆过程即热量自动地由低温物体传给高温物体也不可能发生等等。诸如此类在日常生活中常见的例子可以举出许多。从这些事例中可以看到一个共同的特征：自然界中一切自发过程都是有方向性的，且都不会自动地逆向进行，也就是说，“自发过程乃是热力学的不可逆过程”。

上述列举的五个互不相同的例子，从表面上看是完全不相关的事例，但客观世界总是彼此相互联系的，特殊性往往寓于共性之中。其实所有发生的自发过程是否能成为热力学的可逆过程，最终都可归结为“热能否全部转变为功而不引起任何其他的变化”这样一个命题。例如，以锌片投入硫酸铜溶液中所引起的置换反应为例：

$$Zn+CuSO_4 \longrightarrow Cu+ZnSO_4$$

该反应是自发进行的。反应进行时有 $|Q|$ 的热放出，要使系统恢复原状，需对系统做电功进行电解，使反应逆向进行。如果电解时所做的电功为 $|W|$，同时有 $|Q'|$ 的热放出，那么，

当反应系统恢复原状时，在环境中损失了$|W|$的功，而得到了$|Q|+|Q'|$的热。根据能量守恒定律有$|W|=|Q|+|Q'|$。所以，环境能否复原，亦即上述化学反应能否成为一个热力学上的可逆过程，也就取决于环境得到的热能否百分之百转化为功而不引起任何其他变化这样一个命题。事实上，由于热是物质分子的无序运动所传递的能量，而功是物质分子的有序运动所传递的能量，因此，功可以自发地百分之百变为热，但热不可能百分之百转化为功而不引起其他任何变化。即热功转换是有方向性的。所以，上述反应在热力学上是不可逆的。由此可得出这样的结论："一切自发过程都是不可逆的，而且它们的不可逆性均可归结为热功转化过程的不可逆性。因此，它们的方向性都可用热功转化过程的方向性来表达"。

既然一切自发过程的方向性最后均可归结为热功转换这一过程的方向性问题，那么，可以将注意力首先集中到研究热功转换的方向上来。历史上对热功转换的研究是从对热机（蒸汽机）效率的研究开始的。所谓热机就是一种能连续不断地从高温热源吸热、对外做功的循环操作的机器，其工作原理如图 3-1 所示。

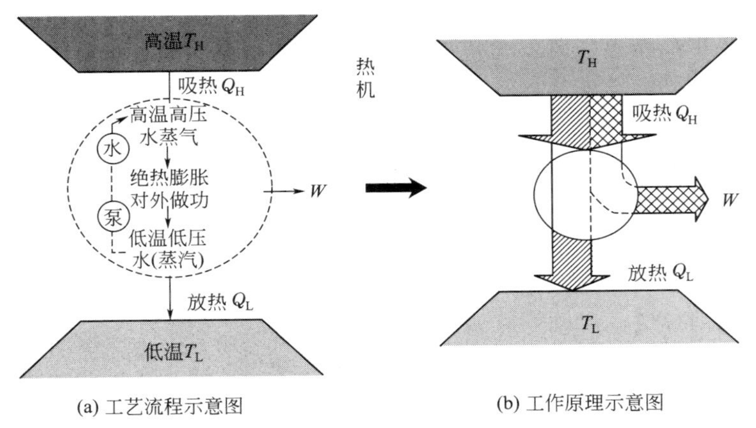

(a) 工艺流程示意图　　(b) 工作原理示意图

图 3-1　热机工作原理示意图

热机中工作介质是 H_2O，通过 H_2O 的状态变化达到热功转换，实现对外做功的目的。其工作流程为：高压锅炉内的水从温度为 T_H 的高温热源（燃料煤燃烧产生的热）吸热（Q_H）变为高温高压的水蒸气，然后进入热机的绝热气缸中膨胀（绝热膨胀过程）对外做功（W），高温高压的水蒸气经绝热膨胀对外做功后，温度、压力降低，变为低温低压水蒸气进入冷凝器（低温热源）降温凝结成水，同时向温度为 T_L 低温热源散热（Q_L），然后水又被泵入高压锅炉进行下一个循环对外做功。

蒸汽机的发明及其在各生产领域中广泛应用，对当时欧洲的工业革命以及后来人类社会的进步与文明具有划时代的意义，但当时热机的热转换效率太低，不足 5%。如何提高热机效率，以提高能源利用率，进而降低生产成本，是当时人们关心的一个重要问题。

所谓热机效率是指热机对外做的功（W）与从高温热源 T_H 吸收的热量（Q_H）之比，用 η 表示，即

$$\eta=-\frac{W}{Q_H} \tag{3-1}$$

根据热力学第一定律有$-W=Q_H+Q_L$。若热机不向低温热源 T_L 散热，即 $Q_L=0$，则从高温热源吸收的热全部用来做功，$\eta=1$，热机效率为 100%。实验证明，这样的热机是不存在的。既然如此，热机效率，即热功转换的效率到底是多少？最高能达到多少？正是基于

对这个问题的研究，人们总结出了热力学第二定律。

3.2 热力学第二定律

前文述及，自然界中一切自发过程的不可逆性都可以归结为“热能否全部变为功而不引起任何其他变化”，人们从长期的实践和研究中得出不可能造出热功转换效率等于100%的热机。历史上，人们根据这些经验总结出更普遍性的原理——热力学第二定律，如下就是1852年开尔文（Kelvin）对热力学第二定律的经典表述：

“人们不可能设计出这样一种机器，这种机器仅从单一热源吸热而能循环不断地对外做功且不引起任何其他变化”。

为了与第一类永动机相区别，人们称这种机器为第二类永动机。所以，热力学第二定律的开尔文说法又可表述为“第二类永动机不可能造成”。

与此同时，人们通过对热量流动方向的研究，同样得出自然界中一切自发过程的不可逆性可以归结为“热不可能从低温物体流向高温物体而不引起任何其他变化”的结论。据此，克劳修斯（Clausius）在1854年独立地给出了热力学第二定律的另一经典表述：“人们不可能把热从低温物体传到高温物体而不引起其他任何变化”。

热力学第二定律的两种说法都是指某一件事情是“不可能”的，即指出某种自发过程的逆过程是不可能自动进行的。在理解热力学第二定律的两种说法时应注意以下几点。

① 在克劳修斯的表述中要注意的是“不引起其他任何变化”。因为我们知道，热量是可以从低温物体传到高温物体的，例如，冰箱（或空调）制冷就是将冰箱内部的热（或室内的热）传到外部的高温环境（或室外高温环境），但是，这时环境发生了功变为热的变化，而热是不可能百分之百变为功，总的结果是环境因失去功，得到热而不能复原，也即冰箱（或空调）在将热由低温物体传到高温物体时引起了其他（即环境）变化。

② 对于开尔文表述同样要注意的是“而不引起其他任何变化”。不是说在热力学中热不能全部转化为功，而要强调的是：不可能在热全部转化为功的同时不引起任何其他变化。例如：理想气体等温膨胀过程 $\Delta T=0$、$\Delta U=0$、$Q=-W$，热就全部转化为功，但系统的压力变小了，体积变大了，即状态发生了变化。

③ 开尔文的说法也可表述为“第二类永动机不可能造成”。值得注意的是，第二类永动机并不违背热力学第一定律，但实际能否存在，热力学第一定律无法回答，只有热力学第二定律回答说：它不可能存在。

④ 热力学第二定律的克劳修斯表述和开尔文表述二者是等价的。即克劳修斯的表述成立，开尔文的表述也一定成立。反之，若克劳修斯表述不成立，则开尔文的表述亦不成立。二者的等价证明如下：假设克劳修斯表述不成立，即热可自动从低温物体传给高温物体而不引起其他任何变化。令热机在高温热源 T_H 和低温热源 T_L 之间工作，从高温热源吸热 Q_H，对外做功 $-W$，向低温热源放热 Q_L。同时，由于假定热可以自动从低温热源传回高温热源，这样就会很容易做到使低温热源得失热量相等，低温热源没有变化，整个结果是热机从高温热源吸热 Q_H-Q_L，且全部用做功。这一结果刚好也说明了开尔文的说法也不成立。同理，若开尔文的表述不成立，则克劳修斯的表述也不成立（读者自证之）。

⑤ 热力学第二定律同第一定律一样，是人类经验的总结，无法也无需用数学方法证明，因为从其诞生至今还未发现有例外。

到此为止，判断一个指定过程进行的方向问题似乎已经解决，原则上讲确是如此。因为一切自发过程的方向问题最终均可归结为“热不能百分之百变为功而不引起其他任何变化”的问题，亦即可归结为“第二类永动机不可能造成”的问题。由此，就可根据“第二类永动机不可能造成”这一结论来判断一指定过程的方向。但是，要想用“第二类永动机不可能造成”这一结论来判断一指定过程（A→B）的方向，则首先要看这一指定过程的逆过程（B→A）是否能构成第二类永动机，若能，则可断言原指定过程（A→B）是自发的。不过，这样判断一指定过程的方向性未免太抽象了，再说，在考虑是否能构成第二类永动机时往往需要繁杂的手续和特别的技巧，即便是好不容易构成了第二类永动机，这一方法也不能指出过程将自发进行到什么程度为止。为此，能否设想像热力学第一定律一样，找到一个状态函数——热力学能 U（或 H），只要通过计算出 ΔU（或 ΔH）就知道在某一过程中体系与环境之间所交换的能量。在热力学第二定律中是否也存在这样一个状态函数，只需计算出某一指定过程发生后该状态函数的改变值就可判断该指定过程的方向和限度。答案是肯定的，确实存在这么一个函数。而且，由于一切自发过程的方向性最终都可归结为热功转换问题，所以，可以从下面热功转换的讨论中找到这个函数。

3.3　卡诺循环及卡诺定理

3.3.1　卡诺循环

蒸汽机的发明与使用对欧洲的工业革命以及后来的人类社会进步与文明具有划时代的意义。但是，19 世纪初，蒸汽机的效率很低，大约只有 3%～5%，大量的能量（热）被浪费。此时，人们迫切需要回答这样一个问题：蒸汽机的效率到底能有多高，能否从理论上找到提高蒸汽机效率的办法。为回答这一问题，年轻的法国工程师卡诺（Carnot，1796—1832），设计了一个在两个热源之间，由两个恒温过程和两个绝热过程构成的最简单的理想循环，后来被称为**卡诺循环**。这一研究成果为提高热机效率指明了方向，对热力学理论的发展起到了非常重要的作用。遗憾的是，人们在当年并没有认识到卡诺循环研究结果的重要性，直到 1848 年，即卡诺去世后的十多年后，卡诺循环研究结果的重要性才被人们所认识。

卡诺热机的工作物质是理想气体，其工作过程如图 3-2 所示。

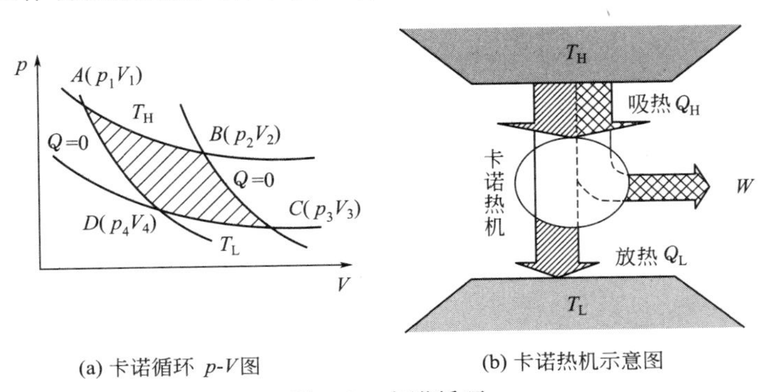

(a) 卡诺循环 p-V图　　(b) 卡诺热机示意图

图 3-2　卡诺循环

卡诺热机进行卡诺循环时分四步进行，首先，从高温热源 T_H 吸热 Q_H，使作为工作物质的理想气体等温可逆膨胀，对外做功，理想气体从状态 $A(p_1V_1) \rightarrow B(p_2V_2)$；第二步是绝热可逆膨胀，继续对外做功，同时将工作物质的温度降到 T_L，理想气体从状态 $B(p_2V_2)\rightarrow C(p_3V_3)$；第三步在低温 T_L 条件下等温可逆压缩，同时向低温热源放热 Q_L，理想气体从状态 $C(p_3V_3)\rightarrow D(p_4V_4)$；第四步绝热可逆压缩，将工作物质温度从 T_L 升温到 T_H，理想气体状态从 $D(p_4V_4)\rightarrow A(p_1V_1)$，系统（理想气体）完成一个循环，回到始态。卡诺热机从高温热源吸热 Q_H，对外做功 $-W$，向低温热源放热 Q_L。系统在卡诺循环各个过程及状态变化如图 3-2(a) 所示，各过程的功和热以 $n$mol 理想气体为例计算如下：

过程（1），等温可逆膨胀 系统由状态 $A(p_1,V_1,T_H)\rightarrow B(p_2,V_2,T_H)$，吸热 Q_H，全部转化为对外做的膨胀功，在 p-V 图上等于曲线 AB 下的面积。用公式表示为

$$\Delta U_1=0,\ Q_H=-W_1=\int_{V_1}^{V_2}p\,\mathrm{d}V=nRT_H\ln\frac{V_2}{V_1}$$

过程（2），绝热可逆膨胀 系统离开高温热源从状态 $B(p_2,V_2,T_H)\rightarrow C(p_3,V_3,T_L)$，在绝热膨胀过程中继续对外做功，消耗系统热力学能，温度由 T_H 下降到 T_L，所做的功等于 BC 线下的面积。

$$Q_2=0,\ W_2=\Delta U_2=\int_{T_H}^{T_L}nC_{V,\mathrm{m}}\mathrm{d}T$$

过程（3），等温可逆压缩 系统与低温热源接触，由状态 $C(p_3,V_3,T_L)\rightarrow D(p_4,V_4,T_L)$，放热 Q_L 给低温热源 T_L，环境对系统所做的功等于 CD 线下面积。

$$\Delta U_3=0,\ Q_L=-W_3=\int_{V_3}^{V_4}p\,\mathrm{d}V=nRT_L\ln\frac{V_4}{V_3}$$

过程（4），绝热可逆压缩 系统由状态 $D(p_4,V_4,T_L)\rightarrow A(p_1,V_1,T_H)$，温度由 T_L 升到 T_H，环境对系统做功等于 DA 曲线下面积。

$$Q_4=0,\ W_4=\Delta U_4=\int_{T_L}^{T_H}nC_{V,\mathrm{m}}\mathrm{d}T$$

经过以上四个过程，系统完成一个循环回到始态。根据热力学第一定律，整个循环过程中

$$\Delta U=0,Q=-W$$

$$Q=Q_H+Q_L \tag{3-2}$$

$$W=W_1+W_2+W_3+W_4=-nRT_H\ln\frac{V_2}{V_1}-nRT_L\ln\frac{V_4}{V_3} \tag{3-3}$$

系统所做的功等于闭合曲线 $ABCD$ 所围的面积。由于过程（2）和（4）为绝热可逆过程，所以有

$$T_HV_2^{\gamma-1}=T_LV_3^{\gamma-1}$$

$$T_HV_1^{\gamma-1}=T_LV_4^{\gamma-1}$$

两式相除有 $V_2/V_1=V_3/V_4$，代入式(3-3) 得

$$W=-nR(T_H-T_L)\ln\frac{V_2}{V_1} \tag{3-4}$$

3.3.2 热机效率

根据式(3-1)，卡诺循环过程中热机效率

$$\eta=\frac{-W}{Q_H}=\frac{Q_H+Q_L}{Q_H}=\frac{nR(T_H-T_L)\ln\dfrac{V_2}{V_1}}{nRT_H\ln\dfrac{V_2}{V_1}}$$

$$\eta=\frac{T_{\mathrm{H}}-T_{\mathrm{L}}}{T_{\mathrm{H}}}=1-\frac{T_{\mathrm{L}}}{T_{\mathrm{H}}} \tag{3-5}$$

由式(3-5) 可以看出，卡诺热机的效率（即热功转换的比例）只与两个热源的温度有关，若 $T_{\mathrm{L}}=T_{\mathrm{H}}$，即单一热源，$\eta=0$，热不能转化为功。式(3-5) 还告诉我们，高温热源温度越高，或低温热源温度越低，则卡诺热机效率越高。实际上，低温热源通常是大气或冷却水的温度，通过降低它们的温度来提高 η 往往是不经济的，故提高 η 最好是尽可能设法提高高温热源温度 T_{h}，制造陶瓷发动机的设想正是基于这一原理提出的。

现有的热机中，蒸汽直接排入大气的蒸汽机的效率可以达到 5%，加上冷凝器，效率可以提高到 25%或更高。一个使用废气加热的发电站可以达到 30%的效率。2011 年 7 月 21 日，中国建在中国原子能科学研究院内实验用的快中子增殖反应堆，热功率 65MW（65 兆瓦，1 兆瓦$=10^6$ 瓦），电功率 25MW，即效率为 38.46%。而广泛应用的内燃机，例如通常的汽油发动机热效率为 30%左右，非直喷柴油发动机通常为 35%左右，而 TDI（直喷式涡轮增压柴油发动机）发动机的燃油被直接喷射到燃烧室内，其燃烧效率可以达到 43%。由此可知，即使是内燃机，由汽油或柴油燃烧产生的热能大部分都浪费了。

进一步分析式(3-5) 还可以发现，在相同的低温热源温度 T_{L} 时，从高温热源传出同样的热量，高温热源温度越高，热机对环境做功越多，换句话说，能量除了有量的多少，还有“质”或者说“品味”的高低，温度越高，热的“品味”或说“质”就越高。

3.3.3　卡诺定理及其推论

卡诺热机的循环是以理想气体作为工作物质的理想循环，卡诺热机又称为可逆热机，其效率用 η_{R} 表示。欲确定卡诺热机的效率是否就是热功转换的最高限度，必须回答如下两个问题：一是在两个不同温度的热源之间工作的热机中，卡诺热机是否是效率最高；二是卡诺热机效率是否与工作物质有关。上述两个问题的答案就是所谓的卡诺定理及其推论。

卡诺定理　在两个不同温度的热源之间工作的热机，卡诺热机效率最高，即 $\eta_{\mathrm{I}}\leqslant\eta_{\mathrm{R}}$（$\eta_{\mathrm{I}}$ 表示任意热机的效率，可以是可逆热机，也可以是非可逆热机，可逆热机取等“=”号，否则取“<”号）。

卡诺定理推论　卡诺热机效率只与两热源温度有关，与工作物质无关。

尽管卡诺定理诞生在热力学第二定律之前，但是，要证明卡诺定理需要用到热力学第二定律，所采用的是逻辑推理反证法。证明如下：

在两个热源 T_{L}、T_{H} 之间工作着两个热机，一个为卡诺热机，即可逆热机 R，另外有一任意热机 I，如图 3-3 所示。

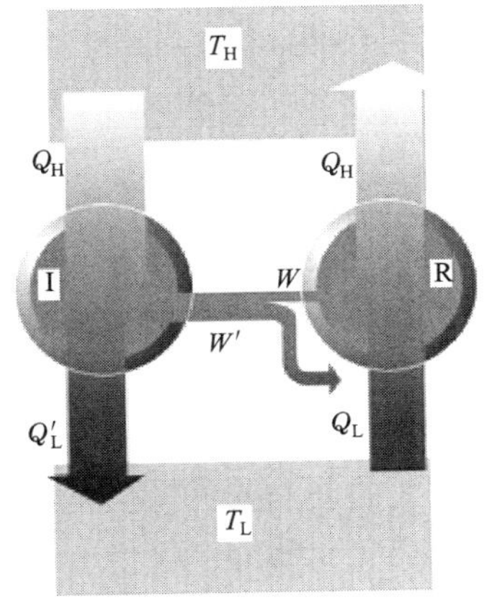

图 3-3　卡诺定理证明示意图

假定任意热机 I 的效率比卡诺热机 R 的效率大，$\eta_{\mathrm{R}}<\eta_{\mathrm{I}}$，假设热机 I 和热机 R 从热源 T_{H} 吸收同样的热 Q_{H}，由于热机 I 的效率比卡诺热机 R 的效率高，因此热机 I 所做的功 $|W'|$ 将要大于热机 R 所做的功 $|W|$，即 $|W'|>|W|$。根据能量守恒原理应有 $|Q'_{\mathrm{L}}|<|Q_{\mathrm{L}}|$。现将这两个热机联合起来工作：用热机 I 从热源 T_{h} 吸热 $|Q_{\mathrm{H}}|$ 并对外做功 $|W'|$，同时放出 $|Q'_{\mathrm{L}}|$ 的热给低温热源，然后从这 $|W'|$ 的功中取出一部分功 $|W|$ 对热机 R 做功，驱动热机 R 使其逆转。此时，卡

诺热机就能从低温热源 T_L 取出 $|Q_L|$ 热，并将其传入高温热源 T_H。联合热机整个复合循环一周后的净结果是：高温热源 T_H 没有任何变化（$|Q_H|=|W|+|Q_L|$）；低温热源 T_L 损失 $|Q_L|-|Q'_L|$ 热；环境得到 $|W'|-|W|$ 功。因为 $|Q_H|=|W|+|Q_L|=|W'|+|Q'_L|$，所以

$$|W'|-|W|=|Q_L|-|Q'_L|$$

由此得低温热源 T_L 失去的热全部变成了功，除此之外没有引起任何变化。这表明联合热机是一台第二类永动机，而第二类永动机是不可能造成的，所以原假设条件是错的。即任何热机效率不可能大于卡诺热机效率。

只要卡诺定理成立，卡诺定理的推论当然不证自明。

例题 3-1 已知每克汽油燃烧时可放热 46.86kJ。试分别计算下列两种热机效率是多少。

(1) 以水蒸气作为蒸汽机的工作物质时，其最高温度即水蒸气的温度为 385℃，冷凝器即低温热源为 30℃。当用汽油替换水蒸气作为蒸汽机的工作物质，且工作在同样温度区间时；

(2) 若用汽油直接在内燃机内燃烧，高温热源温度可达 2000℃，废气即低温热源仍为 30℃。每克燃油燃烧时所能做出的最大功为多少？

解 假设两热机皆为理想热机，则

$$\eta_{(1,汽油)}=\eta_{(1,水蒸气)}=1-\frac{T_L}{T_H}=1-\frac{303.15}{658.15}=0.54$$

$$\eta_{(2)}=1-\frac{T_L}{T_H}=1-\frac{303.15}{2273.15}=0.87$$

$$W_{(2)}=\eta_{(2)}Q=(0.87\times46.86)\text{kJ}=40.77\text{kJ}$$

计算结果再一次表明，高温热源温度越高，其热机效率越大。尽管卡诺热机（循环）是理想热机，现实世界根本不存在，但它为我们提高实际热机效率指明了方向。从蒸汽机到内燃机以及现在正在研究的陶瓷内燃机正是沿着卡诺热机所指引的方向前进的结果。如果能找到燃烧时产生更高温度的燃料以及能承受更高温度用以制备热机的材料，就能更进一步提高实际热机的效率。

例题 3-2 如果把卡诺热机逆转，就变为制冷机。此时环境对系统做功，系统自低温热源 T_L 吸取热量 Q'_L，而放给高温热源 T_H 的热 Q'_H，这就是制冷机的工作原理。用制冷系数 β 关联环境对系统所做的功与从低温热源所吸取的热 Q'_L 的关系为

$$\beta=\frac{Q'_L}{W}=\frac{T_L}{T_H-T_L} \tag{3-6}$$

它相当于每施一个单位的功于制冷机从低温热源中所吸取热的单位数。据此，请计算使 1.00kg、273.2K 的水变成冰：(1) 至少需对系统做功若干？(2) 制冷机对环境放热多少？设室温为 298.2K，冰的熔化热为 334.7kJ·kg^{-1}。

解 (1) 设制冷机为可逆转的卡诺热机，即可逆的制冷机，则根据式(3-6)

$$\frac{334.7\times1.0}{W}=\frac{273.2}{298.2-273.2}$$

$$W=30.63\text{kJ}$$

(2) 放给高温热源的热 $(-Q'_H)$

$$-Q'_{\mathrm{H}}=Q'_{\mathrm{L}}+W=(334.7\times1.0+30.63)\mathrm{kJ}=365.3\mathrm{kJ}$$

上述 W 是按可逆制冷机计算的结果，即冷冻 1kg 水变成冰最少需做功 30.6kJ，实际制冷机所需做的功远大于 30.6kJ。

例题 3-3　某空调生产厂广告声称其生产的 1.119kW（1.5 匹）热泵式空调器在室外温度为−5℃、室内温度为 25℃时，其制热效果能达到每千焦功制热 12.0kJ，请判断该广告的真伪。

解　要解该题，首先要了解“热泵”。热泵的工作原理和制冷机是一样的，但关注的对象不同，热泵的目的是如何把热量从低温物体送到高温物体使之更热。这在机械装置上与热机有所不同。把制冷机用作为热泵，这一概念是开尔文在 1852 年首先提出的，现在这一技术在空调器生产中已被普遍采用。

热泵工作效率（或工作系数）是由向高温物体所输送的热量与电动机所做的功的比值所决定的。通常商品空调器中所用热泵的工作系数在 2～7 之间，若设为 5，则电机做功 1J，高温物体可得 5J 的热。而直接电加热，1J 电能只能提供 1J 热，显然使用热泵是非常经济的。只要在机械上合理地设计，同一台设备，冬天可以利用从室外冷空气吸热取暖，（热泵）到夏天只要转动几个阀（现在都是电子线路程序控制），就可以从室内空气中吸热，使室温降低，这时热泵就是将室内的热送往室外（高温）。

现在回到例题 3-3，设该空调具有可逆热泵效率，则由此得每 1kJ 功的制热量为

$$\beta=\frac{Q_{\mathrm{L}}}{W}=\frac{T_{\mathrm{L}}}{T_{\mathrm{H}}-T_{\mathrm{L}}}=\frac{268.15}{298.15-268.15}=8.938$$

$$Q_{\mathrm{L}}=\beta W=(8.938\times1)\mathrm{kJ}=8.938\mathrm{kJ}$$

放给高温热源的热为

$$Q_{\mathrm{H}}=-(Q_{\mathrm{L}}+W)=-(8.938+1.0)\mathrm{kJ}=-9.938\mathrm{kJ}$$

由计算可知，即使该厂家生产的空调其热泵为可逆热泵，每 1kJ 也只能制热 9.938kJ。故该广告言过其实。

卡诺循环除了引出卡诺定理之外，还给出了一个重要的关系式。根据卡诺热机效率的表达式(3-5）得

$$1+\frac{Q_{\mathrm{L}}}{Q_{\mathrm{H}}}=1-\frac{T_{\mathrm{L}}}{T_{\mathrm{H}}}$$

移项得

$$\frac{Q_{\mathrm{H}}}{T_{\mathrm{H}}}+\frac{Q_{\mathrm{L}}}{T_{\mathrm{L}}}=0 \tag{3-7}$$

式(3-7）表明，卡诺循环的热温商之和为零，这是一个重要的关系式。据此将引出用于热力学第二定律的重要函数——**熵函数**的概念，也就是我们在 3.2 节结尾部分想要找的可用来判断过程的方向和自发进行程度的函数，这可是卡诺当年始料未及的。

3.4　熵的概念

3.4.1　可逆过程热温商及熵函数的引出

在上一节中，通过卡诺循环，我们得到一个重要的等式(3-7)，式(3-7）表明，在卡诺（可逆）循环中，热温商之和等于零，即

$$\frac{Q_{\mathrm{H}}}{T_{\mathrm{H}}}+\frac{Q_{\mathrm{L}}}{T_{\mathrm{L}}}=0 \quad 或 \quad \sum\frac{Q_{\mathrm{B}}}{T_{\mathrm{B}}}=0$$

上式是由卡诺热机在两个热源之间工作时得出的，现在要问，对于任意一个可逆循环，上式还成立吗？任意一个可逆循环其热源可能不止两个而是多个，这时各个热源的热温商之和还等于零吗？答案是肯定的。为了证明这一结论，先要证明任意可逆循环可由多个卡诺循环等效。

如图 3-4(a) 所示，在任意可逆循环曲线上取很靠近的 PQ 过程（线段）。

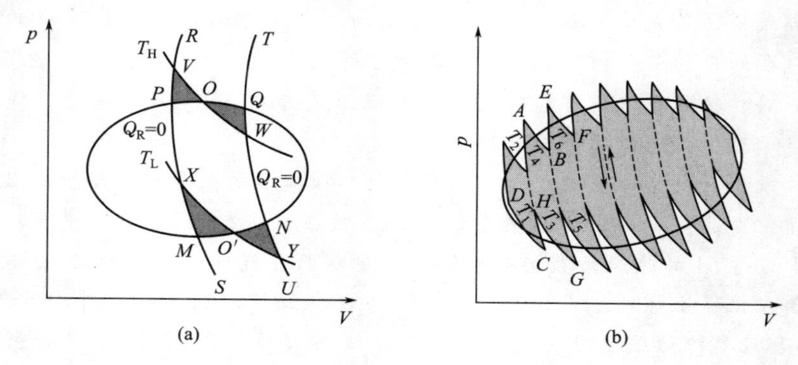

图 3-4　任意可逆循环与卡诺循环

通过 P、Q 点分别作 RS 和 TU 两条可逆绝热膨胀线，在 P、Q 之间通过 O 点作等温可逆膨胀曲线 VW，且使两个三角形 $PVOP$ 和 $OWQO$ 的面积大小相等，这样 PQ 过程与 $PVOWQ$ 过程所做的功相同。同理，对 MN 过程（线段）作同样的处理，使 MN 过程所做的功与 $MXO'YN$ 折线所经过的过程做功相同。这样，由 $VWYXV$ 就构成了一个卡诺循环。

用同样的方法将任意可逆循环分成许多首尾相连的小卡诺循环［如图 3-4(b) 所示］，前一个循环的绝热可逆膨胀线就是下一个循环的绝热可逆压缩线，如图 3-4(b) 所示的虚线部分，这样两个过程所做的绝热功恰好相互抵消，从而使众多小卡诺循环的总效应与任意可逆循环的封闭曲线相当，当小卡诺循环的数目趋于无穷多时，大量的小卡诺循环总效应就完全等效于任意可逆循环。由此得到任意可逆循环的热温商之和等于零，或它的环积分等于零，即

$$\sum_i\left(\frac{\delta Q_i}{T_i}\right)_{\mathrm{R}}=0 \quad 或 \quad \oint\left(\frac{\delta Q}{T}\right)_{\mathrm{R}}=0 \tag{3-8}$$

如果将任意可逆循环过程 ABA 看作是由两个可逆过程 R_1 和 R_2 所构成，见图 3-5，则式(3-8) 可看作是两项积分之和：

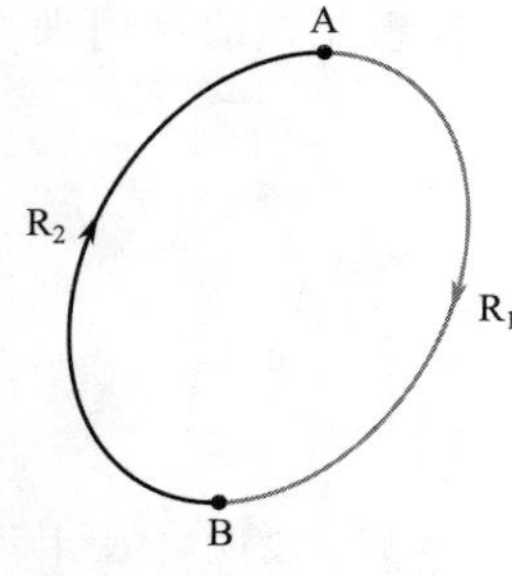

图 3-5　任意可逆循环

$$\int_{\mathrm{A}}^{\mathrm{B}}\left(\frac{\delta Q}{T}\right)_{\mathrm{R}_1}+\int_{\mathrm{B}}^{\mathrm{A}}\left(\frac{\delta Q}{T}\right)_{\mathrm{R}_2}=0$$

移项得：

$$\int_{\mathrm{A}}^{\mathrm{B}}\left(\frac{\delta Q}{T}\right)_{\mathrm{R}_1}=\int_{\mathrm{A}}^{\mathrm{B}}\left(\frac{\delta Q}{T}\right)_{\mathrm{R}_2}$$

上式说明，任意可逆过程的热温商的积分值仅取决于其始终状态，而与可逆途径无关，即上式中被积函数——可逆过程热温商具有状态函数的性质，而其积分值代表了某个状态函数的改变值。克劳修斯将这个状态函数命名为**熵**，以符号 S 表示，其单位为 $\mathrm{J\cdot K^{-1}}$。

显然，熵是系统的容量性质，但对一定量的物质，熵的绝对值不知道，只能求其状态变化的改变值 ΔS。当系统的状态由 A 变到 B 时，熵的变化为

$$\Delta S = S_{\mathrm{B}} - S_{\mathrm{A}} = \int_{\mathrm{A}}^{\mathrm{B}} \frac{\delta Q_{\mathrm{R}}}{T} \tag{3-9}$$

如果为一无限小的变化，其熵变可写成微分形式：

$$\mathrm{d}S = \frac{\delta Q_{\mathrm{R}}}{T} \tag{3-10}$$

式(3-9) 和式(3-10) 为熵的定义式。值得注意的是此两式是由可逆循环导出的，其中 δQ_{R} 为可逆过程的热效应，故此两式只能用于可逆过程。

3.4.2　不可逆过程热温商

热温商和熵变

设有工作在相同两个热源的可逆热机 R 和不可逆热机 I，其效率分别为

$$\eta_{\mathrm{R}} = \frac{T_{\mathrm{H}} - T_{\mathrm{L}}}{T_{\mathrm{H}}} \quad 和 \quad \eta_{\mathrm{I}} = \frac{Q_{\mathrm{H,I}} + Q_{\mathrm{L,I}}}{Q_{\mathrm{H,I}}}$$

式中，η_{I}、$Q_{\mathrm{H,I}}$ 和 $Q_{\mathrm{L,I}}$ 分别表示不可逆热机效率、不可逆热机从高温热源吸热和不可逆热机向低温热源放热，$Q_{\mathrm{H,I}}$ 和 $Q_{\mathrm{L,I}}$ 皆为不可逆过程热效应。

根据卡诺定理有

$$\eta_{\mathrm{I}} < \eta_{\mathrm{R}}$$

即

$$\frac{Q_{\mathrm{H,I}} + Q_{\mathrm{L,I}}}{Q_{\mathrm{H,I}}} < \frac{T_{\mathrm{H}} - T_{\mathrm{L}}}{T_{\mathrm{H}}}$$

移项并整理得

$$\frac{Q_{\mathrm{H,I}}}{T_{\mathrm{H}}} + \frac{Q_{\mathrm{L,I}}}{T_{\mathrm{L}}} < 0$$

因此，对于任意不可逆循环过程而言，其热温商之和小于零，即

$$\sum \frac{\delta Q_{\mathrm{I}}}{T} < 0 \tag{3-11}$$

现假设有一循环，如图 3-6 所示，A→B 为不可逆过程 I，B→A 为可逆过程 R，整个过程为不可逆循环。根据式(3-11)，应有

$$\left(\sum \frac{\delta Q}{T}\right)_{\mathrm{I,A\to B}} + \int_{\mathrm{B}}^{\mathrm{A}} \left(\frac{\delta Q}{T}\right)_{\mathrm{R}} < 0$$

$$\left(\sum \frac{\delta Q}{T}\right)_{\mathrm{I,A\to B}} < \int_{\mathrm{A}}^{\mathrm{B}} \left(\frac{\delta Q}{T}\right)_{\mathrm{R}}$$

由于 B→A 为可逆过程，根据式(3-9)，上式可写为

$$\left(\sum \frac{\delta Q}{T}\right)_{\mathrm{I,A\to B}} < \int_{\mathrm{A}}^{\mathrm{B}} \left(\frac{\delta Q}{T}\right)_{\mathrm{R}} = S_{\mathrm{B}} - S_{\mathrm{A}} = \Delta S \tag{3-12}$$

由式(3-12) 可知，系统从状态 A 到状态 B 的变化，只有可逆过程的热温商等于其熵变 ΔS，而不可逆过程的热温商要小于系统的熵变。

需要进一步强调的是，一个系统，当其状态发生 A→B 的变化后，无论过程可逆与否，其熵变 ΔS 总是存在的，且为一定值。只是当过程可逆时，ΔS 等于系统的热温商，而不可逆时，ΔS 大于系统的热温商。因此，我们可以用可逆过程热温商来求算体系的熵变 ΔS。这也就是为什么对于一些不可逆过程，人们总是千方百计地将其设计为具有**相同始、末态**的可逆过程求 ΔS 的原因。

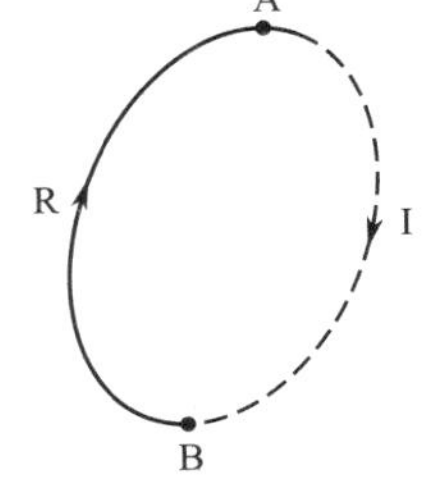

图 3-6　任意不可逆循环

3.4.3 克劳修斯不等式——热力学第二定律数学表达式

在图 3-6 中，如果 A→B 是可逆的，则式(3-12) 写为

$$\Delta S-\left(\sum\frac{\delta Q}{T}\right)_{\mathrm{R,A\to B}}=0 \tag{3-13}$$

合并式(3-12) 和式(3-13) 得克劳修斯不等式

$$\Delta S_{\mathrm{A\to B}}-\left(\sum\frac{\delta Q}{T}\right)_{\mathrm{A\to B}}\geqslant 0 \tag{3-14}$$

式中，δQ 为实际过程的热效应，T 是环境温度。若是不可逆过程，取“$>$”；可逆过程取“$=$”，这时系统温度与环境温度相同。

对于微小变化，式(3-14) 可写为

$$\mathrm{d}S-\frac{\delta Q}{T}\geqslant 0 \text{ 或 } \mathrm{d}S\geqslant\frac{\delta Q}{T} \tag{3-15}$$

式(3-14)、式(3-15) 都称为克劳修斯不等式，也是热力学第二定律的数学表达式，它的含义是：

① 若某一过程发生使系统的熵变 ΔS 大于其热温商，则该过程是一个不违背热力学第二定律的、有可能发生的过程；若某一过程发生时使系统的熵变 ΔS 与其热温商相等，则该过程是一可逆过程。

② 根据卡诺定理，任意热机的效率大于可逆热机的效率是不可能的，据此可以推知，在实际过程中不可能有 $\mathrm{d}S<\frac{\delta Q}{T}$ 的情况出现。即不可能设计出这样一个过程，在其进行之后，能使系统的熵变小于其热温商。由此，可以根据克劳修斯不等式判断一指定的过程是否可以发生。

由于各种热力学过程的不可逆性都可归结为热功转换的不可逆性，因此，克劳修斯不等式可用来判断各种热力学过程的方向与限度。

3.4.4 熵增原理及熵判据

当系统进行一绝热过程（ad）时，根据式(3-15) 有

$$\mathrm{d}S_{\mathrm{ad}}\begin{cases}>0 & \text{不可逆}\\ =0 & \text{可逆}\end{cases} \tag{3-16}$$

式(3-16) 意味着在绝热可逆过程中，系统的熵值不变，故绝热可逆过程又称为**等熵过程**；若发生绝热不可逆过程，系统的熵变大于零。即在一绝热系统中，永远不会发生熵值减少的过程，或者表述为：在绝热条件下，趋向于平衡的过程使系统的熵增加。这就是著名的熵增原理。

根据熵增原理，式(3-16) 可写为

$$\mathrm{d}S_{\mathrm{ad}}\begin{cases}>0 & \text{不可逆过程}\\ =0 & \text{可逆过程}\\ <0 & \text{不可能发生的过程}\end{cases} \tag{3-17}$$

热力学中的大多数系统或过程并非是绝热系统或过程，为了计算方便，这时可将系统（sys）与环境（amb）构成一孤立系统（iso）作为一个整体，它显然满足绝热的条件，因此有

$$\mathrm{d}S_{\mathrm{iso}}=\mathrm{d}S_{\mathrm{sys}}+\mathrm{d}S_{\mathrm{amb}}\begin{cases}>0 & \text{不可逆过程}\\ =0 & \text{可逆(平衡)过程}\\ <0 & \text{不可能发生的过程}\end{cases} \tag{3-18a}$$

或对于宏观量的变化

$$\Delta S_{\text{iso}}=\Delta S_{\text{sys}}+\Delta S_{\text{amb}}\begin{cases}>0 & \text{不可逆过程}\\=0 & \text{可逆(平衡)过程}\\<0 & \text{不可能发生的过程}\end{cases} \tag{3-18b}$$

根据式(3-18a) 或式(3-18b)，熵增原理又可表述为“孤立系统的熵永不减少”。一般情况下，不可逆过程可以是前面讲过的自发过程，也可以是通过环境做功进行的非自发过程。但对孤立系统而言，系统与环境之间没有任何能量交换，若其内部发生不可逆过程，那一定是自发过程，不可逆过程的方向也就是自发过程的方向，只有伴随着熵增加的过程才能自发进行；若其内部已达到平衡，则所发生的任何过程都应是可逆过程，因此在式(3-18a) 和式(3-18b) 中的可逆过程又可称为平衡过程。式(3-17) 至式(3-18a) 或式(3-18b) 是根据熵增原理导出的，用来判断过程进行方向和限度的判据，故称为**“熵判据”**。原则上，有了熵判据，可以判断任一给定过程进行的方向和限度。

3.4.5　熵的物理意义

熵函数 S 具有丰富的物理意义。首先，我们从熵的定义出发，以热功转换、一定量的某物质相态变化以及气体混合的例子来定性了解熵的物理意义。

由气体分子运动理论可知，热是物质分子无序运动所传递的能量，也是分子无序运动的一种表现；而功是物质分子有序运动所传递的能量，是分子有序运动的结果。所以功变为热是物质分子从有序向无序变化，是向混乱度增加的方向进行的。因此，功可以百分之百变成热，而热不可能百分之百变成功而不引起其他的变化。

一定量的纯物质由液态变为气态（l→g）的相变过程是一混乱程度增加的过程，与此同时，系统不断吸热，由于 $Q>0$，根据熵的定义式可知，这一过程也是系统熵值不断增加的过程。

此外，对于气体混合过程，例如，设在一盒内有用隔板隔开的两种气体 N_2 和 O_2，将隔板抽去之后，气体迅速自动混合，最后成为均匀的平衡状态。很显然，这一混合过程也是系统混乱程度增加的过程，计算表明，这个过程同时也是系统的熵值增加的过程。

上述几个例子都表明，熵函数的大小与系统的混乱程度密切相关。因此，我们可以将熵函数看作是系统混乱程度的一种量度。一个系统，其混乱程度越高，其熵也就越大，反之亦然，这就是熵函数的物理意义。关于熵函数的微观物理意义，将在其后的统计热力学中详细介绍。

3.5　熵变的计算

通过卡诺循环和卡诺定理，我们分别引进了熵函数和克劳修斯不等式。利用克劳修斯不等式，原则上已解决了判断任一过程进行的方向和限度问题。但是，要想真正达到此目的，根据熵判据的要求，还必须将系统从始态到终态的熵变 ΔS_{sys} 和相应的环境熵变 ΔS_{amb} 计算出来。

在进行熵变计算之前，不妨先回忆一下热力学第一定律中 ΔU 和 ΔH 的计算。热力学能（U）和焓（H）都是系统自身的性质，由于其绝对值不知道，因此，要计算其改变值，需凭借系统与环境间交换的能量（热和功），从外界变化来推断 U 和 H 的变化值（例如，在一定条件下，$\Delta U=Q_V$，$\Delta H=Q_p$）。熵也是一样，系统在一定的平衡状态下有一定值，当系统发生变化时，要用可逆变化过程的热温商来衡量它的变化值。注意，绝不可用不可逆过程的热温商来衡量它的变化值。即欲计算系统的 ΔS，要通过可逆过程的热温商来计算，如果实际过程是不可逆的，可根据熵是状态函数的特性，设计始、终态相同的可逆过程计算。

此外，要想利用熵判据判断过程进行的方向，除了绝热过程之外，还必须计算环境的熵变。因此，在本节中，将分别介绍针对不同的系统和不同的变化过程计算系统熵变 ΔS_{sys} 和环境熵变 ΔS_{amb}。

系统熵变的计算又可分为单纯 pVT 变化、相变化及化学变化三种情况。而在本节将首先介绍单纯 pVT 变化和相变化过程熵变的计算。

3.5.1 环境熵变计算

根据熵的定义式(3-9) 或式(3-10)，无论是系统的熵的变化值还是环境的熵的变化值，都等于相应的可逆过程的热温商。为了计算环境的熵变，总是将环境看作是一巨大热源（如图 3-7 所示）。

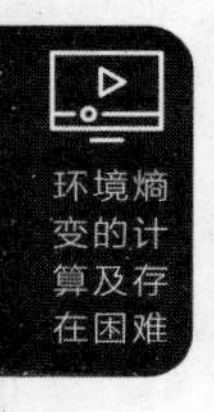

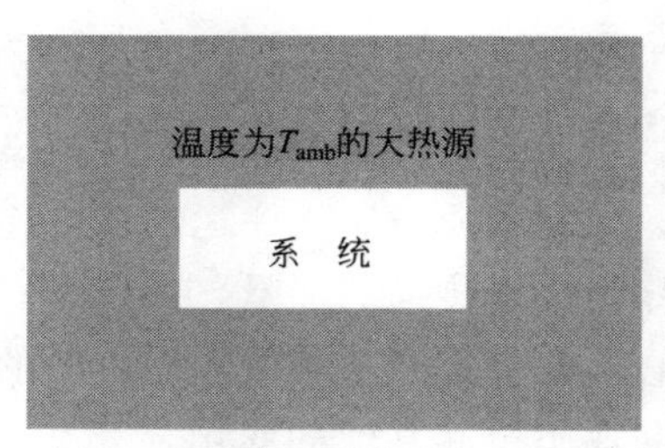

图 3-7 计算环境熵变的示意图

所以当系统与环境之间进行有限热量 Q 交换时，环境的温度 T_{amb} 可看作是定值，因此，对环境来说，这一热交换过程是可逆的，由此得环境熵变为

孤立体系熵变

$$\Delta S_{\text{amb}}=\frac{Q_{\text{amb}}}{T_{\text{amb}}}$$

又因为

$$Q_{\text{amb}}=-Q_{\text{sys}}$$

所以

$$\Delta S_{\text{amb}}=-\frac{Q_{\text{sys}}}{T_{\text{amb}}} \tag{3-19}$$

式(3-19) 是计算环境熵变的通式。由式(3-19) 可以看出，计算环境的熵变很简单，它总是等于系统实际热效应的负值除以环境的温度。

3.5.2 单纯 pVT 状态变化过程熵变的计算

根据熵函数的定义式和热力学第一定律的数学表达式，对于无非膨胀功的单纯 pVT 状态变化有

$$\mathrm{d}S=\frac{\delta Q_{\mathrm{R}}}{T}$$

$$\delta Q_{\mathrm{R}}=\mathrm{d}U+p\,\mathrm{d}V$$

$$\mathrm{d}S=\frac{\mathrm{d}U+p\,\mathrm{d}V}{T} \tag{3-20a}$$

又因为 $\mathrm{d}H=\mathrm{d}U+p\,\mathrm{d}V+V\mathrm{d}p$，代入式(3-20a) 中得

$$\mathrm{d}S=\frac{\mathrm{d}H-V\mathrm{d}p}{T} \tag{3-20b}$$

下面将分别就理想气体和凝聚态系统讨论单纯 pVT 状态变化时利用式(3-20a) 和式(3-20b) 计算系统的熵变。

(1) 理想气体系统单纯 pVT 变化

对于理想气体，$C_{V,\mathrm{m}}$ 和 $C_{p,\mathrm{m}}$ 皆为常数，$U=f(T)$，$H=f(T)$，将 $\mathrm{d}U=nC_{V,\mathrm{m}}\mathrm{d}T$ 及 $\frac{p}{T}=\frac{nR}{V}$代入式(3-20a) 并积分整理，得

$$\Delta S=nC_{V,\mathrm{m}}\ln\left(\frac{T_2}{T_1}\right)+nR\ln\left(\frac{V_2}{V_1}\right) \tag{3-21a}$$

同理，将 $\mathrm{d}H=nC_{p,\mathrm{m}}\mathrm{d}T$ 及$\frac{V}{T}=\frac{nR}{p}$代入式(3-20b) 并积分整理，得

$$\Delta S=nC_{p,\mathrm{m}}\ln\left(\frac{T_2}{T_1}\right)+nR\ln\left(\frac{p_1}{p_2}\right) \tag{3-21b}$$

将理想气体方程的关系式$\frac{T_2}{T_1}=\frac{p_2}{p_1}\times\frac{V_2}{V_1}$和 $C_{p,\mathrm{m}}-C_{V,\mathrm{m}}=R$ 代入式(3-21a) 或式(3-21b) 并整理得

$$\Delta S=nC_{p,\mathrm{m}}\ln\left(\frac{V_2}{V_1}\right)+nC_{V,\mathrm{m}}\ln\left(\frac{p_2}{p_1}\right) \tag{3-21c}$$

上述式(3-21a)～式(3-21c) 三个方程是计算理想气体单纯 pVT 状态变化熵变的通式。尽管上述三个公式的推导过程中用到可逆过程热温商，但由于熵是状态函数，其变化值只与系统的始、终态有关，与途径无关，故式(3-21a)～式(3-21c) 公式对于理想气体单纯 pVT 变化的任何过程，无论过程可逆与否皆可适用。

实际上，由于式(3-21a)～式(3-21c) 是根据可逆过程推导出来的，因此，当对不可逆过程使用式(3-21a)～式(3-21c) 时，事实上相当于我们根据状态函数的特性，对实际发生的不可逆过程设计了一个具有相同始态、终态的可逆过程，由此计算得到的状态函数（熵）的改变值当然是正确的。关于这一点，在后面讲到的不可逆相变过程熵变的计算以及对热力学基本方程使用条件的理解都会涉及，请读者细心体会。

例题 3-4　1mol 理想气体在 $T=300\mathrm{K}$，从始态 100kPa 经下列过程，求 Q、ΔS_{sys} 及 ΔS_{iso}。

(1) 恒温可逆膨胀到终态压力为 50kPa；

(2) 恒温反抗恒定外压 50kPa 不可逆膨胀至平衡态；

(3) 向真空自由膨胀到原体积的 2 倍。

解　首先画出过程框图

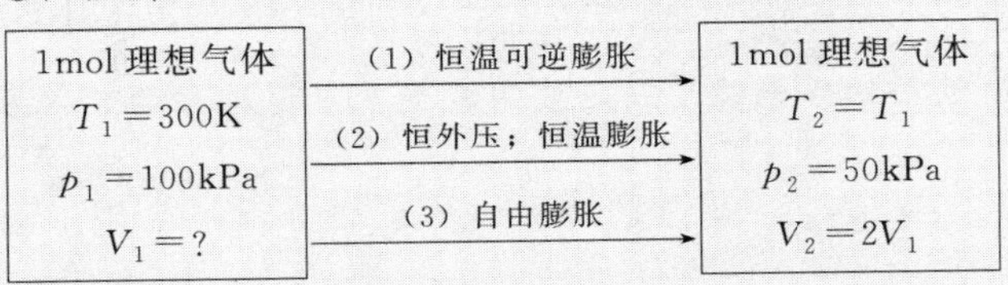

上述三个过程皆为理想气体等温过程，所以 $\Delta U=0$。

$$(1)\ Q_1=-W_1=-\int_{V_1}^{V_2}-p\mathrm{d}V=nRT\ln\frac{V_2}{V_1}=\left(1\times 8.314\times 300\ln\frac{2V_1}{V_1}\right)\mathrm{J}=1728.7\mathrm{J}$$

$$\Delta S_1=nC_{V,\mathrm{m}}\ln\left(\frac{T_2}{T_1}\right)+nR\ln\frac{V_2}{V_1}=\left(1\times 8.314\ln\frac{2V_1}{V_1}\right)\mathrm{J\cdot K^{-1}}=5.76\mathrm{J\cdot K^{-1}}$$

因为 $Q_{sys}=-Q_{amb}$，且为恒温可逆过程，所以 $\Delta S_{iso,1}=0$；

(2) $Q_2=-W_2=-[-p_{ex}(V_2-V_1)]=p_2\left(\dfrac{RT_2}{p_2}-\dfrac{RT_1}{p_1}\right)=nRT\left(1-\dfrac{p_2}{p_1}\right)$

$$=\left[1\times 8.314\times 300\times\left(1-\frac{50}{100}\right)\right]\text{J}=1247.1\text{J}$$

因为过程（2）与过程（1）具有相同的始、终态，所以 $\Delta S_2=\Delta S_1=5.76\text{J}\cdot\text{K}^{-1}$

$$\Delta S_{amb,2}=-\frac{Q_{sys}}{T_{amb}}=-\frac{Q_2}{T_{amb}}=-\frac{1247.1}{300}\text{J}\cdot\text{K}^{-1}=-4.16\text{J}\cdot\text{K}^{-1}$$

$\Delta S_{iso,2}=5.76-4.16=1.6\text{J}\cdot\text{K}^{-1}>0$，不可逆；

(3)
$$Q_3=-W_3=0$$
$$\Delta S_3=\Delta S_1=5.76\text{J}\cdot\text{K}^{-1}$$
$$\Delta S_{amb,2}=-\frac{Q_{sys}}{T_{amb}}=-\frac{Q_3}{T_{amb}}=0$$

$\Delta S_{iso,3}=\Delta S_3=5.76\text{J}\cdot\text{K}^{-1}>0$，不可逆。

例题 3-5 5mol 单原子理想气体从始态 300K，50kPa，先绝热可逆压缩至 100kPa，再恒压冷却使体积缩小至 85dm^3，求整个过程的 Q、W、ΔU、ΔH 和 ΔS。

解 画出过程框图，正确写出系统的始、终态及所经历的中间态

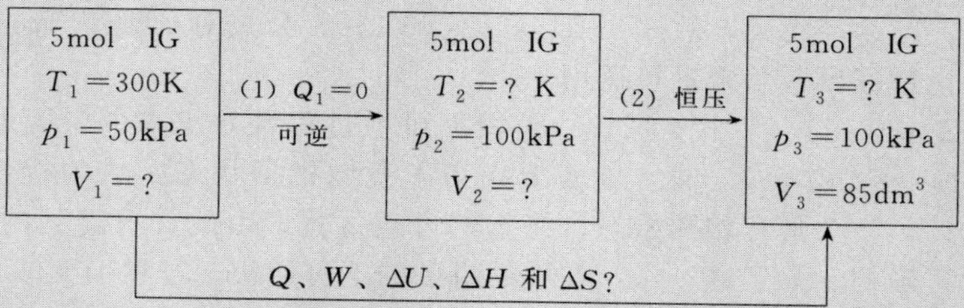

5mol IG
$T_1=300\text{K}$
$p_1=50\text{kPa}$
$V_1=?$

(1) $Q_1=0$ 可逆 →

5mol IG
$T_2=?\ \text{K}$
$p_2=100\text{kPa}$
$V_2=?$

(2) 恒压 →

5mol IG
$T_3=?\ \text{K}$
$p_3=100\text{kPa}$
$V_3=85\text{dm}^3$

Q、W、ΔU、ΔH 和 ΔS?

对于理想气体单纯 pVT 状态变化，求各状态函数改变值的关键是求出始、终态（包括中间态）的温度。

$$V_1=\frac{nRT_1}{p_1}=\frac{5\times 8.314\times 300}{50\times 10^3}\text{m}^3=249.4\text{dm}^3$$

$$V_2=\frac{nRT_2}{p_2}=\left[\frac{5\times 8.314\times 395.9}{100\times 10^3}\text{m}^3=165.6\text{dm}^3\right]\text{J}$$

$$T_3=\frac{p_3V_3}{nR}=\frac{100\times 10^3\times 85\times 10^{-3}}{5\times 8.314}\text{K}=204.5\text{K}$$

求理想气体绝热可逆过程的终态温度一定要用其绝热可逆过程的过程方程

$$T_1p_1^{\frac{1-\gamma}{\gamma}}=T_2p_2^{\frac{1-\gamma}{\gamma}}\qquad T_2=T_1\left(\frac{p_1}{p_2}\right)^{\frac{1-\gamma}{\gamma}}$$

对于单原子理想气体 $\gamma=5/3$

$$T_2=300\times\left(\frac{50}{100}\right)^{\frac{1-5/3}{5/3}}\text{K}=395.9\text{K}$$

求出 T_2 后，根据热力学第一定律、理想气体计算 ΔU、ΔH 和 ΔS 的公式以及状态函数改变值只与始终态有关与过程无关的性质，可以很方便地求出 Q、W、ΔU、ΔH 和 ΔS。

$$Q=Q_1+Q_2=0+nC_{p,m}(T_3-T_2)=5\times\frac{5}{2}R\times(204.5-395.9)\text{J}=-19.89\text{kJ}$$

$$W=W_1+W_2=nC_{v,m}(T_2-T_1)-p_2(V_3-V_2)$$

$$=\left[5\times\frac{3}{2}R\times(395.9-300)-100\times10^3\times(85-165.6)\times10^{-3}\right]\text{J}$$

$$=(5979.8+8060)\text{J}=14.04\text{kJ}$$

$$\Delta U=nC_{V,m}(T_3-T_1)=5\times\frac{3}{2}R\times(204.5-300)\text{J}=-5.85\text{kJ}$$

$$\Delta H=nC_{p,m}(T_3-T_1)=5\times\frac{5}{2}R\times(204.5-300)\text{J}=-9.75\text{kJ}$$

$$\Delta S=nC_{V,m}\ln\frac{T_3}{T_1}+nR\ln\frac{V_3}{V_1}=5\times\frac{3}{2}R\ln\frac{204.5}{300}+5R\ln\frac{85}{249.4}$$

$$=(-23.9-44.75)\text{J}\cdot\text{K}^{-1}=-68.65\text{J}\cdot\text{K}^{-1}$$

例题 3-6　始态 300K、1MPa 的单原子理想气体 2mol 反抗 0.2MPa 的恒定外压绝热膨胀至平衡态。求过程的 Q、W、ΔU、ΔH 及 ΔS。

解　画出过程框图，正确写出系统的始、终态及所经历的中间态

2mol IG $T_1=300\text{K}$ $p_1=1\text{MPa}$ $V_1=?$	$Q=0$ 恒外压 →	2mol IG $T_2=?\ \text{K}$ $p_2=0.2\text{MPa}$ $V_2=?$

对于绝热过程，关键同样是求出终态温度 T_2。在求 T_2 之前，首先判断是可逆过程，还是不可逆过程。就本题而言，反抗恒定外压，肯定是一不可逆过程。（千万注意，对于绝热不可逆过程，一定不能用绝热可逆过程的过程方程求 T_2）。

因为 $Q=0$，所以 $W=\Delta U$，由此得

$$nC_{V,m}(T_2-T_1)=-p_外(V_2-V_1)=-p_外\left(\frac{nRT_2}{p_2}-\frac{nRT_1}{p_1}\right)$$

$$\frac{3}{2}(T_2-T_1)=-\left(T_2-\frac{p_外}{p_1}T_1\right)$$

$$\frac{5}{2}T_2=\left(\frac{p_外}{p_1}+\frac{3}{2}\right)T_1,\quad T_2=\frac{\frac{p_外}{p_1}+\frac{3}{2}}{\frac{5}{2}}T_1=\frac{\frac{0.2}{1.0}+\frac{3}{2}}{\frac{5}{2}}\times300\text{K}=204\text{K}$$

$$Q=0$$

$$W=\Delta U=nC_{V,m}(T_2-T_1)=\left[2\times\frac{3}{2}R\times(204-300)\right]\text{J}=-2.395\text{kJ}$$

$$\Delta H=nC_{p,m}(T_2-T_1)=\left[2\times\frac{5}{2}R\times(204-300)\right]\text{J}=-3.991\text{kJ}$$

$$\Delta S=nC_{p,m}\ln\frac{T_2}{T_1}+nR\ln\frac{p_1}{p_2}=2\times\frac{5}{2}R\ln\frac{T_2}{T_1}+2R\ln\frac{1.0}{0.2}$$

$$=(-16.03+26.76)\text{J}\cdot\text{K}^{-1}=10.73\text{J}\cdot\text{K}^{-1}>0\ （不可逆）$$

(2) 理想气体混合过程熵变计算

理想气体由于其分子本身的体积为零（$V_{分}=0$），分子间无作用力，故理想气体混合过程，从本质上讲，仍是单纯的 pVT 状态变化过程。因此，在计算理想气体混合过程的熵变时，原则上是分别计算各组成部分的熵变，然后求和。

例题 3-7 将温度均为 300K，压力均为 100kPa 的 100dm^3 的 H_2(g) 和 50dm^3 的 CH_4(g) 恒温恒压混合，求过程的 ΔS（假设 H_2 和 CH_4 均为理想气体）。

解 先画出过程框图

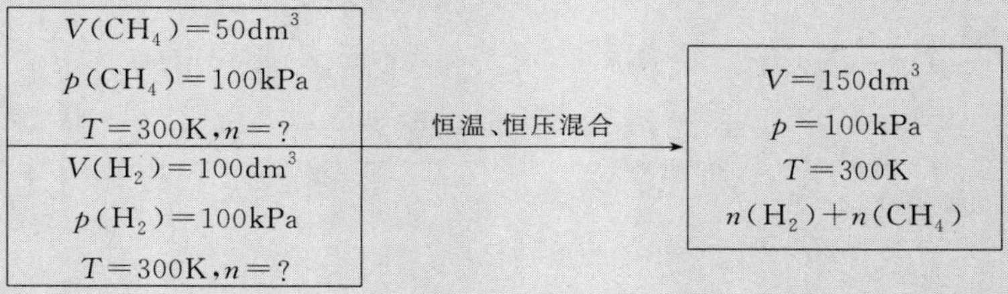

混合前		混合后
$V(CH_4)=50\text{dm}^3$ $p(CH_4)=100\text{kPa}$ $T=300\text{K},n=?$	恒温、恒压混合 →	$V=150\text{dm}^3$ $p=100\text{kPa}$ $T=300\text{K}$ $n(H_2)+n(CH_4)$
$V(H_2)=100\text{dm}^3$ $p(H_2)=100\text{kPa}$ $T=300\text{K},n=?$		

因为理想气体分子间无作用力，且分子本身体积 $V_{分}=0$，故可分别计算 H_2 和 CH_4 由于体积的变化所引起的熵变。

抽去隔板，使其混合，混合前后 T 不变，故

$$\Delta S_{H_2}=n_{H_2}R\ln\frac{V_2}{V_{H_2}}=\frac{Rp_{H_2}V_{H_2}}{RT}\ln\frac{V_2}{V_{H_2}}$$

$$=\left(\frac{100\times10^{-3}\times100\times10^{3}}{300}\ln\frac{150}{100}\right)\text{J}\cdot\text{K}^{-1}=13.5\text{J}\cdot\text{K}^{-1}$$

$$\Delta S_{CH_4}=n_{CH_4}R\ln\frac{V_2}{V_{CH_4}}=\frac{Rp_{CH_4}V_{CH_4}}{RT}\ln\frac{V_2}{V_{CH_4}}$$

$$=\left(\frac{100\times10^{3}\times50\times10^{-3}}{300}\ln\frac{150}{50}\right)\text{J}\cdot\text{K}^{-1}=18.3\text{J}\cdot\text{K}^{-1}$$

$$\Delta S=\Delta S_{H_2}+\Delta S_{CH_4}=13.5+18.3=31.8\text{J}\cdot\text{K}^{-1}>0，不可逆$$

在上题 H_2 与 CH_4 的混合过程中，没有吸热、放热，也没有对环境做功，相当于一孤立系统内部变化，故可直接用 ΔS_{sys} 的结果判断过程的可逆与否。

更一般地，当 $p_A=p_B=\cdots=p_i=p_{混}$，且恒温混合，$V=\sum V_i$，则

$$\Delta_{mix}S=n_AR\ln\frac{V}{V_A}+n_BR\ln\frac{V}{V_B}+\cdots+n_iR\ln\frac{V}{V_i}=-n_AR\ln x_A-n_BR\ln x_B-\cdots-n_i\ln x_i$$

$$\Delta_{mix}S=-R\sum_i n_i\ln x_i \tag{3-22}$$

(3) 凝聚态系统单纯 *pVT* 变化

对于凝聚态系统，只要压力变化不是很大，一般情况下，压力对系统熵值的影响很小。因此，对于凝聚态系统单纯 pVT 变化，只需讨论在恒容或恒压变温过程中熵变的计算。

一般恒容或恒压下的实际变温过程都是不可逆的，而熵变的计算必须是可逆过程。在恒压条件下，如何设计一可逆的加热（或降温）过程来求算系统温度从 T_1 变到 T_2 的熵变 ΔS 呢？以加热为例，可设想在 T_1 和 T_2 之间有无数个热源，每个热源温度只相差 $\text{d}T$，这样的加热过程即为可逆加热过程。因为系统在升温过程中，系统与环境的温度始终只相差 $\text{d}T$，而且当系统由 T_2 开始，按加热升温方向的逆过程使系统的温度降到 T_1 时，系统与环境均可恢复原状。在可逆加热过程中，当系统分别与每个热源接触时，$\delta Q_R=nC_{p,m}\text{d}T$，故

$$\Delta S=\int_{T_1}^{T_2}\frac{\delta Q_R}{T}=\int_{T_1}^{T_2}\frac{nC_{p,m}\mathrm{d}T}{T}=nC_{p,m}\ln\frac{T_2}{T_1} \tag{3-23}$$

对恒容过程而言，$\delta Q_V=nC_{V,m}\mathrm{d}T$，由此得

$$\Delta S=\int_{T_1}^{T_2}\frac{\delta Q_R}{T}=\int_{T_1}^{T_2}\frac{nC_{V,m}\mathrm{d}T}{T}=nC_{V,m}\ln\frac{T_2}{T_1} \tag{3-24}$$

式(3-23) 和式(3-24) 皆是假定 $C_{p,m}$ 和 $C_{V,m}$ 为常数时导出的，当 $C_{p,m}$ 和 $C_{V,m}$ 为温度函数时，要分别以 $C_{p,m}=f(T)$ 和 $C_{V,m}=f(T)$ 代入式(3-23) 和式(3-24) 中方能求算。

其实，式(3-23) 和式(3-24) 是恒压或恒容过程通用方程，无论系统是由固体、液体还是气体所构成，均可用此二式计算恒压或恒容过程熵变。但是，在温度变化范围内不能有相变过程发生，因为由于物质的相态发生变化，热容不连续，有一突变，同时还存在相变熵。

例题 3-8 固体钼的摩尔恒压热容随温度变化的关系式如下：

$$C_{p,m}=[23.80+7.87\times10^{-3}T/\mathrm{K}-2.105\times10^{5}(T/\mathrm{K})^{-2}]\mathrm{J\cdot K^{-1}\cdot mol^{-1}}$$

求 1mol 钼从 273K 加热到熔点 2893K 的 ΔS。

解 在该题中，$C_{p,m}$ 不是常数，故不能直接利用式(3-23) 计算 ΔS，而应将 $C_{p,m}=f(T)$ 代入积分

$$\Delta S=\int_{273\mathrm{K}}^{2893\mathrm{K}}\frac{[23.8+7.87\times10^{-3}T/\mathrm{K}-2.105\times10^{5}(T/\mathrm{K})^{-2}]}{T}\mathrm{d}T$$

$$=\left[23.8\ln\frac{2893}{273}+7.87\times10^{-3}\times(2893-273)+\frac{2.105\times10^{5}}{2}\times\left(\frac{1}{2893^2}-\frac{1}{273^2}\right)\right]\mathrm{J\cdot K^{-1}}$$

$$=75.45\mathrm{J\cdot K^{-1}}$$

(4) 不同温度热源间传热过程熵变的计算

设想有两个温度分别为 T_H 和 T_L 的巨大热源和一根温度为 T_c 的直径很小的金属棒构成的系统，现将金属棒架在两个热源之间，一段时间后，将金属棒从高、低温热源拿开，金属棒恢复始态。而高温热源通过金属棒向低温热源传热 Q。请问经过这个过程后系统的熵变为多少？这实际上是两个恒温热源间传热过程熵变计算的问题，下面以例题说明之。

例题 3-9 高温热源 $T_H=600$K，低温热源 $T_L=300$K，今有 120kJ 的热直接从高温热源传递给低温热源，求此过程的 ΔS。

解 画出过程框图如下：

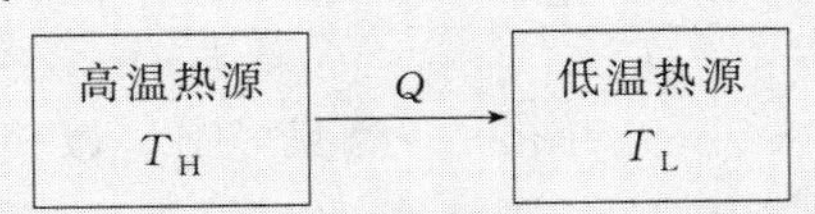

根据题意，这是一不可逆传热过程，为计算过程的 ΔS，需要设计如图 3-8 所示的可逆传热过程

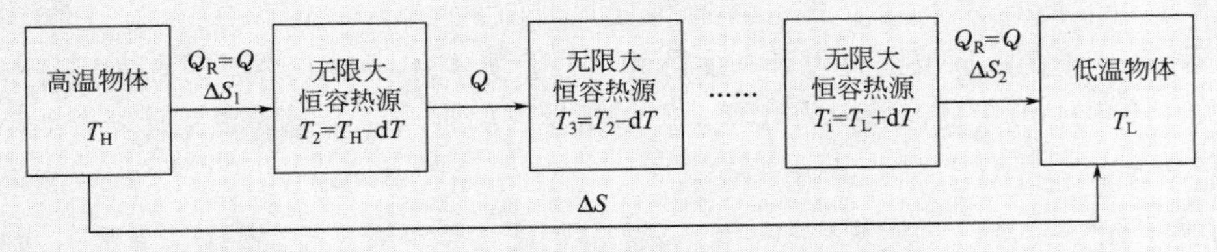

图 3-8 两恒温热源间可逆传热过程示意图

图 3-8 中，在任意两个相邻的热源之间进行热量传递时，一方面温差为 dT，传热过程是可逆的，另一方面，对中间任一热源而言，Q_R 的热量可逆地一进一出，其始、终态未变，故每个中间态热源的熵变为零。故过程的总熵为：

$$\Delta S=\Delta S_1+\Delta S_2=\frac{Q_R}{T_H}+\frac{Q_R}{T_L}>0 \tag{3-25}$$

式中，Q_R 为两个热源之间传递的热量，吸收热量取正号，放出热量取负号。在式(3-25) 中，由于 $T_H>T_L$，且高温热源失去热量，故 $\Delta S>0$，为不可逆过程。式(3-25) 是计算两个恒温热源间因热量传递所引起的熵变的计算通式。针对例题 3-9，有

$$\Delta S=\left(\frac{120000}{300}-\frac{120000}{600}\right)\mathrm{J\cdot K^{-1}}=200\mathrm{J\cdot K^{-1}}>0 \qquad (自发过程)$$

这里顺便考察一下在恒压、绝热、没有相变的条件下，两个变温物体之间的热量传导及其相应的熵变的计算。在这种情况，首先要求出系统的终态温度 T

$$T=\frac{C_{p,1}T_1+C_{p,2}T_2}{C_{p,1}+C_{p,2}} \tag{3-26}$$

再分别求出构成系统两部分各自的熵变，尔后再求和，结果为

$$\Delta S=\Delta S_1+\Delta S_2=C_{p,1}\ln\frac{T}{T_1}+C_{p,2}\ln\frac{T}{T_2} \tag{3-27}$$

式(3-26) 和式(3-27) 分别是求恒压、绝热条件下没有相变的两个变温物体之间热传导达平衡后相应的终态温度和熵变的计算公式。很明显，式(3-27) 不同于式(3-25)，究其原因，读者自己分析之。

3.5.3 相变化熵变的计算

在恒温恒压下两相平衡时所发生的相变属于可逆相变、且 $Q_R=\Delta_\alpha^\beta H$，对于可逆相变，其熵变的计算可直接套用公式

$$\Delta_\alpha^\beta S=\frac{\Delta_\alpha^\beta H}{T}=\frac{n\Delta_\alpha^\beta H_m}{T} \tag{3-28a}$$

实验发现，许多纯物质的汽化热与其正常沸点之间近似满足下列关系式

$$\frac{\Delta_{vap}H_m}{T_b}\approx 88\mathrm{J\cdot K^{-1}\cdot mol^{-1}} \tag{3-28b}$$

式(3-28b) 称为楚顿规则（Trouton's rule）。楚顿规则可以用来近似估算某纯物质的汽化热。不过，此规则对极性高的液体或 $T_b<150\mathrm{K}$ 的液体不适用。液体中若分子存在氢键或存在缔合现象，此规则亦不适用。

对于在非平衡条件下发生的不可逆相变，此时的 $Q_R\neq\Delta H=Q_p$，故不能直接用式(3-28a) 计算其熵变，而要通过设计与实际相变过程具有相同始、终态的可逆过程来计算其熵变。关于不可逆相变过程熵变的计算，历来是学习的难点，希望读者认真领会如下例题的解题思路和方法，并自己动手多做习题练习。

不可逆相变过程及熵判据

例题 3-10 试求标准压力下，$-5℃$的过冷液体苯变为固体苯的 ΔS，并判断此凝固过程是否可能发生。已知苯的正常凝固点为 5℃，在凝固点，熔化焓 $\Delta_{fus}H_m=9940\mathrm{J\cdot mol^{-1}}$，液体苯和固体苯的平均摩尔恒压热容分别为 $127\mathrm{J\cdot K^{-1}\cdot mol^{-1}}$ 和 $123\mathrm{J\cdot K^{-1}\cdot mol^{-1}}$。

解 $-5℃$不是苯的正常凝固点，在该温度下发生的苯由液体凝固为固体的相变化不是可逆相变，为了求该过程系统的ΔS，必须设计与实际相变过程具有相同始终态的可逆过程。此外，欲判断该过程是否可能发生，还需求出实际过程的热温商与系统的ΔS加以比较，方能做出判断

(1) 设计可逆过程求系统的ΔS（为方便起见，取1mol C_6H_6作为系统）

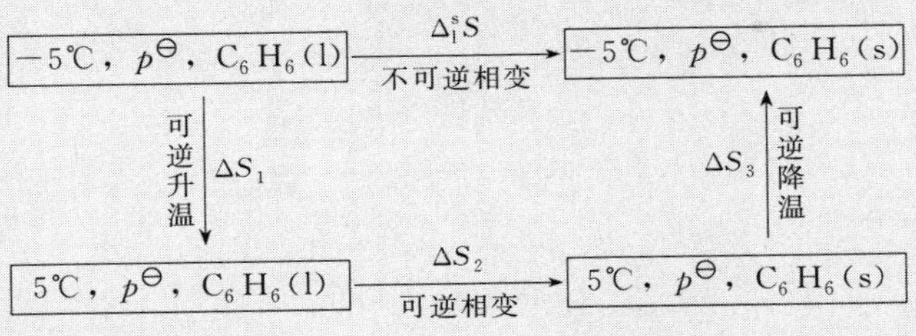

$$\begin{array}{ccc} \boxed{-5℃,\ p^{\ominus},\ C_6H_6(l)} & \xrightarrow[\text{不可逆相变}]{\Delta_l^s S} & \boxed{-5℃,\ p^{\ominus},\ C_6H_6(s)} \\ \downarrow \text{可逆升温}\ \Delta S_1 & & \uparrow \text{可逆降温}\ \Delta S_3 \\ \boxed{5℃,\ p^{\ominus},\ C_6H_6(l)} & \xrightarrow[\text{可逆相变}]{\Delta S_2} & \boxed{5℃,\ p^{\ominus},\ C_6H_6(s)} \end{array}$$

根据状态函数的性质应有

$$\Delta_l^s S=\Delta S_1+\Delta S_2+\Delta S_3=C_{p,m}(l)\ln\frac{T_2}{T_1}-\frac{\Delta_{fus}H_m^{\ominus}}{T_{fus}}-C_{p,m}(s)\ln\frac{T_2}{T_1}$$

$$=[C_{p,m}(l)-C_{p,m}(s)]\ln\frac{T_2}{T_1}-\frac{\Delta_{fus}H_m^{\ominus}}{T_{fus}}$$

$$=\left[(127-123)\ln\frac{278}{268}-\frac{9940}{278}\right]J\cdot K^{-1}\cdot mol^{-1}=-35.62J\cdot K^{-1}\cdot mol^{-1}$$

(2) 实际凝固过程热温商的求算。首先根据类基希霍夫方程式(2-37)，求得$-5℃$时凝固过程的热效应$p^{\ominus}$。

$$\Delta_{con}H_m(268K)=-\Delta_{fus}H_m^{\ominus}(278K)+\int_{278K}^{268K}\Delta C_p\,dT$$
$$=[-9940+(127-123)\times(278-268)]J\cdot mol^{-1}$$
$$=-9900J\cdot mol^{-1}$$

故 $$\Delta S_{amb}=\left(\frac{Q}{T}\right)_{amb}=\frac{9900}{268}J\cdot K^{-1}\cdot mol^{-1}=36.49J\cdot K^{-1}\cdot mol^{-1}$$

由于$\Delta S_{iso}=\Delta_l^s S+\Delta S_{amb}=(36.49-35.62)J\cdot rK^{-1}=1.32J\cdot K^{-1}>0$，因此，根据克劳修斯不等式，此凝固过程可能发生。

例题 3-11 100℃的恒温槽中有一带活塞的导热圆筒，筒中有2mol $N_2(g)$和装于小玻璃瓶中的3mol $H_2O(l)$。环境的压力即系统的压力维持120kPa不变。今将小玻璃瓶打碎，液态水汽化，求过程的ΔS。已知：水在100℃时的饱和蒸气压$p_{H_2O,s}$为101.325kPa，在此条件下水的摩尔蒸发焓$\Delta_{vap}H_m^{\ominus}=40.668kJ\cdot mol^{-1}$。

解 为了求过程的ΔS，首先要明白系统的始终态。为此，必须清楚终态$H_2O(l)$是否完全汽化。假设水全部汽化，则有

$$p_2=p_{N_2}+p_{H_2O},\ x_{H_2O}=3/5=0.6,\ x_{N_2}=0.4$$
$$p_{H_2O}=(120\times0.6)kPa=72kPa,\ p_{N_2}=48kPa$$

$p_{H_2O}<p_{H_2O,s}=101.325kPa$，假设合理

由题意可知，$H_2O(l)$在题给条件下的相变为不可逆相变，必须设计可逆过程才能计算ΔS，为此，设计如框图所示可逆过程。

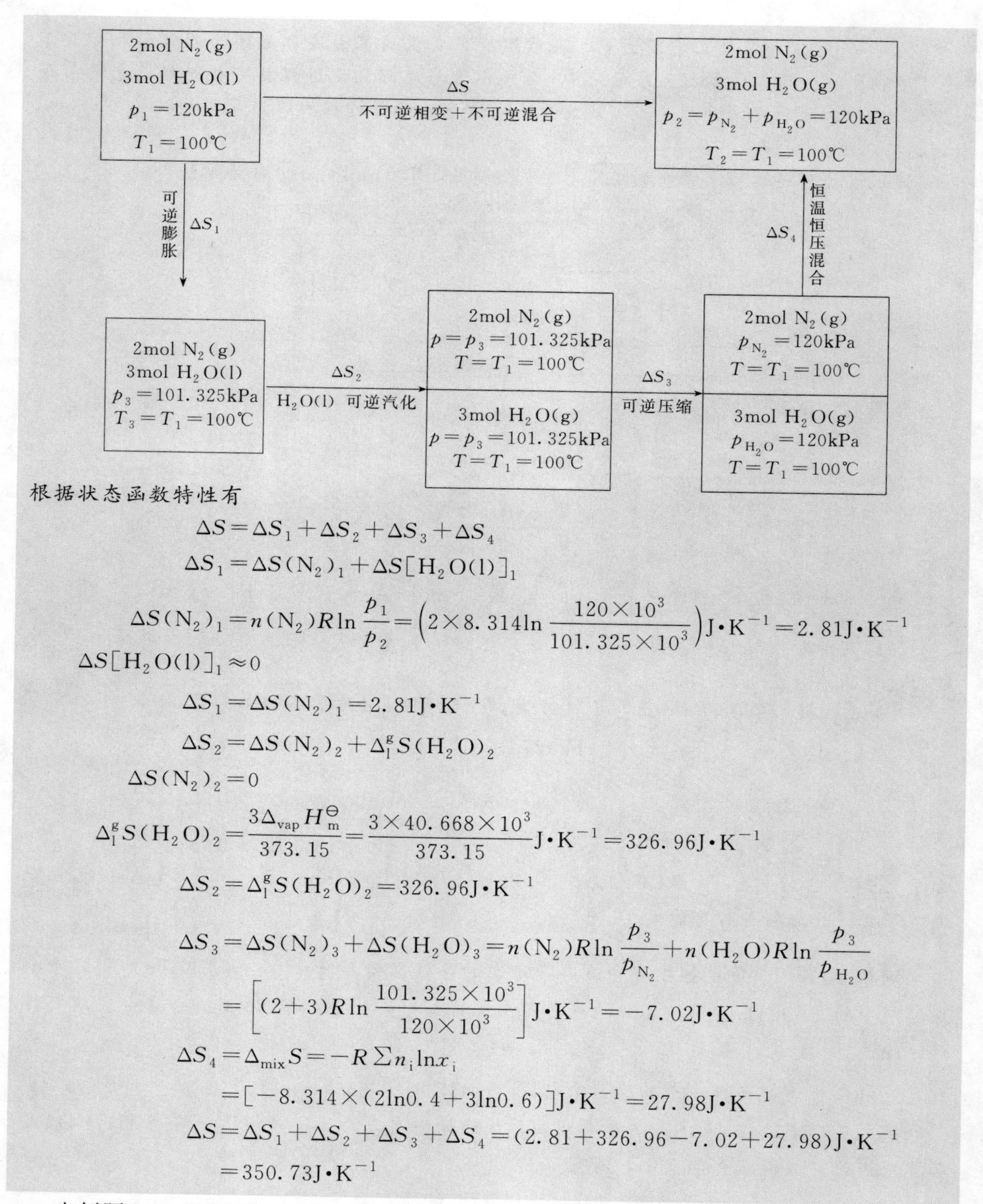

根据状态函数特性有

$$\Delta S=\Delta S_1+\Delta S_2+\Delta S_3+\Delta S_4$$

$$\Delta S_1=\Delta S(N_2)_1+\Delta S[H_2O(l)]_1$$

$$\Delta S(N_2)_1=n(N_2)R\ln\frac{p_1}{p_2}=\left(2\times 8.314\ln\frac{120\times 10^3}{101.325\times 10^3}\right)J\cdot K^{-1}=2.81J\cdot K^{-1}$$

$$\Delta S[H_2O(l)]_1\approx 0$$

$$\Delta S_1=\Delta S(N_2)_1=2.81J\cdot K^{-1}$$

$$\Delta S_2=\Delta S(N_2)_2+\Delta_l^g S(H_2O)_2$$

$$\Delta S(N_2)_2=0$$

$$\Delta_l^g S(H_2O)_2=\frac{3\Delta_{vap}H_m^{\ominus}}{373.15}=\frac{3\times 40.668\times 10^3}{373.15}J\cdot K^{-1}=326.96J\cdot K^{-1}$$

$$\Delta S_2=\Delta_l^g S(H_2O)_2=326.96J\cdot K^{-1}$$

$$\Delta S_3=\Delta S(N_2)_3+\Delta S(H_2O)_3=n(N_2)R\ln\frac{p_3}{p_{N_2}}+n(H_2O)R\ln\frac{p_3}{p_{H_2O}}$$

$$=\left[(2+3)R\ln\frac{101.325\times 10^3}{120\times 10^3}\right]J\cdot K^{-1}=-7.02J\cdot K^{-1}$$

$$\Delta S_4=\Delta_{mix}S=-R\sum n_i\ln x_i$$

$$=[-8.314\times(2\ln 0.4+3\ln 0.6)]J\cdot K^{-1}=27.98J\cdot K^{-1}$$

$$\Delta S=\Delta S_1+\Delta S_2+\Delta S_3+\Delta S_4=(2.81+326.96-7.02+27.98)J\cdot K^{-1}$$

$$=350.73J\cdot K^{-1}$$

由例题 3-10 和例题 3-11 的解题过程可以看出，正确合理地设计可逆过程框图是成功解题的第一步，也是最重要的一步。可以这么说：正确、合理地设计出可逆过程框图，就完成了整个解题任务的一大半，因为剩下的工作就是简单的套公式计算。要想正确设计出可逆过程框图，最好遵循如下三原则：

① 正确描述系统的始、终态；

② 尽可能利用已有的已知条件和数据设计可逆过程，所设计的可逆过程必须与实际发

生的过程具有相同的始终态；

③ 所设计的可逆过程的每一步必须有与之相应的可逆的计算公式或者可以认为所要求算的量近似等于零或可忽略不计。

3.6 热力学第三定律及其化学反应熵变的计算

关于熵变的计算，已分别介绍了单纯 pVT 变化和相变化过程的熵变的计算。到此为止，还剩下一重要变化过程，也就是化学变化熵变的计算没有介绍。

如何计算一个化学反应的熵变?

一定条件下的化学变化通常是不可逆的，其反应热也不是可逆热效应，因而不能直接用 $\Delta S=\Delta H/T$ 计算化学反应的熵变。要想用 $\Delta S=\Delta H/T$ 计算 ΔS，就必须设计一个包括化学反应在内的可逆过程，这就需要可逆化学变化的有关数据。遗憾的是手册上没有，也不可能有这种数据可查。

为了计算化学反应的熵变，需要借助于热力学第三定律。通过热力学第三定律确定物质的标准摩尔熵后，化学反应熵变的计算就变得很简单了。

3.6.1 热力学第三定律

热力学第三定律并不完全是为了计算化学反应熵变而提出的，但是，它极大地方便了化学反应熵变的计算。热力学第三定律是 20 世纪初研究低温实验，根据众多低温实验现象并通过合理的外推归纳出来的。当然低温下化学反应熵变的研究也是当时低温研究的热点之一。其中最著名的就是德国科学家能斯特（Nerst，1864—1941）在系统地研究了低温下凝聚系统的化学反应后，根据实验结果提出的假定：当温度趋于 0K 时，在等温过程中凝聚态反应系统的熵不变，即

$$\lim(\Delta S)_T=0 \tag{3-29}$$

此假定被称为能斯特热定理，它奠定了热力学第三定律的基础。但是能斯特热定理并没有明确提出 0K 时纯物质的熵的绝对值是多少。因此，仅凭能斯特热定理还不能解决化学反应熵变的计算。

与能斯特同时代的另一位德国科学家普朗克（M. Planck，1858—1947）在 1912 年将热定理推进了一步，他假定 0K 时，纯物质凝聚态的熵值等于零，即

$$S(0\text{K})=0 \tag{3-30}$$

很显然，承认普朗克假设，则能斯特热定理就成为必然结果。正如规定稳定单质的标准摩尔生成焓为零，由此分别算出反应物和生成物的标准摩尔生成焓，进而求化学反应的标准摩尔反应焓一样。普朗克假设同样为化学反应熵变的计算提供了一个计算的基准，以 0K 时纯凝聚态作为基准，其熵的数值如何选择都不会影响化学反应的 ΔS 的计算结果。当然，最简单的选择是，假定 0K 时任一物质的熵等于零。

1920 年，路易斯（Lewis）和吉普逊（Gibson）对式(3-30) 作为进一步界定，指出式 (3-30) 只适用于**完美晶体**。所谓完美晶体就是纯物质晶体中的原子或分子只有一种有序排列方式。对于单原子或同核双原子分子纯物质当然无需这一界定，主要是针对异核双原子分子或其他更复杂的分子（例如 NO 可以有 NO 和 ON 两种排列形式）。至此，热力学第三定律可表述为：**“在 0K 时，任何完美晶体的熵值等于零。”** 其数学表达式为

$$S(0\text{K},\text{纯物质完美晶体})=0 \tag{3-31}$$

1912 年，能斯特根据他的热定理，提出了“绝对零度不能达到原理”，即“不可能用有限的手续使一个物体的温度降到热力学温标的零度”。后来被认为是热力学第三定律的另一种表述。有时也将其简述为“绝对零度不可能达到”，以与热力学第一定律、热力学第二定律的“第一类永动机不可能造成”和“第二类永动机不可能造成”的说法相对应。

3.6.2 规定熵和标准熵

热力学第三定律规定了纯物质完美晶体基态的熵值。以式(3-31)为基准计算出的一定量的 B 物质在某一状态（T,p）下的熵值，称为物质 B 在该状态下的**规定熵**。1mol 物质 B 在标准压力 $p^{\ominus}$、温度 T 时的规定熵即为该物质在温度 T 时的**标准摩尔熵**，记作 $S_{\mathrm{m}}^{\ominus}(\mathrm{B},T)$。

3.6.3 $S_{\mathrm{m}}^{\ominus}(T)$ 的计算

根据热力学第三定律，可以计算任一物质在 $p^{\ominus}$ 和 T 时标准摩尔熵 $S_{\mathrm{m}}^{\ominus}(T)$。现以 1mol 气态物质为例，说明 $S_{\mathrm{m}}^{\ominus}(T)$ 的计算过程。

为计算 $S_{\mathrm{m}}^{\ominus}(T)$，必须设计从 0K、$p^{\ominus}$ 下的固态（完美晶体）到温度为 T，压力为 $p^{\ominus}$ 的气态变化过程（假设固体不存在晶型转变，即固体只有一种晶型），见图 3-9。

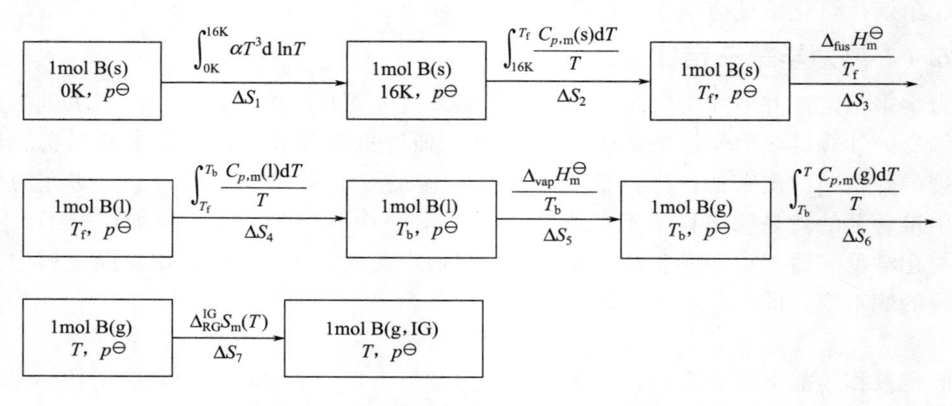

图 3-9 计算标准摩尔熵的示意图

这里 T_{f}、T_{b} 分别为物质 B 的熔点温度和沸点温度，IG 表示理想气体，上述第 7 步为实际气体变为理想气体的过程。在上述变化过程中将 0K→T_{f} 分为两步的主要原因是因为在极低的温度（0K→T'，T'大约为 16K 左右）范围内缺乏 C_p 的数，故在 0K→T'范围内只好用如下的德拜（Debye）公式来代替 C_p。

$$C_{p,\mathrm{m}} \approx C_{V,\mathrm{m}} = \alpha T^3$$

式中，α 为与物质有关的特性常数。

根据上述可逆变化过程和状态函数的性质，可得

$$S_{\mathrm{m}}^{\ominus}(\mathrm{g},T) = \Delta S_1 + \Delta S_2 + \Delta S_3 + \Delta S_4 + \Delta S_5 + \Delta S_6 + \Delta S_7 \tag{3-32}$$

物质的标准摩尔熵是重要的热力学数据之一，$S_{\mathrm{m}}^{\ominus}$(298.15K) 可在各化工手册或热力学数据库中查到，本书附录中给出了部分常见物质的 $S_{\mathrm{m}}^{\ominus}$(298.15K)。

式(3-32) 计算的 $S_{\mathrm{m}}^{\ominus}(T)$ 原则上也可用图解积分的方法求得，即先以 $C_{p,\mathrm{m}}/T$ 或 S 对 T 作图求得标准压力下不同相态不同温度段的规定熵［如图 3-10(a) 或 (b) 中曲线下面积］，再加上两个相变熵值［图 3-10(b)］和实际气体到理想气体的熵变 $\Delta_{\mathrm{g}}^{\mathrm{IG}}S$，就得到 $S_{\mathrm{m}}^{\ominus}(T)$。

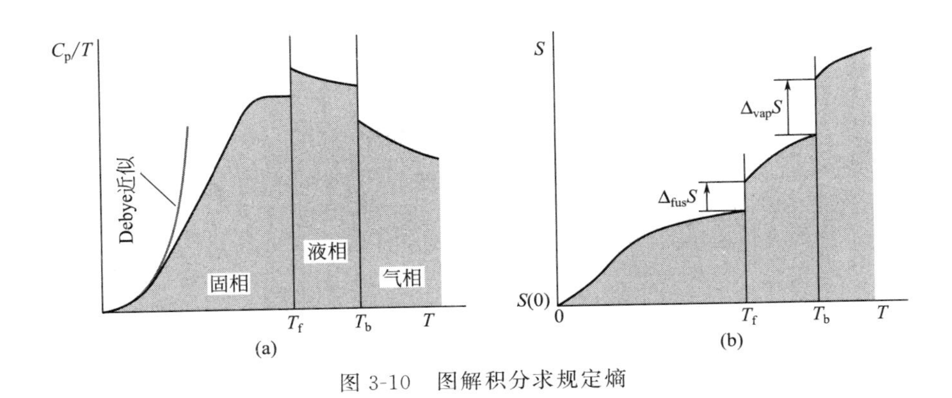

图 3-10 图解积分求规定熵

3.6.4 计算标准摩尔反应熵 $\Delta_r S_m^{\ominus}(T)$

类似于第 2 章求标准摩尔反应焓，有了标准摩尔熵 $S_m^{\ominus}$ 数据以及热力学第三定律，就可以很容易求出标准状态下化学反应的标准摩尔反应熵 $\Delta_r S_m^{\ominus}(T)$。

(1) 298.15K 下标准摩尔反应熵

如果反应在 298.15K，$p^{\ominus}$ 条件下进行，即

$$\boxed{\begin{matrix} a\mathrm{A}(\alpha) \\ 298.15\mathrm{K} \end{matrix}} + \boxed{\begin{matrix} b\mathrm{B}(\beta) \\ 298.15\mathrm{K} \end{matrix}} \xrightarrow[\Delta\xi=1\mathrm{mol}]{\Delta_r S_m^{\ominus}\ 298.15\mathrm{K}} \boxed{\begin{matrix} e\mathrm{E}(\gamma) \\ 298.15\mathrm{K} \end{matrix}} + \boxed{\begin{matrix} f\mathrm{F}(\delta) \\ 298.15\mathrm{K} \end{matrix}}$$

其标准摩尔反应熵

$$\Delta_r S_m^{\ominus}(298.15\mathrm{K}) = [eS_m^{\ominus}(\mathrm{E}) + fS_m^{\ominus}(\mathrm{F})] - [aS_m^{\ominus}(\mathrm{A}) + bS_m^{\ominus}(\mathrm{B})] = \sum \nu_B S_m^{\ominus}(\mathrm{B}) \quad (3\text{-}33)$$

即标准摩尔反应熵等于终态各产物化学计量系数与其标准摩尔熵乘积之和减去反应物化学计量系数与其标准摩尔熵乘积之和。

应该提醒注意的是，式(3-33) 所计算的结果是一仅就化学反应而言的假想的标准摩尔反应的熵变。而实际恒温、恒压下化学反应即使在标准条件下进行，其终态除了化学反应外，还存在恒温恒压下不同物质（反应物和产物）之间的混合过程。曾记得在第 2 章中讲到按式(2-49) 或式(2-50) 计算的标准摩尔反应焓 $\Delta_r H_m^{\ominus}$ 与实际反应的焓的差异时讲到由于理想气体等温混合焓变为零，所以，$\Delta_r H_m^{\ominus}(T)$ 近似等于实际反应焓变。但对实际反应熵的计算，则不能不考虑混合过程的熵变，尤其是对反应物和产物皆为气相的系统更是如此。

(2) 标准摩尔反应熵随温度变化

虽说在 298.15K 下恒温反应的标准摩尔反应熵根据式(3-33) 可以很容易计算，但在实际科学研究和生产中，反应不总是在 298.15K 下进行。当反应在任意温度下进行时，可采用第二章中求任意反应温度下的 $\Delta_r H_m^{\ominus}(T)$ 类似框图求 $\Delta_r S_m^{\ominus}(T)$。

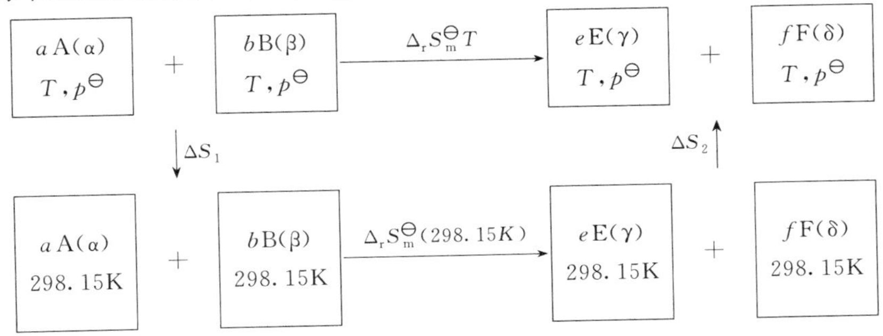

由此得 $\Delta_r S_m^{\ominus}(T) = \Delta_r S_m^{\ominus}(298.15\text{K}) + \Delta S_1 + \Delta S_2$

$$= \Delta_r S_m^{\ominus}(298.15\text{K}) + \int_T^{298.15\text{K}} \frac{aC_{p,m}(\text{A}) + bC_{p,m}(\text{B})}{T} dT + \int_{298.15\text{K}}^{T} \frac{eC_{p,m}(\text{E}) + fC_{p,m}(\text{F})}{T} dT$$

整理得 $\Delta_r S_m^{\ominus}(T) = \Delta_r S_m^{\ominus}(298.15\text{K}) + \int_{298.15\text{K}}^{T} \frac{\Delta_r C_{p,m}}{T} dT$ (3-34)

式中，$\Delta_r C_{p,m} = \sum \nu_B C_{p,m}(\text{B})$，对反应物 ν_B 取负号，产物 ν_B 取正号。由式(3-34) 可知，如果反应的 $\Delta_r C_{p,m} = 0$，则 $\Delta_r S_m^{\ominus}(T)$ 不随温度变化。

例题 3-12 计算下述化学反应在标准压力 $p^{\ominus}$ 下，分别在 298.15K 及 398.15K 时的熵变各为多少？设在该温度区间内各物质 $C_{p,m}$ 为常数。

$$C_2H_2(g, p^{\ominus}) + 2H_2(g, p^{\ominus}) \rightleftharpoons C_2H_6(g, p^{\ominus})$$

解 查附录中常见物质热力学数据表得

	$S_m^{\ominus}(298.15\text{K})/\text{J}\cdot\text{K}^{-1}\cdot\text{mol}^{-1}$	$C_{p,m}/\text{J}\cdot\text{K}^{-1}\cdot\text{mol}^{-1}$
$H_2(g)$	130.684	28.824
$C_2H_2(g)$	200.94	43.93
$C_2H_6(g)$	229.60	52.63

当反应在 298.15K 进行时

$$\begin{aligned}\Delta_r S_m^{\ominus}(298.15\text{K}) &= \sum \nu_B S_m^{\ominus}(\text{B}, 298.15\text{K}) \\ &= S_m^{\ominus}[C_2H_6(g), 298.15\text{K}] - 2S_m^{\ominus}[H_2(g), 298.15\text{K}] - S_m^{\ominus}[C_2H_2(g), 298.15\text{K}] \\ &= (229.60 - 2\times130.684 - 200.94)\text{J}\cdot\text{K}^{-1}\cdot\text{mol}^{-1} \\ &= -232.71\text{J}\cdot\text{K}^{-1}\cdot\text{mol}^{-1}\end{aligned}$$

当反应在 398.15K 进行时

$$\begin{aligned}\Delta_r C_{p,m} &= (52.6 - 2\times28.824 - 43.93)\text{J}\cdot\text{K}^{-1}\cdot\text{mol}^{-1} \\ &= -48.978\text{J}\cdot\text{K}^{-1}\cdot\text{mol}^{-1}\end{aligned}$$

$$\begin{aligned}\Delta_r S_m^{\ominus}(398.15\text{K}) &= \Delta_r S_m^{\ominus}(298.15\text{K}) + \int_{298.15\text{K}}^{398.15\text{K}} \frac{\Delta_r C_{p,m}}{T} dT \\ &= \left(-232.71 - 48.978\ln\frac{398.15}{298.15}\right)\text{J}\cdot\text{K}^{-1}\cdot\text{mol}^{-1} \\ &= -246.88\text{J}\cdot\text{K}^{-1}\cdot\text{mol}^{-1}\end{aligned}$$

3.7 亥姆霍兹函数和吉布斯函数

通过热力学第一定律和第二定律，分别引进了两个状态函数——热力学能 U 和熵函数 S。利用这两个函数，再加上热力学上可测量的物质量 p、V、T、$C_{p,m}$ 和状态方程，原则上已能解决热力学上一般问题——过程变化方向问题和系统与环境之间所交换的能量的计算问题。只是为了处理问题的方便，我们在讨论热力学第一定律时，引进了一个新的状态函数——焓（$H = U + pV$），虽然 H 不是热力学第一定律直接引进的状态函数，只是一辅助函数，但在许多恒压、无非膨胀功的过程中，借助这个辅助函数处理热效应问题非常方便。

基于同样的道理，为了处理特定过程变化方向判断的问题，我们将在这一节引进另外两个热力学第二定律的辅助函数。

回忆前面我们用熵判据来判断过程进行的方向和程度时，必须是绝热系统或孤立系统。而实际进行的许多过程，如简单的 pVT 变化过程、相变化、化学反应等大多在恒温、恒压或恒温、恒容条件下进行的，且往往不是绝热或孤立系统，这样要判断过程进行的方向或是否达到平衡，除了要计算系统熵变以外，还必须要计算环境的熵变，很不方便。因此，有必要根据实际过程，引进新的状态函数，并根据其自身的改变值来判断系统进行的方向，无需考虑环境。为此，亥姆霍兹（Helmholtz，1821—1894）和吉布斯（Gibbs，1839—1903）各自分别定义了一个状态函数，作为第二定律的辅助函数，在恒温、恒容或恒温、恒压过程中，使用起来非常方便。为了顺利地引出亥姆霍兹函数和吉布斯函数，有必要先导出热力学第一定律和第二定律的联合方程。

前已述及，克劳修斯不等式为

$$\mathrm{d}S \geqslant \frac{\delta Q}{T}\text{（等号表示可逆，不等号表示不可逆）}$$

如果将热力学第一定律 $\delta Q=\mathrm{d}U-\delta W=\mathrm{d}U+p_{\mathrm{ex}}\mathrm{d}V-\delta W_{\mathrm{f}}$ 代入上式，可得

$$\mathrm{d}S \geqslant \frac{\mathrm{d}U+p_{\mathrm{ex}}\mathrm{d}V-\delta W_{\mathrm{f}}}{T}$$

或

$$\mathrm{d}U+p_{\mathrm{ex}}\mathrm{d}V-T\mathrm{d}S \leqslant \delta W_{\mathrm{f}} \tag{3-35}$$

式中，δW_{f} 为除膨胀功以外的其他形式功，上式为热力学第一定律和第二定律的联合方程，此式在不同条件下可演化为不同形式。

3.7.1　亥姆霍兹函数及其判据

当系统在恒温恒容条件下发生变化时，由于 $p_{\mathrm{ex}}\mathrm{d}V=0$，$T\mathrm{d}S=\mathrm{d}(TS)$，式(3-35) 可写为：

$$\mathrm{d}U-\mathrm{d}(TS) \leqslant \delta W_{\mathrm{f}}$$

或

$$\mathrm{d}(U-TS)_{T,V} \leqslant \delta W_{\mathrm{f}}$$

由于 U、T、S 皆为状态函数，而状态函数通过加、减、乘、除的组合仍为状态函数，故 $(U-TS)$ 亦必然为一状态函数。亥姆霍兹将该函数取名为 A，人们称之为亥姆霍兹函数：

$$A=U-TS \tag{3-36}$$

由此得

$$\mathrm{d}A_{T,V} \leqslant \delta W_{\mathrm{f}} \tag{3-37a}$$

对宏观量的变化来说，上式可写为

$$\Delta A_{T,V} \leqslant W_{\mathrm{f}} \tag{3-37b}$$

上式表明：在恒温恒容条件下，系统亥姆霍兹函数的改变值，等于或小于可逆条件下系统所做的非膨胀功。人们将这种可逆过程中除膨胀功之外的其他功称为“最大有效功（绝对值）”，用符号 $W_{\mathrm{f,R}}$ 表示，因此

$$\Delta A_{T,V}=W_{\mathrm{f,R}} \tag{3-38}$$

在恒温恒容不可逆过程中，有效功 $|W_{\mathrm{f}}|$ 一定小于系统亥姆霍兹函数的改变（绝对）值，正因为如此，同熵一样，欲计算一个过程的 ΔA，只有通过可逆过程来计算。

关于亥姆霍兹函数，下面几点值得注意。

① $A=U-TS$ 是一状态函数，且为容量性质，其绝对值不知道。ΔA 只取决于系统的始、终态，与过程无关。只有在恒温恒容可逆条件下的 ΔA 才等于系统所做的最大有效功。

② 等温可逆条件下，$\Delta A=\Delta(U-TS)=W_{\mathrm{R}}$

即在等温可逆条件下，系统亥姆霍兹函数的减少值等于系统所做的最大功（绝对值），因此，历史上亥姆霍兹函数又被称为功函。

③ 在恒温恒容条件下，系统总是自发地朝亥姆霍兹函数减少的方向进行。

④ 亥姆霍兹判据

$$\Delta A_{T,V,W_{\mathrm{f}}=0}\begin{cases}<0 & 自发过程\\ =0 & 可逆过程或平衡状态\end{cases} \tag{3-39}$$

3.7.2 吉布斯函数及其判据

当系统在恒温恒压条件下发生变化时，由于 $p_{\mathrm{ex}}\mathrm{d}V=p\mathrm{d}V=\mathrm{d}(pV)$，$T\mathrm{d}S=\mathrm{d}(TS)$，因此式(3-35) 可写为：

$$\mathrm{d}(U+pV-TS)\leqslant\delta W_{\mathrm{f}}$$

或

$$\mathrm{d}(H-TS)_{T,p}\leqslant\delta W_{\mathrm{f}} \tag{3-40}$$

同理，$(H-TS)$ 为一状态函数，吉布斯将此函数用符号 G 表示，人们称之为吉布斯函数：

$$G=H-TS \tag{3-41}$$

这样，式(3-40) 可写为

$$\mathrm{d}G_{T,p}\leqslant\delta W_{\mathrm{f}} \tag{3-42a}$$

对于宏观量的变化，式(3-42a) 可写为

$$\Delta G_{T,p}\leqslant W_{\mathrm{f}} \tag{3-42b}$$

上式表明：在恒温恒压条件下，系统吉布斯函数的改变值，等于或小于可逆条件下系统所做的非膨胀功。人们将这种可逆过程中所做的非膨胀功称为“最大有效功”（绝对值），用符号 $W_{\mathrm{f,r}}$ 表示，因此

$$\Delta G_{T,p}=W_{\mathrm{f,R}} \tag{3-43}$$

在恒温恒压不可逆过程中，系统所做的有效功 $|W_{\mathrm{f}}|$ 一定小于系统吉布斯函数改变的绝对值。正因为如此，同熵函数一样，欲计算过程的 ΔG，只有通过可逆过程来计算。

关于吉布斯函数，下面几点值得注意：

① $G=H-TS$ 是一状态函数，且为容量性质，其绝对值不知道。因其是状态函数，所以在任意条件下的状态变化都有 ΔG，且 ΔG 只取决于系统的始、终态，与过程无关。只有在恒温恒压可逆的条件下，系统的 ΔG 才等于所做的最大有效功。

② 在恒温恒压条件下，系统总是自发地向吉布斯函数减少的方向进行。

③ 吉布斯判据

$$\Delta G_{T,p,W_{\mathrm{f}}=0}\begin{cases}<0 & 自发过程\\ =0 & 可逆过程或平衡状态\end{cases} \tag{3-44}$$

综上所述，对于恒温恒容或恒温恒压过程，只要求出系统的 ΔA 或 ΔG，再根据亥姆霍兹判据或吉布斯判据就可以判断过程进行的方向，无需考虑环境。又由于相变化和化学反应大多在恒温恒压下进行，所以以后更关注 ΔG 的计算。

行文至此，有了亥姆霍兹判据和吉布斯判据，接下来应该是关于 ΔA 和 ΔG 的计算，但由于 ΔA 和 ΔG 的计算除了根据定义式以外，更多地要用到热力学基本方程和麦克斯韦

（Maxwell）关系式，所以，有必要先讲热力学基本方程和麦克斯韦关系式。

3.8 热力学函数间的关系

3.8.1 热力学函数间的关系

在热力学第一定律和第二定律中，我们一共引进了 U、H、S、A、G 五个热力学函数。其中，U 和 S 分别是热力学第一和第二定律直接引进的基本函数。而 H、A 和 G 是为了应用方便而引进的辅助函数。在实际工作中，最常用的是 H 和 G。在这五个函数中，U、H 主要是解决能量衡算问题；而 S、A、G 主要用于讨论方向和限度的问题。其中 S 有其特殊地位，亥姆霍兹判据和吉布斯判据都是由它在不同条件下导出的。五个函数之间的相对大小和相互关系如图 3-11 所示。

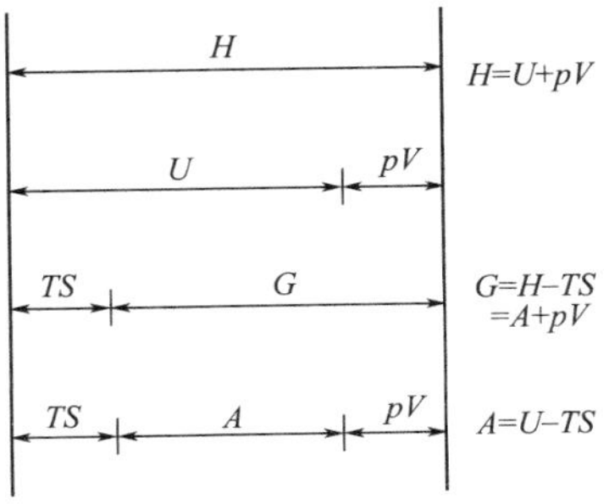

图 3-11 热力学函数间的关系

3.8.2 热力学基本方程

对于封闭系统的热力学可逆过程，根据热力学第一定律和第二定律有

$$dU=\delta Q+\delta W=\delta Q_{R}-p\,dV+\delta W_{f,R} \quad 和 \quad dS=\frac{\delta Q_{R}}{T}$$

将上述两式合并可得

$$dU=T\,dS-p\,dV+\delta W_{f,R} \tag{3-45a}$$

微分 $H=U+pV$，并将式(3-45a) 代入，可得

$$dH=T\,dS+V\,dp+\delta W_{f,R} \tag{3-45b}$$

微分 $A=U-TS$，并将式(3-45a) 代入，可得

$$dA=-S\,dT-p\,dV+\delta W_{f,R} \tag{3-45c}$$

微分 $G=H-TS$，并将式(3-45b) 代入，可得

$$dG=-S\,dT+V\,dp+\delta W_{f,R} \tag{3-45d}$$

当系统只做膨胀功而不做其他功时，即 $\delta W_{f,r}=0$，这时式(3-45a)～式(3-45d) 可写作

$$dU=T\,dS-p\,dV \tag{3-46a}$$

$$dH=T\,dS+V\,dp \tag{3-46b}$$

$$dA=-S\,dT-p\,dV \tag{3-46c}$$

$$dG=-S\,dT+V\,dp \tag{3-46d}$$

上述四个方程称为封闭系统热力学基本方程，在热力学计算及其公式推导和证明时，经常用到，必须熟记。

式(3-46a)～式(3-46d) 的使用条件为 $W_{f}=0$，组成恒定（亦即无相变化和化学变化）的封闭系统的任何过程，无论可逆与否。诚然，式(3-46a)～式(3-46d) 皆为等式，在推导过程中，用到可逆过程条件，似乎上述四个方程只能用于可逆过程。其实不然，这是因为上述方程中的 U、H、S、A、G、T、p 和 V 皆为状态函数，其改变值只与始、终态有关，与过程可逆与否无关。不过，在具体计算时，需要用可逆过程的 p-V 和 T-S 间的函数关系。

对封闭系统四个热力学基本方程进行适当的数学处理，可得下列四组很有用的热力学公

式，例如将系统热力学能分别在恒容和恒熵条件下对熵 S 和对 V 偏微分可得

$$\left(\frac{\partial U}{\partial S}\right)_V=T,\ \left(\frac{\partial U}{\partial V}\right)_S=-p \tag{3-47a}$$

麦克斯韦方程

同理可得

$$\left(\frac{\partial H}{\partial S}\right)_p=T,\ \left(\frac{\partial H}{\partial p}\right)_S=V \tag{3-47b}$$

$$\left(\frac{\partial A}{\partial T}\right)_V=-S,\ \left(\frac{\partial A}{\partial V}\right)_T=-p \tag{3-47c}$$

$$\left(\frac{\partial G}{\partial T}\right)_p=-S,\ \left(\frac{\partial G}{\partial p}\right)_T=V \tag{3-47d}$$

在上述四组八个方程中，每个方程等号左边皆为不易测量的微分，而等号右边或为易测量的物理量或为有明确物理意义的物理量，这样，通过等号右边的物理量给出了左边微分的物理意义，为我们理解等号左边的微分提供了极大的方便。此外，在以后的章节中我们将看到这些关系式在验证和推导其他热力学关系式时很有用处。

3.8.3 麦克斯韦关系式

在数学分析中，如果 Z 是关于变量 x 和 y 的全微分函数，则有

$$\mathrm{d}Z=\left(\frac{\partial Z}{\partial x}\right)_y\mathrm{d}x+\left(\frac{\partial Z}{\partial y}\right)_x\mathrm{d}y=M\mathrm{d}x+N\mathrm{d}y$$

式中，$M=\left(\frac{\partial Z}{\partial x}\right)_y$，$N=\left(\frac{\partial Z}{\partial y}\right)_x$，都是 Z 的一阶偏导数，如果对 Z 求二阶偏导数，应有

$$\frac{\partial^2 Z}{\partial y\partial x}=\left(\frac{\partial M}{\partial y}\right)_x,\ \frac{\partial^2 Z}{\partial x\partial y}=\left(\frac{\partial N}{\partial x}\right)_y$$

由于 Z 是全微分函数，而全微分函数具有二阶偏导数与求导顺序无关的性质，因此

$$\left(\frac{\partial M}{\partial y}\right)_x=\left(\frac{\partial N}{\partial x}\right)_y$$

又由于状态函数就是数学中的全微分函数，因此，可将上式的结果用于式(3-46a)～式(3-46d) 四个热力学基本方程，由此可得

$$\left.\begin{aligned}\left(\frac{\partial T}{\partial V}\right)_S=-\left(\frac{\partial p}{\partial S}\right)_V,\ \left(\frac{\partial T}{\partial p}\right)_S=\left(\frac{\partial V}{\partial S}\right)_p\\ \left(\frac{\partial S}{\partial V}\right)_T=\left(\frac{\partial p}{\partial T}\right)_V,\ -\left(\frac{\partial S}{\partial p}\right)_T=\left(\frac{\partial V}{\partial T}\right)_p\end{aligned}\right\} \tag{3-48}$$

上述一组四个方程称为麦克斯韦关系式。与式(3-47a)～式(3-47d) 一样，这组关系式的一个重要特点就是，它将一些热力学实验无法测量的量，即熵随压力或体积的变化率与可测量的量 p、V、T 的相关偏微分关联起来，这一点非常重要。因为，任何热力学公式其最终形式中的所有变量都必须是实验可测量的量，而在公式的推导过程中经常会出现一些不可测量的偏微分，为了使所推导的热力学公式具有实用价值，此时，麦克斯韦［包括式(3-47a)～式(3-47d)］方程就起着重要作用。通过麦克斯韦关系式，可以得到许多有用的热力学公式，下面通过例题说明之。

例题 3-13 试证明 $\left(\frac{\partial p}{\partial V}\right)_T\left(\frac{\partial V}{\partial T}\right)_p\left(\frac{\partial T}{\partial p}\right)_V=-1$

解 对一双变量系统而言，设 $T=f(p,V)$，则 T 的全微分为

$$\mathrm{d}T=\left(\frac{\partial T}{\partial p}\right)_V\mathrm{d}p+\left(\frac{\partial T}{\partial V}\right)_p\mathrm{d}V$$

热力学能及状态函数

在恒温条件下，$dT=0$，上式变为

$$\left(\frac{\partial T}{\partial p}\right)_V dp+\left(\frac{\partial T}{\partial V}\right)_p dV=0$$

$$\left(\frac{\partial T}{\partial p}\right)_V\left(\frac{\partial p}{\partial V}\right)_T=-\left(\frac{\partial T}{\partial V}\right)_p$$

故

$$\left(\frac{\partial p}{\partial V}\right)_T\left(\frac{\partial V}{\partial T}\right)_p\left(\frac{\partial T}{\partial p}\right)_V=-1 \tag{3-49}$$

式(3-49)称为循环关系式，对双变量系统来说，任意三个状态函数之间都存在这种关系。

例题 3-14 求证

(1) $dU=nC_{V,\mathrm{m}}dT+\left[T\left(\frac{\partial p}{\partial T}\right)_V-p\right]dV$

(2) $dS=\frac{nC_{V,\mathrm{m}}}{T}dT+\left(\frac{\partial p}{\partial T}\right)_V dV$

证 (1) 设$U=f(T,V)$，则其全微分为

$$dU=\left(\frac{\partial U}{\partial T}\right)_V dT+\left(\frac{\partial U}{\partial V}\right)_T dV=nC_{V,\mathrm{m}}dT+\left(\frac{\partial U}{\partial V}\right)_T dV \quad *$$

根据热力学基本方程$dA=TdS-pdV$和麦克斯韦关系式$\left(\frac{\partial S}{\partial V}\right)_T=\left(\frac{\partial p}{\partial T}\right)_V$，有

$$\left(\frac{\partial U}{\partial V}\right)_T=T\left(\frac{\partial S}{\partial V}\right)_T-p=T\left(\frac{\partial p}{\partial T}\right)_V-p \quad **$$

将式**代入式*中得

$$dU=nC_{V,\mathrm{m}}dT+\left[T\left(\frac{\partial p}{\partial T}\right)_V-p\right]dV \tag{3-50}$$

同理，可以证明

$$dH=nC_{p,\mathrm{m}}dT+\left[V-T\left(\frac{\partial V}{\partial T}\right)_p\right]dp \tag{3-51}$$

(2) 设$S=f(T,V)$的函数，则其全微分为

$$dS=\left(\frac{\partial S}{\partial T}\right)_V dT+\left(\frac{\partial S}{\partial V}\right)_T dV$$

根据热力学基本方程$dU=TdS-pdV$和$\left(\frac{\partial U}{\partial T}\right)_V=nC_{V,\mathrm{m}}$，有

$$\left(\frac{\partial S}{\partial T}\right)_V=\frac{nC_{V,\mathrm{m}}}{T}$$

根据麦克斯韦关系式，$\left(\frac{\partial S}{\partial V}\right)_T=\left(\frac{\partial p}{\partial T}\right)_V$，由此得

$$dS=\frac{nC_{V,\mathrm{m}}}{T}dT+\left(\frac{\partial p}{\partial T}\right)_V dV \tag{3-52}$$

同理，可以证明

$$dS=\frac{nC_{p,\mathrm{m}}}{T}dT-\left(\frac{\partial V}{\partial T}\right)_p dp \tag{3-53}$$

从式(3-50)～式(3-53)可以看出，其共同的特点是方程左边皆是不可测量的系统某一状态函数的全微分，而等号右边皆为可测量的量。这四个方程可作为计算系统单纯pVT变化过程ΔU、ΔH和ΔS的通式，可适用于气体（理想气体或实际气体）或凝聚态系统。

例题 3-15 求方程$p=\frac{RT}{\overline{V}-b}e^{-\frac{aRT}{V}}$的内压力$p_\mathrm{i}$$\left(式中\ \overline{V}=\frac{V}{n}，a\ 为常数\right)$。

解 内压力的定义为：$p_{\mathrm{i}}=\left(\frac{\partial U}{\partial V}\right)_T$，根据式(3-50)

$$p_{\mathrm{i}}=\left(\frac{\partial U}{\partial V}\right)_T=T\left(\frac{\partial p}{\partial T}\right)_V-p=\frac{RT}{\overline{\overline{V}}-b}\mathrm{e}^{-\frac{aRT}{V}}-\frac{RT}{\overline{\overline{V}}-b}\mathrm{e}^{-\frac{aRT}{V}}\cdot\frac{aRT}{V}-p$$

$$=-\frac{RT}{\overline{\overline{V}}-b}\mathrm{e}^{-\frac{aRT}{V}}\cdot\frac{aRT}{V}=-p\,\frac{aRT}{V}$$

例题3-16 已知25℃时液体汞［Hg(l)］的膨胀系数$\alpha_V=1.82\times10^{-4}\mathrm{K}^{-1}$，密度$\rho=13.534\times10^3\mathrm{kg\cdot m^{-3}}$。设外压改变时液体汞的摩尔体积和膨胀系数不变。求25℃，压力从100kPa增至1MPa时，Hg(l)的ΔU_{m}、ΔH_{m}、ΔS_{m}、ΔA_{m}、ΔG_{m}。已知$M_{\mathrm{Hg}}=200.59\mathrm{g\cdot mol^{-1}}$。

解 $V_{\mathrm{m}}=\frac{M}{\rho}=\frac{200.59\times10^{-3}}{13.534\times10^3}\mathrm{m^3\cdot mol^{-1}}=14.82\times10^{-6}\mathrm{m^3\cdot mol^{-1}}$

$$\alpha_V=1/V\times(\partial V/\partial T)_p=1.82\times10^{-4}\mathrm{K}^{-1}$$

在该题中，由于为恒温过程，所以如果仅求ΔA和ΔG，根据热力学基本方程可以很容易求得，但是，如果要求ΔU和ΔH，则必须先求ΔS。

根据麦克斯韦关系式$-\left(\frac{\partial S}{\partial p}\right)_T=\left(\frac{\partial V}{\partial T}\right)_p$，可得

$$\mathrm{d}S_{\mathrm{m}}=-\left(\frac{\partial V_{\mathrm{m}}}{\partial T}\right)_p\mathrm{d}p=-V_{\mathrm{m}}\times\frac{1}{V_{\mathrm{m}}}\left(\frac{\partial V_{\mathrm{m}}}{\partial T}\right)_p\mathrm{d}p=-V_{\mathrm{m}}\alpha_V\mathrm{d}p$$

由于在100kPa～1MPa范围内，Hg(l)的体积和体膨胀系数不随压力变化，积分上式得

$$\Delta S=-\int_{p_1}^{p_2}V_{\mathrm{m}}\alpha_T\mathrm{d}p=-V_{\mathrm{m}}\alpha_T\Delta p$$

$$=-[14.82\times10^{-6}\times1.82\times10^{-4}\times(1-0.1)\times10^6]\mathrm{J\cdot mol^{-1}\cdot K^{-1}}$$

$$=-2.43\times10^{-3}\mathrm{J\cdot mol^{-1}\cdot K^{-1}}$$

根据热力学基本方程和题意，在恒温条件下

$$\Delta A_{\mathrm{m}}=-\int_{p_1}^{p_2}p\mathrm{d}V_{\mathrm{m}}=0（根据题意，\mathrm{d}V_{\mathrm{m}}=0）$$

$$\Delta G_{\mathrm{m}}=\int_{p_1}^{p_2}V_{\mathrm{m}}\mathrm{d}p=V_{\mathrm{m}}\Delta p=[14.82\times10^{-6}\times(1-0.1)\times10^6]\mathrm{J\cdot mol^{-1}}=13.34\mathrm{J\cdot mol^{-1}}$$

$$\Delta U_{\mathrm{m}}=\int_{S_1}^{S_2}T\mathrm{d}S_{\mathrm{m}}=T\Delta S_{\mathrm{m}}（或\ \Delta A_{\mathrm{m}}=\Delta U_{\mathrm{m}}-T\Delta S_{\mathrm{m}}）$$

$$=[298.15\times(-2.43\times10^{-3})]\mathrm{J\cdot mol^{-1}}=-0.72\mathrm{J\cdot mol^{-1}}$$

$$\Delta H_{\mathrm{m}}=\int_{S_1}^{S_2}T\mathrm{d}S_{\mathrm{m}}+\int_{p_1}^{p_2}V_{\mathrm{m}}\mathrm{d}p=T\Delta S_{\mathrm{m}}+\Delta G_{\mathrm{m}}$$

$$=(-0.72+13.34)\mathrm{J\cdot mol^{-1}}=12.62\mathrm{J\cdot mol^{-1}}$$

从以上的计算和图3-12可知，对于凝聚态，只要压力变化不是很大（$\Delta p<1\mathrm{MPa}$），由压力引起的ΔU_{m}、ΔH_{m}、ΔS_{m}、ΔA_{m}、ΔG_{m}都很小，一般情况下可忽略不计。尤其在设计可逆过程计算凝聚态不可逆过程的ΔS、ΔG时，经常要用到这些近似，读者应熟记之。

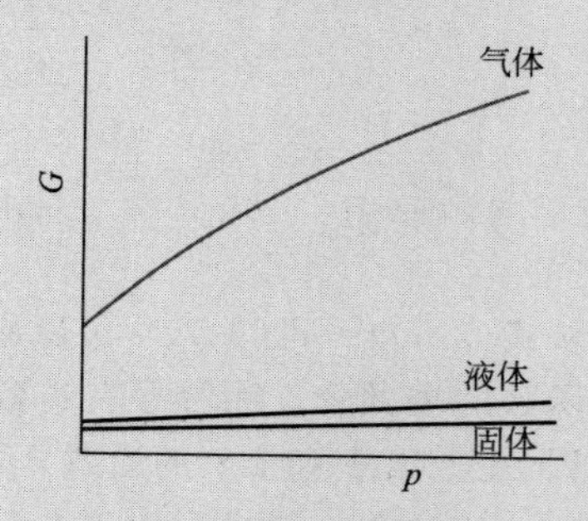

图3-12 恒温下G-p关系示意图

3.9 ΔG（ΔA）的计算

在化学热力学中，吉布斯函数 G 应用最多，最为重要。由于许多过程（相变化和化学变化）更多的是在恒温恒压下进行，所以在实际应用中，ΔG 的求算比 ΔS 更为重要。同求算 ΔS 一样，ΔG 和 ΔA 也必须通过可逆过程方能求算。对于不可逆过程，务必要设计始、终态相同的可逆过程。

关于 ΔG 和 ΔA 的求算，根据已知条件和变化过程，可根据其定义式

$$\Delta A = \Delta U - \Delta(TS)$$

$$\Delta G = \Delta H - \Delta(TS) = \Delta U + \Delta(pV) - \Delta(TS)$$

$$\Delta G = \Delta A + \Delta(pV)$$

计算，也可分别用热力学基本方程式(3-46c) 和式(3-46d) 求 ΔA 和 ΔG。不过，对于非恒温过程 ΔA 和 ΔG 的计算，最好用定义式计算。下面分别介绍等温和非等温两种状况下不同变化过程 ΔA 和 ΔG 的计算。

3.9.1 简单状态变化的恒温过程

对双变量系统的任意过程

$$dA = -SdT - pdV$$

$$dG = -SdT + Vdp$$

在恒温条件下 $dA = -pdV$，$dG = Vdp$

$$\Delta A = -\int p dV \tag{3-54}$$

$$\Delta G = \int V dp \tag{3-55}$$

如果知道了所研究系统的 p-V 关系，代入式(3-54) 和式(3-55) 就可分别求得 ΔA 和 ΔG。对于理想气体

$$\Delta A = -\int_{V_1}^{V_2} p dV = -\int_{V_1}^{V_2} \frac{nRT}{V} dV = nRT\ln\frac{V_1}{V_2} \tag{3-56}$$

$$\Delta G = \int_{p_1}^{p_2} V dp = \int_{p_1}^{p_2} \frac{nRT}{p} dp = nRT\ln\frac{p_2}{p_1} \tag{3-57}$$

比较式(3-56) 和式(3-57) 可知，对于理想气体的等温过程有 $\Delta A = \Delta G$。

对于凝聚态系统的恒温变压过程，由例题 3-16 的计算可知，当压力改变不大时，有 $\Delta A_T \approx 0$，$\Delta G \approx 0$，可忽略不计，但当压力变化很大时，则不能忽略，尤其是 ΔG。

3.9.2 理想气体恒温恒压混合

对于理想气体恒温恒压混合过程，由式(3-22) 可知

$$\Delta_{mix} S = -R\sum n_i \ln x_i$$

又因为 $\Delta G = \Delta H - T\Delta S = -T\Delta S$，所以

$$\Delta_{mix} G = -T\Delta_{mix} S = TR\sum n_i \ln x_i \tag{3-58}$$

3.9.3 恒温恒压可逆相变过程

① 可逆相变 在恒温恒压的条件下，有 $\Delta G = \Delta H - T\Delta S$，在可逆条件下有 $\Delta S = \Delta H / T$，由此得

$$\Delta G = \Delta H - T\Delta S = 0 \tag{3-59}$$

即恒温、恒压下可逆相变的 $\Delta G = 0$。

② 如果相变化发生在始态和终态的两个不平衡相之间，则应设计始、终态相同的可逆过程计算 ΔG。

例题 3-17 已知25℃液态水的饱和蒸气压为3168Pa，试计算25℃及标准压力下过冷水蒸气变成同温同压液态水的 ΔG，并判断过程能否自发进行。

解 所谓可逆相变化一定是系统在某一温度以及与该温度相对应的平衡压力进行的相变化。很显然，题目中给定条件下系统的相变化是不可逆相变化，故要设计如下可逆过程。

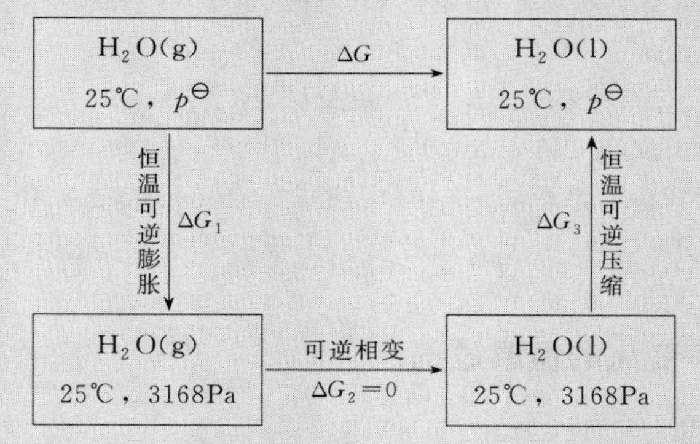

根据状态函数的特性，$\Delta G=\Delta G_1+\Delta G_2+\Delta G_3$，设过冷水蒸气可当作理想气体处理，则

$$\Delta G_1=nRT\ln\frac{p_2}{p_1}=\left(8.314\times298\times\ln\frac{3168}{10^5}\right)\text{J}=-8553\text{J}$$

$\Delta G_2=0$（恒温恒压可逆相变）

$$\Delta G_3=\int_{p_1}^{p_2}V_m(\text{l})\mathrm{d}p=V_m(\text{l})(p_2-p_1)=[18\times10^{-6}\times(10^5-3168)]\text{J}=1.74\text{J}$$

$$\Delta G=\Delta G_1+\Delta G_2+\Delta G_3=(-8553+0+1.74)\text{J}=-8551.26\text{J}<0$$

相变过程可以进行，且不可逆。

上面的计算再一次说明，与气相相比，凝聚相随压力变化的 ΔG 一般很小，可忽略不计。

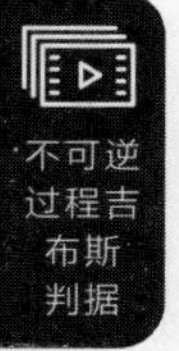

例题 3-18 已知25℃及标准压力下有如下数据

物 质	$S_m^\ominus(298\text{K})/\text{J}\cdot\text{K}^{-1}\cdot\text{mol}^{-1}$	$\Delta_c H_m^\ominus/\text{kJ}\cdot\text{mol}^{-1}$	$\rho/\text{g}\cdot\text{cm}^{-3}$
C(石墨)	5.6940	−393.514	2.260
C(金刚石)	2.4388	−395.410	3.513

(1) 求25℃及标准压力下C(石墨)⟶C(金刚石)的 $\Delta_{trs}G_m^\ominus$，并判断过程能否自发；

(2) 加压能否使石墨变为金刚石？如果能，25℃之下需要多大压力？

解 可逆框图设计如下：

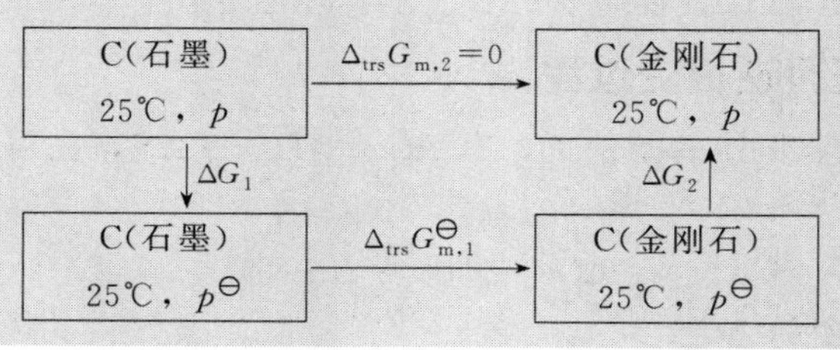

(1) $\Delta_{trs}G_m^{\ominus}=\Delta_{trs}H_m^{\ominus}-T\Delta_{trs}S_m^{\ominus}$

$$\Delta_{trs}H_m^{\ominus}=\Delta_c H_m^{\ominus}(石墨)-\Delta_c H_m^{\ominus}(金刚石)=(-393514+395410)\mathrm{J\cdot mol^{-1}}=1896\mathrm{J\cdot mol^{-1}}$$

$$\Delta_{trs}S_m^{\ominus}=S_m^{\ominus}(金刚石)-S_m^{\ominus}(石墨)=(2.4388-5.6940)\mathrm{J\cdot K^{-1}\cdot mol^{-1}}$$

$$=-3.2552\mathrm{J\cdot K^{-1}\cdot mol^{-1}}$$

$$\Delta_{trs}G_{m,1}^{\ominus}=[1896-298\times(-3.2552)]\mathrm{J\cdot mol^{-1}}=2866\mathrm{J\cdot mol^{-1}}>0$$

因为 $\Delta_{trs}G_{m,1}^{\ominus}>0$，故在题目给定的条件下，石墨无法变为金刚石。

(2) 根据

$$\mathrm{d}G=-S\mathrm{d}T+V\mathrm{d}p$$

在恒温条件下

$$\Delta G=\int V\mathrm{d}p$$

即

$$\Delta G_1=\int_p^{p^{\ominus}}V_m(石墨)\mathrm{d}p$$

$$\Delta G_2=\int_{p^{\ominus}}^{p}V_m(金刚石)\mathrm{d}p$$

$$\Delta G_2+\Delta G_1=\int_{p^{\ominus}}^{p}\Delta V_m\mathrm{d}p=\Delta V_m(p-p^{\ominus}) \tag{3-60}$$

而 $\Delta V_m=V_m(金刚石)-V_m(石墨)$

$$=\left(\frac{12.0}{3.513}-\frac{12.0}{2.260}\right)\times10^{-6}\mathrm{m^3\cdot mol^{-1}}=-1.894\times10^{-6}\mathrm{m^3\cdot mol^{-1}}$$

$$\Delta_{trs}G_{m,2}=\Delta G_1+\Delta_{trs}G_{m,1}^{\ominus}+\Delta G_2$$

由式(3-60)得

$$\Delta_{trs}G_{m,2}-\Delta_{trs}G_{m,1}^{\ominus}=\int_{p^{\ominus}}^{p}\Delta V_m\mathrm{d}p=\Delta V_m(p-p^{\ominus})=-1.894\times10^{-6}(p-p^{\ominus})$$

使 $\Delta_{trs}G_{m,2}=0$ 的压力是使石墨变为金刚石所需最小压力，因此有

$$-2866=-1.894\times10^{-6}(p-p^{\ominus})$$

解之得

$$p=1.5132\times10^{9}\mathrm{Pa}$$

由计算可知，25℃时，至少需加压至大气压的14190倍方可使石墨变为金刚石。目前，选用适当催化剂，采用高温、高压制造人工金刚石的方法已广泛用于工业生产。

3.9.4 化学反应

在讨论化学变化 ΔG 计算之前，有必要先定义标准摩尔反应吉布斯函数。对于任意反应

$$0=\sum\nu_B B$$

标准摩尔反应吉布斯函数定义为：在一定温度 T，当各物质（反应物和产物）均处在纯态及标准压力 $p^{\ominus}$时，进行1mol反应（即 $\xi=1$mol 反应）时吉布斯函数的变化值称为标准摩尔反应吉布斯函数，记作 $\Delta_r G_m^{\ominus}(T)$。

计算 $\Delta_r G_m^{\ominus}(T)$ 有两种方法可循，一种是根据定义式，先分别求出 $\Delta_r H_m^{\ominus}$ 和 $\Delta_r S_m^{\ominus}$，再求 $\Delta_r G_m^{\ominus}$，过程如下：$G=H-TS$，对于在标准态、恒温条件下的化学反应而言，$\Delta_r G_m^{\ominus}=\Delta_r H_m^{\ominus}-T\Delta_r S_m^{\ominus}$，式中 $\Delta_r H_m^{\ominus}$ 和 $\Delta_r S_m^{\ominus}$ 可分别通过标准摩尔生成焓和标准摩尔熵求得。

另一种求 $\Delta_r G_m^{\ominus}(T)$ 的方法类似于求 $\Delta_r H_m^{\ominus}$ 的方法。首先定义物质B的标准摩尔生成吉布斯函数，再通过反应物和生成物的标准摩尔吉布斯函数求 $\Delta_r G_m^{\ominus}(T)$。

标准摩尔生成吉布斯函数$\Delta_f G_m^{\ominus}(\mathrm{B},T)$ 定义：在温度为 T 的标准状态下，物质B的标

准摩尔生成吉布斯函数等于在该温度下由各自处在标准压力下的稳定单质生成 1mol 标准状态下物质 B 的吉布斯函数的变化值。

根据上述 $\Delta_f G_m^\ominus(B,T)$ 定义，显然，在任何温度 T 下，稳定单质的标准摩尔生成吉布斯函数为零。

对于水溶液中离子，人们规定 $\Delta_f G_m^\ominus(H^+,T)=0$。

再由此计算出水溶液中其他离子的标准摩尔生成吉布斯函数。常见物质 25℃的标准摩尔生成吉布斯函数见附录。

有了标准摩尔生成吉布斯函数的定义，我们不难求得标准摩尔反应吉布斯函数，因为，对任一反应

$$0=\sum \nu_B B$$

其 $\Delta_r G$ 等于产物的总吉布斯函数 G_p 与反应物总吉布斯函数 G_R 之差，$\Delta_r G=G_p-G_R$。

对标准状态下的 $\xi=1$mol 反应的标准摩尔反应吉布斯函数，应有

$$\Delta_r G_m^\ominus(T)=\sum \nu_B \Delta_f G_m^\ominus(B,T) \tag{3-61}$$

上式中，对反应物，ν_B 取负值；对产物，ν_B 取正值。对于在 298.15K，标准状态下进行的化学反应，可以通过查手册上的 $\Delta_f G_m^\ominus(B,T)$，直接应用式(3-61) 计算。

下面通过举例说明无法通过查手册直接用式(3-61) 计算 $\Delta_r G_m^\ominus(T)$ 的计算方法。

例题 3-19 已知 25℃时液态水的标准摩尔生成吉布斯函数 $\Delta_f G_m^\ominus(H_2O,l)=-237.129\text{kJ}\cdot\text{mol}^{-1}$，水在 25℃时的饱和蒸气压 $p_s=3.1663$kPa。求 25℃时水蒸气 H_2O(g) 的标准摩尔生成吉布斯函数。

解 按要求计算 $\Delta_f G_m^\ominus(H_2O,g)$，实际上也就是要求计算在 25℃，标准状态下反应 $H_2(p^\ominus)+O_2(p^\ominus)$ ══ $H_2O(g,p^\ominus)$ 的标准摩尔反应吉布斯函数 $\Delta_r G_m^\ominus(T)$。根据题目所给的已知条件 $\Delta_f G_m^\ominus(H_2O,l)$，要求 $\Delta_f G_m^\ominus(H_2O,g)$ 需画出如下可逆过程框图。

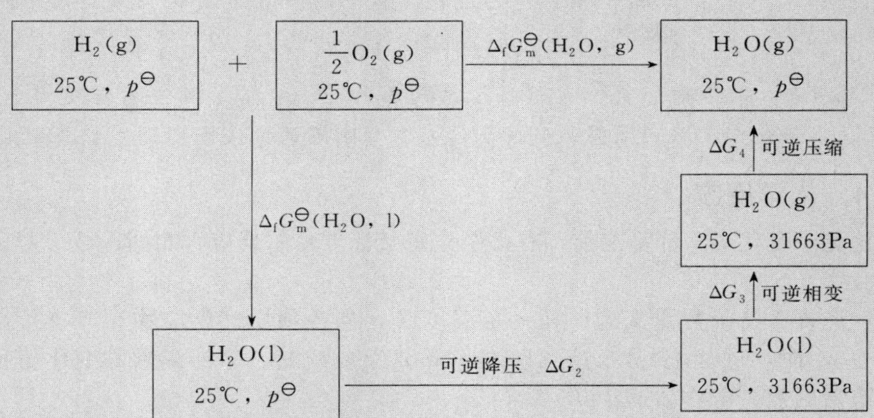

根据状态函数的性质和标准摩尔生成吉布斯函数的定义，有

$$\Delta_r G_m^\ominus(T)=\Delta_f G_m^\ominus(H_2O,g,T)=\Delta_f G_m^\ominus(H_2O,l)+\Delta G_2+\Delta G_3+\Delta G_4$$

$\Delta G_2\approx 0$（凝聚态恒温常压下变压过程）

$\Delta G_3=0$（可逆相变）

若将水蒸气视为理想气体，则

$$\Delta G_4=\int_{p_1}^{p_2}V\mathrm{d}p=nRT\ln\frac{p_2}{p_1}=\left(8.314\times298.15\ln\frac{10^5}{3166.3}\right)\mathrm{kJ}=8.56\mathrm{kJ}$$

由此得 $\Delta_f G_m^{\ominus}(H_2O,g)=(-237.129+0+0+8.56)\mathrm{kJ\cdot mol^{-1}}=-228.57\mathrm{kJ\cdot mol^{-1}}$

3.9.5 简单状态变化的变温过程

(1) A 和 G 随温度 T 的变化

在介绍变温过程 ΔA 和 ΔG 的计算之前，首先让我们先定性了解 A 和 G 随温度变化的趋势。

根据热力学基本方程 $\mathrm{d}A=-S\mathrm{d}T-p\mathrm{d}V$ 和 $\mathrm{d}G=-S\mathrm{d}T+V\mathrm{d}p$，在恒容条件下，$\mathrm{d}A=-S\mathrm{d}T$

即
$$\left(\frac{\partial A}{\partial T}\right)_V=-S \quad 或 \quad \left(\frac{\partial A_m}{\partial T}\right)_V=-S_m \tag{3-62}$$

在恒压条件下，$\mathrm{d}G=-S\mathrm{d}T$

即
$$\left(\frac{\partial G}{\partial T}\right)_p=-S \quad 或 \quad \left(\frac{\partial G_m}{\partial T}\right)_p=-S_m \tag{3-63}$$

由于 S（或 S_m）>0

所以
$$\left(\frac{\partial A}{\partial T}\right)_V<0,\ \left(\frac{\partial G}{\partial T}\right)_p<0$$

即在恒容条件下，A 随着温度升高而下降；同理，恒压条件下，G 随着温度升高而下降。如图 3-13 所示。

从图 3-13 我们还可以看出，由于同一物质不同相态的 S_m 不同，且 $S_m(g)>S_m(l)>S_m(s)$，所以有 G 随温度 T 下降的斜率（绝对值）气相大于液相，液相大于固相。

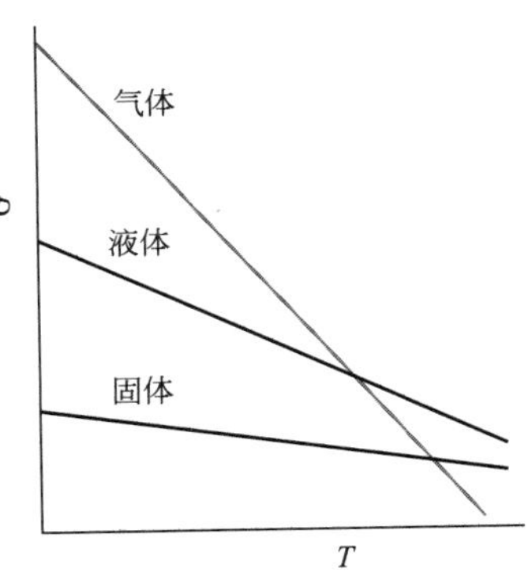

图 3-13 不同相态 G-T 关系

(2) ΔA 和 ΔG 的计算

在热力学基本方程式(3-46a)～式(3-46d) 中，都包含有涉及 T-S 关系的项，而对于通常所研究的系统，一般都不知道其 T-S 的函数关系，这样，我们就不可能直接通过热力学基本方程的积分来求 ΔA 和 ΔG。一般情况下，总是通过 G 和 A 的定义式来求变温过程的 ΔA 和 ΔG，即

$$\Delta A=\Delta U-\Delta(TS)=\Delta U-(T_2S_2-T_1S_1) \tag{3-64}$$
$$\Delta G=\Delta H-\Delta(TS)=\Delta H-(T_2S_2-T_1S_1) \tag{3-65}$$

下面通过具体例题来阐明其计算过程。

例题 3-20 将 1mol N_2（可视为理想气体），始态温度为 300K，压力为 1000kPa，分别经下列过程膨胀至压力为 100kPa 的终态。试求各过程的 Q、W、ΔU、ΔH、ΔS、ΔA、ΔG。[已知 $S_m^{\ominus}(N_2,300\mathrm{K})=191.79\mathrm{J\cdot K^{-1}\cdot mol^{-1}}$]

(1) 恒温可逆膨胀；

(2) 绝热可逆膨胀；

(3) 绝热反抗外压 $p_{ex}=100\mathrm{kPa}$ 膨胀。

解 首先画出过程框图

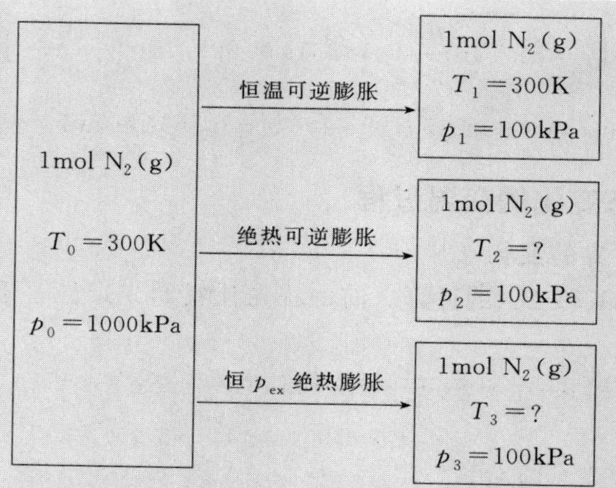

(1) 因为是理想气体，所以 $\Delta U_1=0$，$\Delta H_1=0$

$$W_1=-Q_1=-\int_{V_0}^{V_1}p\,\mathrm{d}V=nRT\ln\frac{V_1}{V_0}=\left(8.314\times300\ln\frac{100\times10^3}{1000\times10^3}\right)\mathrm{kJ}=-5.743\mathrm{kJ}$$

$$Q_1=5.743\mathrm{kJ}$$

$$\Delta S_1=\frac{Q_\mathrm{R}}{T}=\frac{5.743\times10^3}{300}\mathrm{J\cdot K^{-1}}=19.14\mathrm{J\cdot K^{-1}}$$

$$\Delta A_{T,1}=-\int_{V_0}^{V_1}p\,\mathrm{d}V=W_1=-5.743\mathrm{J}$$

$$\Delta G_{T,1}=\int_{p_0}^{p_1}V\mathrm{d}p=\Delta A_{T,1}=-5.743\mathrm{J}$$

(2) 对于理想气体单纯 pVT 状态变化，关键是求终态温度 T_2，绝热过程尤其如此。对可逆绝热过程，根据已知条件，可选用其三个可逆过程方程中的某一个求 T_2。在该题中，已知始态温度、压力和终态压力，可用可逆绝热过程方程的 T-p 关系式求 T_2。

$$T_0p_0^{\frac{1-\gamma}{\gamma}}=T_2p_2^{\frac{1-\gamma}{\gamma}}\ (\text{对于 } N_2,\gamma=1.4)$$

$$T_2=T_0\left(\frac{p_0}{p_2}\right)^{\frac{1-\gamma}{\gamma}}=300\times\left(\frac{10}{1}\right)^{\frac{1-1.4}{1.4}}=155.38\mathrm{K}$$

$$\Delta U_2=W_2=nC_{V,\mathrm{m}}(T_2-T_0)=\left[1\times\frac{5}{2}\times8.314\times(155.38-300)\right]\mathrm{J}=-3.006\mathrm{kJ}$$

$$W_2=-3.006\mathrm{kJ},Q_2=0$$

$$\Delta H_2=nC_{p,\mathrm{m}}(T_2-T_0)=\left[1\times\frac{7}{2}\times8.314\times(155.38-300)\right]\mathrm{J}=-4.208\mathrm{kJ}$$

从标准态到始态的 ΔS_0 的计算

$$\Delta S_0=nR\ln\frac{p^\ominus}{p_1}=\left(1\times8.314\times\ln\frac{10^5}{10^6}\right)\mathrm{J\cdot K^{-1}}=-19.14\mathrm{J\cdot K^{-1}}$$

$$\Delta S_2=\frac{Q_\mathrm{R}}{T}=0\ (\text{绝热可逆过程即为等熵过程})$$

$$S_0=nS_\mathrm{m}^\ominus(300\mathrm{K})+\Delta S_0=(191.79-19.14)\mathrm{J\cdot K^{-1}}=172.65\mathrm{J\cdot K^{-1}}$$

$$\Delta A_2=\Delta U_2-S_0\Delta T=[-3.006\times10^3-172.65\times(155.38-300)]\mathrm{J}=21.963\mathrm{kJ}$$

$$\Delta G_2=\Delta H_2-S_0\Delta T=[-4.208\times10^3-172.65\times(155.38-300)]\mathrm{J}=20.761\mathrm{kJ}$$

(3) 首先求 T_3，注意，对于不可逆绝热过程，千万不能用绝热可逆过程的过程方程求终态温度。而是要根据热力学第一定律求终态 T。因为 $Q_3=0$，所以有 $\Delta U_3=W_3$。

$$nC_{V,\mathrm{m}}(T_3-T_0)=-p_{\mathrm{ex}}(V_3-V_0)$$

$$n\times\frac{5}{2}R(T_3-T_0)=-p_{\mathrm{ex}}\left(\frac{nRT_3}{p_3}-\frac{nRT_0}{p_0}\right)$$

$$\frac{5}{2}(T_3-T_0)=-\left(T_3-\frac{p_{\mathrm{ex}}}{p_0}T_0\right)$$

$$T_3=\frac{2}{7}\times\left(\frac{5}{2}+\frac{p_{\mathrm{ex}}}{p_0}\right)T_0=\left[\frac{2}{7}\times\left(\frac{5}{2}+\frac{10^5}{10^6}\right)\times300\right]\mathrm{K}=222.86\mathrm{K}$$

$$\Delta U_3=W_3=nC_{V,\mathrm{m}}(T_3-T_0)=\left[\frac{5}{2}\times8.314\times(222.86-300)\right]\mathrm{J}=-1.603\mathrm{kJ}$$

$$W_3=-1.603\mathrm{kJ}$$

$$\Delta H_3=nC_{p,\mathrm{m}}(T_3-T_0)=\left[\frac{7}{2}\times8.314\times(222.86-300)\right]\mathrm{J}=-2.2447\mathrm{kJ}$$

$$\Delta S_3=nC_{p,\mathrm{m}}\ln\frac{T_3}{T_0}-nR\ln\frac{p_3}{p_0}=\left(\frac{7}{2}\times8.314\ln\frac{222.86}{300}-1\times8.314\ln\frac{10^5}{10^6}\right)\mathrm{J\cdot K^{-1}}=10.5\mathrm{J\cdot K^{-1}}$$

$$S_3=\Delta S_0+nS_{\mathrm{m}}^{\ominus}(300\mathrm{K})+\Delta S_3=(-19.14+191.79+10.5)\ \mathrm{J\cdot K^{-1}}=183.15\mathrm{J\cdot K^{-1}}$$

$$\Delta A_3=\Delta U_3-[T_3S_3-T_0S_0(300\mathrm{K})]=[-1603-(222.86\times183.15-300\times172.65)]\mathrm{J}$$
$$=9.375\mathrm{kJ}$$

$$\Delta G_3=\Delta H_3-[T_3S_3-T_0S_0(300\mathrm{K})]=[-2244.7-(222.86\times183.15-300\times172.65)]\mathrm{J}$$
$$=8.733\mathrm{kJ}$$

3.9.6 ΔA、ΔG 随温度 T 的变化——吉布斯-亥姆霍兹方程

表示 ΔG 和 ΔA 与温度的关系式统称为吉布斯-亥姆霍兹方程。可用来从一个反应温度或相变温度下的 $\Delta G(T_1)[\Delta A(T_1)]$ 求另一反应温度或相变温度下的 $\Delta G(T_2)[\Delta A(T_2)]$。关于 ΔG 和 ΔA 的吉布斯-亥姆霍兹方程分别有两种表现形式。

$$\left(\frac{\partial\Delta G}{\partial T}\right)_p=\frac{\Delta G-\Delta H}{T} \tag{3-66}$$

$$\left[\frac{\partial\left(\frac{\Delta G}{T}\right)}{\partial T}\right]_p=-\frac{\Delta H}{T^2} \tag{3-67}$$

$$\left(\frac{\partial\Delta A}{\partial T}\right)_V=\frac{\Delta A-\Delta U}{T} \tag{3-68}$$

$$\left[\frac{\partial\left(\frac{\Delta A}{T}\right)}{\partial T}\right]_V=-\frac{\Delta U}{T^2} \tag{3-69}$$

式(3-66) 和式(3-67) 有时又称为 ΔG 的等压方程，而式(3-68) 和式(3-69) 则称为关于 ΔA 的等容方程。下面以式(3-66) 和式(3-67) 为例，推导如下：

一定温度下某个相变化或化学变化：$\mathrm{A}\longrightarrow\mathrm{B}$

$$\Delta G=G_{\mathrm{B}}-G_{\mathrm{A}}$$

则

$$\left(\frac{\partial\Delta G}{\partial T}\right)_p=\left(\frac{\partial G_{\mathrm{B}}}{\partial T}\right)_p-\left(\frac{\partial G_{\mathrm{A}}}{\partial T}\right)_p=-S_{\mathrm{B}}-(-S_{\mathrm{A}})=-\Delta S \tag{3-70}$$

根据热力学基本方程，在等温条件下，有 $\Delta G=\Delta H-T\Delta S$，将该式代入上式中，可得

$$T\left(\frac{\partial \Delta G}{\partial T}\right)_p=\Delta G-\Delta H \quad 或 \quad \left(\frac{\partial \Delta G}{\partial T}\right)_p=\frac{\Delta G-\Delta H}{T}$$

上式即为式(3-66)，将式(3-66) 两边同乘$\frac{1}{T}$，得

$$\frac{1}{T}\left(\frac{\partial \Delta G}{\partial T}\right)_p=\frac{\Delta G-\Delta H}{T^2}$$

移项得

$$\frac{1}{T}\left(\frac{\partial \Delta G}{\partial T}\right)_p-\frac{\Delta G}{T^2}=-\frac{\Delta H}{T^2}$$

上式等号左边刚好是$\left(\frac{\Delta G}{T}\right)$对 T 微商的结果，即

$$\left[\frac{\partial\left(\frac{\Delta G}{T}\right)}{\partial T}\right]_p=\frac{1}{T}\left(\frac{\partial \Delta G}{\partial T}\right)_p-\frac{\Delta G}{T^2}=-\frac{\Delta H}{T^2}$$

上式即为式(3-67)。将上述推导过程中的 ΔG 和 ΔH 分别换成 ΔA 和 ΔU，下标 p 换成 V 就可得式(3-68) 和式(3-69)。

由式(3-67) 得

$$\int_{T_1}^{T_2}\mathrm{d}\left(\frac{\Delta G}{T}\right)=\int_{T_1}^{T_2}-\frac{\Delta H}{T^2}\mathrm{d}T \tag{3-71}$$

如果知道了 ΔH 与 T 的函数关系，或$\left(\frac{\partial \Delta H}{\partial T}\right)_p=\Delta C_p\approx 0$，就可以根据式(3-71) 从$\frac{\Delta G_1}{T_1}$求得$\frac{\Delta G_2}{T_2}$的值，即可由 $\Delta G_1(T_1)$ 求 $\Delta G_2(T_2)$ 的值。如果对式(3-71) 求不定积分，就可得 $\Delta G(T)$-T 关系式。

例题 3-21 反应 $2SO_3(g,p^\ominus)\rightleftharpoons 2SO_2(g,p^\ominus)+O_2(g,p^\ominus)$ 在 25℃ 时 $\Delta_r G_m^\ominus=1.4000\times10^5\,J\cdot mol^{-1}$，已知反应的 $\Delta_r H_m^\ominus=1.9656\times10^5\,J\cdot mol^{-1}$，且不随温度变化，求反应在 600℃进行的 $\Delta_r G_m^\ominus$ (873K)。

解 因为 $\Delta_r H_m^\ominus$ 与温度无关，由式(3-71)，可得

$$\frac{\Delta_r G_m^\ominus(873K)}{T_2}-\frac{\Delta_r G_m^\ominus(298K)}{T_1}=\Delta_r H_m^\ominus\left(\frac{1}{T_2}-\frac{1}{T_1}\right)$$

$$\Delta_r G_m^\ominus(873K)=\left[873\times\left(\frac{1.4000\times10^5}{298}+1.9656\times10^5\times\frac{298-873}{873\times298}\right)\right]J\cdot mol^{-1}$$

$$=3.090\times10^4\,J\cdot mol^{-1}$$

本章小结及基本要求

本章的主要目的是寻找判断一个宏观热力学过程进行方向的状态函数，并针对不同变化过程，计算该状态函数的改变值，进而判断过程的自发性和限度。

主要内容：通过自发过程共同特征，引出热力学第二定律；通过卡诺循环，导出任意可逆循环过程热温商之和等于零方程，进而引出熵函数和热力学第二定律的数学表达式；由卡诺定理和任意可逆过程热温商之和等于零，而不可逆过程热温商之和小于零的结论，得到克劳修斯不等式，进而得到熵判据，从原则上解决了判断热力学过程进行的方向和限度问题。

由于熵判据只能用于绝热和孤立系统，使用时除了要计算系统的熵变外，还要计算环境熵。而实际相变化、化学变化等多在恒温、恒压下进行。因此，为了使用方便，引进了吉布斯函数G和亥姆霍兹函数A两个辅助函数，分别用于恒温恒压和恒温恒容过程方向的判断。

本章主要内容的另一部分是关于如何计算一个宏观热力学系统简单pVT状态变化、相变化和化学变化的ΔS、ΔA和ΔG。为了计算化学变化的ΔS，引入热力学第三定律，解决了标准摩尔熵的定义；为了计算化学变化的ΔG，又定义了标准摩尔生成吉布斯函数。无论是针对什么变化过程的计算，同热力学第一定律中ΔU和ΔH的计算一样，本章中同样是采用热力学方法，即状态函数法，尤其强调，对于不可逆过程计算ΔS、ΔA和ΔG时，一定要设计始、终态相同的可逆过程。

最后，根据热力学函数U、H、S、A和G的函数关系以及全微分函数二阶微分与顺序无关的性质，导出了封闭系统热力学基本方程和麦克斯韦关系式及其使用范围和条件，并给出了一些计算、推导和证明的实例。

学习本章基本要求如下。

① 理解自发过程的共同特征，明确热力学第二定律的意义；

② 明确什么叫卡诺循环，通过卡诺循环得到什么结论？在本章中介绍卡诺循环的目的是什么？

③ 注意在导出熵函数的过程中，公式推导的逻辑推理；

④ 了解克劳修斯不等式是如何导出的，理解克劳修斯不等式的重要性；

⑤ 熟练掌握熵判据及其应用；

⑥ 了解熵的物理意义；

⑦ 掌握S、A和G的定义、性质及其相互关系以及在特定条件下的物理意义；

⑧ 掌握亥姆霍兹判据和吉布斯判据及其应用；

⑨ 理解热力学第三定律的内容，知道规定熵、标准摩尔熵的意义、计算及其应用；

⑩ 掌握标准摩尔生成吉布斯函数的定义和物理意义及其应用；

⑪ 熟记热力学基本方程及其使用条件和应用，能较熟练运用麦克斯韦方程求证或推导热力学公式；

⑫ 初步掌握吉布斯-亥姆霍兹方程的应用；

⑬ 能熟练计算简单pVT变化过程、可逆和不可逆相变过程以及化学反应的Q、W、ΔU、ΔH、ΔS、ΔA和ΔG。

习题

1. 试比较下列两个热机的最大效率：

(1) 以水蒸气为工作物，工作于130℃及40℃两热源之间；

(2) 以汞蒸气为工作物，工作于380℃及50℃两热源之间。

答案：(1) $\eta_1=22.3\%$；(2) $\eta_2=50.5\%$

2. 某卡诺热机工作于1000K和300K两热源间，当有200kJ的热传向300K的低温热源时，问从1000K高温热源吸热多少？最多能做功多少？

答案：$Q_H=666.67\text{kJ}$，$W=-466.67\text{kJ}$

3. 某电冰箱内的温度为0℃，室温为25℃，今欲使1000g温度为0℃的水变成冰，问最少需做功多少？制冷机对环境放热若干？已知0℃时冰的熔化焓为334.7J·g^{-1}。

答案：W'_R=30.63kJ，$Q'_{R,H}$=−365.33kJ

4.（1）在300K时，5mol的某理想气体由10dm^{3}恒温可逆膨胀到100dm^3，计算此过程系统的熵变；

（2）上述气体在300K时由10dm^{3}向真空膨胀变为100dm^3，试计算此时体系的ΔS，并与热温商作比较。

答案：（1）ΔS=95.7J·K^{-1}；

（2）因为（2）与（1）有相同的始终态，因此ΔS=95.7J·K^{-1}

5. 1mol双原子分子理想气体从300K、25dm^{3}加热到600K、49.9dm^3，若此过程是将气体置于750K的炉中，让其反抗100kPa的恒定外压以不可逆方式进行，且气体可视为理想气体。试计算该体系的Q、W、ΔU、ΔH、$\Delta S_{体系}$、$\Delta S_{环境}$、$\Delta S_{孤立}$。

答案：ΔU=6.24kJ，W=−2.49kJ，$Q_{实际}$=8.73kJ，ΔH=8.73kJ，

$\Delta S_{体系}$=20.15J·K^{-1}，$\Delta S_{环境}$=−11.64J·K^{-1}，$\Delta S_{孤立}$=8.51J·K^{-1}

6. 1mol O_2克服100kPa的恒定外压作绝热膨胀，直到达到平衡为止，初始温度为200℃，初始体积为20dm^3，假定氧气为理想气体，试计算该膨胀过程中氧气的熵变。

答案：ΔS=1.24J·K^{-1}

7. 1mol、0℃、0.2MPa的理想气体沿着p/V=常数的可逆途径到达压力为0.4MPa的终态。已知$C_{V,m}=\frac{5}{2}R$，求过程的W、Q、ΔU、ΔH、ΔS。

答案：W=−3.405kJ，ΔU=17.02kJ，ΔH=23.83kJ，Q=20.43kJ，ΔS=34.56J·K^{-1}

8. 计算下列各恒温过程的熵变（气体看作理想气体）。

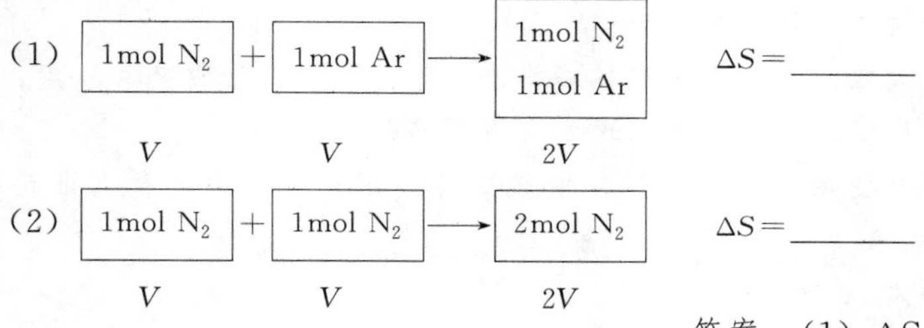

答案：（1）ΔS=−11.53J·K^{-1}；（2）ΔS=0

9. 1mol 273.15K、100kPa的O_2(g)与3mol 373.15K、100kPa的N_2(g)在绝热条件下混合，终态压力为100kPa，若O_2(g)和N_2(g)均视为理想气体，试计算孤立体系的熵变。

答案：$\Delta S_{孤立}=\Delta S_{体系}$=19.71J·K^{-1}

10. 100g 10℃的水与200g 40℃的水在绝热条件下混合，求此过程的熵变。已知水的比热容为4.184J·K^{-1}·g^{-1}。

答案：ΔS=1.40J·K^{-1}

11. 在环境温度为100℃的恒温水浴中，2mol、100℃、101.325kPa的液体水向真空蒸发，全部变成为100℃、101.325kPa的水蒸气，求此过程的熵变$\Delta_{vap}S$，判断过程是否自发。已知101.325kPa、100℃时水的摩尔蒸发热为40.68kJ·mol^{-1}。水蒸气可视为理想气体。

答案：$\Delta_{vap}S_{体}$=218.0J·K^{-1}，$\Delta S_{环}$=−201.4J·K^{-1}，

$\Delta_{vap}S_{总}=\Delta_{vap}S_{体}+\Delta S_{环}$=16.6J·K^{-1}>0，过程自发

12. 常压下冰的熔点为0℃，比熔化焓 $\Delta_{fur}H = 333.3J \cdot g^{-1}$，水的比定压热容 $C_p = 4.184J \cdot g^{-1} \cdot K^{-1}$。系统的始态为一绝热容器中1kg、80℃的水及0.5kg 0℃的冰。求系统达到平衡终态后过程的 ΔS。

答案：$\Delta S = 124.1J \cdot K^{-1} > 0$

13. 298.15K时，液态乙醇的标准摩尔熵为 $160.7J \cdot K^{-1} \cdot mol^{-1}$，在此温度下乙醇的蒸气压是7.866kPa，汽化热为 $42.635kJ \cdot mol^{-1}$。计算标准压力 $p^{\ominus}$ 下，298.15K时乙醇蒸气的标准摩尔熵。假定乙醇蒸气为理想气体。

答案：$S_m^{\ominus} = 282.56J \cdot K^{-1} \cdot mol^{-1}$

14. 在268.15K、压力为 $p^{\ominus}$ 时，固态苯的摩尔熔化焓 $\Delta_{fus}H_m^{\ominus}(T_1) = 9.874kJ \cdot mol^{-1}$，求在上述条件下，1mol液态苯凝固过程中的 $\Delta S_{体}$、$\Delta S_{环境}$ 和 $\Delta S_{隔离}$。

已知苯的熔点为278.7K，$\Delta_{fus}H_m^{\ominus}(T_2) = 9.916kJ \cdot mol^{-1}$，且知 $C_{p,m}(l) = 128.6J \cdot K^{-1} \cdot mol^{-1}$，$C_{p,m}(s) = 122.6J \cdot K^{-1} \cdot mol^{-1}$。

答案：$\Delta S_{体} = -35.35J \cdot K^{-1}$，$\Delta S_{环境} = 36.82J \cdot K^{-1}$，$\Delta S_{隔离} = \Delta S + \Delta S_{环境} = 1.47J \cdot K^{-1}$

15. 已知反应：$H_2(g) + \frac{1}{2}O_2(g) \longrightarrow H_2O(g)$，在298.15K，$p^{\ominus}$ 下的 $\Delta_r S_m^{\ominus} = -44.38J \cdot K^{-1} \cdot mol^{-1}$，试求 $O_2(g)$ 在298.15K，$p^{\ominus}$ 下的标准摩尔熵 $S_m^{\ominus}(O_2, g)$。已知：$S_m^{\ominus}(H_2O, g) = 188.72J \cdot K^{-1} \cdot mol^{-1}$，$S_m^{\ominus}(H_2, g) = 130.59J \cdot K^{-1} \cdot mol^{-1}$。

答案：$S_m^{\ominus}(O_2, g) = 205.02J \cdot K^{-1} \cdot mol^{-1}$

16. (1) 乙醇气相脱水制乙烯，反应为 $C_2H_5OH \longrightarrow C_2H_4 + H_2O(g)$，试计算25℃的 $\Delta_r S_m^{\ominus}$。

(2) 若将反应写成 $2C_2H_5OH(g) \longrightarrow 2C_2H_4(g) + 2H_2O(g)$，则25℃时的 $\Delta_r S_m^{\ominus}$ 又是多少？已知数据如下：

物质	C_2H_5OH (g)	C_2H_4 (g)	H_2O (g)
$S_m^{\ominus}(298.15K)/J \cdot K^{-1} \cdot mol^{-1}$	282.70	219.56	188.825

答案：(1) $\Delta_r S_m^{\ominus}(298.15K) = 125.69J \cdot K^{-1} \cdot mol^{-1}$；

(2) $\Delta_r S_m^{\ominus}(298.15K) = 251.38J \cdot K^{-1} \cdot mol^{-1}$

17. 利用热力学数据表求下列反应的标准摩尔反应熵变 $\Delta_r S_m^{\ominus}$ (298K)。

(1)	$FeO(s)$	+	$CO(g) = CO_2(g)$	+	$Fe(s)$
$S_m^{\ominus}/J \cdot mol^{-1} \cdot K^{-1}$	53.97		197.9　213.64		27.15
(2)	$CH_4(g)$	+	$2O_2(g) = CO_2(g)$	+	$2H_2O(l)$
$S_m^{\ominus}/J \cdot mol^{-1} \cdot K^{-1}$	186.19		205.02　213.64		69.96

答案：(1) $\Delta_r S_m^{\ominus}(298K) = -11.08J \cdot K^{-1} \cdot mol^{-1}$；

(2) $\Delta_r S_m^{\ominus}(298K) = -242.67J \cdot K^{-1} \cdot mol^{-1}$

18. 4mol理想气体从300K、$p^{\ominus}$ 下等压加热到600K，求此过程的 ΔU、ΔH、ΔS、ΔA、ΔG。已知此理想气体的 $S_m^{\ominus}(300K) = 150.0J \cdot K^{-1} \cdot mol^{-1}$，$C_{p,m} = 30.00J \cdot K^{-1} \cdot mol^{-1}$。

答案：$\Delta U = 26.023kJ$，$\Delta H = 36.0kJ$，$\Delta S = 83.2J \cdot K^{-1}$，$\Delta A = -203.9kJ$，$\Delta G = -193.92kJ$

19. 298K时1mol理想气体从体积 $10dm^3$ 膨胀到 $20dm^3$。计算两种情况下的 ΔG。

(1) 恒温可逆膨胀；(2) 向真空膨胀。

答案：(1) $\Delta G = -1717.3J$；

(2) 向真空膨胀是不可逆过程，但始终态与 (1) 相同，故 $\Delta G = -1717.3J$

20. 将1kg 25℃的空气在恒温、恒压下完全分离为氧气和纯氮气，至少需要耗费多少非体积功？假定空气由 O_2 和 N_2 组成，其分子数之比 $O_2:N_2=21:79$；有关气体均可视为理想气体。

答案：$\Delta G=-44.17\text{kJ}$，所以完全分离至少需要耗费44.17kJ非体积功

21. 若已知在298.15K、$p^{\ominus}$下，单位反应 $H_2(g)+0.5O_2(g)\longrightarrow H_2O(l)$ 直接进行放热285.90kJ，在可逆电池中反应放热48.62kJ。(1) 求上述单位反应的逆反应（依然在298.15K、$p^{\ominus}$的条件下）的 ΔH、ΔS、ΔG；(2) 要使逆反应发生，环境最少需付出多少电功？为什么？

答案：(1) $\Delta H=-Q_p=285.90\text{kJ}$，$\Delta S=163.07\text{J}\cdot\text{K}^{-1}$，$\Delta G=237.28\text{kJ}$；
(2) $W_R=\Delta_r G=237.28\text{kJ}$

22. C_6H_6 的正常熔点为5℃，摩尔熔化焓为 $9916\text{J}\cdot\text{mol}^{-1}$，$C_{p,m}(l)=128.6\text{J}\cdot\text{K}^{-1}\cdot\text{mol}^{-1}$，$C_{p,m}(s)=122.6\text{J}\cdot\text{K}^{-1}\cdot\text{mol}^{-1}$。求0.1MPa下−5℃的过冷 C_6H_6 凝固成−5℃的固态 C_6H_6 的 ΔU、ΔH、ΔS、ΔA、ΔG。设在题给温度范围内，摩尔熔化焓为常数，忽略压力的影响。

答案：$Q_p=\Delta H=-9856\text{J}$，$\Delta U=-9856\text{J}$，$\Delta S=-35.431\text{J}\cdot\text{K}^{-1}$，
$\Delta A=-355.4\text{J}$，$\Delta G=-355.4\text{J}$

23. 取0℃，$3p^{\ominus}$的 $O_2(g)$ 10dm^3，绝热膨胀到压力 $p^{\ominus}$，分别计算下列两种过程的 ΔG。

(1) 绝热可逆膨胀；

(2) 将外压力骤减至 $p^{\ominus}$，气体反抗恒外压 $p^{\ominus}$进行绝热膨胀。

假定 $O_2(g)$ 为理想气体，其摩尔恒容热容 $C_{V,m}=\frac{5}{2}R$。已知氧气的摩尔标准熵 $S_m^{\ominus}(298\text{K})=205.0\text{J}\cdot\text{K}^{-1}\cdot\text{mol}^{-1}$。

答案：(1) $\Delta G=15.98\text{kJ}$；(2) $\Delta G=10.14\text{kJ}$

24. 请计算说明：−10℃，$p^{\ominus}$下的过冷 $C_6H_6(l)$ 变成等温等压的 $C_6H_6(s)$，该过程是否为自发过程。[1mol 过冷 $C_6H_6(l)$ 蒸气压为2632Pa，$C_6H_6(s)$ 的蒸气压为2280Pa，苯：$C_{p,m}(l)=127\text{J}\cdot\text{mol}^{-1}\cdot\text{K}^{-1}$，$C_{p,m}(g)=123\text{J}\cdot\text{mol}^{-1}\cdot\text{K}^{-1}$。凝固热为 $9940\text{J}\cdot\text{mol}^{-1}$。]

答案：$\Delta G=\Delta G_3=-314\text{J}<0$，是一自发过程

25. 在298K和100kPa下，1mol文石转变为方解石时，体积增加 $2.75\times10^{-6}\text{m}^3\cdot\text{mol}^{-1}$，$\Delta_r G_m=-794.96\text{J}\cdot\text{mol}^{-1}$。试问在298K时，最少需要施加多大压力，方能使文石成为稳定相（假定体积变化与压力无关）。

答案：$p=2.89\times10^8\text{Pa}$

26. 若1000g斜方硫（S_8）转变为单斜硫（S_8）时，体积增加了 $13.8\times10^{-3}\text{dm}^3$，斜方硫和单斜硫的标准摩尔燃烧热分别为 $-296.7\text{kJ}\cdot\text{mol}^{-1}$ 和 $-297.1\text{kJ}\cdot\text{mol}^{-1}$，在 $p^{\ominus}$压力下两种晶型的正常转化温度为96.7℃，请判断在100℃、$5p^{\ominus}$下，硫的哪一种晶型稳定。设两种晶型的 C_p 相等（硫的相对原子质量为32）。

答案：$\Delta_r G_m=-1.57\text{J}\cdot\text{mol}^{-1}$，此过程 $\Delta G<0$，所以单斜硫是稳定的

27. 已知反应 $H_2(g, p^{\ominus}, 25℃)+\frac{1}{2}O_2(g, p^{\ominus}, 25℃)\longrightarrow H_2O(g, p^{\ominus}, 25℃)$ 的 $\Delta_r G_m^{\ominus}(H_2O, g)=-228.37\text{kJ}\cdot\text{mol}^{-1}$，又知 $H_2O(l)$ 在25℃时的标准摩尔生成吉布斯自由能

$\Delta_f G_m^{\ominus}(H_2O,l)=-236.94kJ\cdot mol^{-1}$，求 25℃时水的饱和蒸气压［水蒸气设为理想气体，并认为 $G_m(l)$ 与压力无关］。

答案：$p=3151.5Pa$

28. $2Ag(s)+\frac{1}{2}O_2(g)$══$Ag_2O(s)$ 反应的 $\Delta_r G_m^{\ominus}(T)=[-32384-17.32(T/K)\lg(T/K)+116.48(T/K)]J\cdot mol^{-1}$。

(1) 试写出该反应的 $\Delta_r S_m^{\ominus}(T)$、$\Delta_r H_m^{\ominus}(T)$ 与温度 T 的关系式；

(2) 目前生产上用电解银作催化剂，在 600℃、$p^{\ominus}$下将甲醇催化氧化成甲醛，试说明在生产过程中 Ag 是否会变成 Ag_2O。

答案：(1) $\Delta_r S_m^{\ominus}(T)=[7.52(T/K)-108.96]J\cdot K^{-1}\cdot mol^{-1}$，

$\Delta_r H_m^{\ominus}(T)=[-32384+7.52\ln(T/K)]J\cdot mol^{-1}$；

(2) $\Delta_r G_m^{\ominus}(873.15K)=24.85kJ\cdot mol^{-1}>0$，故 Ag 不会变成 Ag_2O

29. 反应 $2A(g)$══$B(g)$，由 2mol A(g) 生成 1mol B(g) 的 $\Delta_r G_m^{\ominus}$ 与温度 T 的关系为

$$\Delta_r G_m^{\ominus}/J\cdot mol^{-1}=-4184400-41.84(T/K)\ln(T/K)+502(T/K)$$

求此反应在 1000K 时，由 2mol A(g) 生成 1mol B(g) 的 $\Delta_r A_m^{\ominus}$。此反应的 $\Delta_r A_m^{\ominus}$ 是温度的函数，可将 A 和 B 视为理想气体。

答案：$\Delta_r A_m^{\ominus}=\Delta_r G_m^{\ominus}-[\sum\nu_{B(g)}]RT=-3963kJ\cdot mol^{-1}$

30. 已知 $H_2(g)$、$Cl_2(g)$、HCl(g) 在 298K 和标准压力下的标准摩尔生成焓和标准摩尔熵的数据如下表所示

物质	$\Delta_f H_m^{\ominus}/kJ\cdot mol^{-1}$	$S_m^{\ominus}/J\cdot K^{-1}\cdot mol^{-1}$
H_2 (g)	0	130.59
Cl_2 (g)	0	222.95
HCl (g)	−92.312	184.81

试计算 333K 时反应：$H_2(g)+Cl_2(g)\longrightarrow 2HCl(g)$ 的 $\Delta_r A_m^{\ominus}$。假设 $\Delta_r A_m^{\ominus}$ 与温度无关。

答案：$\Delta_r A_m^{\ominus}(333K)=-233.3kJ\cdot mol^{-1}$

31. 某物质气体的物态方程为 $(p+a/V_m^2)V_m=RT$。其中 V_m 是该气体的摩尔体积，a 为常数。

(1) 请证明 $(\partial U_m/\partial V_m)_T=a/V_m^2$；

(2) 在等温下，将 1mol 该气体从 V_m 变到 $2V_m$，请得出求算摩尔熵变的公式。

答案：(2) $\Delta S=R\ln 2$

32. 证明气体的焦耳-汤姆逊系数为

$$\mu_{J\text{-}T}=\left(\frac{\partial T}{\partial p}\right)_H=\frac{1}{C_p}\left[T\left(\frac{\partial V}{\partial T}\right)_p-V\right]$$

33. 试证明 $\left(\frac{\partial U}{\partial V}\right)_T=T\left(\frac{\partial p}{\partial T}\right)_V-p$。并由此证明对理想气体而言，内能 U 只是温度 T 的函数（即内压力为零）；而对范德华气体而言，内压力 $p_i=\left(\frac{\partial U}{\partial V}\right)_T=\frac{\alpha}{V_m^2}$。

第4章 多组分系统热力学

在第2、3章中，通过热力学第一、第二定律引入状态函数U和S，解决了系统变化方向的判断和系统与环境之间交换能量的计算问题。为了方便判断不同变化过程的方向并计算系统与环境之间交换的能量，又分别引进了状态函数H、A和G，并用较大的篇幅介绍了如何计算简单系统发生单纯pVT变化、相变化和化学变化时，功、热及五个状态函数改变值的计算，得出了许多重要的热力学结论和计算公式。

遗憾的是，迄今为止，我们还只是讨论了热力学定律、原理和许多热力学公式在简单系统中的应用。所谓简单系统就是纯物质单相系统。对于简单系统，由于物质的量一定，系统的状态和状态函数只需用两个独立变量就可以描述，例如，$G=f(T,p)$。对于多组分系统，除了两个独立变量以外，还要知道各组分的物质的量，即$G=f(T,p,n_1,n_2,\cdots)$。一般而言，在科研和生产中，常见的系统大多为组成变化的多组分封闭或敞开系统。即使是在无化学反应、无相变化的单相多组分封闭系统中，由于不同组分间分子间的相互作用力不同于各纯组分分子间的相互作用力，使得系统中各组分广度（或称容量）性质的摩尔量并不等于其以纯组分存在时的摩尔量；同时，系统某一广度性质Z的值也不再简单地等于构成系统的各组分广度性质的摩尔量Z_i^*与其物质的量n乘积之和，即除了物质的量以外，所有广度性质不再具有简单的加和性。

为此，在研究多组分系统时，我们首先要解决的问题是：①多组分系统的分类；②如何描述一个多组分系统；③如何表示多组分系统具有加和性的状态函数；④多组分系统各状态函数之间的关系，即如何将简单系统中的热力学公式用于多组分系统。

因此，本章主要内容是先定义几个基本概念，在此基础上，将前两章介绍的热力学基本理论和公式应用于多组分系统。对于多相多组分系统，可以将其分成几个单相多组分系统处理。故研究多组分系统只需研究单相多组分系统即可。

4.1 偏摩尔量

4.1.1 混合物和溶液

含一个以上组分的系统称为**多组分系统**，多组分系统又可以分为单相多组分系统和多相多组分系统。多相多组分系统可以看作是由几个单相多组分系统组成，因此，单相多组分系统热力学是研究多相多组分系统的起点。

单相多组分系统是指由两种或两种以上物质彼此以分子或离子状态均匀混合所形成的均匀系统。为了讨论问题方便，根据其标准态的选取方式不同，将其分为混合物和溶液。系统中任意组分均按相同的方式选取标准态的称为**混合物**，否则称为**溶液**。在混合物系统中，不区分溶剂和溶质。以液态混合物为例，在混合物中，两种液体可以按任意比例相互均匀混合，而在溶液系统中，有溶剂（含量多的组分）和溶质（含量少的组分）之分。

按聚集状态的不同，混合物可分为气态混合物、液态混合物和固态混合物。溶液可以分为液态溶液和固态溶液。根据溶液中溶质的导电性，溶液又可以分为电解质溶液和非电解质溶液。本章主要讨论液态混合物和液态非电解质溶液。电解质溶液将在第 7 章电化学中介绍。固态混合物和固态溶液将在第 6 章相平衡中讨论。

混合物可以分为**理想混合物**和**真实混合物**，溶液也可以分为**理想稀溶液**和**真实溶液**。理想混合物在整个浓度范围内、理想稀溶液在浓度较小范围内，均服从简单的经验定律，即它们的性质有一定的规律性；真实混合物和真实溶液则与理想情况有一定偏差。因此，掌握理想混合物和理想稀溶液的性质对了解真实混合物及真实溶液的性质有着极大的帮助。

4.1.2　单组分与多组分系统的区别——问题的提出

为了叙述方便，用上标“*”表示纯物质，即把单组分系统中任意广度性质 Z（如 V、U、H、S、A 和 G）的右上角标上“*”号，用 $Z^*_{\mathrm{m,B}}$ 代表纯物质 B 任意广度性质的摩尔量。在物质的量一定的单组分系统中，任意广度性质 Z 可表示为物质的量与其摩尔量的乘积，即 $Z=nZ^*_{\mathrm{m,B}}$。而且，向系统中再增加 1mol 该物质时，其广度性质 Z 的增加值应为其摩尔量 $Z^*_{\mathrm{m,B}}$。以体积为例，常压、温度为 4℃时，在一个纯水体积为 $V=nV^*_{\mathrm{m,H_2O}}$ 的系统中再加 1mol H_2O，则总体积增加值为 18.09mL。但是，将 1mol H_2O 加到大量的乙醇中，总体积增加值不是 18.09mL，而是 14mL。原因何在？根本的原因是分别被加到纯水和纯乙醇中的 1mol H_2O 分子所处的环境不同，如图 4-1 所示。加入到纯水中的 H_2O，其化学环境和受力情况与加入前一样［图 4-1(a)］，故加入 1mol 的水其增加的体积仍为 18.09mL，但对于加入到乙醇中的水，如图 4-1(b) 所示，加入的 H_2O 分子被乙醇所包围，化学环境和受力情况与以前不一样，导致加入 1mol 的水其增加的体积只有 14mL。不仅如此，随着系统中 H_2O 和乙醇相对量（即 $x_{\mathrm{H_2O}}$）的不同，加入 1mol H_2O 所引起的体积变化也不一样。如图 4-2 所示，在水和乙醇所构成的二组分系统中，向 $x(C_2H_5OH)=0.2$ 的系统中加入 1mol 水时，其体积增加值约为 17.8mL；而当 $x(C_2H_5OH)=0.8$ 时，向系统中加入 1mol 水，其体积增加值约为 15.8mL。

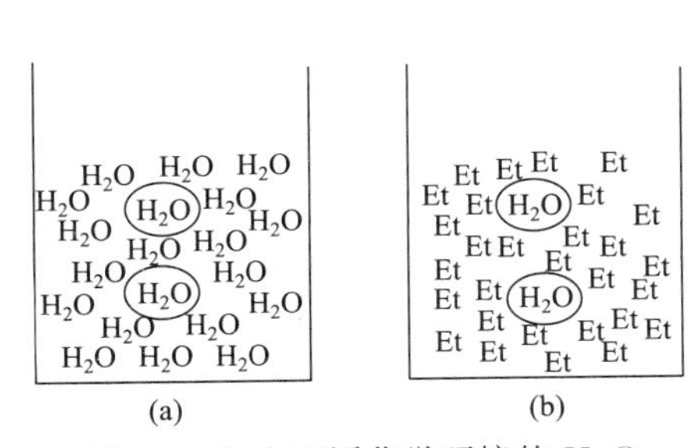

图 4-1　处在不同化学环境的 H_2O

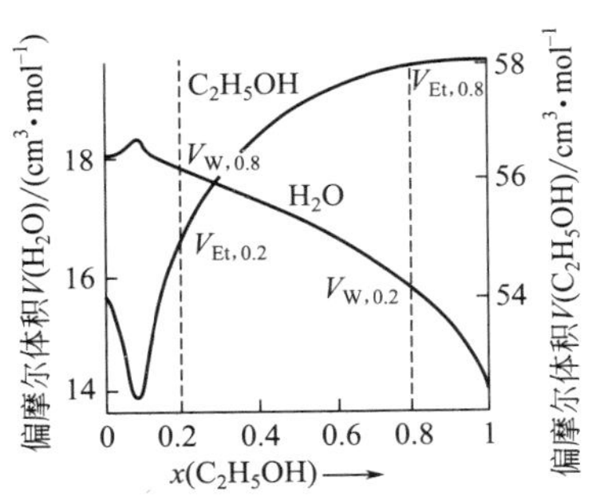

图 4-2　C_2H_5OH-H_2O 系统偏摩尔体积与摩尔分数关系

实验结果表明，由 $n(H_2O)$ 和 $n(C_2H_5OH)$ 构成的二组分系统，其总体积 $V\neq n(H_2O)V^*_{\mathrm{m}}(H_2O)+n(C_2H_5OH)V^*_{\mathrm{m}}(C_2H_5OH)$。例如，在 25℃及常压下，水和乙醇的摩尔体积分别为 $V^*_{\mathrm{m}}=18.09\mathrm{cm^3\cdot mol^{-1}}$ 和 $V^*_{\mathrm{m}}=58.35\mathrm{cm^3\cdot mol^{-1}}$，将 0.5mol 的水和 0.5mol 的乙醇混合后，加到大量的 $x(H_2O)=x(C_2H_5OH)=0.5$ 的二组分系统中，$\Delta V=37.20\mathrm{cm^3}$，比混合前的

体积为 $0.5V^*_{m,H_2O}+0.5V^*_{m,C_2H_5OH}=(0.5\times18.09+0.5\times58.35)cm^3=38.22cm^3$ 小。体积如此，其他的广度性质是不是也有类似的现象呢？答案是肯定的。这样就提出了一个非常重要的问题，即，在前面两章中所讲的热力学理论和公式还能用于多组分系统吗？为了回答，同时也是为了解决这个问题，即：①为了表示 1mol 物质 B 加入到多组分系统后容量性质 Z 的增加值 $Z_{m,B}$；②为了给出一多组分系统某广度性质 Z 的数值或表达式；③为了使前面所介绍的热力学理论和方程能应用于多组分系统。我们必须引进一个新的物理量——偏摩尔量。

偏摩尔量

4.1.3 偏摩尔量的定义

设有一个均相多组分系统由组分 B、C、D…组成，系统的任一广度性质 Z（例如 V、U、H、S、A 和 G 等）是 T、p、n_B、n_C、n_D…函数，即

$$Z=Z(T,p,n_B,n_C,n_D\cdots) \tag{4-1}$$

当 T、p、n_B 产生无限小的变化时，广度性质 Z 相应变化可用下列全微分表示：

$$\mathrm{d}Z=\left(\frac{\partial Z}{\partial T}\right)_{p,n_B,n_C,n_D\cdots}\mathrm{d}T+\left(\frac{\partial Z}{\partial p}\right)_{T,n_B,n_C,n_D\cdots}\mathrm{d}p+\left(\frac{\partial Z}{\partial n_B}\right)_{T,p,n_C,n_D\cdots}\mathrm{d}n_B+\left(\frac{\partial Z}{\partial n_C}\right)_{T,p,n_B,n_D\cdots}\mathrm{d}n_C+\left(\frac{\partial Z}{\partial n_D}\right)_{T,p,n_B,n_C\cdots}\mathrm{d}n_D+\cdots \tag{4-2}$$

式中，$(\partial Z/\partial T)_{p,n_B,n_C,n_D\cdots}$ 表示在压力及混合物中各组分的物质的量均不变（即混合物的组成不变）的条件下，系统广度性质 Z 随温度的变化率；$(\partial Z/\partial p)_{T,n_B,n_C,n_D\cdots}$ 表示在温度及混合物中各组分的物质的量均不变的条件下，系统广度性质 Z 随压力的变化率；$(\partial Z/\partial n_B)_{T,p,n_C,n_D\cdots}$ 表示在温度、压力及除组分 B 以外的其余各组分的物质的量均不变的条件下，或者说是在恒温、恒压下，于足够大量的某一定组成的混合物中加入 1mol 物质 B（这时混合物的组成可视为不变）时所引起的系统广度性质 Z 的改变量。因为这一物理量在数学上是偏导数的形式定义的，故称为组分 B 的偏摩尔量，并以 $Z_{m,B}$ 表示。

方便起见，今后在式(4-2) 的偏导数中，用下标 n 表示 n_B、n_C、n_D 等均不改变，即相的组成不变，用下标 $n_{C\neq B}$ 表示除物质 B 外其他物质的量均不改变。

定义：在温度、压力及除了组分 B 以外其余各组分的物质的量均不改变的条件下，广度性质 Z 随组分 B 物质的量 n_B 的变化率 $Z_{m,B}$ 称为组分 B 的**偏摩尔量**。即

$$Z_{m,B}=\left(\frac{\partial Z}{\partial n_B}\right)_{T,p,n_{C\neq B}} \tag{4-3}$$

这样，式(4-2) 的全微分可以简写成

$$\mathrm{d}Z=\left(\frac{\partial Z}{\partial T}\right)_{p,n}\mathrm{d}T+\left(\frac{\partial Z}{\partial p}\right)_{T,n}\mathrm{d}p+\sum_B Z_{m,B}\mathrm{d}n_B \tag{4-4}$$

根据偏摩尔量的定义式(4-3)，多组分系统中针对物质 B 各广度性质的偏摩尔量的具体形式如下：

$$\begin{aligned}V_{m,B}&=\left(\frac{\partial V}{\partial n_B}\right)_{T,p,n_{C\neq B}},\ U_{m,B}=\left(\frac{\partial U}{\partial n_B}\right)_{T,p,n_{C\neq B}}\\H_{m,B}&=\left(\frac{\partial H}{\partial n_B}\right)_{T,p,n_{C\neq B}},\ S_{m,B}=\left(\frac{\partial S}{\partial n_B}\right)_{T,p,n_{C\neq B}}\\A_{m,B}&=\left(\frac{\partial A}{\partial n_B}\right)_{T,p,n_{C\neq B}},\ G_{m,B}=\left(\frac{\partial G}{\partial n_B}\right)_{T,p,n_{C\neq B}}\end{aligned} \tag{4-5}$$

关于偏摩尔量的概念有以下几点值得注意。

① 偏摩尔量的含义：偏摩尔量 $Z_{m,B}$ 是在温度、压力及除组分 B 以外的其余各组分的物质的量均不变的条件下，由于组分 B 的物质的量发生了微小的改变引起系统广度性质 Z 也发生微小的改变，两个变化量的比值即为偏摩尔量。也可以理解为在恒温、恒压下于足够大量的某一定组成的混合物中加入 1mol B 物质所引起的系统广度性质 Z 的改变量。

② 就像只有广度性质才有摩尔量一样，只有广度性质才有偏摩尔量，强度性质不存在偏摩尔量，偏摩尔量和摩尔量一样，都是强度性质。

③ 只有在恒温恒压下系统的广度性质随某一组分的物质的量的变化率才能称为偏摩尔量。任何其他条件（如恒温恒容、恒压恒熵等）下的变化率均不是偏摩尔量。

④ 任何偏摩尔量都是 T、p 和组成的函数，即

$$Z_{m,B}=f(T,p,n_1,n_2\cdots)$$

⑤ 纯组分的偏摩尔量就是其摩尔量。

⑥ 偏摩尔量可以大于零、等于零、小于零。

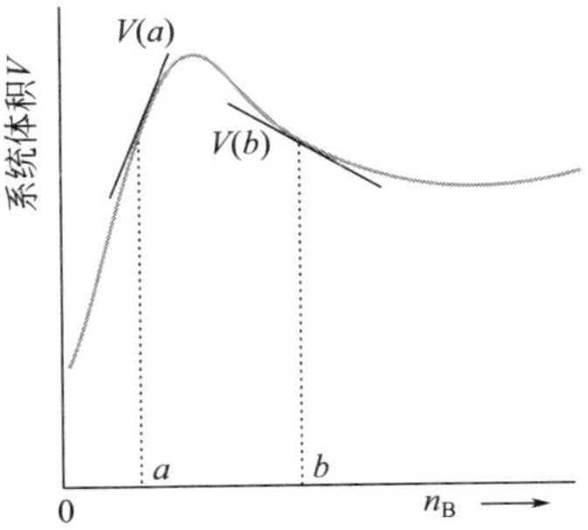

图 4-3　偏摩尔量几何意义

⑦ 偏摩尔量几何意义如图 4-3 所示。在图 4-3 中，$n_B=a$ 时，其斜率，即偏摩尔体积大于零，而在 $n_B=b$ 时，其斜率，即偏摩尔体积小于零。

4.1.4 偏摩尔量的集合公式

对于由 1、2、…、k 个组分构成的均相系统，式(4-4) 表示了在无外力作用的条件下，多组分均相系统当温度、压力及各组分的物质的量均发生微小变化时对系统广度性质的影响，也即是广度性质 Z 的全微分。在恒温恒压条件下，因 $dT=0$、$dp=0$，式(4-4) 可写成为

$$dZ=\sum_{B=1}^{k}Z_{m,B}dn_B \tag{4-6}$$

偏摩尔量 Z_B 与混合物的组成有关，若恒温恒压下按混合物原有的组成比例同时加入组分 1、2、…、k 以形成混合物，因过程中组成保持不变，$Z_{m,1}$、$Z_{m,2}$、…、$Z_{m,k}$ 为定值，将式(4-6) 积分

$$Z=\int_0^Z dZ=\int_0^{n_1}Z_{m,1}dn_1+\int_0^{n_2}Z_{m,2}dn_2+\cdots+\int_0^{n_k}Z_{m,k}dn_k$$

$$=n_1Z_{m,1}+n_2Z_{m,2}+\cdots+n_kZ_{m,k}$$

得

$$Z=\sum_{B=1}^{k}n_BZ_{m,B} \tag{4-7}$$

式(4-7) 称为偏摩尔量的**集合公式**，说明系统中各个广度性质的总值等于各组分的偏摩尔量与其物质的量的乘积之和。

以二组分系统为例，系统的体积等于这两个组分的物质的量分别乘以对应的偏摩尔体积之和，即

$$V=n_1V_{m,1}+n_2V_{m,2} \tag{4-8}$$

上面虽然讨论的是液态混合物中任一组分的偏摩尔量，但是这些概念及公式对于溶液中的溶剂及溶质也是适用的。至此，我们已经解决了前文提出的如何给出一多组分系统某广度性质 Z 的数值或表达式的问题。

4.1.5 同一组分的各种偏摩尔量之间的函数关系

对于纯物质系统，热力学函数之间存在着一定的关系，如 $H=U+pV$，$A=U-TS$，

$G=H-TS=A+pV$，以及 $(\partial G/\partial p)_T=V$，$(\partial G/\partial T)_p=-S$ 等。可以证明，在对混合系统中任一组分B取偏摩尔量之后，在纯物质系统中所应用的公式及不同函数间的组合形式，可以原封不动地用于多组分系统的任一组分，例如 $H_{m,B}=U_{m,B}+pV_{m,B}$，$A_{m,B}=U_{m,B}-TS_{m,B}$，$G_{m,B}=H_{m,B}-TS_{m,B}=A_{m,B}+pV_{m,B}$，$(\partial G_{m,B}/\partial p)_T=V_{m,B}$ 和 $(\partial G_{m,B}/\partial T)_p=-S_{m,B}$ 等。以 $(\partial G_{m,B}/\partial T)_p=-S_{m,B}$ 为例，证明如下，

$$\left(\frac{\partial G_{m,B}}{\partial T}\right)_{p,n_B}=-S_{m,B}$$

根据全微分函数性质有

$$\left[\frac{\partial}{\partial T}\left(\frac{\partial G}{\partial n_B}\right)_{T,p,n_{C\neq B}\cdots}\right]_{p,n}=\left[\frac{\partial}{\partial n_B}\left(\frac{\partial G}{\partial T}\right)_{p,n}\right]_{T,p,n_{C\neq B}}$$

已知对组成恒定的封闭体系 $\left(\frac{\partial G}{\partial T}\right)_{p,n}=-S$，故

$$\left[\frac{\partial}{\partial n_B}\left(\frac{\partial G}{\partial T}\right)_{p,n}\right]_{T,p,n_{C\neq B}}=-\left(\frac{\partial S}{\partial n_B}\right)_{T,p,n_{C\neq B}\cdots}=-S_{m,B}$$

这样，我们回答了前文提出的第三个问题，即使第2和第3章所介绍的热力学理论和方程能应用于多组分系统中任一组分。

综上所述，通过引入偏摩尔量的概念，使得本文开篇提出的、困扰多组分系统研究的三个问题：①如何表示1mol物质B加入到多组分系统后容量性质 Z 的增加值 $Z_{m,B}$，②如何给出一多组分系统某广度性质 Z 的数值或表达式；③如何使前面所介绍的热力学理论和方程能应用于多组分系统得到了圆满解决。

*4.1.6 偏摩尔量的测定方法举例

以二组分偏摩尔体积为例。

① 切线法　在恒温恒压下，向物质的量为 n_C 的液体C中，不断地加入组分B形成混合物，同时测量出加入不同数量B时混合物的体积 V，以 V 为纵坐标，以 n_B 为横坐标作图，可得到一条 V-n_B 曲线，见图4-4。在曲线上某一点作切线，根据偏摩尔量定义式(4-3)，切线的斜率即为相应浓度 $[x_B=n_B/(n_B+n_C)]$ 下B的偏摩尔体积 $V_{m,B}$。再利用式(4-8)得B物质的量为 n_B 时物质C的偏摩尔体积 $V_{m,C}=(V-n_BV_{m,B})/n_C$。显然，该法亦适用于溶液。

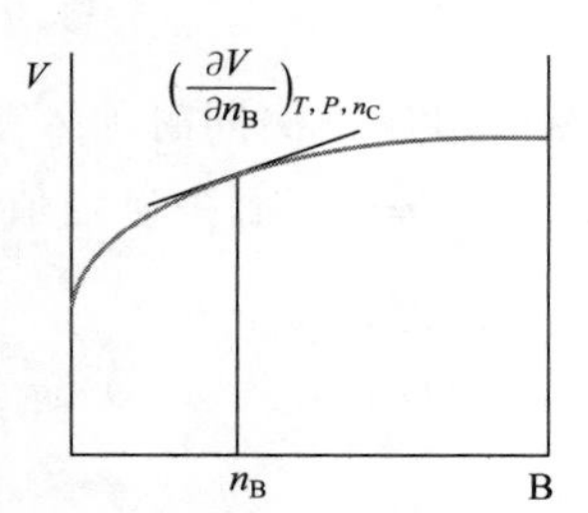

图4-4　偏摩尔体积求算法示意图

② 解析法　以求偏摩尔体积为例，如果能将 V 表示成 n_B 的函数式 $V=f(n_B)$，则其对 n_B 的导数即为B的偏摩尔体积，并且仍为 n_B 的函数，$V_{m,B}=(\partial V/\partial n_B)_{T,p,n_{C\neq B}}=f(n_B)$。将 n_B 值代入，便可求得相应组成下B的偏摩尔体积，然后再用式(4-8)求C的偏摩尔体积。

例题4-1　已知25℃、100kPa下，n_B mol的NaCl(B)溶于55.5mol H_2O(C)中形成溶液，其体积 $V(cm^3)$ 与 n_B 的关系为

$$V=1001.38+16.6253n_B+1.7738n_B^{1.5}+0.1194n_B^2 \tag{A}$$

当 $n_B=0.4$mol时，求 H_2O 和NaCl的偏摩尔体积 $V_{m,B}$ 和 $V_{m,C}$。

解　根据偏摩尔量的定义式(4-3)及 V 与 n_B 的关系式(A)得

$$V_{m,B}=\left(\frac{\partial V}{\partial n_B}\right)_{T,p,n_{C\neq B}}=16.6253+2.6607n_B^{0.5}+0.2388n_B \tag{B}$$

当 $n_B=0.4mol$ 时，代入上式得

$$V_{m,B}=(16.6253+2.6607\times0.4^{0.5}+0.2388\times0.4)cm^3\cdot mol^{-1}=18.4036cm^3\cdot mol^{-1}$$

根据集合公式(4-7)

$$V=n_BV_{m,B}+n_CV_{m,C} \quad 得 \quad V_{m,C}=(V-n_BV_{m,B})/n_C$$

将式(A)和式(B)结合，并代入 $n_C=55.5mol$ 值，得

$$V_{m,C}=18.043-0.01598n_{m,B}^{1.5}-0.002151n_{m,B}^2$$

当 $n_B=0.4mol$ 时，得

$$V_{m,C}=(18.043-0.01598\times0.4^{1.5}-0.002151\times0.4^2)cm^3\cdot mol^{-1}$$
$$=18.039cm^3\cdot mol^{-1}$$

4.1.7 吉布斯-杜亥姆方程

在单相多组分系统中各组分的偏摩尔量并非完全独立，彼此之间有着内在的联系。在 T、p 一定时，如果在溶液中不按比例地添加各组分，则溶液浓度会发生改变，这时，各组分物质的量和偏摩尔量均会改变。这相当于对式(4-7)进行全微分：

$$dZ=\sum_B n_B dZ_{m,B}+\sum_B Z_{m,B}dn_B \tag{4-9}$$

比较式(4-6)与式(4-9)，得

$$\sum_{B=1}^{k} n_B dZ_{m,B}=0 \tag{4-10}$$

将式(4-10)除以 $n=\sum_B n_B$，得

$$\sum_{B=1}^{k} x_B dZ_{m,B}=0 \tag{4-11}$$

式(4-10)与式(4-11)称为吉布斯-杜亥姆（Gibbs J W-Duhem P）方程。吉布斯-杜亥姆方程表明在一个单相多组分系统中，各组分偏摩尔量之间有一定联系。

对于二组分混合物，式(4-11)可以写成

$$x_B dZ_{m,B}+x_C dZ_{m,C}=0 \tag{4-12}$$

可见，在恒温恒压下，在二组分混合物体系中，如果一组分的偏摩尔量增大，则另一组分的偏摩尔量必然减小，且增大与减小的比例与混合物中两组分的摩尔分数（或物质的量）成反比，如图4-2所示。吉布斯-杜亥姆方程还告诉我们，对于二组分系统，当已知 $Z_{m,B}$-x_C 函数关系，可用式(4-11)求出 $Z_{m,C}$-x_C 函数关系，即可以用一个组分的偏摩尔量求出另一组分的偏摩尔量。式(4-12)还可用于实验数据的热力学一致性校验，即把测得的 $Z_{m,B}$、$Z_{m,C}$ 与 x_B、x_C 的关系代入式(4-12)，观察等式是否成立，如果等式成立，就说明实验数据具有热力学一致性，反之就是不可靠的。

例题 4-2 在298K，实验测得 K_2SO_4（B）与 H_2O（C）形成的溶液 K_2SO_4 的偏摩尔体积与质量摩尔浓度 b_B 的关系如下：

$$V_B=32.280+18.216b_B^{1/2}\ (cm^3\cdot mol^{-1})$$

使用吉布斯-杜亥姆方程求溶液中水的偏摩尔体积，已知在298K下纯水的摩尔体积为 $18.079cm^3\cdot mol^{-1}$。

解 对于二组分系统吉布斯-杜亥姆方程可以表示为：

$$n_B dV_{m,B} + n_C dV_{m,C} = 0$$

$$dV_{m,C} = -\frac{n_B}{n_C} dV_{m,B}$$

于是，通过积分可得 $V_{m,C}$：

$$V_{m,C} = V_{m,C}^* - \int \frac{n_B}{n_C} dV_{m,B} \tag{A}$$

式中，$V_{m,C}^*$ 是纯水的摩尔体积。

根据题意，对 $V_{m,B}/(cm^3 \cdot mol^{-1}) = 32.280 + 18.216 b_B^{1/2}$ 求微分得：

$$dV_{m,B} = 9.108 b_B^{-1/2} db_B \tag{B}$$

将式(B) 代入式(A) 得：

$$V_{m,C} = V_{m,C}^* - 9.108 \int \frac{n_B}{n_C} b_B^{-1/2} db_B \tag{C}$$

又因为 $b_B = \frac{1000 n_B}{n_C M_C}$，则 $\frac{n_B}{n_C} = \frac{b_B M_C}{1000}$，代入式(C)：

$$V_{m,C} = V_{m,C}^* - \frac{9.108 M_C}{1000} \int_0^{b_B} b_B^{1/2} db_B = V_{m,C}^* - \frac{2}{3} \times 9.108 \times 10^{-3} M_C b_B^{3/2}$$

于是得到溶液水的偏摩尔体积

$$V_{m,C} = 18.079 - 0.1098 b_B^{3/2}$$

4.2 化学势

4.2.1 单相多组分系统热力学基本方程

在单相多组分系统中，系统的任何热力学性质不再仅仅是 p、V、T、U、H、S 等热力学函数中任意两个独立变量的函数，还要加上各组分物质的量作为变量。例如，对于由B、C、D等 k 个组分组成的单相多组分系统，其 U、H、A、G 是 $k+1$ 个变量的函数（其中 k 个组分只 $k-1$ 个变量是独立的，因为存在方程 $x_B + x_C + \cdots + x_k = 1$），其函数形式为

$$U = U(S, V, n_B, n_C, n_D, \cdots)$$

$$H = H(S, p, n_B, n_C, n_D, \cdots)$$

$$A = A(T, V, n_B, n_C, n_D, \cdots)$$

$$G = G(T, p, n_B, n_C, n_D, \cdots)$$

写成全微分的形式为

$$dU = \left(\frac{\partial U}{\partial S}\right)_{V,n} dS + \left(\frac{\partial U}{\partial V}\right)_{S,n} dV + \sum_B \left(\frac{\partial U}{\partial n_B}\right)_{S,V,n_{C \neq B}} dn_B$$

$$dH = \left(\frac{\partial H}{\partial S}\right)_{p,n} dS + \left(\frac{\partial H}{\partial p}\right)_{S,n} dp + \sum_B \left(\frac{\partial H}{\partial n_B}\right)_{S,p,n_{C \neq B}} dn_B$$

$$dA = \left(\frac{\partial A}{\partial T}\right)_{V,n} dT + \left(\frac{\partial A}{\partial V}\right)_{T,n} dV + \sum_B \left(\frac{\partial A}{\partial n_B}\right)_{T,V,n_{C \neq B}} dn_B$$

$$\mathrm{d}G=\left(\frac{\partial G}{\partial T}\right)_{p,n}\mathrm{d}T+\left(\frac{\partial G}{\partial p}\right)_{T,n}\mathrm{d}p+\sum_{\mathrm{B}}\left(\frac{\partial G}{\partial n_{\mathrm{B}}}\right)_{T,p,n_{\mathrm{C}\neq\mathrm{B}}}\mathrm{d}n_{\mathrm{B}}$$

这四个全微分式中，当系统物质的量组成不变时，前两项与单组分封闭系统的热力学公式一致，将式(3-46a)～式(3-46d) 分别代入上述方程，可以得到单相多组分系统的热力学基本公式：

$$\mathrm{d}U=T\mathrm{d}S-p\mathrm{d}V+\sum_{\mathrm{B}}\mu_{\mathrm{B}}\mathrm{d}n_{\mathrm{B}}\qquad\left[\text{式中 }\mu_{\mathrm{B}}=\left(\frac{\partial U}{\partial n_{\mathrm{B}}}\right)_{S,V,n_{\mathrm{C}\neq\mathrm{B}}}\right]\tag{4-13}$$

$$\mathrm{d}H=T\mathrm{d}S+V\mathrm{d}p+\sum_{\mathrm{B}}\mu_{\mathrm{B}}\mathrm{d}n_{\mathrm{B}}\qquad\left[\text{式中 }\mu_{\mathrm{B}}=\left(\frac{\partial H}{\partial n_{\mathrm{B}}}\right)_{S,p,n_{\mathrm{C}\neq\mathrm{B}}}\right]\tag{4-14}$$

$$\mathrm{d}A=-S\mathrm{d}T-p\mathrm{d}V+\sum_{\mathrm{B}}\mu_{\mathrm{B}}\mathrm{d}n_{\mathrm{B}}\qquad\left[\text{式中 }\mu_{\mathrm{B}}=\left(\frac{\partial A}{\partial n_{\mathrm{B}}}\right)_{T,V,n_{\mathrm{C}\neq\mathrm{B}}}\right]\tag{4-15}$$

$$\mathrm{d}G=-S\mathrm{d}T+V\mathrm{d}p+\sum_{\mathrm{B}}\mu_{\mathrm{B}}\mathrm{d}n_{\mathrm{B}}\qquad\left[\text{式中 }\mu_{\mathrm{B}}=\left(\frac{\partial G}{\partial n_{\mathrm{B}}}\right)_{T,p,n_{\mathrm{C}\neq\mathrm{B}}}\right]\tag{4-16}$$

式(4-13)～式(4-16) 称为单相多组分体系的热力学基本方程，它可应用于单相多组分敞开系统（当然也适应于组成可变的单相封闭体系）、不做非体积功（$W_{\mathrm{f}}=0$）的任何（可逆，不可逆）过程。与单相纯物质封闭系统的热力学基本方程相比较，不同之处就是多了最后一项，这最后一项是相应的热力学函数对系统中各组分物质的量求偏导的加和。要注意的是热力学函数不同，它的特征变量也不同。如 U 的特征变量是 S、V；H 的特征变量是 S、p 等，因此，相应偏微分的下标亦不同。

4.2.2　化学势的定义

在式(4-13)～式(4-16) 中

$$\mu_{\mathrm{B}}\equiv\left(\frac{\partial U}{\partial n_{\mathrm{B}}}\right)_{S,V,n_{\mathrm{C}\neq\mathrm{B}}}\equiv\left(\frac{\partial H}{\partial n_{\mathrm{B}}}\right)_{S,p,n_{\mathrm{C}\neq\mathrm{B}}}\equiv\left(\frac{\partial A}{\partial n_{\mathrm{B}}}\right)_{T,V,n_{\mathrm{C}\neq\mathrm{B}}}\equiv\left(\frac{\partial G}{\partial n_{\mathrm{B}}}\right)_{T,p,n_{\mathrm{C}\neq\mathrm{B}}}\tag{4-17}$$

称为多组分系统中物质 B 的化学势，类似地还可以定义其他各组分的化学势。由定义式可知，化学势可以用系统任一广度性质进行定义，不同的区别是相应的下标不同。化学势的意义是：在保持某一热力学函数 Z 的两个特征变量不变以及除 B 以外其他组分保持不变的情况下，增加 $\mathrm{d}n_{\mathrm{B}}$ 的 B 物质所引起的热力学函数 Z 的改变值 $\mathrm{d}Z$ 与 $\mathrm{d}n_{\mathrm{B}}$ 的比值，即在保持两特征变量不变条件下的无限大系统中增加 1mol 物质 B 所引起热力学函数 Z 的改变值。

在化学势的定义式(4-17) 中，尤以

$$\mu_{\mathrm{B}}\equiv\left(\frac{\partial G}{\partial n_{\mathrm{B}}}\right)_{T,p,n_{\mathrm{C}\neq\mathrm{B}}}\tag{4-18}$$

应用得最多最广泛。因为在实际生产或科学实验中，恒温、恒压的条件用得最普遍，所以常用吉布斯函数的变化来判断相变化及化学反应进行的方向。以后所讲化学势，若没有特殊说明，一般就是指这个定义的化学势，而这个定义式的下标恰好与偏摩尔量的下标相同，所以，就定义式(4-18) 而言，化学势也称为偏摩尔吉布斯函数，即 $\mu_{\mathrm{B}}=G_{\mathrm{m,B}}$。对于纯物质，化学势就等于其摩尔吉布斯函数，即 $\mu_{\mathrm{B}}=G_{\mathrm{m,B}}^{*}$。由此可知，化学势为强度性质，其绝对值不知道。化学势的几何意义如图 4-5 所示。在图 4-5 中，$n_{\mathrm{B}}=a$ 或 b 对应的斜率分别为 $n_{\mathrm{B}}=a$ 或 b 时组分 B 的化学势。关于化学势的物理意义，类似于高度（势）决定了液体流动的方向，电势决定电荷运动方向；化学势决定了化学环境下物质运动和变化的方向，这就是化

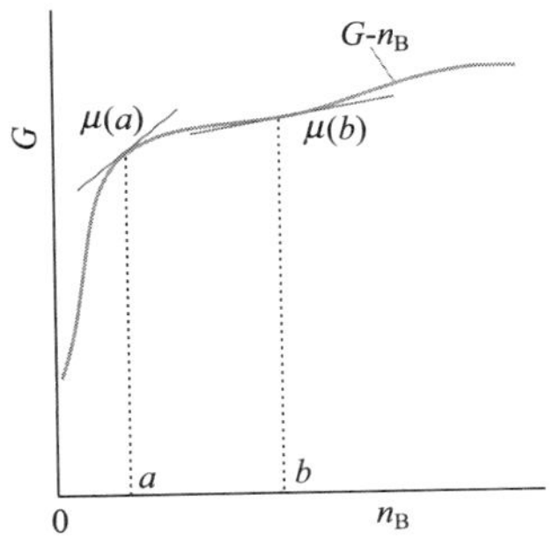

图 4-5　化学势的几何意义

学势的物理意义。

4.2.3 多相多组分系统热力学基本方程

式(4-13)～式(4-16) 只适用于单相多组分体系，定义了化学势后，可以很方便地给出多相多组分系统的热力学基本方程。对于多相多组分系统，可以将系统中的每一相作为一单相多组分系统，通过式(4-13)～式(4-16) 导出多相多组分系统的热力学公式。现以吉布斯函数为例，设多相多组分系统中有 α 相、β 相、γ 相等，对于每一相，根据式(4-16) 有

$$dG^{\alpha}=-S^{\alpha}dT+V^{\alpha}dp+\sum_{B}\mu_{B}^{\alpha}dn_{B}^{\alpha}$$

$$dG^{\beta}=-S^{\beta}dT+V^{\beta}dp+\sum_{B}\mu_{B}^{\beta}dn_{B}^{\beta}$$

$$\vdots \qquad\qquad \vdots$$

对系统内所有的相求和：

$$dG=dG^{\alpha}+dG^{\beta}+\cdots=\sum_{\alpha}dG^{\alpha}$$

因为各相的温度、压力均相同，于是有

$$\begin{aligned}dG&=-\sum_{\alpha}S^{\alpha}dT+\sum_{\alpha}V^{\alpha}dp+\sum_{\alpha}\sum_{B}\mu_{B}^{\alpha}dn_{B}^{\alpha}\\&=-SdT+Vdp+\sum_{\alpha}\sum_{B}\mu_{B}^{\alpha}dn_{B}^{\alpha}\end{aligned}\tag{4-19}$$

与此类似，对热力学能、焓、亥姆霍兹函数，有

$$dU=TdS-pdV+\sum_{\alpha}\sum_{B}\mu_{B}^{\alpha}dn_{B}^{\alpha}\tag{4-20}$$

$$dH=TdS+Vdp+\sum_{\alpha}\sum_{B}\mu_{B}^{\alpha}dn_{B}^{\alpha}\tag{4-21}$$

$$dA=-SdT-pdV+\sum_{\alpha}\sum_{B}\mu_{B}^{\alpha}dn_{B}^{\alpha}\tag{4-22}$$

式中，$S=\sum_{\alpha}S^{\alpha}$、$V=\sum_{\alpha}V^{\alpha}$ 是整个系统的熵和体积。

式(4-19)～式(4-22) 就是多相多组分系统的热力学基本方程，适用于不做非体积功 ($W_f=0$) 的任何体系、任何过程。

4.2.4 化学势与温度、压力的关系

对纯物质来说，$\mu=G_m^*$，化学势与温度、压力的关系就是摩尔吉布斯函数与温度、压力的关系。对多组分系统，物质 B 的偏摩尔吉布斯函数就是其化学势。因此，化学势与温度、压力的关系同偏摩尔吉布斯函数与温度、压力的关系完全相同。即

$$\left(\frac{\partial\mu}{\partial T}\right)_p=\left(\frac{\partial G_m^*}{\partial T}\right)_p=-S_m^*\tag{4-23}$$

$$\left(\frac{\partial\mu}{\partial p}\right)_T=\left(\frac{\partial G_m^*}{\partial p}\right)_T=V_m^*\tag{4-24}$$

式(4-23) 和式(4-24) 中的 S_m^* 和 V_m^* 分别是纯物质的摩尔熵和摩尔体积。

$$\left(\frac{\partial\mu_B}{\partial T}\right)_p=\left(\frac{\partial G_{m,B}}{\partial T}\right)_p=-S_{m,B}\tag{4-25}$$

$$\left(\frac{\partial\mu_B}{\partial p}\right)_T=\left(\frac{\partial G_{m,B}}{\partial p}\right)_T=V_{m,B}\tag{4-26}$$

式(4-25) 和式(4-26) 中的 $S_{m,B}$ 和 $V_{m,B}$ 分别是物质 B 的偏摩尔熵和偏摩尔体积。

对纯物质系统，化学势与压力、温度关系的图示可参见第 3 章中图 3-12 和图 3-13 有关摩尔吉布斯函数与压力、温度关系的图示。

4.2.5 化学势判据及应用举例

根据亥姆霍兹函数判据式(3-39)，有

$$dA_{T,V,W_f=0}=\sum_{\alpha}\sum_{B}\mu_B^{\alpha}dn_B^{\alpha}\begin{cases}<0 & \text{自发过程}\\ =0 & \text{可逆过程或平衡状态}\end{cases} \tag{4-27}$$

根据吉布斯函数判据式(3-44)，有

$$dG_{T,p,W_f=0}=\sum_{\alpha}\sum_{B}\mu_B^{\alpha}dn_B^{\alpha}\begin{cases}<0 & \text{自发过程}\\ =0 & \text{可逆过程或平衡状态}\end{cases} \tag{4-28}$$

式(4-27) 和式(4-28) 分别是在恒温恒容和恒温恒压且非体积功为零的条件下，由始态至末态指定过程能否进行的判据，称为化学势判据。

这里以封闭系统内部发生某一相变的可能性为例，说明化学势判据的具体应用。设物质 B 在某一温度、压力下可以有 α、β 两种不同的相态存在，两相中 B 具有相同的分子形式，其化学势分别为 μ_B^{α}、μ_B^{β}，在无非体积功及恒温恒压条件下，混合物或溶液中组分 B 有 dn_B 由 α 相转移到 β 相，即

$$\boxed{\begin{matrix}B(\alpha)\\ T,p\\ \mu(\alpha)\end{matrix}}\xrightarrow[T,p,\delta W_f=0]{dn(\beta)=-dn(\alpha)}\boxed{\begin{matrix}B(\beta)\\ T,p\\ \mu(\beta)\end{matrix}}$$

由式(4-28) 得

$$\mu_B^{\alpha}dn_B^{\alpha}+\mu_B^{\beta}dn_B^{\beta}\leqslant 0$$

因

$$dn_B^{\alpha}=-dn_B^{\beta}$$

所以

$$(\mu_B^{\beta}-\mu_B^{\alpha})dn_B^{\beta}\leqslant 0$$

因为

$$dn_B^{\beta}>0$$

所以

$$\mu_B^{\beta}-\mu_B^{\alpha}\begin{cases}<0 & \text{自发}\\ =0 & \text{平衡}\end{cases}$$

由上述分析可知，在恒温恒压及非体积功为零的条件下，若任一物质 B 在两相中具有相同的分子形式，但化学势不相等，则相变化自发进行的方向必然是朝化学势低的一相进行，即朝着化学势减少的方向进行；若**两相平衡**，则**化学势相等**。

化学势判据应用于化学变化，原则上与上例相同，但较为复杂，详见第 5 章。

对于处在相平衡和化学平衡的系统，式(4-19)～式(4-22) 中的 $\sum_{\alpha}\sum_{B}\mu_B^{\alpha}dn_B^{\alpha}=0$，于是这四个公式即变成第 3 章式(3-46a)～式(3-46d) 的热力学基本方程式。

4.3 气体及其混合物中各组分的化学势

为了通过化学势判据判断物质 B 的运动方向，就必须写出处在不同状态下 B 物质的化学势的表达式，并代入式(4-27) 或式(4-28) 中进行比较或运算，进而判断物质 B 的运动

（变化）的方向。

因为化学势绝对值无法知道，所以需选择一个标准状态作为计算化学势的基准。为此，首先定义物质 B 处在不同状态时所对应的**标准态**。

气体的化学势

处于温度 T 的气体（无论是理想气体还是实际气体），其标准态为**标准压力 $p^{\ominus}$（100kPa）下具有理想气体性质的纯气体**。该状态下的化学势称为标准化学势，以符号 $\mu_{B(g)}^{\ominus}(T)$ 表示。对于纯气体则省略下标 B。标准态对温度没有规定，可见气体的标准化学势是温度的函数。

液态混合物中任一组分 B 及溶液中溶剂的标准态规定为**同样温度 T、压力为 $p^{\ominus}$ 下的纯液体**，其标准化学势记为 $\mu_{B(l)}^{\ominus}(T)$；溶液中溶质的标准态根据所选用的浓度标度不同而异，具体定义将在本章后面相应部分介绍。

固体的标准态规定为**同样温度 T、压力为 $p^{\ominus}$ 下的纯固体，其标准化学势记为 $\mu_{B(s)}^{\ominus}(T)$**。

4.3.1 纯理想气体化学势的表达式

对于纯物质，$\mu = G_m^*$，$\mu^{\ominus}(T) = G_m^{*,\ominus}(T)$

$$d\mu = dG_m^* = -S_m^* dT + V_m^* dp$$

当 $dT=0$ 时

$$d\mu = dG_m^* = V_m^* dp$$

代入理想气体状态方程，并积分上式，得

$$G_m^*(p) - G_m^{*,\ominus} = \int_{p^{\ominus}}^{p} V_m^* dp = RT\ln\frac{p}{p^{\ominus}}$$

即

$$\mu^*(T,p) = \mu^{\ominus}(T) + RT\ln\frac{p}{p^{\ominus}} \tag{4-29}$$

4.3.2 理想气体混合物中任一组分化学势的表达式

对于理想气体混合物，由于分子之间无相互作用力，分子无体积，因此在几种理想气体形成混合物过程中，无热效应，无体积变化。所以，在总压为 p 的理想气体混合物中，每一种气体 B 的行为与该气体单独占相同体积时的行为相同。故可以套用纯理想气体化学势的表达式，仅将压力改为组分 B 的分压 $p_B(=y_B p)$，即

$$\mu(B,T,p) = \mu^{\ominus}(T) + RT\ln\frac{p_B}{p^{\ominus}} \tag{4-30}$$

4.3.3 纯真实气体的化学势

为了推导真实气体（RG）化学势的表达式，需要用到理想气体（IG）化学势的表达式，故设计下列过程，用 $\mu^*(T,p)$ 表示 RG 在温度 T 和压力 p 时的化学势。

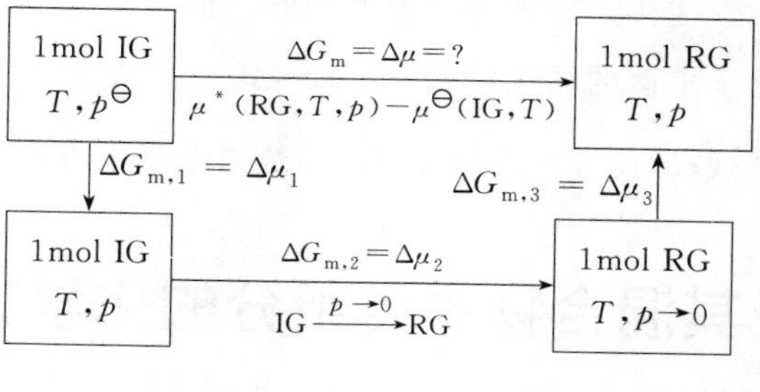

1mol IG, $T,p^{\ominus}$ —— $\Delta G_m = \Delta\mu = ?$; $\mu^*(RG,T,p) - \mu^{\ominus}(IG,T)$ ——→ 1mol RG, T,p

↓ $\Delta G_{m,1} = \Delta\mu_1$ ↑ $\Delta G_{m,3} = \Delta\mu_3$

1mol IG, T,p —— $\Delta G_{m,2} = \Delta\mu_2$; IG $\xrightarrow{p\to 0}$ RG ——→ 1mol RG, $T,p\to 0$

因为

$$\Delta\mu = \mu_{(g)}^* - \mu_{(g)}^{\ominus} = \Delta\mu_1 + \Delta\mu_2 + \Delta\mu_3$$

$$\Delta\mu_1 = RT\ln\frac{p}{p^{\ominus}}$$

$$\Delta\mu_2 = \int_{p}^{p\to 0} V^{*}_{\mathrm{m(IG)}}\,\mathrm{d}p = -\int_{p\to 0}^{p} V^{*}_{\mathrm{m(IG)}}\,\mathrm{d}p$$

$$\Delta\mu_3 = \int_{p\to 0}^{p} V^{*}_{\mathrm{m(RG)}}\,\mathrm{d}p$$

所以

$$\mu^{*}_{(\mathrm{g})} = \mu^{\ominus}_{(\mathrm{g})} + RT\ln\frac{p}{p^{\ominus}} - \int_{p\to 0}^{p} V^{*}_{\mathrm{m(IG)}}\,\mathrm{d}p + \int_{p\to 0}^{p} V^{*}_{\mathrm{m(RG)}}\,\mathrm{d}p$$

即

$$\mu^{*}_{(\mathrm{g})} = \mu^{\ominus}_{(\mathrm{g})} + RT\ln\frac{p}{p^{\ominus}} + \int_{p\to 0}^{p} [V^{*}_{\mathrm{m(RG)}} - V^{*}_{\mathrm{m(IG)}}]\,\mathrm{d}p$$

式中，$[V^{*}_{\mathrm{m(RG)}} - V^{*}_{\mathrm{m(IG)}}]$ 表示同温同压下真实气体与理想气体摩尔体积之差，可见导致真实气体的化学势与理想气体化学势的差别是由于两者在同温同压下摩尔体积的不同。又因为 $V^{*}_{\mathrm{m(IG)}} = RT/p$，代入上式得

$$\mu^{*}_{(\mathrm{g})} = \mu^{\ominus}_{(\mathrm{g})} + RT\ln\frac{p}{p^{\ominus}} + \int_{p\to 0}^{p} \left[V^{*}_{\mathrm{m(RG)}} - \frac{RT}{p}\right]\mathrm{d}p \tag{4-31}$$

4.3.4　真实气体混合物中任一组分的化学势

同一温度 T 下，真实气体混合物中任一组分 B 的化学势的表达式 $\mu_{\mathrm{B(g)}}$，也可以通过上述类似的方法获得。在下列框图中，始态为理想气体混合物，其中组分 B 的分压为 $p_{\mathrm{B}} = p^{\ominus}$ 标准态。组分 B 在始态理想气体混合物和终态真实气体混合物中具有相同组成、温度。在如下框图中，也包括三个步骤，每步均为恒温，步骤①将理想气体混合物总压变至与真实气体混合物的总压相等；步骤②将理想气体混合物总压减至 $p\to 0$；步骤③再将 $p\to 0$ 的气体压缩至总压为 p 时的真实气体末态。

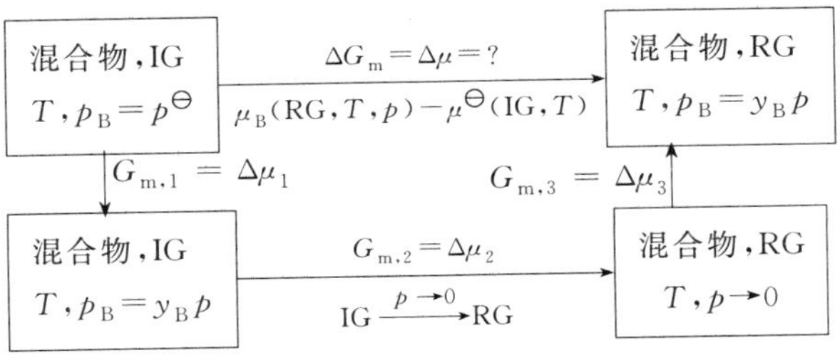

混合物，IG　$T, p_{\mathrm{B}} = p^{\ominus}$
$\Delta G_{\mathrm{m}} = \Delta\mu = ?$
$\mu_{\mathrm{B}}(\mathrm{RG}, T, p) - \mu^{\ominus}(\mathrm{IG}, T)$
混合物，RG　$T, p_{\mathrm{B}} = y_{\mathrm{B}}p$
$G_{\mathrm{m,1}} = \Delta\mu_1$
$G_{\mathrm{m,3}} = \Delta\mu_3$
混合物，IG　$T, p_{\mathrm{B}} = y_{\mathrm{B}}p$
$G_{\mathrm{m,2}} = \Delta\mu_2$
$\mathrm{IG} \xrightarrow{p\to 0} \mathrm{RG}$
混合物，RG　$T, p\to 0$

因为

$$\Delta\mu = \mu_{\mathrm{B(g)}} - \mu^{\ominus}_{(\mathrm{g})} = \Delta\mu_1 + \Delta\mu_2 + \Delta\mu_3$$

$$\Delta\mu_1 = RT\ln\frac{p_{\mathrm{B}}}{p^{\ominus}}$$

$$\Delta\mu_2 = \int_{p}^{p\to 0} V_{\mathrm{m,B(IG)}}\,\mathrm{d}p = \int_{p}^{p\to 0} V^{*}_{\mathrm{m,B(IG)}}\,\mathrm{d}p = -\int_{p\to 0}^{p} V^{*}_{\mathrm{m,B(IG)}}\,\mathrm{d}p$$

$$\Delta\mu_3 = \int_{p\to 0}^{p} V_{\mathrm{m,B(RG)}}\,\mathrm{d}p$$

式中，$V_{\mathrm{m,B(RG)}}$ 是真实气体混合物中组分 B 在相同温度及总压下的偏摩尔体积。

所以

$$\begin{aligned}\mu_{\mathrm{B(g)}} &= \mu^{\ominus}_{(\mathrm{g})} + \Delta\mu_1 + \Delta\mu_2 + \Delta\mu_3 \\ &= \mu^{\ominus}_{(\mathrm{g})} + RT\ln\frac{p_{\mathrm{B}}}{p^{\ominus}} - \int_{p\to 0}^{p} V^{*}_{\mathrm{m,B(IG)}}\,\mathrm{d}p + \int_{p\to 0}^{p} V^{*}_{\mathrm{m,B(RG)}}\,\mathrm{d}p \\ &= \mu^{\ominus}_{(\mathrm{g})} + RT\ln\frac{p_{\mathrm{B}}}{p^{\ominus}} + \int_{p\to 0}^{p} [V_{\mathrm{m,B(RG)}} - V^{*}_{\mathrm{m,B(IG)}}]\,\mathrm{d}p\end{aligned}$$

因为 $V^*_{m,B(IG)}=RT/p$，代入上式得

$$\mu_{B(g)}=\mu^{\ominus}_{(g)}+RT\ln\frac{p_B}{p^{\ominus}}+\int_{p\to 0}^{p}\left[V_{m,B(RG)}-\frac{RT}{p}\right]dp \tag{4-32}$$

式(4-32) 是真实气体混合物中任一组分 B 的化学势表达式。因为该式具有普遍意义，可适用于纯理想气体、纯真实气体以及它们的混合物中任一组分 B，故可作为处于温度 T、总压 p 状态下气体化学势的通式。

4.4 逸度及其逸度因子

理想气体混合物任一组分 B 化学势的表达式

$$\mu(B,T,p)=\mu^{\ominus}(T)+RT\ln\frac{p_B}{p^{\ominus}}$$

比较简单，而真实气体混合物任一组分 B 化学势的表达式

$$\mu(B,T,p)=\mu^{\ominus}(T)+RT\ln\frac{p_B}{p^{\ominus}}+\int_{p\to 0}^{p}\left[V_{m,B(RG)}-\frac{RT}{p}\right]dp$$

则复杂得多。为了使真实气体及其混合物中任一组分 B 的化学势的表达式(4-32) 具有理想气体及其混合物中组分 B 的化学势的表达式(4-30) 那样的简单形式，路易斯引入逸度的概念。

4.4.1 逸度及逸度因子

在 1901 年路易斯提出不论气体还是液体或固体，对组分 B，若以同温度下的气体标准状态作为参考态，即以压力为 $p^{\ominus}$并处于理想气体状态的纯物质 B 的化学势 $\mu^{\ominus}_{B(g)}$ 作为化学势表达式的标准态，而将 μ_B 与 $\mu^{\ominus}_{B(g)}$ 的差异用一个称为**逸度**(fugacity) 的参数来体现物质的特性。若用符号 f^*_B 表示纯物质 B 的逸度，用符号 f_B 表示混合物中任一组分 B 的逸度，则纯物质 B 和混合物中组分 B 的化学势的表达式分别为

$$\mu^*(B,T,p)=\mu^{\ominus}_{B(g)}(T)+RT\ln\frac{f^*_B}{p^{\ominus}}\quad（纯物质） \tag{4-33}$$

$$\mu(B,T,p)=\mu^{\ominus}_{B(g)}(T)+RT\ln\frac{f_B}{p^{\ominus}}\quad（混合物） \tag{4-34}$$

式(4-33) 和式(4-34) 同式(4-29) 和式(4-30) 具有完全相同的形式，不同之处只是用逸度 f^*_B 及 f_B 代替了压力 p 及分压 p_B。逸度 f^*_B 或 f_B 可以看作是一种校正的压力，它具有与压力一样的量纲。当系统为理想气体或理想气体混合物时，$f^*_B=p$，$f_B=p_B$，式(4-33)、式(4-34) 就变成式(4-29)、式(4-30)，也就是说式(4-29)、式(4-30) 是式(4-33) 和式(4-34) 的特例。

现在，化学势有了一个统一而又简单的表达形式，即式(4-33) 或式(4-34)，其中参考状态是相同的。组分 B 处于真实状态与标准状态下化学势的差异，则用一个物质特性参数即逸度来表征。逸度决定于实际状态，因而是一个状态函数。按照其定义式可知，它是温度和压力的函数，是强度性质，由系统的温度、压力和组成确定，即

$$f_B=f(T,p,x_B,x_C,x_D,\cdots)$$

我们可以将逸度的物理意义理解为相对于理想气体的校正压力（分压），更确切地说是化学势的表达式中实际气体的校正压力（分压）。

由式(4-33)、式(4-34) 可得到逸度的定义式

$$f_B^* \equiv p^{\ominus} \exp \frac{\mu_B^* - \mu_{B(g)}^{\ominus}}{RT} \quad （纯物质） \tag{4-35}$$

$$f_B \equiv p^{\ominus} \exp \frac{\mu_B - \mu_{B(g)}^{\ominus}}{RT} \quad （混合物） \tag{4-36}$$

逸度与压力（或分压）之比称为**逸度因子**(或称为**逸度系数**)，用符号 φ_B^* （或 φ_B）表示，

$$\varphi_B^* \equiv \frac{f_B^*}{p} \quad 或 \quad \varphi_B \equiv \frac{f_B}{p y_B} \tag{4-37}$$

逸度因子的量纲为 1。将式(4-37) 代入式(4-33)、式(4-34) 得

$$\mu^*(B,T,p) = \mu_{B(g)}^{\ominus}(T) + RT\ln \frac{\varphi_B^* p}{p^{\ominus}} \quad （纯物质） \tag{4-38}$$

$$\mu(B,T,p) = \mu_{B(g)}^{\ominus}(T) + RT\ln \frac{\varphi_B p y_B}{p^{\ominus}} \quad （混合物） \tag{4-39}$$

当压力趋于零时，不论气体还是液体或固体，其化学势都趋于理想气体的化学势，逸度也趋于压力，逸度因子则趋于 1。因此，可以写出

$$\lim_{p\to 0}\varphi_B^* \equiv \lim_{p\to 0} \frac{f_B^*}{p} = 1, \lim_{p\to 0}\varphi_B \equiv \lim_{p\to 0} \frac{f_B}{p y_B} = 1 \tag{4-40}$$

逸度因子与压缩因子很类似。当 $\varphi_B < 1$，分子之间表现为较强的吸引力；当 $\varphi_B > 1$，分子之间表现为较强的排斥力；当 $\varphi_B = 1$，吸引力与排斥力相抵，与没有分子之间相互作用的理想气体相当。逸度因子偏离 1 是真实系统偏离理想气体的一种度量。

引入逸度的优点是明显的，它使化学势的表达式既统一又简单，这给进一步推导和应用带来很大的方便。例如前面我们讨论到在恒温恒压无非体积功条件下，如果各相中任一组分 B 的化学势彼此都相等，即

$$\mu_B^{\alpha} = \mu_B^{\beta} = \cdots = \mu_B^{P} \tag{4-41}$$

则系统处于相平衡状态，式(4-41) 也称为相平衡条件。用式(4-34) 代入式(4-41)，消去各相的 $\mu_{B(g)}^{\ominus}(T)$，化简后得到

$$f_B^{\alpha} = f_B^{\beta} = \cdots = f_B^{P} \tag{4-42}$$

式(4-42) 表明相平衡时，任一组分 B 在各相中的逸度彼此相等。由此式出发可以进行相平衡的理论计算（这部分内容将在《化工热力学》中讲述）。

引入逸度的概念后，化学势的表达式是简单了，但是，真实系统的复杂性并没有消除，它隐藏在 $f_B = f_B(T, p, x_B, x_C, x_D, \cdots)$ 中，如何求取在一定温度、压力和组成下的逸度，仍将是一个麻烦而又必须面对的问题，也是下面即将要讨论的内容。

4.4.2　逸度因子的计算及普遍化逸度因子图

如何求取逸度，要从化学势的表达式(4-33) 或式(4-34) 出发进行讨论。图 4-6 示意了真实气体和理想气体的 f_B^* 与 p 关系，对角虚线为理想气体，在这条线上，任何压力下均有 $f_B^* = p$；真实气体的 f_B^*-p 线在原点处与理想气体重合，随着压力增大，曲线偏离理想气体的直线，图中绘出的是 $\varphi_B^* < 1$，$f_B^* < p$ 的情况。当压力继续升高，这条曲线还会继续进入液相区乃至固相区，并且最后会有 $f_B^* > p$。图中 a 点，即为参考状态（这里的参考状态也就是气体的标准状态）。对于真实气体，逸度不等于压力，实线上 b 点 $f_B^* = 10^5\,Pa < p$，据式(4-33)，此时有 $\mu^*(B,T,p) = \mu_{B(g)}^{\ominus}(T)$，但是，这只是数值上相等，因为这时的 $\varphi_B^* \neq 1$ （$\varphi_B^* < 1$），其他热力学函数值，例如标准摩尔生成焓、标准摩尔熵、标准摩尔吉布

斯函数等，都不一定与点 a 相同，所以 b 点是真实状态，而非标准态，只有 $f_B^*=p^\ominus$，且 $\varphi_B^*=1$，才是标准态。事实上，同是 $f_B^*=p^\ominus=10^5\,Pa$，不同的气体其 b 点的横坐标（即压力 p 的数值）是不同的，即使是同一气体，在不同的温度下，其 b 点的横坐标（即压力 p 的数值）亦不同。这就是为什么要选择标准态而且要选择在 $p^\ominus$下具有理想气体行为的状态作为标准态（即计算状态函数变化值的基准）的原因。其目的是使同一种气体（物质）在不同状态下或不同气体（物质）在相同温度和压力下状态函数的计算结果具有可比性。

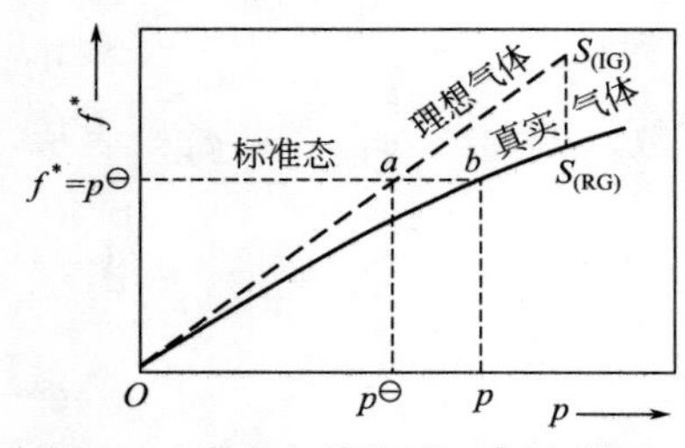

图 4-6　真实气体逸度 f^*-p 关系

现在来讨论图 4-6 中纯物质 B 由 $S^{(IG)}$ 点（理想气体）变到 $S^{(RG)}$ 点（真实状态）。$S^{(IG)}$ 点的化学势可用式(4-29) 表示，$S^{(RG)}$ 的化学势可分别用式(4-31) 或式(4-33) 表示，当分别用式(4-29) 和式(4-33) 表示时，两点的化学势之差为

$$\mu_{B(IG)}^*-\mu_{B(RG)}^*=RT\ln\frac{p}{f_B^*} \tag{4-43}$$

当分别用式(4-29) 和式(4-31) 表示时，两点的化学势之差为

$$\mu_{B(IG)}^*-\mu_{B(RG)}^*=-\int_{p\to 0}^{p}\left[V_{m(RG)}^*-\frac{RT}{p}\right]dp \tag{4-44}$$

比较式(4-43) 和式(4-44) 得

$$RT\ln\frac{p}{f_B^*}=-\int_{p\to 0}^{p}\left[V_{m(RG)}^*-\frac{RT}{p}\right]dp$$

将逸度因子定义式(4-37) 代入上式得

$$\ln\varphi_B^*=\ln\frac{f_B^*}{p}=\int_{p\to 0}^{p}\left[\frac{V_{m(RG)}^*}{RT}-\frac{1}{p}\right]dp \tag{4-45}$$

对于混合物中任一组分 B，与式(4-45) 类似，可相应写出

$$\ln\varphi_B=\ln\frac{f_B}{py_B}=\int_{p\to 0}^{p}\left(\frac{V_{m,B}}{RT}-\frac{1}{p}\right)dp \tag{4-46}$$

式(4-45) 和式(4-46) 分别是计算纯物质和混合物中任一组分 B 的逸度和逸度因子的基本公式，适用于气体、液体和固体（本书中只讨论气体）。现在的任务是如何求逸度因子。

(1) 解析（近似）**法求 φ_B^***

由式(4-45) 可得

$$\varphi_B^*=\exp\left[\frac{1}{RT}\int_{p\to 0}^{p}\left(V_{m(RG)}^*-\frac{RT}{p}\right)dp\right]$$

令 $V_{m(RG)}^*-(RT/p)=\alpha$ 并代入上式，得

$$\ln\varphi_B^*=\ln\frac{f_B^*}{p}=\frac{1}{RT}\int_{p\to 0}^{p}\alpha\,dp$$

若假设 α 为一数值不大的常数，则

$$\ln\frac{f_B^*}{p}=\frac{\alpha p}{RT}\quad 或\quad \frac{f_B^*}{p}=\exp\left(\frac{\alpha p}{RT}\right)$$

将上述指数项展开并略去高次项得

$$\frac{f_B^*}{p}=1+\frac{\alpha p}{RT}=1-\left(\frac{RT}{p}-V_{m(RG)}^*\right)\frac{p}{RT}$$

将上式中 $V^*_{m(RG)}$ 代入理想气体状态方程中按照理想气体进行计算，可得 p_{IG}，即

$$\frac{f^*_B}{p}=\frac{pV^*_{m(RG)}}{RT}=\frac{p}{RT}\times\frac{RT}{p_{IG}}$$

整理得

$$f^*_B=\frac{p^2}{p_{IG}} \tag{4-47}$$

式(4-47) 中 p 为实际压力，p_{IG} 是用 $V^*_{m(RG)}$ 按理想气体公式计算的压力，即理想气体压力。

例题 4-3　某气体状态方程为 $pV_m(1-\beta p)=RT$，其中 β 只是 T 的函数，其值甚小。证明该气体的逸度约等于 $2p-p_{IG}$（提示：$p_{IG}=RT/V^*_m$）。

证

$$\ln\frac{f^*_B}{p}=\frac{\alpha p}{RT}$$

$$\alpha=V^*_{m(RG)}-\frac{RT}{p}=\frac{RT}{p(1-\beta p)}-\frac{RT}{p}=\frac{RT}{p}\left(\frac{1}{1-\beta p}-1\right)=\frac{\beta RT}{1-\beta p}$$

即

$$\ln\frac{f^*_B}{p}=\frac{\alpha p}{RT}=\frac{p\beta RT}{RT(1-\beta p)}=\frac{\beta p}{1-\beta p}$$

$$f^*_B=p\exp\left(\frac{\beta p}{1-\beta p}\right)$$

套用公式 $e^x\approx1+x+x^2/2!+x^3/3!+\cdots$，并略去高次项，有

$$\exp\left(\frac{\beta p}{1-\beta p}\right)\approx1+\frac{\beta p}{1-\beta p}$$

$$f^*_B=p\left(1+\frac{\beta p}{1-\beta p}\right)$$

因为 β 很小，所以 $f^*_m\approx p(1+\beta p)$，又因为 $p_{IG}=RT/V^*_{m(RG)}=p(1-\beta p)$

所以有 $\beta p^2=p-p_{IG}$，由此得

$$f^*_m\approx p+p-p_{IG}=2p-p_{IG}$$ 证毕。

(2) 图解积分法求 φ^*_B

由式(4-45) 可知，将纯物质 B 的摩尔体积 V^*_m 表示成压力 p 的函数关系代入式(4-45) 积分，或在恒温下测得不同压力下的 V^*_m 后，以 (V^*_m-RT/p) 对 p 作图，进行图解积分，即得到该物质的逸度因子 φ^*_B，如图 4-7 所示。

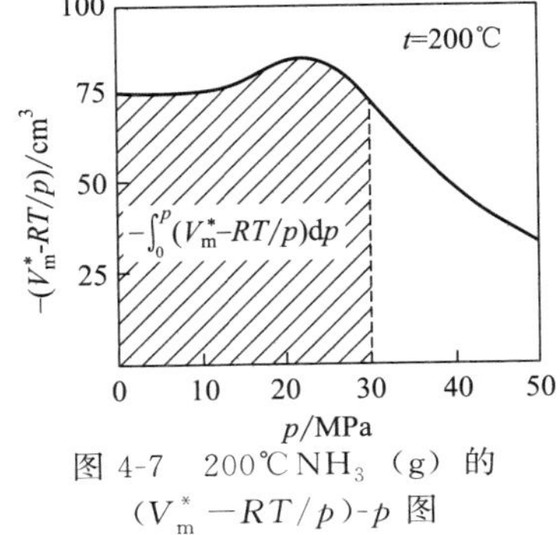

图 4-7　200℃ NH_3 (g) 的 (V^*_m-RT/p)-p 图

同理，将混合物中任一组分 B 的偏摩尔体积 $V_{m,B}$ 表示成压力 p 的函数关系代入式(4-46) 积分，或在恒温定组成情况下，测得不同压力下 $V_{m,B}$ 后，以 $(V_{m,B}-RT/p)$ 对 p 作图，进行图解积分，即得混合物任一组分 B 的逸度因子 φ_B。

(3) 利用逸度因子图求 φ^*_B

对于纯气体的逸度或逸度因子的求解更多的是应用普遍化的逸度因子图。将纯真实气体的摩尔体积，$V^*_m=ZRT/p$ 代入式(4-45)，得纯真实气体

$$\ln\varphi^*_B=\int_0^p(Z-1)dp/p \tag{4-48}$$

因 $p=p_r p_c$，有 $dp/p=dp_r/p_r$ 于是得到

$$\ln\varphi_B^* = \int_0^{p_r}(Z-1)dp_r/p_r \tag{4-49}$$

由对应状态原理可知，对于不同的气体，若 T_r、p_r 相同，有大致相同的 Z 值。根据式(4-49)，也就有大致相同的 φ_B^* 值。因而，根据上式可求一定 T_r、p_r 下纯气体的 φ_B^* 值。普遍化逸度系数图就是由普遍化压缩因子图根据上式转化而来的。

图 4-8 是普遍化逸度因子图，从图中可以看出，$T_r>2.4$ 时，φ_B^* 随压力增大而增大，$T_r<2.4$ 时，φ_B^* 先随 p_r 增大而减小，然后增大；在任何 T_r 下，因 $p\to0$ 时，$Z\to1$，这时 $\varphi_B^*\to1$。在实际工作中，若知道了真实气体的温度、压力，可通过图 4-8 查出其 φ_B^* 值。

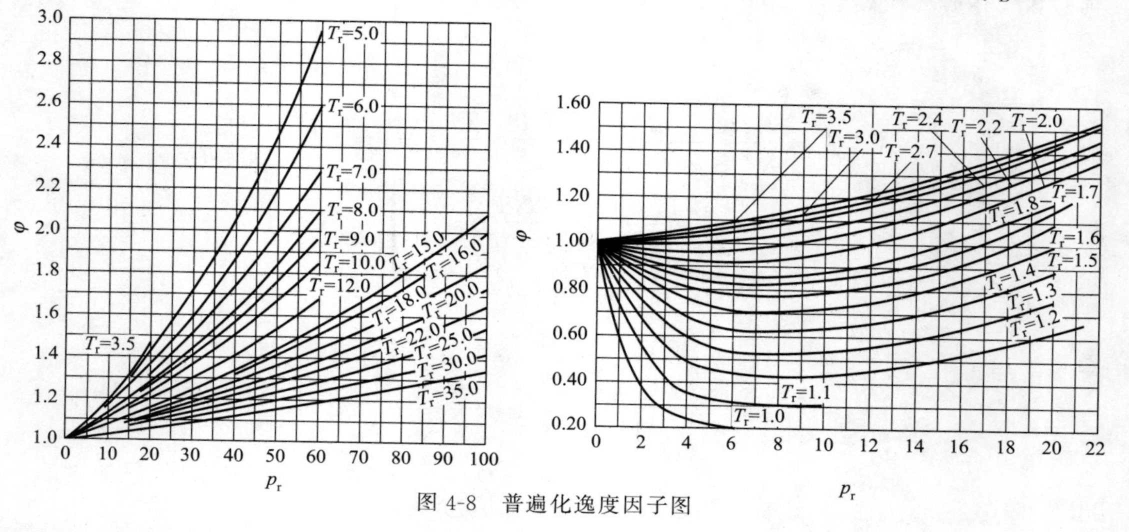

图 4-8 普遍化逸度因子图

(4) 路易斯-兰德尔（Lewis-Randall）**逸度规则**

对于真实气体混合物中任一组分 B，如果 $V_{m,B(g)}=V_{m,B(g)}^*$，即混合物中任一组分 B 在温度 T、总压力 p 下的偏摩尔体积等于组分 B 在混合气体温度及总压下单独存在时的摩尔体积，也就是在恒温恒压下几种真实气体混合时，总体积保持不变，即

$$V_{(g)}=\sum_B n_B V_{m,B(g)}=\sum_B n_B V_{m,B(g)}^*$$

比较式(4-45) 与式(4-46) 可知，这时 $\varphi_B^*=\varphi_B$，混合物中组分 B 的逸度为

$$f_B=\varphi_B p y_B=\varphi_B^* p y_B=f_B^* y_B \tag{4-50}$$

即真实气体混合物中组分 B 的逸度等于该组分在混合气体的温度和总压下单独存在时的逸度与该组分在混合物中的摩尔分数的乘积，这就是**路易斯-兰德尔**（Lewis-Randall）**逸度规则**。该规则可用来计算混合物中各组分的逸度，但这一规则是近似的，因为在压力增大时，$V_{m,B(g)}\neq V_{m,B(g)}^*$，体积的加和性往往有较大的偏差，尤其是含有极性组分或含有临界温度相差较大的组分时，偏差就更为显著。

拉乌尔定律和亨利定律

4.5 拉乌尔定律和亨利定律

在上一节，给出了气体（包括理想气体和真实气体）化学势的表达式，接下来将要讨论液态混合物系统各组分以及溶液中溶剂和溶质的化学势的表达式。

在液态混合物或溶液系统中，平衡时，系统中任一组分在气、液两相化学势相等，即

$$\mu_{B(l)}=\mu_{B(g)}$$

若与液态混合物或溶液成平衡的蒸气压力 p 不大，可以近似认为是理想气体混合物，则按式(4-30) 有

$$\mu_{B(l)}=\mu_{B(g)}=\mu_{B(g)}^{\ominus}+RT\ln\frac{p_B}{p^{\ominus}} \tag{4-51}$$

现在的问题是 $p_B=$？为此，要先介绍两个分别用于理想液态混合物和稀溶液的经验定律。

如同研究真实气体之前要研究理想气体一样，研究真实液态混合物和溶液之前则要研究理想液态混合物和理想稀溶液，因为它们是最为简单的混合物和溶液模型，经过适当的修正就能表示出真实混合物和溶液的性质。

4.5.1 拉乌尔（Raoult）定律

在一定温度下于纯溶剂 A 中加入溶质 B，无论溶质 B 是否挥发，平衡时，溶剂 A 在气相中的蒸气压都要下降。1886 年，法国化学家拉乌尔（Raoult F M）根据实验得出结论：稀溶液中溶剂蒸气压等于同一温度下纯溶剂的饱和蒸气压与溶液中溶剂摩尔分数的乘积。此即为拉乌尔定律。用公式表示为

$$p_A=p_A^*x_A \tag{4-52}$$

式中，p_A^* 为同样温度下纯溶剂的饱和蒸气压；x_A 为溶液中溶剂的摩尔分数。

式(4-52) 不仅适用于一种溶质的情况，对于多种溶质构成的稀溶液系统也适用。由于溶质溶于溶剂所引起的溶剂蒸气压降低为 $p_A^*-p_A$，根据式(4-52)，可得

$$p_A^*-p_A=p_A^*(1-x_A)$$

对二组分而言，因为 $1-x_A=x_B$，故拉乌尔定律又可表示为

$$p_A^*-p_A=\Delta p=p_A^*x_B \tag{4-53}$$

即“溶剂蒸气压的降低与溶质的摩尔分数成正比”。

从稀溶液中溶剂分子所处的环境不难理解溶剂的蒸气压与其摩尔分数之间的关系为什么遵守拉乌尔定律。因为在稀溶液中，溶质分子很少，溶剂分子周围的环境与纯溶剂几乎相同，溶剂分子间的引力受溶质分子的影响很小，与溶质分子的性质无关。又因为溶剂的蒸气压一方面由溶剂本身性质所决定，另一方面与溶剂的挥发速率相关。溶剂的挥发速率又与单位面积溶剂分子所占百分数有关。而在溶液中，溶质与溶剂是均匀混合的，因此，单位面积溶剂分子所占百分数与溶剂的摩尔分数成正比。至此，不难理解拉乌尔定律成立的原因。

对液态混合物而言，任一组分在全部浓度范围内都服从拉乌尔定律的液态混合物称为**理想液体混合物**。关于理想液体混合物我们在后面还将详细讨论。

4.5.2 亨利（Henry）定律

1803 年英国化学家（Henry W）在研究中发现：在一定温度下，稀溶液中挥发性溶质在气相的平衡分压与其在溶液中的摩尔分数成正比。比例系数称为亨利系数。用公式表示为

$$p_B=k_{x,B}x_B \tag{4-54}$$

式中，p_B 是挥发性溶质 B 在液面上的平衡分压；$k_{x,B}$ 是溶质 B 的浓度标度用摩尔分数表示时的亨利系数，其数值决定于温度和溶质及溶剂的本性。

如果溶质的浓度标度用质量摩尔浓度 b_B 或体积摩尔浓度 c_B 表示，则相应的亨利定律表

示为

$$p_B = k_{b,B} b_B \tag{4-55}$$

$$p_B = k_{c,B} c_B \tag{4-56}$$

式中，$k_{b,B}$、$k_{c,B}$ 是对应的亨利系数。因为三种溶液浓度表示方法不同，对应的三种亨利系数的数值和单位也不同，$k_{x,B}$、$k_{b,B}$、$k_{c,B}$ 的单位分别为 Pa、$Pa \cdot mol^{-1} \cdot kg$、$Pa \cdot mol^{-1} \cdot m^3$。

温度不同，亨利系数不同，温度升高，挥发性溶质的挥发能力增强，亨利系数增大。换言之，同样的平衡分压下温度升高，气体的溶解度减少。

若有几种气体同时溶于同一溶剂中，在稀溶液条件下，每种气体的平衡分压与其溶解度关系均分别适用亨利定律。例如空气中的 N_2 和 O_2 在水中的溶解度就是这样的例子。

此外，在应用亨利定律时，还要注意下列几点。

① 亨利定律中的比例系数其物理意义不同于拉乌尔定律中的比例系数 p^*。p^* 是相同温度下溶剂的饱和蒸气压，是实实在在存在的。而亨利定律中的比例系数 k_B 不是纯 B 的饱和蒸气压，仅是一个由实验确定的比例常数而已，在数值上等于系统平衡总压 p 对 x_B 作图，在 $x_B \to 0$ 时的正切交于 $x_B = 1$ 的值。如图 4-9 所示的 k_B，显然 $k_B \neq p_B^*$。

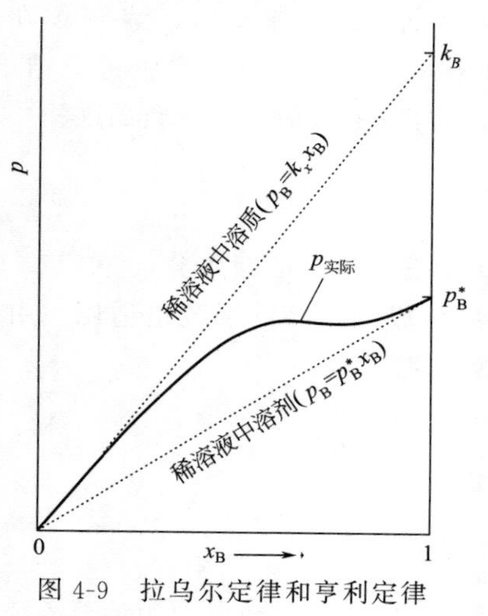

图 4-9 拉乌尔定律和亨利定律

② 只有挥发性溶质才可应用亨利定律来定量计算溶质的蒸气压与浓度的关系。

③ 式中的压力 p_B 不是液面上的总压，而是挥发性溶质 B 在液面上的平衡分压力。

④ 溶质在气相与液相的分子状态必须是相同的。例如亨利定律可用于 HCl 溶于 $CHCl_3$ 系统，但不能用于 HCl 溶于水的系统，因为 HCl 溶于水中为 H^+ 和 Cl^-。对于电离度较小的溶质，应用亨利定律必须用溶液中分子态的溶质的浓度。例如 NH_3 溶解于水发生下列反应：

$$NH_3 + H_2O \longrightarrow NH_4^+ + OH^-$$

在使用 $p_{NH_3} = k_{x,NH_3} x_{NH_3}$ 时，x_{NH_3} 应该是分子态的 NH_3 浓度，这就必须在溶解的氨中扣除 NH_4^+ 的数量。

⑤ 温度越高或压力越低，在稀溶液中应用亨利定律能得到更正确的结果。

亨利定律是化工单元操作“吸收”的理论和操作依据，利用溶剂对混合气体中各种气体的溶解度的差异进行吸收分离。把溶解度大的气体吸收下来，达到从混合气体中回收或除去某种气体的目的。

由亨利定律 $p_B = k_{x,B} x_B$ 可知，当溶质、溶剂和温度都一定时，亨利常数为一定值。气体的分压越大，则该气体在溶液中的溶解度也就越大。所以增加气体的压力有利于吸收操作。

由表 4-1 可知，随温度的升高，k 值增大，因而当 CO_2 分压相同时，随着温度的升高，CO_2 的溶解度 x_{CO_2} 将下降。反之降低温度，则 x_{CO_2} 的溶解度将增大，所以低温有利于吸收操作。

表 4-1 不同温度下 CO_2 在水中的亨利系数 $k_{x,B}$

温度/℃	0	10	20	30	40	50	60
$k_{x,B}$(大气压)/10^{-3}	0.728	1.04	1.42	1.86	2.33	2.83	3.41

表 4-2 列出了不同气体的亨利常数值，由表 4-2 可知气体在不同的溶剂中其亨利常数不同，若在相同的气体分压下进行比较，k 值越小则溶解度越大，所以亨利常数可作为选择吸收溶剂的重要依据。

表 4-2 25℃下几种气体在水中和在苯中的亨利系数 $k_{x,B}$ 单位：10MPa

气 体	水为溶剂	苯为溶剂
CH_4	4.19	0.0569
CO_2	0.167	0.0114
H_2	7.12	0.367
N_2	8.68	0.239
O_2	4.40	

注：数据来源于 R J Sibey and R A Alberty. Physical Chemistry. Wiley：New York，2001.

4.5.3 关于拉乌尔定律和亨利定律

拉乌尔定律适用于稀溶液中的溶剂或理想液态混合物中任一组分 B，亨利定律适用于稀溶液中的溶质。拉乌尔定律 $p_A=p_A^*x_A$，比例系数是与稀溶液同样温度下的纯溶剂 A 的饱和蒸气压；而亨利定律 $p_B=k_{x,B}x_B$，比例系数并不是纯溶质 B 的饱和蒸气压，是一个实验常数，它反映了溶质与溶剂间的相互作用。这两个定律的差别可用图 4-10 表示出来。系统在一定温度下由 A 和 B 混合而成，纵坐标为压力 p，横坐标为组成 x_B。图中左右两侧各有一稀溶液区，p_A^* 和 p_B^* 分别代表纯液体 A（丙酮）和 B（三氯甲烷）的饱和蒸气压，k_A 和 k_B 分别代表 A 溶解于 B 的溶液和 B 溶解于 A 的溶液中溶质的亨利系数。图中两条实线分别为 A 和 B 在气相中的蒸气分压之和，即系统的蒸气总压 $p=p_A+p_B$ 随组成的变化；实线下面的两条虚线分别代表按亨利定律计算的 A 和 B 的蒸气压。而实线上面的两条虚线分别代表按拉乌尔定律计算的 A 和 B 的蒸气压。

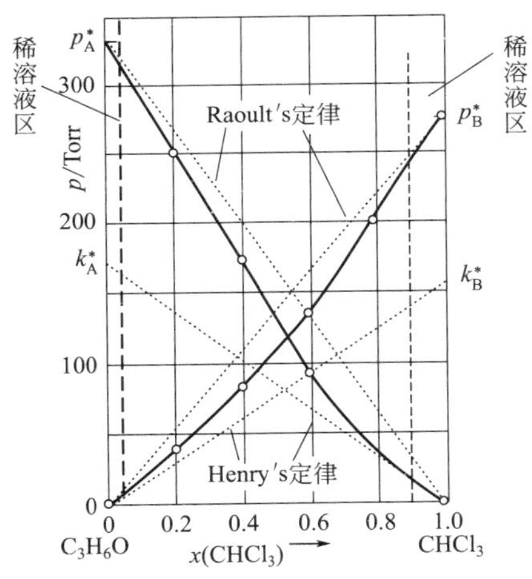

图 4-10 二组分液态完全互溶系统中组分的蒸气压与组成的关系（1Torr=133.322Pa）

从图 4-10 可以看出，在左侧稀溶液区，组分 A 作为溶剂，p_A 与 x_A 成正比，比例系数为 p_A^*，符合拉乌尔定律（同时，组分 B 作为溶质，p_B 与 x_B 成正比，符合亨利定律，比例系数为 $k_{x,B}$）；在稀溶液区以外，p_A 的实际值与按拉乌尔定律计算值有明显的偏差；到了右侧稀溶液区，组分 B 作为溶剂，p_B 与 x_B 成正比，比例系数为 p_B^*，符合拉乌尔定律（同时，组分 A 作为溶质，p_A 与 x_A 成正比，符合亨利定律，比例系数为 $k_{x,A}$）。图 4-10 的实验结果表明，对于二组分溶液系统，在一定的浓度范围内，若溶剂服从拉乌尔定律，则相应的溶质一定服从亨利定律。

例题 4-4 平衡压力为 100kPa 时，20℃、1kg 水中可溶解 CO_2 0.0017kg。1kg、40℃水中可溶解 CO_2 0.001kg。如果用只能承受 200kPa 的瓶子装 CO_2 饮料，则在 20℃条件下充装饮料时，CO_2 的最大压力应为多少才能保证这种饮料可以在 40℃条件下安全存放（不考虑溶解的空气和水的蒸气压随温度的变化）？

解 本题在 20℃和 40℃下的亨利系数分别为：

$$k_{b,B}=\frac{p}{b_B}=\frac{100\times 44\times 10^{-3}}{1.7\times 10^{-3}}\text{kPa·kg·mol}^{-1}=2588.24\text{kPa·kg·mol}^{-1}$$

$$k'_{b,B}=\frac{p}{b_B}=\frac{100\times 44\times 10^{-3}}{1.0\times 10^{-3}}\text{kPa·kg·mol}^{-1}=4400\text{kPa·kg·mol}^{-1}$$

在 40℃时，只能承受 200kPa 的瓶子装 CO_2 饮料，则

$$b'_B=\frac{p}{k'_{b,B}}=\frac{200}{4400}\text{mol·kg}^{-1}=0.04545\text{mol·kg}^{-1}$$

b'_B 就是瓶子压力为 200kPa 时可能承受的最大溶质浓度。由于装瓶是在 20℃时进行，与此浓度相应的装瓶压力为：$p_B=k_{x,B}b'_B=2588.24\times 0.04545\text{kPa}=117.64\text{kPa}$。

例题 4-5 20℃下 HCl 溶于苯中达平衡，气相中 HCl 的分压为 100kPa 时，溶液中 HCl 的摩尔分数为 0.0419。已知 20℃时苯的饱和蒸气压为 10.0kPa，若 20℃时 HCl 和苯的蒸气总压为 100kPa，求 100g 苯中溶解多少克 HCl。

解 将 HCl 溶解苯溶液按理想稀溶液处理，溶剂苯（A）服从拉乌尔定律，溶质 HCl（B）服从亨利定律；蒸气可视为理想气体混合物。

据题意
$$p_B=k_{x,B}x_B,\ k_{x,B}=\frac{p_B}{x_B}=\frac{100}{0.0419}\text{kPa}=2.387\times 10^3\text{kPa}$$

$$p=p_A+p_B=p_A^*x_A+k_{x,B}x_B$$

即
$$100=10.0(1-x_B)+2.387\times 10^3 x_B$$

解得
$$x_B=0.0379$$

因为
$$x_B=\frac{m_B/M_B}{m_A/M_A+m_B/M_B}=\frac{m_B/36.5}{100/78+m_B/36.5}=0.0379$$

解得
$$m_B=1.843\text{g}$$

4.6 理想液态混合物中各组分的化学势

4.6.1 理想液态混合物的定义及其任一组分的化学势

任一组分在全部浓度范围内都服从拉乌尔定律的液态混合物被定义为**理想液态混合物**。在介绍完拉乌尔定律和亨利定律后，现在可以给出理想液态混合物中各组分及溶液中溶剂和溶质的化学势的表达式。首先通过拉乌尔定律给出理想液态混合物中各组分及溶液中溶剂的化学势的表达式。

在上一节中，对于达到平衡的理想液态混合物系统，其中任一组分 B 的化学势的表达式如式(4-51)，即

$$\mu_{B(l)}=\mu_{B(g)}=\mu_{B(g)}^{\ominus}+RT\ln\frac{p_B}{p^{\ominus}}$$

将拉乌尔定律 $p_B = p_B^* x_B$，代入上式得

$$\mu_{B(l)} = \mu_{B(g)} = \mu_{B(g)}^{\ominus} + RT\ln\frac{p_B^*}{p^{\ominus}} + RT\ln x_B \tag{4-57}$$

对于纯液体 B，$x_B = 1$，则式(4-57) 变为

$$\mu_{B(l)}^* = \mu_{B,(g)}^{\ominus} + RT\ln\frac{p_B^*}{p^{\ominus}} \tag{4-58}$$

将式(4-58) 代入式(4-57) 中得

$$\mu_{B(l)} = \mu_{B(l)}^* + RT\ln x_B \tag{4-59}$$

因液态混合物中组分 B 的标准态规定为同样温度 T、压力为 $p^{\ominus}$下的纯液体，其标准化学势为 $\mu_{B,(l)}^{\ominus}$，故要利用热力学基本关系式寻求 $\mu_{B(l)}^*$ 与 $\mu_{B,(l)}^{\ominus}$ 之间的关系。对于纯液体 B 应用 $dG_m^* = -S_m^* dT + V_m^* dp$，因温度相同，$dT = 0$，所以 $dG_m^* = V_m^* dp$，当压力由 $p^{\ominus}$变至 p 时，纯液体 B 的化学势从 $\mu_{B,(l)}^{\ominus}$ 变为 $\mu_{B(l)}^*$，于是

$$\mu_{B(l)}^* = \mu_{B,(l)}^{\ominus} + \int_{p^{\ominus}}^{p} V_{m,B(l)}^* dp \tag{4-60}$$

式中，$V_{m,B(l)}^*$ 为纯液体 B 在温度 T 时的摩尔体积。

将式(4-60) 代入式(4-59) 得

$$\mu_{B(l)} = \mu_{B,(l)}^{\ominus} + RT\ln x_B + \int_{p^{\ominus}}^{p} V_{m,B(l)}^* dp \tag{4-61}$$

通常情况下，由于液体的体积受压力影响不大，在压力 p 不是太大时，式(4-61) 中的积分项可以忽略不计。于是式(4-61) 近似为

$$\mu_{B(l)} = \mu_{B,(l)}^{\ominus} + RT\ln x_B \tag{4-62}$$

式(4-62) 就是理想液态混合物中任一组分 B 的化学势的近似表达式。除非特殊需要，通常都使用这个公式。该公式表明了理想液态混合物中任一组分 B 的化学势 $\mu_{B(l)}$ 是温度和组成的函数。式(4-62) 也作为理想液态混合物的定义式。

对于稀溶液中溶剂 A，只需将式(4-62) 中的 B 改为 A 即可，形式完全一样。

任一组分在全部浓度范围内都服从拉乌尔定律的液态混合物定义为**理想液态混合物**。理想液态混合物是研究液态混合性质的一种简化的理想模型。理想液态混合物的模型在液态混合物研究中的地位类似于理想气体模型在气体研究中的地位，是研究液态混合物及混合性质的基础。严格的理想液态混合物实际上并不存在，但由同位素组成的混合物如$^{12}CH_3I$ 和 $^{13}CH_3I$、紧邻同系物组成的混合物如苯与甲苯、光学异构体组成的混合物如果糖与葡萄糖、结构异构体组成的混合物如邻二甲苯与对二甲苯等性质非常相似的物质它们的混合物可近似地认为是理想液态混合物。

按照理想液态混合物的定义，对于二组分 A-B 系统显然有

$$p_A = p_A^* x_A,\quad p_B = p_B^* x_B$$

从分子模型上看，理想液态混合物各组分的分子彼此相似，大小也基本相同，以致它们分子间的相互作用力 $F_{A\text{-}A} \approx F_{A\text{-}B} \approx F_{B\text{-}B}$。因此当 A 和 B 混合时，不会产生热效应和体积变化，并且混合物中各组分的挥发能力与相应的纯液体完全相同。遵循拉乌尔定律是这种微观分子特征的必然的宏观结果。

4.6.2　理想液态混合物混合过程的热力学特征

根据理想液态混合物的分子模型，即有大致基本相同的分子体积和分子间的相互作用力

$F_{\text{A-A}} \approx F_{\text{A-B}} \approx F_{\text{B-B}}$，因此，理想液态混合物在混合过程中有其特有的热力学特征。

(1) 混合吉布斯函数 $\Delta_{\text{mix}}G$

设有如下的混合过程

纯液体 A $T, p^{\ominus}$	+	纯液体 B $T, p^{\ominus}$	$\xrightarrow{\Delta_{\text{mix}}G=?}$	理想液态混合物 $T, p^{\ominus}$

上述混合过程吉布斯函数的改变值等于终态吉布斯函数 G_{f} 减去始态吉布斯函数 G_{i}。即

$$\begin{aligned}\Delta_{\text{mix}}G &= G_{\text{f}} - G_{\text{i}} = (n_{\text{A}}G_{\text{m,A}} + n_{\text{B}}G_{\text{m,B}}) - (n_{\text{A}}G^{*}_{\text{m,A}} + n_{\text{B}}G^{*}_{\text{m,B}}) \\ &= (n_{\text{A}}\mu_{\text{A}} + n_{\text{B}}\mu_{\text{B}}) - (n_{\text{A}}\mu^{\ominus}_{\text{A}} + n_{\text{A}}\mu^{\ominus}_{\text{B}})\end{aligned}$$

将理想液态混合物中任一组分化学势的表达式(4-62) 代入上式中，得

$$\begin{aligned}\Delta_{\text{mix}}G &= (n_{\text{A}}\mu^{\ominus}_{\text{A}} + n_{\text{A}}RT\ln x_{\text{A}} + n_{\text{B}}\mu^{\ominus}_{\text{B}} + n_{\text{B}}RT\ln x_{\text{B}}) - (n_{\text{A}}\mu^{\ominus}_{\text{A}} + n_{\text{B}}\mu^{\ominus}_{\text{B}}) \\ &= n_{\text{A}}RT\ln x_{\text{A}} + n_{\text{B}}RT\ln x_{\text{B}}\end{aligned}$$

$$\Delta_{\text{mix}}G_{\text{m}} = \frac{\Delta_{\text{mix}}G}{n} = RT(x_{\text{A}}\ln x_{\text{A}} + x_{\text{B}}\ln x_{\text{B}})$$

更一般地，对于由 n 种纯物质构成理想液态混合物，其混合吉布斯函数为

$$\Delta_{\text{mix}}G = RT\sum_{\text{B}} n_{\text{B}}\ln x_{\text{B}} \tag{4-63a}$$

$$\Delta_{\text{mix}}G_{\text{m}} = RT\sum_{\text{B}} x_{\text{B}}\ln x_{\text{B}} \tag{4-63b}$$

式(4-63a) 非常类似于第 3 章中介绍的恒温恒压下理想气体混合吉布斯函数的计算公式(3-58)。

(2) 混合熵 $\Delta_{\text{mix}}S$

根据多组分系统热力学关系式 $\text{d}G_{\text{m,B}} = -S_{\text{m,B}}\text{d}T + V_{\text{m,B}}\text{d}p$，可得

$$\left(\frac{\partial G_{\text{m,B}}}{\partial T}\right)_{p,x} = \left(\frac{\partial \mu_{\text{B}}}{\partial T}\right)_{p,x} = -S_{\text{m,B}}$$

$$\left(\frac{\partial \mu_{\text{B}}}{\partial T}\right)_{p,x} = \left\{\frac{\partial[\mu^{\ominus}_{\text{B}}(T) + RT\ln x_{\text{B}}]}{\partial T}\right\}_{p,x} = -S^{*}_{\text{m,B}} + R\ln x_{\text{B}}$$

$$-S_{\text{B}} = -S^{*}_{\text{m,B}} + R\ln x_{\text{B}}$$

$$\begin{aligned}\Delta_{\text{mix}}S &= S_{\text{f}} - S_{\text{i}} = (n_{\text{B}}S_{\text{m,B}} + n_{\text{A}}S_{\text{m,A}}) - (n_{\text{B}}S^{*}_{\text{m,B}} + n_{\text{A}}S^{*}_{\text{m,A}}) \\ &= -n_{\text{A}}R\ln x_{\text{A}} - n_{\text{B}}R\ln x_{\text{B}} = -nR(x_{\text{A}}\ln x_{\text{A}} + x_{\text{B}}\ln x_{\text{B}})\end{aligned}$$

$$\Delta_{\text{mix}}S_{\text{m}} = -R(x_{\text{A}}\ln x_{\text{A}} + x_{\text{B}}\ln x_{\text{B}})$$

更一般地，对于由 n 种组分构成理想液态混合物过程，其混合熵变为

$$\Delta_{\text{mix}}S = -R\sum_{\text{B}} n_{\text{B}}\ln x_{\text{B}} \tag{4-64a}$$

$$\Delta_{\text{mix}}S_{\text{m}} = -R\sum_{\text{B}} x_{\text{B}}\ln x_{\text{B}} \tag{4-64b}$$

实际上，式(4-64a) 和式(4-64b) 可以直接通过式(4-63a) 和式(4-63b) 在恒压对温度偏微分得到。

(3) 混合体积 $\Delta_{\text{mix}}V$

根据多组分系统热力学关系式 $\text{d}G_{\text{m,B}} = -S_{\text{m,B}}\text{d}T + V_{\text{m,B}}\text{d}p$，可得

$$\left(\frac{\partial G_{\text{m,B}}}{\partial p}\right)_{T,x} = \left(\frac{\partial \mu_{\text{B}}}{\partial p}\right)_{T,x} = V_{\text{m,B}}$$

$$V_{m,B}=\left(\frac{\partial \mu_B}{\partial p}\right)_{T,x}=\left\{\frac{\partial[\mu_B^{\ominus}(T)+RT\ln x_B]}{\partial p}\right\}_{T,x}=V_m^*$$

$$\Delta_{mix}V=V_f-V_i=(n_AV_{m,A}+n_BV_{m,B})-(n_AV_{m,A}^*+n_BV_{m,B}^*)$$

因为 $V_{m,B}=V_{m,B}^*$，所以 $\Delta_{mix}V=0$。　　(4-65)

(4) 混合焓 $\Delta_{mix}H$

根据多组分系统热力学关系式，在恒温条件下有

$$\Delta G_{m,B}=\Delta H_{m,B}-T\Delta S_{m,B}$$

$$\Delta_{mix}H_m=RT\sum x_B\ln x_B+T(-R\sum x_B\ln x_B)=0$$

即

$$\Delta_{mix}H_m=0 \tag{4-66}$$

即由几种纯液体混合形成理想液态混合物时，没有热效应，混合前后总焓值和总体积不变。

由式(4-63a)～式(4-66) 可知，恒温恒压下纯液体物质混合形成理想液态混合物的热力学特征与纯物质气体混合形成理想气体的热力学特征完全相同。这是因为，同理想气体一样，在形成理想液态混合物前后没有分子体积和分子间作用力的变化。但是，值得注意的是，理想气体分子本身的体积和相互间作用力为零，而理想液体中分子本身的体积和分子间作用力不为零，只是在混合前后没有变化而已。

理想液体化合物——拉乌尔定律

例题 4-6　A、B 两液体能形成理想液态混合物。已知在温度 T 时，纯 A 和纯 B 的饱和蒸气压分别为 40kPa 和 120kPa。

(1) 在温度 T 下，于气缸中将组成为 $y_A=0.4$ 的 A、B 混合气体恒温缓慢压缩，求凝结出第一点液滴时体系的总压以及该液滴的组成（以摩尔分数表示）为多少？

(2) 若将 A、B 两液体混合，并使其在 100kPa，温度 T 下开始沸腾，求该液体混合物的组成及沸腾时饱和蒸气压的组成（摩尔分数）？

解　(1) 根据题意，设当第一滴液滴凝出时，其气相的组成不变

$$p=p_A+p_B=p_A^*x_A+p_B^*x_B=p_A^*(1-x_B)+p_B^*x_B \tag{A}$$

$$p_A=y_Ap=0.4p \tag{B}$$

联合式(A) 和式(B) 得

$$p=\frac{p_A^*(1-x_B)}{0.4}，即\frac{p_A^*(1-x_B)}{0.4}=p_A^*+(p_B^*-p_A^*)x_B$$

整理得　$$x_B=\frac{0.6p_A^*}{0.6p_A^*+0.4p_B^*}=\frac{0.6\times40}{0.6\times40+0.4\times120}=\frac{24}{72}=\frac{1}{3}$$

由此得第一点组成为　$x_A=0.667$，　$x_B=0.333$

系统总压　$p=p_A^*x_A+p_B^*x_B=(40\times2/3+120\times1/3)\text{kPa}=66.667\text{kPa}$

(2)　$p=p_A^*x_A+p_B^*x_B=p_A^*x_A+p_B^*(1-x_A)=p_B^*+(p_A^*-p_B^*)x_A$

根据题意，$p=100\text{kPa}$，即

$$100=120+(40-120)x_A$$

解之得液体混合物组成　$x_A=20/80=0.25$，$x_B=0.75$

$$p_A^*x_A=py_A$$

$$y_A=p_A^*x_A/p=40\times0.25/100=0.1$$

$$y_B=0.9$$

例题 4-7 液体 B 与液体 C 可以形成理想液态混合物，在常压及 25℃下，向总量 n=10mol 组成 $x_C=0.4$ 的 B，C 混合物中加入 14mol 的纯液体 C，形成新的混合物，求过程的 ΔG 和 ΔS。

解 过程框图如下

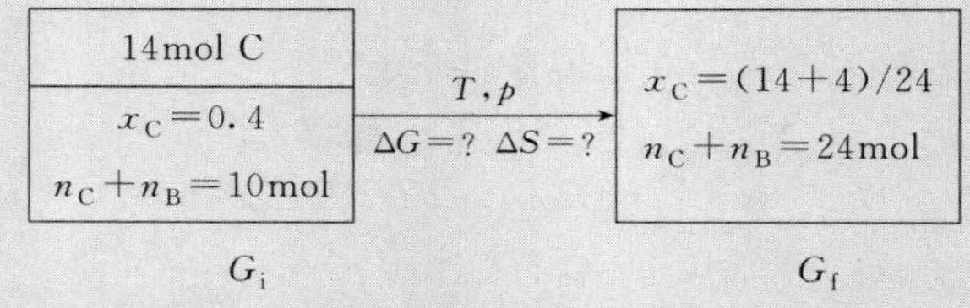

$$G_i=14\mu_C^{\ominus}+4\mu_C(x_C=0.4)+6\mu_B(x_B=0.6)$$

$$G_f=18\mu_C(x_C=0.75)+6\mu_B(x_B=0.25)$$

$$\begin{aligned}\Delta G&=G_f-G_i=[18(\mu_C^{\ominus}+RT\ln 0.75)+6(\mu_B^{\ominus}+RT\ln 0.25)]\\&\quad-[14\mu_C^{\ominus}+4(\mu_C^{\ominus}+RT\ln 0.4)+6(\mu_B^{\ominus}+RT\ln 0.6)]\\&=[(18RT\ln 0.75+6RT\ln 0.25)-(4RT\ln 0.4+6RT\ln 0.6)]\text{kJ}=-16.764\text{kJ}\end{aligned}$$

$$\Delta S=-\Delta G/T=-(-16764/298.15)\text{J}\cdot\text{K}^{-1}=56.23\text{J}\cdot\text{K}^{-1}$$

4.7 理想稀溶液中各组分的化学势

4.7.1 理想稀溶液的定义

溶剂符合拉乌尔定律且溶质符合亨利定律的溶液称为**理想稀溶液**，简称为**稀溶液**。严格地说，只有在浓度为无限稀薄时，溶剂和溶质才分别服从拉乌尔定律和亨利定律。但通常可以将较稀的溶液近似地作为理想稀溶液来处理。理想稀溶液在热力学上的表现为稀释焓为零，即$\Delta_{dil}H_m=0$。值得注意的是，不同种类的理想稀溶液其浓度范围不同，当然无限稀的溶液肯定是理想稀溶液，但逆命题不成立。

按照理想稀溶液的定义，对于二组分 A-B 系统有

$$p_A=p_A^*x_A,\ p_B=k_{x,B}x_B=k_{b,B}b_B=k_{c,B}c_B$$

从分子层面上看，理想稀溶液各组分的分子并不相似，它们之间的相互作用力（$F_{A\text{-}A}$、$F_{A\text{-}B}$、$F_{B\text{-}B}$）不同，分子大小也不一样。但是，由于是稀溶液，溶质分子周围几乎全是溶剂分子，溶质分子周围的化学环境以及与溶剂分子间的作用力与其纯态时完全不同。在一定的浓度范围内，不同浓度的稀溶液中溶质分子所处的环境却几乎相同，只是单位体积中溶质分子数不同，所以蒸气压与其摩尔分数成正比，即亨利定律。由于溶质与溶剂分子间的作用力与纯溶质时完全不同，故亨利定律中的比例系数不是同温下纯溶质的饱和蒸气压，而是一实验常数；对于稀溶液中溶剂分子而言，所处环境与纯溶剂中几乎相同，只是单位体积中溶剂分子数比纯溶剂少，所以蒸气压与其摩尔分数成正比，而与溶质的本性无关，即拉乌尔定律，且拉乌尔定律中比例常数为同温下纯溶剂的饱和蒸气压。这就是理想稀溶液模型的微观特征。

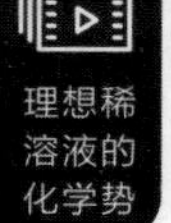

4.7.2 理想稀溶液中溶剂的化学势

理想稀溶液中因溶剂符合拉乌尔定律，与之成平衡的蒸气可视为理想气体混合物，可以采用与理想液态混合物相同的化学势表达式。这时只要将公式(4-61) 和式(4-62) 中表示任一组分 B 的下标换成表示溶剂 A 的下标，即可得到 A 的化学势。

$$\mu_{A(l)}=\mu_{A(l)}^{\ominus}+RT\ln x_A+\int_{p^{\ominus}}^{p}V_{m,A(l)}^{*}\mathrm{d}p$$

忽略 p_A^* 与 $p^{\ominus}$不同所引起的化学势的差异，A 的化学势为

$$\mu_{A(l)}=\mu_{A(l)}^{\ominus}+RT\ln x_A \tag{4-67}$$

式(4-67) 与理想液态混合物中任一组分的化学势式(4-62) 具有完全相同的形式。

为了后续应用的方便，例如讨论稀溶液的依数性，在这里我们还将导出溶剂的化学势与溶质的质量摩尔浓度 b_B 之间的关系。

当溶液中含有 B，C，D 等多种溶质且浓度分别用质量摩尔浓度 b_B，b_C，b_D…表示时

$$x_A=\frac{n_A}{n_A+\sum_B n_B}=\frac{m_A/M_A}{m_A/M_A+\sum_B n_B}=\frac{1}{1+M_A\sum_B(n_B/m_A)}$$

因为 $b_B=n_B/m_A$（式中 m_A 以 kg 为单位），故

$$x_A=\frac{1}{1+M_A\sum_B b_B},\quad \ln x_A=\ln\frac{1}{1+M_A\sum_B b_B}$$

对于理想稀溶液，当 b_B 非常小时，往往有 $M_A\sum_B b_B\leqslant 1$,根据 $\ln(1+x)$的幂级数展开式,并取其一级近似,可得

$$\ln x_A=-\ln\left(1+M_A\sum_B b_B\right)\approx -M_A\sum_B b_B$$

将上式代入式(4-67) 中，得到用溶质的质量摩尔浓度之和表示的溶剂的化学势的表达式

$$\mu_A=\mu_A^{\ominus}-RTM_A\sum_B b_B \tag{4-68}$$

4.7.3　理想稀溶液中溶质的化学势

理想稀溶液溶质的化学势的表达式稍复杂些，因为溶质的组成用不同的方法表示时，其标准态的选择也不同。溶质尚有挥发与不挥发之分，下面我们将以挥发性溶质为例，利用两相平衡化学势相等的原理和亨利定律推导出理想稀溶液中溶质化学势的表达式。

在一定温度 T 和压力 p 下，溶液中溶剂 A 和溶质 B 的化学势 $\mu_{A(l)}$、$\mu_{B(l)}$ 分别和与之成平衡的气相中 A 和 B 的化学势 $\mu_{A(g)}$、$\mu_{B(g)}$ 相等，如图 4-11 所示。即

$$\mu_{B(l)}=\mu_{B(g)}=\mu_{B(g)}^{\ominus}+RT\ln\frac{p_B}{p^{\ominus}}$$

将亨利定律 $p_B=k_{x,B}x_B$ 代入上式，且气相可视为理想气体混合物，有

$$\mu_{B(l)}=\mu_{B(g)}^{\ominus}+RT\ln\frac{k_{x,B}x_B}{p^{\ominus}}=\mu_{B(g)}^{\ominus}+RT\ln\frac{k_{x,B}}{p^{\ominus}}+RT\ln x_B$$

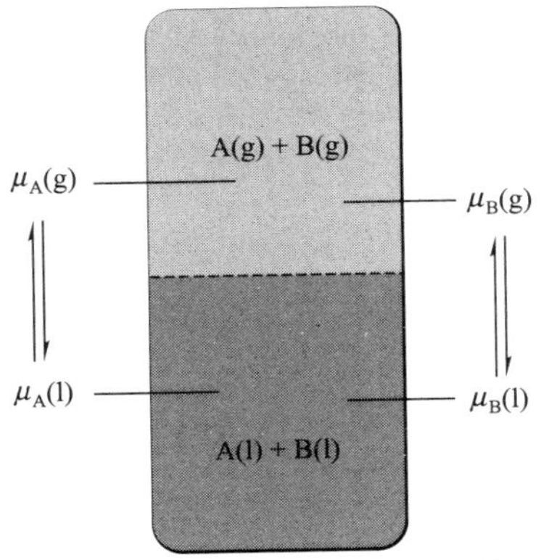

图 4-11　稀溶液气-液平衡系统

忽略压力的影响，令 $\mu_{x,B(l)}^{\ominus}\approx\mu_{x,B}^{*}=\mu_{B(g)}^{\ominus}+RT\ln\frac{k_{x,B}}{p^{\ominus}}$，则

$$\mu_{B(l)}=\mu_{x,B(l)}^{\ominus}+RT\ln x_B \tag{4-69}$$

式(4-69) 从形式上与式(4-67) 相似，实际上不同，其原因是 p_A^* 和 $k_{x,B}$ 的物理意义不同。

式中，$\mu_{x,B(l)}^{\ominus}$ 是温度为 T、平衡压力为 $k_{B,x}$ 时溶质 B 的化学势，是纯组分 B 的一种假想的

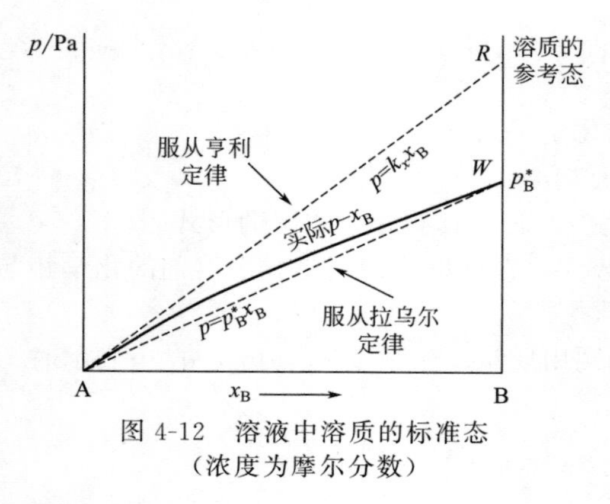

图 4-12 溶液中溶质的标准态
（浓度为摩尔分数）

标准态化学势。这种假想的纯组分 B 具有理想稀溶液中组分 B 的特性，遵循亨利定律，在温度 T 时饱和蒸气压为 $k_{x,\mathrm{B}}$，如图 4-12 中的 R 点。这个假想的标准态，方便了状态函数改变值（例如 ΔG 或 $\Delta\mu$）的计算，其本身在求 ΔG 或 $\Delta\mu$ 时，可以消去，不影响计算。

溶质实际的蒸气压曲线如实线所示，W 点是 $x_\mathrm{B}=1$ 时的蒸气压。

同理，若溶质浓度用质量摩尔浓度 b_B 表示，亨利定律为 $p_\mathrm{B}=k_{b,\mathrm{B}}b_\mathrm{B}$，用上述类似的方法可以得到溶质化学势的表达式

$$\mu_{\mathrm{B(l)}}=\mu^{\ominus}_{b,\mathrm{B(l)}}+RT\ln\frac{b_\mathrm{B}}{b^{\ominus}} \tag{4-70}$$

式中，$\mu^{\ominus}_{b,\mathrm{B(l)}}=\mu^{\ominus}_{\mathrm{B(g)}}+RT\ln(k_{\mathrm{B},b}b^{\ominus}/p^{\ominus})$，$\mu^{\ominus}_{b,\mathrm{B(l)}}$ 是 $b_\mathrm{B}=b^{\ominus}=1\mathrm{mol\cdot kg^{-1}}$ 时，仍符合亨利定律的那个假想状态下的化学势，如图 4-13 所示的 S 点，看作是溶质浓度用 b_B 表示的标准态。

若溶质浓度用体积摩尔浓度 c_B 表示，亨利定律为 $p_\mathrm{B}=k_{\mathrm{B},c}c_\mathrm{B}$，溶质化学势的表达式为

$$\mu_{\mathrm{B(l)}}=\mu^{\ominus}_{c,\mathrm{B(l)}}+RT\ln\frac{c_\mathrm{B}}{c^{\ominus}} \tag{4-71}$$

式中，$\mu^{\ominus}_{c,\mathrm{B(l)}}=\mu^{\ominus}_{\mathrm{B(g)}}+RT\ln(k_{c,\mathrm{B}}c^{\ominus}/p^{\ominus})$，$\mu^{\ominus}_{c,\mathrm{B(l)}}$ 是 $c_\mathrm{B}=c^{\ominus}=1\mathrm{mol\cdot dm^{-3}}$ 时，仍符合亨利定律的那个假想状态下的化学势，如图 4-14 所示的 S 点，看作是溶质浓度用 c_B 表示的标准态。

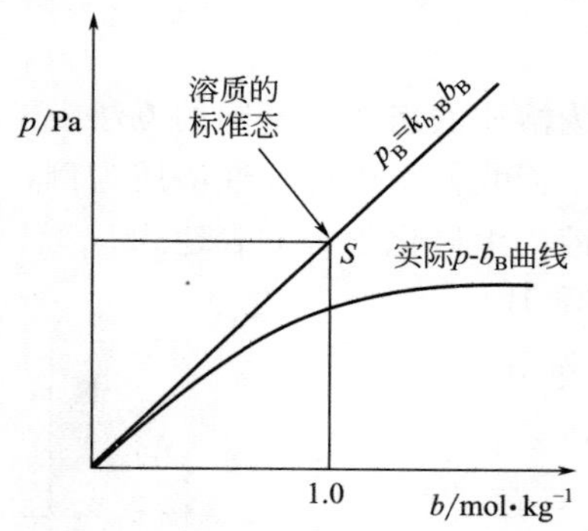

图 4-13 溶液中溶质的标准态（一）

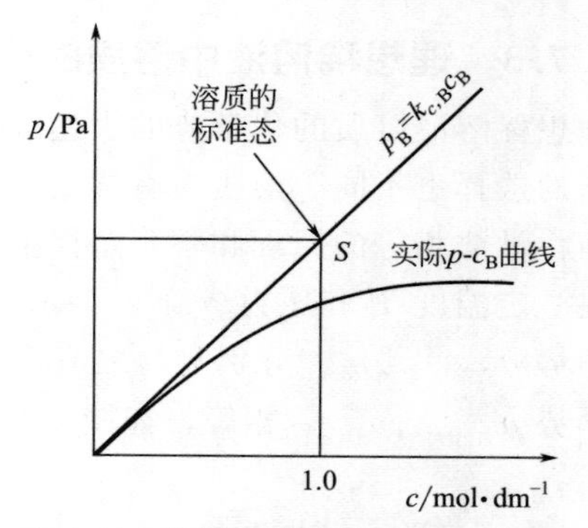

图 4-14 溶液中溶质的标准态（二）

很显然，由于溶质组成的表示方法不同，这三个假想的标准态的数值不可能相等。但对于同一系统中的同一个溶质，不管用何种组成方法表示，其化学势 μ_B 应该相等。

上述溶质浓度不同表述法的三种假想态，都是按亨利定律外推的结果，是假想的，如图 4-12～图 4-14 所示，与实际状态相比较实际上并不存在。那么，不存在为什么要用它们？它们又起什么作用？对计算结果有影响吗？这是因为，它们的存在既是数学积分的必然结果，也是实际系统计算摩尔吉布斯函数或化学势或其他状态函数摩尔值的参考态。利用这个参考态，方便了状态函数改变值（例如 ΔG 或 $\Delta\mu$）的计算，其本身在求 ΔG 或 $\Delta\mu$ 时，可以消去，不影响计算。例如前面的例题 4-7。

通过对上述三种不同浓度表示时的标准态化学势和溶剂的标准态化学势的比较可知，在理想稀溶液中，溶剂和溶质标准态定义方式和物理意义不同；而理想液态混合物中任一组分

标准态的定义方式和物理意义都一样，这就是我们将同为多组分的液体系统分为液态混合物与溶液的原因所在。

应该指出的是，式(4-60)～式(4-71) 虽然是根据挥发性溶质导出的，但对非挥发性溶质同样适用。

例题 4-8 在 20℃及标准压力下，将 1mol $NH_3(g)$ 溶于组成为 $NH_3 : H_2O=1:21$ 的大量溶液中，已知该溶液中氨的蒸气压为 3.6×10^3 Pa。求此过程的 ΔG。

解 首先画出过程的框图如下

1mol $NH_3(g)$ 20℃，$p^{\ominus}$	$\Delta G=?$ →	1mol NH_3，$x_{NH_3}=1/21$ $T=20℃$，$p_{NH_3}=3.6\times10^3$ Pa

始、末态中 NH_3 的化学势分别为 $\mu_{i,(NH_3,g)}=\mu^{\ominus}_{NH_3(g)}$

$$\mu_f=\mu^{\ominus}_{NH_3(g)}+RT\ln(p_{NH_3}/p^{\ominus})$$

$$\Delta G_m=\mu_f-\mu_i=RT\ln\frac{p_{NH_3}}{p^{\ominus}}=\left(8.314\times293\times\ln\frac{3.6\times10^3}{100\times10^3}\right)\text{J}=-8.10\text{kJ}$$

在上题计算中为什么不计算 H_2O 的 ΔG_m？请读者思考之。

例题 4-9 在 298K 和标准压力 $p^{\ominus}$下，将少量的乙醇加入纯水中形成稀溶液，使乙醇的摩尔分数为 $x_{乙醇}=0.01$，试计算纯水的化学势与溶液中水的化学势之差值。

解 已知稀溶液溶剂水的化学势为

$$\mu_{H_2O(l)}=\mu^{\ominus}_{H_2O(l)}+RT\ln x_{H_2O}$$

在 298K 和标准压力 $p^{\ominus}$下，$\mu^{\ominus}_{H_2O(l)}-\mu_{H_2O(l)}=-RT\ln x_{H_2O}$

$$=[-8.314\times298\times\ln(1-0.01)]\text{J}\cdot\text{mol}^{-1}$$

$$=24.90\text{J}\cdot\text{mol}^{-1}$$

4.7.4 溶质化学势表示式的应用举例——分配定律

1891 年能斯特（Nernst H W）在研究中发现，在一定温度和压力下，如果一种物质溶解在两个互不混溶的液体中，达到平衡后，该物质在两相中的质量摩尔浓度之比等于常数。该定律称为**能斯特分配定律**。

碘在水与四氯化碳间的分配就是这样的一个例子。

假设溶质 B 在 α、β 两相具有相同的分子形式，在一定温度压力下，B 在 α、β 两相中的质量摩尔浓度为 $b_{B(\alpha)}$、$b_{B(\beta)}$。当 B 在两相中均成为理想稀溶液时，根据式(4-70)，溶质 B 在两相中化学势的表达式分别为

$$\mu_{B(\alpha)}=\mu^{\ominus}_{b,B(\alpha)}+RT\ln\frac{b_{B(\alpha)}}{b^{\ominus}}$$

$$\mu_{B(\beta)}=\mu^{\ominus}_{b,B(\beta)}+RT\ln\frac{b_{B(\beta)}}{b^{\ominus}}$$

因溶质 B 在 α、β 两相达相平衡，所以有 $\mu_{B(\alpha)}=\mu_{B(\beta)}$，即

$$\mu^{\ominus}_{b,B(\alpha)}+RT\ln\frac{b_{B(\alpha)}}{b^{\ominus}}=\mu^{\ominus}_{b,B(\beta)}+RT\ln\frac{b_{B(\beta)}}{b^{\ominus}}$$

整理得

$$RT\ln\frac{b_{B(\alpha)}}{b_{B(\beta)}}=\mu_{b,B(\beta)}^{\ominus}-\mu_{b,B(\alpha)}^{\ominus}$$

在一定温度下，$\mu_{b,B(\beta)}^{\ominus}$、$\mu_{b,B(\alpha)}^{\ominus}$ 均为确定的值，故上式中 $[\mu_{b,B(\beta)}^{\ominus}-\mu_{b,B(\alpha)}^{\ominus}]/(RT)$ 为常数，与溶质 B 在两相中的质量摩尔浓度无关。即尽管稀溶液中 $b_{B(\alpha)}$、$b_{B(\beta)}$ 可以改变，但比值 $b_{B(\alpha)}/b_{B(\beta)}$ 为常数，即

$$\frac{b_{B(\alpha)}}{b_{B(\beta)}}=\exp\frac{\mu_{b,B(\beta)}^{\ominus}-\mu_{b,B(\alpha)}^{\ominus}}{RT}=K(T) \tag{4-72}$$

式中，K 为分配常数，此式常称为分配定律。K 与温度、溶质以及两种溶剂的性质有关，当溶液的浓度不大时，此式与实验结果相符。如果溶质在任一溶剂中有缔合或离解现象，则分配定律只适用于溶剂中分子形式相同的部分。

分配定律对利用吸收方法来分离气体混合物的工艺有指导作用，也可用来定量计算萃取分离时被提取物的质量或吸收一定量的物质所需的萃取剂的量。反过来，可以用来计算萃取次数，即使某一定量溶液中溶质降到某一程度，需用一定体积的萃取剂萃取多少次，可以证明，当萃取剂的体积一样时，分若干次萃取的效率要比一次萃取的高。

例题 4-10 25℃时 0.1mol NH_3 溶于 1dm^3 $HCCl_3$ 中，此溶液 NH_3 的蒸气分压为 4.433kPa，同温时 0.1mol NH_3 溶于 1dm^3 水中，NH_3 的蒸气分压为 0.88kPa。求 NH_3 在水与 $HCCl_3$ 中的分配系数 K。

解 $K=c_{NH_3}(H_2O\text{ 相})/c_{NH_3}(HCCl_3\text{ 相})$。

假设为稀溶液系统，根据题意有 $p_{NH_3}=k_{c,B}c_B$，且 $c_{NH_3}(HCCl_3)=0.1\text{mol}\cdot\text{dm}^{-3}$，$c_{NH_3}(H_2O)=0.1\text{mol}\cdot\text{dm}^{-3}$，由此得

$$k_{NH_3}(HCCl_3)=\frac{4.433\times10^3}{0.1}\text{Pa}\cdot\text{dm}^3\cdot\text{mol}^{-1}=4.433\times10^4\,\text{Pa}\cdot\text{dm}^3\cdot\text{mol}^{-1}$$

$$k_{NH_3}(H_2O)=\frac{0.88\times10^3}{0.1}\text{Pa}\cdot\text{dm}^3\cdot\text{mol}^{-1}=8.8\times10^3\,\text{Pa}\cdot\text{dm}^3\cdot\text{mol}^{-1}$$

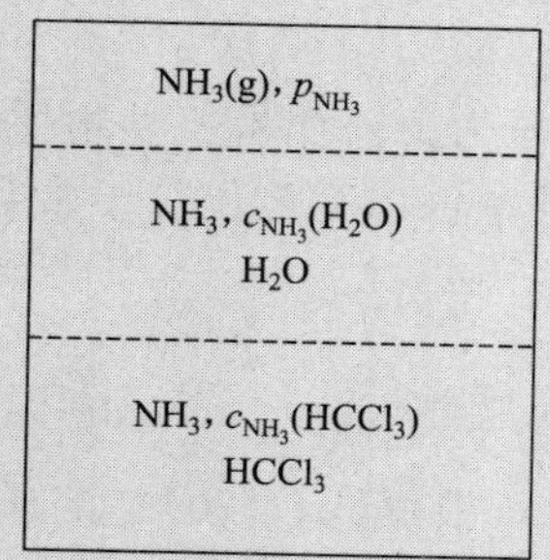

图 4-15 NH_3 溶于 H_2O 和 $HCCl_3$ 两相平衡示意图

如图 4-15 所示，两相平衡时，应有

$$\mu_{NH_3}(H_2O)=\mu_{NH_3}(HCCl_3)$$

$$\mu_{NH_3}(HCCl_3)=\mu_{NH_3}^{\ominus}+RT\ln[p_{NH_3}(HCCl_3)/p^{\ominus}]$$

$$\mu_{NH_3}(H_2O)=\mu_{NH_3}^{\ominus}+RT\ln[p_{NH_3}(H_2O)/p^{\ominus}]$$

因此有 $p_{NH_3}(H_2O)=p_{NH_3}(HCCl_3)$

即 $k_{NH_3}(H_2O)c_{NH_3}(H_2O)=k_{NH_3}(HCCl_3)c_{NH_3}(HCCl_3)$

由此得 $K=\dfrac{c_{NH_3}(H_2O)}{c_{NH_3}(HCCl_3)}=\dfrac{k_{NH_3}(HCCl_3)}{k_{NH_3}(H_2O)}=\dfrac{4.433\times10^4}{8.8\times10^3}=5.04$

容液的
衣数性

4.8 稀溶液的依数性

实验表明，与纯溶剂相比，溶入非挥发性溶质的稀溶液，溶液的性质有以下变化：蒸气压下降、沸点升高、凝固点降低、产生渗透压等。究其原因，可由稀溶液中溶剂化学势的表

达式(4-67) 推知，根据式(4-67)，$\mu_{A(l)}=\mu_{A(l)}^{\ominus}+RT\ln x_A$，稀溶液中溶剂的化学势 $\mu_{A(l)}$ 小于同温同压下纯溶剂的化学势 $\mu_{A(l)}^*$，从而导致了沸点升高、凝固点降低和渗透压的产生等，如图 4-16 所示。由于这些性质与溶质的本性无关，只取决于所含溶质粒子的数目，故称为稀溶液的依数性。下面分别讨论之。

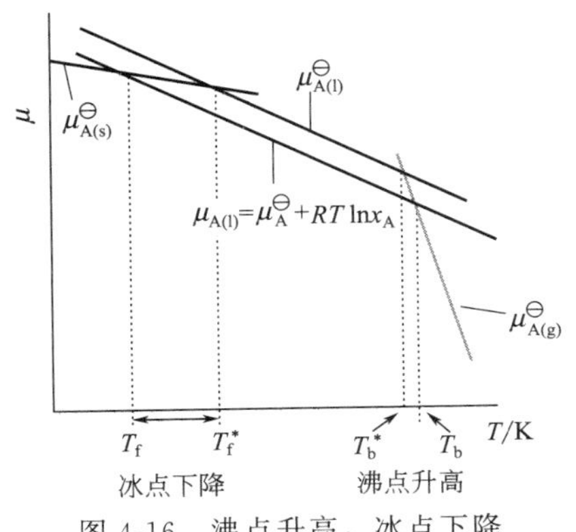

图 4-16　沸点升高，冰点下降

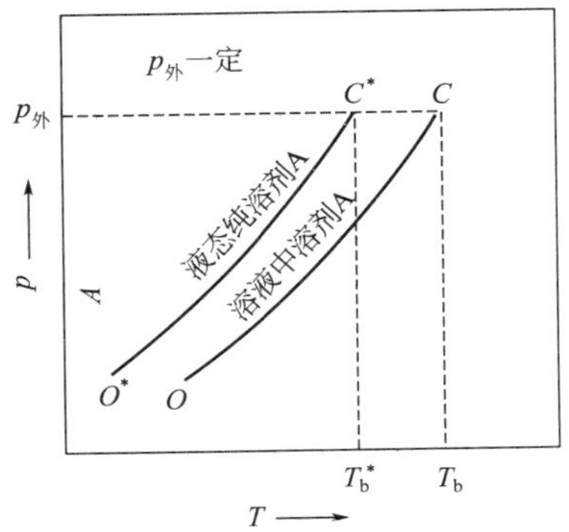

图 4-17　稀溶液沸点升高示意图

4.8.1　蒸气压下降（溶质不挥发）

在一定的温度下，纯溶剂溶入了非挥发性的溶质形成稀溶液后，根据拉乌尔定律式(4-53)，溶剂的蒸气压就会下降，其降低值为

$$\Delta p=p_A^*-p_A=p_A^*-p_A^*x_A=p_A^*x_B$$

上式表明，由于非挥发性溶质 B 的加入，使得溶液的蒸气压下降，其蒸气压下降值与溶质的摩尔分数成正比，其比例系数只取决于纯溶剂的本性（纯溶剂的饱和蒸气压）。而与溶质的种类、性质无关。由于蒸气压下降，导致了沸点升高依数性质。

4.8.2　沸点升高（溶质不挥发）

溶液的沸点是指在一定外压下，溶液的饱和蒸气压等于外压时的温度。由上面的讨论可知。由于非挥发性的溶质的溶入，溶液上方的蒸气压就是溶剂的饱和蒸气压，并且小于纯溶剂的蒸气压，故稀溶液的沸点 T_b 必然高于纯溶剂的沸点 T_b^*。见图 4-17。

沸点升高值为

$$\Delta T_b=T_b-T_b^*=K_b b_B \tag{4-73}$$

比例系数 K_b 称作溶剂沸点升高系数，单位 $K\cdot mol^{-1}\cdot kg$。K_b 仅取决于溶剂的本性，与溶质的性质无关。表 4-3 列出了几种常见的溶剂的沸点升高系数 K_b。

表 4-3　几种常见溶剂的沸点和沸点升高系数

溶剂	水	乙醇	丙酮	环己烷	苯	氯仿	四氯化碳
T_b^*/K	373.15	351.48	329.3	353.25	353.25	334.35	349.87
$K_b/K\cdot mol^{-1}\cdot kg$	0.51	1.20	1.72	2.60	2.53	3.85	5.02

式(4-73) 热力学推导如下。

对于溶质为非挥发性的二组分稀溶液系统，在一定的温度下，溶剂 A 气-液两相平衡时，有

$$\mu_{A(g)}^*=\mu_{A(l)}=\mu_{A(l)}^*+RT_b\ln x_A$$

对于二组分溶液系统，$x_A=1-x_B$，重排上式，得

$$\ln(1-x_B)=\frac{\mu_{A(g)}^*-\mu_{A(l)}^*}{RT_b}=\frac{\Delta_{vap}G_m^*}{RT_b}$$

根据热力学公式 $\Delta_{vap}G=\Delta_{vap}H-T\Delta_{vap}S$，得

$$\ln(1-x_B)=\frac{\Delta_{vap}H_m^*}{RT_b}-\frac{\Delta_{vap}S_m^*}{R} \tag{A}$$

当 $x_B=0$，即纯溶剂时，其沸点为纯溶剂的沸点 T_b^*，且

$$\ln 1=\frac{\Delta_{vap}H_m^*}{RT_b^*}-\frac{\Delta_{vap}S_m^*}{R} \tag{B}$$

式(A)－式(B)

$$\ln(1-x_B)=\frac{\Delta_{vap}H_m^*}{R}\left(\frac{1}{T_b}-\frac{1}{T_b^*}\right) \tag{C}$$

因为是稀溶液，$x_B\ll 1$，所以 $\ln(1-x_B)\approx -x_B$，由此得

$$x_B=\frac{\Delta_{vap}H_m^*}{R}\left(\frac{1}{T_b^*}-\frac{1}{T_b}\right)$$

因为 $T_b\approx T_b^*$，所以

$$\frac{1}{T_b^*}-\frac{1}{T_b}=\frac{T_b-T_b^*}{T_bT_b^*}\approx\frac{\Delta T_b}{(T_b^*)^2}\quad（式中\ \Delta T_b=T_b-T_b^*）$$

将上式代入式(C) 中，得

$$x_B=\frac{\Delta_{vap}H_m^*}{R}\times\frac{\Delta T_b}{(T_b^*)^2}$$

因为稀溶液，可以认为 $\Delta_{vap}H_m^*=\Delta_{vap}H_m^{\ominus}$，因此有

$$\Delta T_b=K_{b,x}x_B\quad\left[式中,K_{b,x}=\frac{R(T_b^*)^2}{\Delta_{vap}H_m^{\ominus}}\right] \tag{4-74}$$

对于稀溶液，$x_B\approx M_Ab_B$，式(4-74) 可写为式(4-73)

$$\Delta T_b=K_{b,b}b_B\quad\left[式中,K_{b,b}=\frac{R(T_b^*)^2M_A}{\Delta_{vap}H_m^{\ominus}}\right] \tag{4-75}$$

由式(4-75) 和式中 $K_{b,b}$ 的表达式可知：①$K_{b,b}$ 仅取决于溶剂的本性，与溶质的性质无关；②若溶液为 $T_b^*>150\text{K}$、无氢键、非高极性的有机溶剂，则沸点升高值 ΔT_b 分别与溶质的浓度和溶剂的沸点成正比。此外，利用稀溶液沸点升高的性质可以测定溶质的摩尔质量或检验物质的纯度。

4.8.3 凝固点下降（析出固态为纯溶剂）

在一定外压下，液体逐渐冷却开始析出固体时的平衡温度称为液体的凝固点，固体逐渐加热开始析出液体时的温度称为固体的熔点。对于纯物质，在同样的外压下，凝固点和熔点是相同的。实验证明在外压改变不大时，熔点的变化极小，故在大气压力下可以不必考虑压力对物质凝固点的影响。

对于溶液及混合物，溶液的凝固点不仅与溶液的组成有关，还与析出的固相组成有关。在 B 和 A 不形成固体溶液的条件下，当溶剂 A 中溶入溶质 B 形成理想稀溶液后，如果析出的固体为纯溶剂固体 A，则如图 4-16 所示，从溶液中析出固态纯溶剂 A 的温度 T_f 低于纯

溶剂在同样外压下的凝固点 T_f^*。实验结果表明，凝固点降低值与理想稀溶液中所含溶质的数量成正比，即

$$\Delta T_f = T_f^* - T_f = K_{f,b} b_B \tag{4-76}$$

比例系数 K_f 称为凝固点降低常数，它与溶剂性质有关而与溶质性质无关。

几种常见溶剂的凝固点降低常数见表 4-4。

表 4-4　几种常见溶剂的凝固点降低常数

溶剂	水	乙醇	环己烷	苯	萘	三溴甲烷
T_f^*/K	273.15	289.75	279.65	278.65	353.5	280.95
K_f/K·mol^{-1}·kg	1.86	3.90	20.0	5.10	6.90	14.4

式(4-76) 热力学推导如下。

当稀溶液中有纯溶剂 A 析出时，系统中存在如下平衡

$$\boxed{\begin{matrix}\text{纯 A(s)}\\ p^{\ominus}, T\end{matrix}} \xleftrightarrow{\mu_{A(s)}^* = \mu_{A(l)}} \boxed{\begin{matrix}\text{溶液中 A(l)}\\ p^{\ominus}, T\end{matrix}}$$

当溶液中溶质的浓度从 b_B 增加到 $b_B + db_B$ 时，溶液的凝固点也将从 T_f 变到 $T_f + dT$。相应的纯 A(s) 和 A(l) 的化学势也分别从 $\mu_{A(s)}^*$ 和 $\mu_{A(l)}$ 变到 $\mu_{A(s)}^* + d\mu_{A(s)}^*$ 和 $\mu_{A(l)} + d\mu_{A(l)}$。由此得到

$$d\mu_{A(s)}^* = d\mu_{A(l)} \tag{A}$$

因为压力对凝聚相化学势的影响可忽略不计，即 $\mu_{A(s)}^* = f(T)$，所以有

$$d\mu_{A(s)}^* = \left[\frac{\partial \mu_{A(s)}^*}{\partial T}\right]_p dT \tag{B}$$

另一方面，$\mu_{A(l)} = g(T, b_B)$，故

$$d\mu_{A(l)} = \left[\frac{\partial \mu_{A(l)}}{\partial T}\right]_{p,b_B} dT + \left[\frac{\partial \mu_{A(l)}}{\partial b_B}\right]_{T,p} db_B \tag{C}$$

将式(B) 和式(C) 代入式(A) 中，有

$$\left[\frac{\partial \mu_{A(s)}^*}{\partial T}\right]_p dT = \left[\frac{\partial \mu_{A(l)}}{\partial T}\right]_{p,b_B} dT + \left[\frac{\partial \mu_{A(l)}}{\partial b_B}\right]_{T,p} db_B$$

将溶剂 A 的化学势与溶质浓度 b_B 的关系式(4-68) 以及 $[\partial \mu_{A(l)}/\partial T]_{p,b_B} = -S_{m,A(l)}$ 和 $[\partial \mu_{A(s)}^*/\partial T]_p = -S_{m,A(s)}^*$ 代入上式中，得

$$-S_{m,A(s)}^* dT = -S_{m,A(l)} dT - RTM_A db_B$$

$$\Delta_{fus} S_{m,A} dT = [S_{m,A(l)} - S_{m,A(s)}^*] dT = -RTM_A db_B \tag{4-77}$$

式中，$S_{m,A(s)}^*$ 和 $S_{m,A(l)}$ 分别是纯 A 固体摩尔熵和溶剂 A 的偏摩尔熵。如果分别用 $\Delta_{fus} S_m$ 和 $\Delta_{fus} H_m$ 表示摩尔熔化熵和摩尔熔化焓，并且在凝固点从固体变为溶剂为可逆过程，则

$$\Delta_{fus} S_{m,A} = S_{m,A(l)} - S_{m,A(s)}^* = [H_{m,A(l)} - H_{m,A(s)}^*]/T = \frac{\Delta_{fus} H_{m,A}}{T} \tag{*}$$

式中，$H_{m,A(s)}^*$ 和 $H_{m,A(l)}$ 分别是纯 A 固体摩尔焓和溶剂 A 的偏摩尔焓。如果认为 $H_{A(l)} \approx H_{m,A(l)}^*$（这对稀溶液是成立的），则

$$H_{m,A(l)} - H_{m,A(s)}^* \approx H_{m,A(l)}^* - H_{m,A(s)}^* = \Delta_{fus} H_{m,A}^* \tag{**}$$

将式 * 和式 ** 代入式(4-77) 并经整理后得

$$-M_A \mathrm{d}b_B = \frac{\Delta_{fus}H_{m,A}}{RT^2}\mathrm{d}T \tag{4-78}$$

对式(4-78) 积分

$$\int_0^{b_B} M_A \mathrm{d}b_B = -\int_{T_f^*}^{T_f} \frac{\Delta_{fus}H_{m,A}^*}{RT^2}\mathrm{d}T$$

得 $$M_A b_B = \frac{\Delta_{fus}H_{m,A}^*}{R}\left(\frac{1}{T_f} - \frac{1}{T_f^*}\right) \quad 或 \quad M_A b_B = \frac{\Delta_{fus}H_{m,A}^*}{R} \times \frac{\Delta T_f}{T_f T_f^*}$$

式中，$\Delta T_f = T_f^* - T_f$，因为 $T_f \approx T_f^*$，$\Delta_{fus}H_{m,A}^* \approx \Delta_{fus}H_{m,A}^{\ominus}$，由此得式(4-79)

$$\Delta T_f = K_{f,b} b_B \quad \left[式中, K_{f,b} = \frac{R(T_f^*)^2 M_A}{\Delta_{fus}H_{m,A}^{\ominus}}\right] \tag{4-79}$$

由式(4-79) 和式中 $K_{f,b}$ 的表达式可知：①$K_{f,b}$ 仅取决于溶剂的本性，而与溶质的性质无关；②凝固点下降值 ΔT_f 分别与溶质的浓度和溶剂熔点的平方成正比，与溶剂的熔化焓成反比。

此外，利用稀溶液凝固点下降的性质可以测定溶质的摩尔质量或检验物质的纯度。

例题 4-11 樟脑的熔点是 172℃，$K_f = 40\mathrm{K \cdot kg \cdot mol^{-1}}$，今有 7.900g 酚酞和 129.2g 樟脑的混合物，测得该溶液的凝固点比樟脑低 8.00℃。求酚酞的摩尔质量。

解 根据式(4-79) $\Delta T_f = K_{f,b} b_B$，得

$$b_B = \frac{\Delta T_f}{K_f} = \frac{8.00}{40}\mathrm{mol \cdot kg^{-1}} = 0.2\mathrm{mol \cdot kg^{-1}}$$

b_B 是溶解态酚酞的质量摩尔浓度，设酚酞在樟脑中分子形态的摩尔质量为 M_B，则

$$b_B \approx \frac{n_B}{m_A} = \frac{m_B/M_B}{m_A} = \frac{7.900\times10^{-3}/M_B}{129.2\times10^{-3}}\mathrm{mol \cdot kg^{-1}} = 0.2\mathrm{mol \cdot kg^{-1}}$$

解得

$$M_B = 0.3057\mathrm{kg \cdot mol^{-1}}$$

4.8.4 渗透压

(1) 渗透现象

有许多人造或天然的膜对物质的透过具有选择性。例如醋酸纤维素膜允许水透过而不允许水中的盐等透过；有些动物膜如膀胱等，可以使水透过，却不能使摩尔质量高的溶质或胶体透过。这类膜称为半透膜。在一定的温度和压力下，溶剂穿过半透膜进入溶液中的现象称为**渗透现象**。产生渗透现象的根本原因是溶液中溶剂的化学势小于纯溶剂的化学势，即 $\mu_A^*(p,\mathrm{l}) > \mu_A(x_A, p, \mathrm{l})$。

(2) 渗透平衡和渗透压

在一定的温度和压力下，溶剂穿过半透膜进入溶液中使溶液的液面上升，直到溶液液面升到一定高度到达平衡状态，渗透才停止，如图 4-18(a) 所示。这种对于溶剂的膜平衡，称为**渗透平衡**。渗透平衡时，由膜两侧液面的高度差所产生的压力叫**渗透压**，用符号 Π 表示。由于溶液中溶剂的化学势小于纯溶剂的化学势，所以说任何溶液都有渗透压，但是如果没有半透膜将溶液与纯溶剂隔开，渗透压则无法体现。实验测定渗透压的一种方法是在溶液液面上施加额外的压力，使两液面保持相同水平，即达到渗透平衡，此额外压力即为**渗透压** Π，如图 4-18(b) 所示。

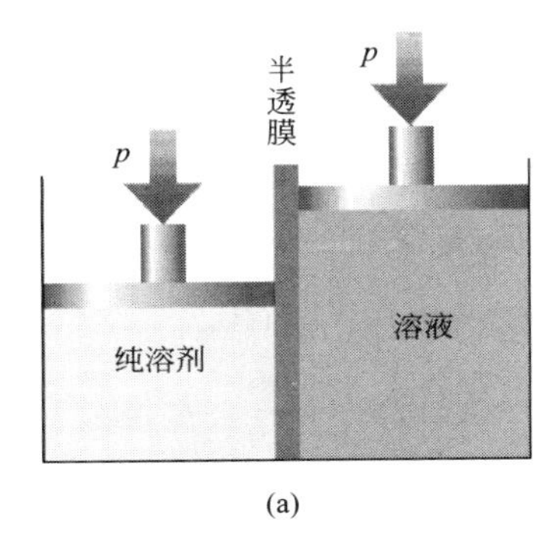

(a)

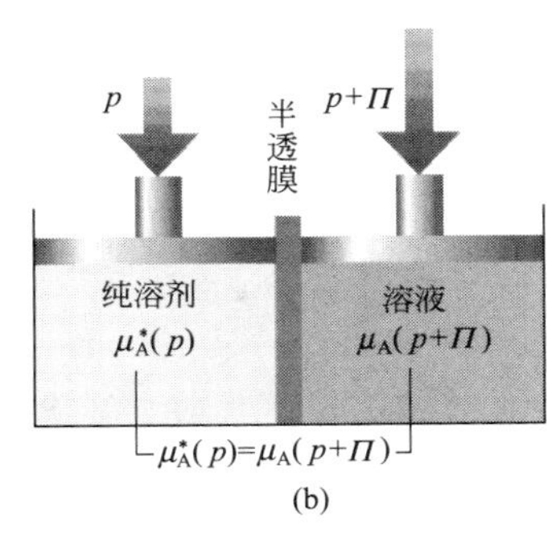

(b)

图 4-18　渗透平衡（a）和渗透压（b）

实验表明，在一定温度下，稀溶液的渗透压 Π 与溶质 B 的浓度 c_B 成正比，比例系数为 RT，即

$$\Pi = c_B RT \tag{4-80}$$

式(4-80) 称为稀溶液的范特霍夫渗透压公式。该式通过热力学原理推导如下。

在渗透平衡时，稀溶液中溶剂 A 的化学势等于纯溶剂 A 的化学势。

即
$$\mu_A^*(p) = \mu_A(x_A, p+\Pi) \tag{A}$$

而溶液中溶剂的化学势可以表示为

$$\mu_A(x_A, p+\Pi) = \mu_A^*(p+\Pi) + RT\ln x_A \tag{B}$$

又因为纯溶剂 A 在（$p+\Pi$）时的化学势为

$$\mu_A^*(p+\Pi) = \mu_A^*(p) + \int_p^{p+\Pi} V_{m,A}^* \mathrm{d}p \tag{C}$$

将式(B) 和式(C) 分别代入式(A) 中，得

$$-RT\ln x_A = \int_p^{p+\Pi} V_{m,A}^* \mathrm{d}p$$

对于稀溶液 $-\ln x_A = -\ln(1-x_B) \approx x_B$，在外压由 p 变化到 $p+\Pi$ 时，$V_{m,A}^*$ 的改变很小，在积分时可作为常数处理。则

$$RTx_B = V_{m,A}^* \Pi$$

由于溶液是稀溶液，$x_B \approx n_B/n_A$，$V \approx n_A V_{m,A}^*$。因此，$RTn_B = V\Pi$

即
$$\Pi = c_B RT$$

由式(4-80) 可见，稀溶液的渗透压只与溶质的浓度有关，而与溶质的本性无关，故渗透压也是溶液的依数性质。从形式上看，渗透压公式与理想气体状态方程相似。

通过稀溶液渗透压的测定，可以测定溶质的摩尔质量，检验溶剂的纯度。而且通过渗透压测定溶质摩尔质量的准确度高于凝固点降低法，而凝固点降低法优于沸点升高法。

通过施加大于渗透压 Π 的压力，使溶液中的溶剂穿过半透膜进入纯溶剂的现象称为**反渗透现象**，其方法叫反渗透技术。

渗透与反渗透作用是膜分离技术的理论基础。在生物体内细胞膜的“水通道”上广泛存在着水的渗透和反渗透作用，在生物学领域以及化工工业、医药工业、纺织工业、食品工业、造纸工业、水处理中广泛使用膜分离技术。例如，利用人工肾进行血液的透析，利用膜分离技术进行海水、苦咸水的淡化以及浓缩药液、果汁、咖啡浸液，利用膜分离技术处理工业废水等。

例题 4-12 血液是大分子的水溶液，人体血液的凝固点为 272.59K。(1) 求体温 37℃ 时人体血液的渗透压。(2) 在同温度下，$1dm^3$ 葡萄糖 ($C_6H_{12}O_6$) 水溶液中需要含有多少克葡萄糖才能有与血液相同的渗透压。已知水的凝固点降低常数为 $1.86K\cdot kg\cdot mol^{-1}$。

解 (1) 根据式(4-70) $\Delta T_f = K_{f,b}b_B$

得
$$b_B = \frac{\Delta T_f}{K_f} = \frac{273.15-272.59}{1.86}mol\cdot kg^{-1} = 0.30mol\cdot kg^{-1}$$

已知 $c=\rho b$，由于血液是很稀的水溶液，可以认为它的密度与水的密度近似相同，即 $c=b$，所以

$$\Pi = c_BRT = \frac{n_B}{V}RT = \left[\frac{0.3}{1/1000}\times 8.314\times(273.15+37)\right]Pa = 7.73\times10^5 Pa$$

(2) 已知 $b_B = n_B/m_A = 0.30mol\cdot kg^{-1}$，当 $m_A = 1.0kg$ 时（设葡萄糖水溶液的密度 $\rho = 1kg\cdot dm^{-3}$），$b_B = n_B/m_A = m_B/(M_B\cdot m_A)$，由此得

$$m_B = M_Bb_Bm_A = (0.30\times180\times10^{-3}\times1)kg = 0.054kg \quad (\text{大约 } 5.4\%)$$

思考题：根据上题的计算结果，请问 $1dm^3$ 生理盐水注射液中需要含有多少克 NaCl 才能有与血液相同的渗透压。

例题 4-13 海水中含有大量盐，所以在 298K 时海水的蒸气压仅为 0.306kPa，而同温度下纯水的饱和蒸气压是 0.3167kPa，计算下述从海水中取出 1mol H_2O 过程所需最小非体积功。

解

$$\text{海水中的水} \longrightarrow \text{纯水}$$
$$p_A = 0.306kPa \quad p_A^* = 0.3167kPa$$

欲求最小非体积功，即 $\Delta G_{T,p} = W_f$，所以也就是求上述过程的 $\Delta G_{T,p}$。

$$\begin{aligned}\Delta G_{T,p} &= \mu(H_2O,\text{纯水}) - \mu(H_2O,\text{海水}) = \mu_A^* - (\mu_A^* + RT\ln x_A)\\ &= -RT\ln x_A = -RT\ln\frac{p_A}{p_A^*} = \left(-8.314\times298\times\ln\frac{0.306}{0.3167}\right)J\cdot mol^{-1}\\ &= 85.15J\cdot mol^{-1}\end{aligned}$$

从海水中分离出纯水是一反渗透过程。25℃时用反渗透法从海水中得到 1mol 淡水最少耗功 85.15J，而用蒸馏法从海水中蒸馏得 1mol 淡水最少耗能是 41840J，用冷冻机使海水结冰，得 1mol 冰最少耗功是 554J。可见，用反渗透法制淡水在能量上是很经济的，关键在于半透膜必须是高强度的，耐高压且不易堵塞，同时又不允许离子透过。因此，反渗膜的制备技术是膜分离技术的关键。

4.9 非理想多组分系统中各组分的化学势

在实际工作中，能够作为理想液态混合物和理想稀溶液进行近似处理的混合物或溶液只有很少一部分。大部分是非理想液态混合物和非理想稀溶液系统。非理想液态混合物中的任意组分和非理想稀溶液中溶剂 A 对拉乌尔定律存在偏差，非理想溶液中溶质 B 也存在对亨利定律的偏差。由于标准态定义方式和物理意义的不同，下面分非理想液态混合物和非理想溶液两部分来加以讨论。在实际工作中所遇到的液态混合物是按非理想液态混合物还是按非

理想溶液处理决定于所给的条件更适合哪一种处理方法。

4.9.1　非理想液态混合物对理想液态混合物的偏差

实验发现，非理想液态混合物对理想液态混合物的偏差存在两种情况：一种情况如图4-19所示，其中虚线代表理想液态混合物 p-x_{B} 关系，对于二元混合物，组分 A 和组分 B 的蒸气压 p_{A} 和 p_{B} 大于拉乌尔定律的计算值，称为该混合物对于理想液体混合物具有正偏差；另一种情况如图 4-20 所示，p_{A} 和 p_{B} 小于拉乌尔定律的计算值，称为该混合物对于理想液体混合物具有负偏差。

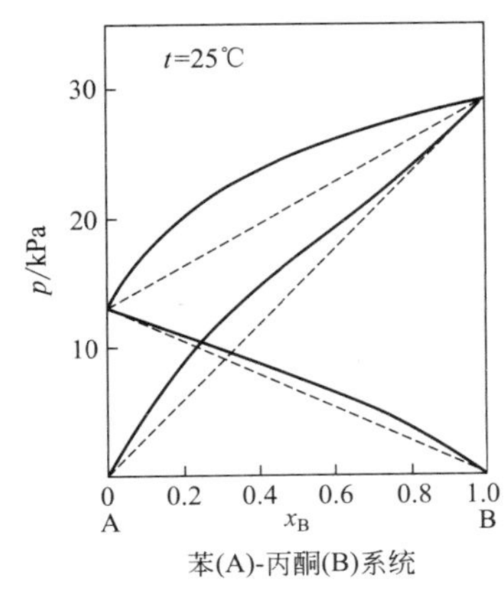

图 4-19　对拉乌尔定律发生正偏差

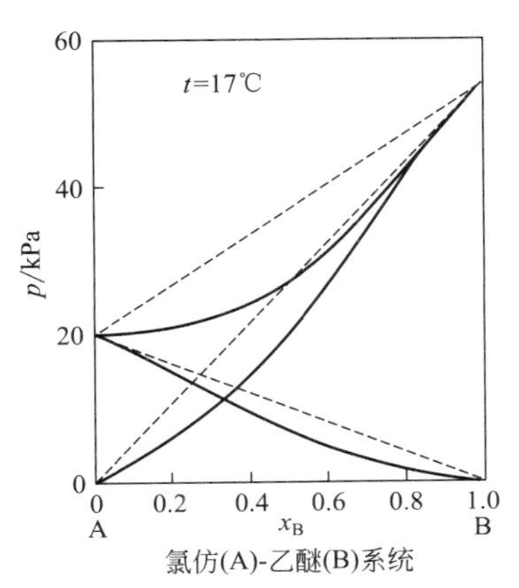

图 4-20　对拉乌尔定律发生负偏差

非理想液态混合物为什么会对理想液体混合物产生偏差呢？前面已经讨论过，混合物中各组分分子间存在相互作用力，若混合物中分子间的力 $F_{\mathrm{A\text{-}B}}$ 小于 $F_{\mathrm{A\text{-}A}}$ 和 $F_{\mathrm{B\text{-}B}}$，则 A 和 B 分子较纯态时更容易逸出到气相中去，便产生正偏差；相反，若混合物中的分子间力 $F_{\mathrm{A\text{-}B}}$ 大于 $F_{\mathrm{A\text{-}A}}$ 和 $F_{\mathrm{B\text{-}B}}$，则 A 和 B 分子较纯态时更难逸出到气相中去，便产生负偏差。总之，混合物中分子间作用力与纯态时不同从而使分子的逸出能力与纯态时不同是产生偏差的根本原因。由此可知，在具有正偏差的混合物中，各组分的化学势将大于同浓度的理想液体混合物的化学势，实验表明，在这类混合物的配制过程中往往伴随着吸热以及体积增大。在具有负偏差的混合物中，各组分的化学势将小于同浓度的理想液体混合物的化学势，在这类混合物的配制过程中往往伴随着放热和体积减小。

4.9.2　非理想液态混合物中各组分的化学势及活度

对于非理想液态混合物系统，尽管不服从拉乌尔定律，但是对其中任一组分 B，在温度 T、压力 p 下，两相平衡化学势相等的原理还是适用的。因此有

$$\mu_{\mathrm{B(l)}}=\mu_{\mathrm{B(g)}}$$

$$\mu_{\mathrm{B(l)}}=\mu_{\mathrm{B(g)}}=\mu^{\ominus}_{\mathrm{B(g)}}+RT\ln(p_{\mathrm{B}}/p^{\ominus})=\mu^{\ominus}_{\mathrm{B(g)}}+RT\ln(p^{*}_{\mathrm{B}}/p^{\ominus})+RT\ln(p_{\mathrm{B}}/p^{*}_{\mathrm{B}})$$

$$\mu_{\mathrm{B(l)}}=\mu^{*}_{\mathrm{B(l)}}+RT\ln(p_{\mathrm{B}}/p^{*}_{\mathrm{B}}) \tag{4-81a}$$

当 p 与 $p^{\ominus}$ 相差不大时，式(4-81a) 可近似表示为

$$\mu_{\mathrm{B(l)}}=\mu^{\ominus}_{\mathrm{B(l)}}+RT\ln(p_{\mathrm{B}}/p^{*}_{\mathrm{B}}) \tag{4-81b}$$

式中，$\mu^{\ominus}_{\mathrm{B,(l)}}\approx\mu^{*}_{\mathrm{B(l)}}=\mu^{\ominus}_{\mathrm{B,(g)}}+RT\ln(p^{*}_{\mathrm{B}}/p^{\ominus})$，$p^{*}_{\mathrm{B}}$ 是纯 B 的饱和蒸气压。若是理想液态混合物，只需将拉乌尔定律代入式(4-81b) 即可得混合物中组分 B 的化学势的表达式。现在的问题是非理想液态混合物。由于非理想液态混合物不服从拉乌尔定律，所以前面导出的

理想液态混合物化学势的表达式不适用于非理想液态混合物。为了解决这一问题，必须研究非理想液态混合物服从的规律。然而，非理想液态混合物千差万别，各组分对拉乌尔定律的偏差程度和偏差原因也各不相同，加上至今人们对于混合物中分子间力还缺乏足够的知识，因此，从实践到理论至今还没找到适合非理想液态混合物的普遍规律。为此，人们在处理非理想液态混合物时一直采纳路易斯的建议，引入活度的概念。即引入一个系数，将非理想液态混合物中任一组分对理想液态混合物的偏差用一个校正系数表示，即，将非理想液态混合物中任一组分的化学势表示为

$$\mu_{B(l)}=\mu_{B(l)}^{\ominus}+RT\ln a_B \tag{4-82}$$

$$\mu_{B(l)}=\mu_{B(l)}^{\ominus}+RT\ln\gamma_B x_B \tag{4-83}$$

式中，a_B 和 γ_B 分别为组分 B 的活度和活度系数。比较式(4-82) 和式(4-83)，有

$$a_B=\gamma_B x_B \tag{4-84}$$

且定义

$$\lim_{x_B\to 1}\gamma_B=\lim_{x_B\to 1}(a_B/x_B)=1 \tag{4-85}$$

比较式(4-81b) 和式(4-82) 和式(4-83)，得

$$a_B=p_B/p_B^* \tag{4-86}$$

$$\gamma_B=a_B/x_B=p_B/(p_B^* x_B) \tag{4-87}$$

从式(4-87) 可以看出，γ_B 确实表示了非理想液态混合物对拉乌尔定律的偏差，即

① $\gamma_B>1$，即 $p_B>p_B^* x_B$，为正偏差，且 γ_B 越远离 1 表明正偏差越大；

② $\gamma_B=1$，即 $p_B=p_B^* x_B$，表明组分 B 服从拉乌尔定律；

③ $\gamma_B<1$，即 $p_B<p_B^* x_B$，为负偏差，且 γ_B 越远离 1 表明负偏差越大。

顺便指出，式(4-82) 既是非理想液态混合物中组分 B 的化学势的表达式，又是活度的定义式。活度 a_B 相当于“有效摩尔分数”，是量纲为 1 的物理量。

4.9.3 非理想溶液中各组分的化学势及活度

由于真实溶液中溶剂标准态的定义方法与液态混合物中任一组分标准态的定义方法相同，所以真实溶液中溶剂化学势的表达式和活度及活度系数的定义式分别与式(4-82)、式(4-83) 和式(4-84)、式(4-85) 完全相同，溶剂的活度、活度系数与其蒸气压和摩尔分数的关系同样服从式(4-86) 和式(4-87)，只需将其中的下标 B 换成溶剂下标 A 即可。

对于真实溶液中溶质，尽管不服从亨利定律，但是对其中任一组分 B，在温度 T、压力 p 下，两相平衡化学势相等的原理同样适用。因此有

$$\mu_{B(l)}=\mu_{B(g)}$$

$$\mu_{B(l)}=\mu_{B(g)}=\mu_{B(g)}^{\ominus}+RT\ln(p_B/p^{\ominus})=\mu_{B(g)}^{\ominus}+RT\ln(k_{x,B}/p^{\ominus})+RT\ln(p_B/k_{x,B})$$

$$\mu_{B(l)}=\mu_{x,B(l)}^{*}+RT\ln(p_B/k_{x,B}) \tag{4-88a}$$

当 p 与 $p^{\ominus}$ 相差不大时，式(4-88a) 可近似表示为

$$\mu_{B(l)}=\mu_{x,B(l)}^{\ominus}+RT\ln(p_B/k_{x,B}) \tag{4-88b}$$

式中，$\mu_{B,(l)}^{\ominus}=\mu_{x,B(l)}^{*}=\mu_{B,(g)}^{\ominus}+RT\ln(k_{x,B}/p^{\ominus})$，$k_{x,B}$ 是溶质 B 的亨利常数。若是理想稀溶液，只需将亨利定律代入式(4-88b) 即可。现在的问题是真实溶液不服从亨利定律，为此，同样采用引入活度的概念，即，将真实溶液中溶质的化学势表示为

$$\mu_{B(l)}=\mu_{x,B(l)}^{\ominus}+RT\ln a_{x,B} \tag{4-89}$$

$$\mu_{B(l)}=\mu_{x,B(l)}^{\ominus}+RT\ln\gamma_{x,B}x_B \tag{4-90}$$

式中，a_B 和 γ_B 分别为溶质 B 的活度和活度系数。比较式(4-89) 和式(4-90)，有

$$a_B=\gamma_{x,B}x_B \tag{4-91}$$

且定义

$$\lim_{\sum x_B \to 0}\gamma_{x,B}=\lim_{\sum x_B \to 0}(a_{x,B}/x_B)=1 \tag{4-92}$$

式中，$\sum x_B \to 0$ 不仅是表示溶质B的浓度趋近于零，而是所有溶质的浓度皆趋近于零。

比较式(4-88b) 和式(4-89) 和式(4-90)，得

$$a_{x,B}=p_B/k_{x,B} \tag{4-93}$$

$$\gamma_{x,B}=a_{x,B}/x_B=p_B/(k_{x,B}x_B) \tag{4-94}$$

从式(4-94) 可以看出，$\gamma_{x,B}$ 确实表示了真实溶液对亨利定律的偏差。

在温度 T、压力 p 下，当溶质的浓度分别用质量摩尔浓度 b_B 和体积摩尔浓度 c_B 表示时，其对应的化学势的表达式、活度及活度系数的定义式以及活度、活度系数与其蒸气压和浓度的关系式如下。

用质量摩尔浓度 b_B 表示：

$$\mu_{B(l)}=\mu^{\ominus}_{b,B(l)}+RT\ln a_{b,B} \tag{4-95}$$

$$\mu_{B(l)}=\mu^{\ominus}_{b,B(l)}+RT\ln(\gamma_{b,B}b_B/b^{\ominus}) \tag{4-96}$$

$$a_{b,B}=\gamma_{b,B}b_B/b^{\ominus} \tag{4-97}$$

且

$$\lim_{\sum b_B \to 0}\gamma_{b,B}=\lim_{\sum b_B \to 0}[a_{b,B}/(b_B/b^{\ominus})]=1$$

式中，$\sum b_B \to 0$ 不仅是表示溶质B的浓度趋近于零，而且是所有溶质的浓度皆趋近于零。

类比式(4-93)

$$a_{b,B}=p_B/k_{b,B} \tag{4-98}$$

用体积摩尔浓度 c_B 表示：

$$\mu_{B(l)}=\mu^{\ominus}_{c,B(l)}+RT\ln a_{c,B} \tag{4-99}$$

$$\mu_{B(l)}=\mu^{\ominus}_{c,B(l)}+RT\ln(\gamma_{c,B}c_B/c^{\ominus}) \tag{4-100}$$

$$a_{c,B}=\gamma_{c,B}c_B/c^{\ominus} \tag{4-101}$$

且

$$\lim_{\sum c_B \to 0}\gamma_{c,B}=\lim_{\sum c_B \to 0}[a_{c,B}/(c_B/c^{\ominus})]=1$$

式中，$\sum c_B \to 0$ 不仅是表示溶质B的浓度趋近于零，而且是所有溶质的浓度皆趋近于零。

类比式(4-93)

$$a_{c,B}=p_B/k_{c,B} \tag{4-102}$$

值得注意的是，对于溶液中溶剂的活度也可用下面公式计算。

$$\ln a_A=\frac{\Delta_{vap}H^{\ominus}_m}{R}\left(\frac{1}{T_b}-\frac{1}{T^*_b}\right) \tag{4-103}$$

$$\ln a_A=\frac{\Delta_{fus}H^{\ominus}_m}{R}\left(\frac{1}{T^*_f}-\frac{1}{T_f}\right) \tag{4-104}$$

$$\ln a_A=-\frac{\Pi V^*_{m,A}}{RT} \tag{4-105}$$

其中，式(4-103) 只适用于不挥发性溶质的非理想溶液，式(4-104) 和式(4-105) 无此限制。上述三个公式分别来自于沸点升高公式(4-75)、凝固点下降公式(4-79) 和渗透压公式(4-80) 推导的中间步骤，只要将其中的摩尔分数换成了活度即可。

例题4-14　29.2℃时，实验测得 CS_2(A) 与 CH_3COCH_3(B) 的混合物 $x_B=0.540$，$p=69.79\text{kPa}$，$y_B=0.400$，已知 $p^*_A=56.66\text{kPa}$，$p^*_B=34.93\text{kPa}$，试求 a_B 和 γ_B。

解　根据式(4-86) $a_B=p_B/p^*_B$ 和式(4-87) $\gamma_B=a_B/x_B=p_B/(p^*_Bx_B)$，有

$$a_B=p_B/p^*_B=69.79\times0.400/34.93=0.799$$

$$\gamma_B=a_B/x_B=p_B/(p_B^* x_B)=0.799/0.54=1.48$$

$$\gamma_A=\frac{p_A}{p_A^* x_A}=\frac{p(1-y_B)}{p_A^* x_A}=\frac{69.79\times(1-0.400)}{56.66\times(1-0.54)}=1.607$$

$$a_A=\gamma_A x_A=1.607\times(1-0.54)=0.739$$

例题 4-15 在某一温度下，将 I_2 溶解于 CCl_4 中，当碘的摩尔分数 $x(I_2)$ 在 0.01～0.04 范围内时，此溶液符合稀溶液规律，今测得平衡时气相中碘的蒸气压与液相中碘的摩尔分数之间的两组数据如下：

$p(I_2,g)$/kPa	1.638	16.72
$x(I_2)$	0.03	0.5

求 $x(I_2)=0.5$ 时溶液中碘的活度及活度系数。

解 溶质的浓度 $x(I_2)=0.5$ 时，不再是稀溶液。很显然，这是一道已知稀溶液符合亨利定律，且溶质浓度用 x 表示的体系，求该体系中溶质在更高浓度时的活度，要用到公式 $a_B=p_B/k_{x,B}$。为此，首先要求 $k_{x,B}$。而题目中告诉在稀溶液 $[x(I_2)=0.03]$ 时的 $p(I_2)$，其目的就是求 $k_{x,B}$，根据亨利定律

$$k_{x,I_2}=p_{I_2}/x_{I_2}=1.638/0.03=54.6\text{Pa}$$

由此得 $x(I_2)=0.5$ 时 $\quad a_{I_2}=p_{I_2}/k_{x,I_2}=16.72/54.6=0.306$

根据公式 $a_B=\gamma_{x,B}x_B$ $\quad \gamma_{x,I_2}=0.306/0.5=0.612$

例题 4-16 15℃时，将 1mol 氢氧化钠和 4.559mol 水混合形成溶液的蒸气压为 596Pa，而纯水的蒸气压为 1705Pa。求：(1) 该溶液中水的活度；(2) 该溶液的沸点；(3) 该溶液中水和纯水的化学势相差多少？已知 $\Delta_{vap}H_m^{\ominus}[H_2O(l)]=40.68\text{kJ}\cdot\text{mol}^{-1}$。

解 分析，这是一个求实际溶液中溶剂活度的题目。此外还要求沸点和 $\Delta\mu$

(1) 根据式(4-86) $a_A=p_A/p_A^*$

$$a_A=p_A/p_A^*=596/1705=0.350$$

(2) 根据式(4-103)，有

$$\ln a_A=\frac{\Delta_{vap}H_m^{\ominus}}{R}\left(\frac{1}{T_b}-\frac{1}{T_b^*}\right)$$

$$\ln 0.35=\frac{40680}{8.314}\left(\frac{1}{T_b}-\frac{1}{373.15}\right)$$

$$T_b=405.63\text{K}$$

(3) 过程框图如下

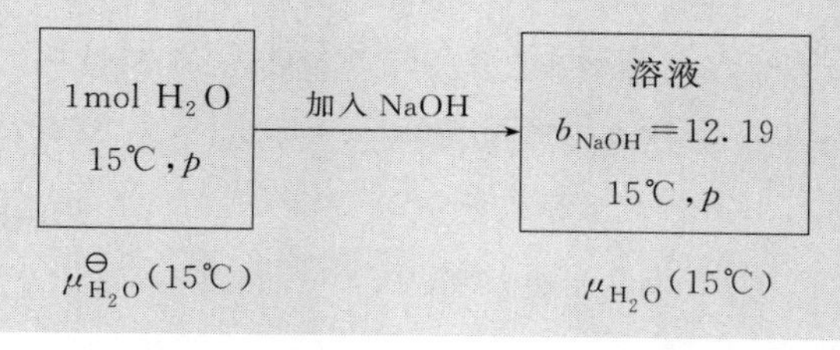

$$\mu_{H_2O}=\mu^{\ominus}_{H_2O}(15℃)+RT\ln a_{H_2O}$$

$$\Delta\mu=\mu_{H_2O}-\mu^{\ominus}_{H_2O}=RT\ln a=(8.314\times288\times\ln0.35)\mathrm{J\cdot mol^{-1}}=-2514\mathrm{J\cdot mol^{-1}}$$

*4.10 吉布斯-杜亥姆方程和杜亥姆-马居耳方程及其应用

在多组分溶液热力学的研究中，还有两个重要的方程，即吉布斯-杜亥姆（Gibbs-Duhem）方程和杜亥姆-马居耳（Duhem-Margule）方程。前一个方程及应用在 4.1 节偏摩尔量中已做过简单的介绍，后者是前者的延伸和具体应用。在这里，为有兴趣进一步研究多组分溶液热力学的读者作一初步介绍。

根据偏摩尔集合公式 $G=\sum n_B\mu_B$ 可得

$$\mathrm{d}G=\sum_B n_B\mathrm{d}\mu_B+\sum_B\mu_B\mathrm{d}n_B$$

另一方面，由单相多组分系统热力学基本方程可得

$$\mathrm{d}G=-S\mathrm{d}T+V\mathrm{d}p+\sum_B\mu_B\mathrm{d}n_B$$

两式相比得

$$\sum_B n_B\mathrm{d}\mu_B+S\mathrm{d}T-V\mathrm{d}p=0 \tag{4-106}$$

式(4-106) 就是吉布斯-杜亥姆方程的最一般形式。在恒温和恒温恒压下，上式可分别写作

恒温
$$\sum_B n_B\mathrm{d}\mu_B=V\mathrm{d}p \tag{4-107}$$

恒温恒压
$$\sum_{B=1}^{k} n_B\mathrm{d}\mu_B=0 \tag{4-108}$$

或
$$\sum_{B=1}^{k} x_B\mathrm{d}\mu_B=0 \tag{4-109}$$

式(4-107) 与式(4-109) 皆称为吉布斯-杜亥姆（Gibbs-Duhem）方程。吉布斯-杜亥姆方程表明在一个多组分单相系统中，各组分化学势（当然也可以是其他广度性质的偏摩尔量）之间具有一定联系。

吉布斯-杜亥姆方程可应用于任何单相多组分系统，比如说溶液系统。此时式(4-107)中的 V 代表溶液的体积，p 为溶液所承受的总压。在下面方程中，μ_B 和 p_B 分别为溶液中组分 B 的化学势和气相分压。平衡时，系统中任一组分的化学势为

$$\mu_{B(l)}=\mu_{B(g)}=\mu^{\ominus}_{B(g)}+RT\ln(p_B/p^{\ominus})$$
$$\mathrm{d}\mu_{B(l)}=\mathrm{d}\mu_{B(g)}=\mathrm{d}RT\ln p_B \tag{4-110}$$

将式(4-110) 代入式(4-107) 中得

$$RT\sum_B n_B\mathrm{d}\ln p_B=V\mathrm{d}p \tag{4-111}$$

式(4-111) 为在恒温的条件下，系统中由于组成的改变而导致的各组分分压 p_B 变化所必须满足的方程。如果气相可视为理想气体，同时将式(4-111) 两边除以系统的物质总量，得

$$\sum_B x_B\mathrm{d}\ln p_B=V\mathrm{d}p\Big/\Big(RT\sum_B n_B\Big)=V_{m(l)}/V_{m(g)}\mathrm{d}\ln p \tag{4-112}$$

上式中，$V_{m(l)}$ 和 $V_{m(g)}$ 分别是溶液和气相的摩尔体积。通常情况下 $V_{m(l)}\ll V_{m(g)}$，对于暴

露在空气条件下，其总压 p 是恒定，因此，上式可简化成

$$\sum_{\mathrm{B}} x_{\mathrm{B}} \mathrm{d}\ln p_{\mathrm{B}}=0 \tag{4-113}$$

式(4-111)～式(4-113) 皆称为杜亥姆-马居耳方程。如果用惰性气体维持液面压力 p 恒定，用逸度代替压力，则式(4-113) 是严格正确的。对于二组分 A 和 B 系统，可得

$$x_{\mathrm{A}} \mathrm{d}\ln p_{\mathrm{A}}+x_{\mathrm{B}} \mathrm{d}\ln p_{\mathrm{B}}=0 \tag{4-114}$$

对于组成一定的系统，恒温恒压，p_{B} 只与组成有关，即

$$\mathrm{d}\ln p_{\mathrm{B}}=\frac{\partial \ln p_{\mathrm{B}}}{\partial x_{\mathrm{B}}} \mathrm{d}x_{\mathrm{B}}$$

将上式代入式(4-114) 中，得

$$x_{\mathrm{A}}\left(\frac{\partial \ln p_{\mathrm{A}}}{\partial x_{\mathrm{A}}}\right)_{T, p} \mathrm{d}x_{\mathrm{A}}+x_{\mathrm{B}}\left(\frac{\partial \ln p_{\mathrm{B}}}{\partial x_{\mathrm{B}}}\right)_{T, p} \mathrm{d}x_{\mathrm{B}}=0 \tag{4-115}$$

因为 $\mathrm{d}x_{\mathrm{A}}=-\mathrm{d}x_{\mathrm{B}}$，所以式(4-115) 又可写作

$$\left(\frac{\partial \ln p_{\mathrm{A}}}{\partial \ln x_{\mathrm{A}}}\right)_{T, p}=\left(\frac{\partial \ln p_{\mathrm{B}}}{\partial \ln x_{\mathrm{B}}}\right)_{T, p} \tag{4-116a}$$

或

$$\frac{x_{\mathrm{A}}}{p_{\mathrm{A}}}\left(\frac{\partial p_{\mathrm{A}}}{\partial x_{\mathrm{A}}}\right)_{T, p}=\frac{x_{\mathrm{B}}}{p_{\mathrm{B}}}\left(\frac{\partial p_{\mathrm{B}}}{\partial x_{\mathrm{B}}}\right)_{T, p} \tag{4-116b}$$

式(4-116a) 和式(4-116b) 称为二组分杜亥姆-马居耳方程，它给出了二组分系统各组分的分压与组成之间的关系。

对于二组分系统，根据杜亥姆-马居耳方程可得到如下结论。

① 若溶剂 A 在某一浓度区间服从拉乌尔定律，则在同一浓度区间，溶质 B 一定服从亨利定律。

根据拉乌尔定律，$p_{\mathrm{A}}=p_{\mathrm{A}}^{*} x_{\mathrm{A}}$

则 $\mathrm{d}\ln p_{\mathrm{A}}=\mathrm{d}\ln x_{\mathrm{A}}$，即$(\partial \ln p_{\mathrm{A}}/\partial \ln x_{\mathrm{A}})_{T,p}=1$

根据式(4-116a) $(\partial \ln p_{\mathrm{B}}/\partial \ln x_{\mathrm{B}})_{T,p}=1$ 或 $\mathrm{d}\ln p_{\mathrm{B}}=\mathrm{d}\ln x_{\mathrm{B}}$

积分上式，得 $p_{\mathrm{B}}=k_{x,\mathrm{B}} x_{\mathrm{B}}$

② 若在溶液中增加某一组分的浓度后，使其在气相中的分压增高，则另一组分气相分压必下降。因为在式(4-116b) 中，x_{A}、x_{B}、p_{A} 和 p_{B} 皆为正，若 $(\partial p_{\mathrm{A}}/\partial x_{\mathrm{A}})_{T,p}>0$，根据式(4-116b)，也必定有 $(\partial p_{\mathrm{B}}/\partial x_{\mathrm{B}})_{T,p}>0$，而 $\mathrm{d}x_{\mathrm{A}}=-\mathrm{d}x_{\mathrm{B}}$，因此，有 $(\partial p_{\mathrm{B}}/\partial x_{\mathrm{A}})_{T,p}<0$，即 p_{B} 随 x_{A} 的增加而下降。

③ 可得系统的总蒸气压与组成的关系。设分别以 x_{A} 和 y_{A} 表示组分 A 在气相和液相中的摩尔分数，气相只有 A 和 B 两个组分，且可视为理想气体，则 $p_{\mathrm{A}}=p y_{\mathrm{A}}$，$p_{\mathrm{B}}=p(1-y_{\mathrm{A}})$，将其代入式(4-112) 中得

$$x_{\mathrm{A}} \mathrm{d}\ln(p y_{\mathrm{A}})+(1-x_{\mathrm{A}}) \mathrm{d}\ln[p(1-y_{\mathrm{A}})]=V_{\mathrm{m(l)}}/V_{\mathrm{m(g)}} \mathrm{d}\ln p$$

整理后得

$$\frac{x_{\mathrm{A}}}{y_{\mathrm{A}}} \mathrm{d}y_{\mathrm{A}}-\frac{(1-x_{\mathrm{A}})}{(1-y_{\mathrm{A}})} \mathrm{d}y_{\mathrm{A}}=\left(\frac{V_{\mathrm{m(l)}}}{V_{\mathrm{m(g)}}}-1\right) \mathrm{d}\ln p$$

因为 $V_{\mathrm{m(l)}}/V_{\mathrm{m(g)}} \ll 1$，故上式可写为

$$\left(\frac{\partial \ln p}{\partial y_{\mathrm{A}}}\right)_{T} \approx \frac{y_{\mathrm{A}}-x_{\mathrm{A}}}{y_{\mathrm{A}}(1-y_{\mathrm{A}})} \tag{4-117}$$

式(4-117) 表明，$(\partial \ln p/\partial y_{\mathrm{A}})_{T}$ 与 $(y_{\mathrm{A}}-x_{\mathrm{A}})$ 的正、负号一致，若 $(\partial \ln p/\partial y_{\mathrm{A}})_{T}>0$，即

气相中增加A组分的摩尔分数后总蒸气压增大，则 $y_A > x_A$，即气相中A的浓度大于它在液相中的浓度，反之亦然，这就是柯诺瓦洛夫的第二规则。如果 $(\partial \ln p/\partial y_A)_T = 0$，由式(4-117)可知，$y_A = x_A$，即气液两相组成相等。根据 $(\partial \ln p/\partial y_A)_T$ 的数学意义，相当于 p-x 曲线上的最高或最低点，这便是柯诺瓦洛夫的第一规则。在后面相平衡一章中还会碰到柯诺瓦洛夫的第一和二规则的应用。

例题 4-17 Na在汞齐中的活度 a_2 符合：$\ln a_2 = \ln x_2 + 35.7x_2$，$x_2$ 为汞齐中的Na的摩尔分数，求 $x_2 = 0.04$ 时，汞齐中Hg的活度 a_1（汞齐中只有Na及Hg)。

解 已知：$\ln a_2 = \ln x_2 + 35.7x_2$

$$\mathrm{d}\ln a_2 = \mathrm{d}(\ln x_2 + 35.7x_2) = \mathrm{d}x_2/x_2 + 35.7\mathrm{d}x_2$$
$$= \mathrm{d}(1-x_1)/x_2 + 35.7\mathrm{d}(1-x_1) = -\mathrm{d}x_1/x_2 - 35.7\mathrm{d}x_1$$

根据 Gibbs-Duhem 方程 $x_1 \mathrm{d}Z_{m,1} + x_2 \mathrm{d}Z_{m,2} = 0$，当 $Z_{m,B} = G_{m,B} = \mu_B$ 时，根据二组分杜亥姆-马居耳方程式(4-114)，有 $x_1 \mathrm{d}\ln a_1 + x_2 \mathrm{d}\ln a_2 = 0$

即
$$\mathrm{d}\ln a_1 = -(x_2/x_1)\mathrm{d}\ln a_2 = -(x_2/x_1)[-\mathrm{d}x_1/x_2 - 35.7\mathrm{d}x_1]$$
$$\int \mathrm{d}\ln a_1 = \int \frac{\mathrm{d}x_1}{x_1} + 35.7\int \frac{1-x_1}{x_1}\mathrm{d}x_1$$

积分得
$$\ln a_1 = \ln x_1 + 35.7(\ln x_1 - x_1) + C = 36.7\ln x_1 - 35.7x_1 + C$$

取溶剂型标准态，即 $x_1 \to 1$，活度系数 $\gamma_1' \to 1$。将 $a_1 = x_1 = 1$ 代入上式，积分常数 $C = 35.7$，由此得

$$\ln a_1 = 36.7\ln x_1 - 35.7x_1 + 35.7 = 36.7\ln x_1 + 35.7(1-x_1)$$

将 $x_1 = 1 - x_2 = 1 - 0.04 = 0.96$ 代入上式，得

$$\ln a_1 = 36.7\ln 0.96 + 35.7(1-0.96) = -0.07017$$
$$a_1 = 0.932$$

本章小结及基本要求

除理想气体外，多组分系统的广度性质 Z 与系统中各组分B的广度性质 Z_B^* 之间不具有加和性，这给多组分系统的热力学处理带来困难。

由于系统的广度性质 Z 在恒温、恒压下是各组分物质的量 n_B 的一次齐次函数，根据欧拉公式，有

$$Z = \sum_B n_B \left(\frac{\partial Z}{\partial n_B}\right)_{T,p,n_{C\neq B}}$$

定义 $Z_{m,B} = \left(\frac{\partial Z}{\partial n_B}\right)_{T,p,n_{C\neq B}}$ 并将之称为组分B的偏摩尔量。从而有

$$Z = \sum_B n_B Z_B$$

即多组分系统的广度量是系统中各组分的物质的量与其偏摩尔量乘积的加和。这一加和公式是多组分系统热力学研究的起点。

偏摩尔量概念的引入，为多组分溶液热力学的研究提供了极大的方便，使得简单系统有关热力学的公式能方便地用于简单多组分系统。偏摩尔量中最重要的是偏摩尔吉布斯函数 G_B，将之称为化学势并用特殊符号 μ_B 来表示。化学势是决定物质运动方向的强度性质，同

一组分的两相平衡化学势相等。在这个意义上，化学势与温度和压力具有同等的重要性，温度和压力分别决定系统的热平衡及力平衡，它们共同决定系统的热力学平衡。

鉴于化学势的重要性，给出多组分系统化学势的解析表达式是必要的。但由于真实的系统千差万别，要达到上述目的是很困难的。解决方法是：首先从各类系统的共性出发建立模型，推导模型的化学势表达式；然后对真实系统引入因子来修正真实系统对模型的偏差。这也是科学研究的一般方法。

对于多组分系统建立了三个模型，它们分别是：①理想气体模型，以理想气体状态方程为基础，研究气态混合物系统；②理想液态混合物模型，以拉乌尔定律为基础，研究液态混合物中各组分可同等看待的系统；③理想稀溶液模型，以亨利定律及拉乌尔定律为基础，研究溶质和溶剂须分别对待的系统。

由于不能确定化学势的确切数值，故规定了各个模型的标准态。①气态混合物中B组分的标准态，②液态混合物中B组分的标准态，③溶液中溶剂A的标准态，④溶液中溶质B的标准态。

首先推导了理想气态混合物中任一组分化学势的表达式。理想液态混合物及理想稀溶液中任一组分B的化学势的表达式是利用气-液平衡时各组分在气、液两相的化学势相等这一原理，以气相中组分B化学势表达式为桥梁建立的。对于真实系统，则分别引入逸度、逸度因子（纯真实气体，真实气体混合物）、活度、活度因子（真实液态混合物，真实溶液）来修正真实系统对模型的偏差。

稀溶液的依数性，即溶剂蒸气压下降、凝固点降低（析出固态纯溶剂）、沸点升高（溶质不挥发）及渗透压的产生，它们均可用系统平衡时任一组分在其存在的相中化学势相等这一原理，并结合化学势表达式来加以推导。对稀溶液依数性进行测量可以求出溶质分子的摩尔质量，利用反渗透原理可以进行海水淡化和废水处理等，利用凝固点降低性质可以配制冷媒。

本章基本要求。

① 掌握多组分体系的若干概念：液态混合物与液态溶液、偏摩尔量、化学势、化学势判据。

② 理解多组分系统任一组分B化学势的解析表达式、逸度与活度的概念、活度系数与逸度系数的概念。

③ 熟练掌握拉乌尔定律与亨利定律、稀溶液的依数性。

④ 理解理想液态混合物混合性质。

⑤ 了解吉布斯-杜亥姆方程和杜亥姆-马居耳方程的意义及其在溶液热力学研究中的应用。

习题

1. 由溶剂A与溶质B形成一定组成的溶液。此溶液中B的物质的量浓度为c_B，质量摩尔溶度为b_B，此溶液的密度为ρ。以M_A、M_B分别代表溶剂和溶质的摩尔质量，若溶液的组成用B的物质的量分数x_B表示时，试导出x_B与c_B、x_B与b_B之间的关系。

答案：$c_B=\dfrac{\rho x_B}{M_A+x_B(M_B-M_A)}$，$b_B=\dfrac{x_B}{(1-x_B)M_A}$

2. 30g乙醇（B）溶于50g四氯化碳（A）形成溶液，其密度为$\rho=1.28\times10^3\text{kg}\cdot\text{m}^{-3}$，试用质量分数、物质的量分数$x_B$、物质的量浓度$c_B$和质量摩尔浓度$b_B$表示该溶液的组成。

答案：$w_B=0.375$，$x_B=0.667$，$c_B=10.435\text{mol}\cdot\text{dm}^{-3}$，$b_B=13.04\text{mol}\cdot\text{kg}^{-1}$

3. 根据实验，298K时，在1000g水中溶解NaBr时，溶液的体积与溶入NaBr的量n符合如下公式$V/\text{cm}^3=1002.93+23.189n\cdot\text{mol}^{-1}+2.197\ (n\cdot\text{mol}^{-1})^{3/2}-0.178\ (n\cdot\text{mol}^{-1})^2$

试求：(1) NaBr质量摩尔浓度为$0.2\text{mol}\cdot\text{kg}^{-1}$时溶液的体积。

(2) NaBr质量摩尔浓度为$0.2\text{mol}\cdot\text{kg}^{-1}$时NaBr的偏摩尔体积。

(3) NaBr质量摩尔浓度为$0.2\text{mol}\cdot\text{kg}^{-1}$时水的偏摩尔体积。

答案：(1) $V=1007.76\text{cm}^3$；(2) $V_B=24.59\text{cm}^3\cdot\text{mol}^{-1}$；(3) $V_A=18.05\text{cm}^3\cdot\text{mol}^{-1}$

4. 由水和乙醇形成的均相混合物，水的物质的量分数为0.4，乙醇的偏摩尔体积为$57.5\text{cm}^3\cdot\text{mol}^{-1}$，混合物的密度为$0.8494\text{g}\cdot\text{cm}^{-3}$，试求此混合物中水的偏摩尔体积。

答案：$V_A=16.33\text{cm}^3\cdot\text{mol}^{-1}$

5. $CHCl_3$与$(CH_3)_2CO$的混合物$x(CHCl_3)=0.4693$，$CHCl_3$和$(CH_3)_2CO$的偏摩尔体积分别为$V_m(CHCl_3)=80.235\text{cm}^3\cdot\text{mol}^{-1}$，$V_m[(CH_3)_2CO]=74.228\text{cm}^3\cdot\text{mol}^{-1}$。

(1) 1kg该混合物的体积是多少？

(2) 已知$CHCl_3$、$(CH_3)_2CO$的摩尔体积分别为$80.665\text{cm}^3\cdot\text{mol}^{-1}$、$73.933\text{cm}^3\cdot\text{mol}^{-1}$，问由纯物质混合成1kg该混合物时体积变化多少？

答案：(1) $V=886.950\text{cm}^3$；(2) $\Delta V=0.519\text{cm}^3$

6. 两种挥发性液体A和B混合形成理想液态混合物，在298K时，测得溶液上面的蒸气总压为$5.41\times10^4\text{Pa}$，气相中A物质的摩尔分数为0.450，且已知$p_A^*=3.745\times10^4\text{Pa}$。试求在该温度下（1）液相组成；（2）纯B的蒸气压。

答案：(1) $x_A=0.650$，$x_B=0.35$；(2) $p_B^*=8.50\times10^4\text{Pa}$

7. 苯和甲苯组成的液态混合物可视为理想液态混合物，在85℃、100kPa下，混合物达到沸腾，试求刚沸腾时液相及气相组成。已知85℃时，$p_{甲苯}^*=46.00\text{kPa}$，苯正常沸点80.10℃，苯的摩尔汽化焓$\Delta_{vap}H_m^*=34.27\text{kJ}\cdot\text{mol}^{-1}$。

答案：$x_A=0.7574$，$y_A=0.8884$

8. 液体A和B形成理想溶液态混合物。现有一含A的物质的量分数为0.4的蒸气，放在一个带活塞的气缸内，恒温下将蒸气慢慢压缩。已知p_A^*和p_B^*分别为$0.4\times100\text{kPa}$和$1.2\times100\text{kPa}$，请计算：

(1) 当蒸气开始凝聚出第一滴液滴时的蒸气总压；

(2) 第一滴液滴在正常沸点T_b时的组成。

答案：(1) $p=66.67\text{kPa}$；(2) $x_A=0.25$，$x_B=0.75$

9. 在温度T时，有两个由A和B组成的理想液态混合物。第一个含1.00mol A和3.00mol的B，在该温度下，气液平衡时的总蒸气压为100kPa，第二个含2.00mol A和2.00mol B，相应的平衡总蒸气压大于100kPa，当加6.00mol组分C进入溶液2后，总压降到100kPa。已知纯C在该温度下的饱和蒸气压为81060Pa，试计算纯A和纯B在该温度下的饱和蒸气压。

答案：$p_A^*=185.23\text{kPa}$，$p_B^*=71.59\text{kPa}$

10. 333K时，纯液体A和纯液体B的蒸气压分别等于40.0kPa和80.0kPa。在该温度时，A和B能完全反应并形成一非常稳定的化合物AB，AB的蒸气压为13.3kPa。已知B

和 AB 组成的溶液为理想液态混合物。求 333K 时，一个含有 1mol A 和 4mol B 的溶液的蒸气压和蒸气组成。

答案：$p=63.33\text{kPa}$，$y_{AB}=0.053$

11. 已知丙烷在空气中的爆炸上、下限分别是 9.5%和 2.4%。现有一润滑油用丙烷处理以除去沥青，处理后的油中残留 0.075%（质量分数）的丙烷，处理的质量是否合格？已知 24℃时丙烷的蒸气压为 1013.25kPa，润滑油的摩尔质量近似为 $0.3\text{kg}\cdot\text{mol}^{-1}$。

答案：$2.4\% < y_{丙} = 5.16\times10^{-2} < 9.5\%$ 处理的质量不合格

12. 298.15K 时，物质的量相同的 A 和 B 形成理想液态混合物，试求 $\Delta_{mix}V$、$\Delta_{mix}H$、$\Delta_{mix}G$、$\Delta_{mix}S$。

答案：$\Delta_{mix}V=0$；$\Delta_{mix}H=0$；$\Delta_{mix}G=-3437n_A\text{J}\cdot\text{mol}^{-1}$；$\Delta_{mix}S=11.53n_A\text{J}\cdot\text{K}^{-1}\cdot\text{mol}^{-1}$

13. 0℃时，100kPa 的氧气在水中的溶解度为 344.90cm^3，同温下，100kPa 的氮气在水中的溶解度为 23.50cm^3，求 0℃时与常压空气呈平衡的水中所溶解的氧气和氮气的物质的量比。

答案：二者之比为 3.9

14. 总压为 $1.0\times10^6\text{Pa}$ 的 N_2、H_2、O_2 的混合气体，与纯水达到平衡后，形成稀溶液。溶液中三种气体的浓度相等。已知三种气体的亨利常数为：$k_{x(N_2)}=1.199\text{Pa}$，$k_{x(H_2)}=1.299\text{Pa}$，$k_{x(O_2)}=2.165\text{Pa}$。问气体混合物的原来组成为多少？（以物质的摩尔分数表示）

答案：$y(N_2)=0.2571$，$y(H_2)=0.2786$，$y(O_2)=0.4643$

15. 25℃时甲烷溶在苯中，当平衡浓度 $x(CH_4)=0.0043$ 时，CH_4 在平衡气相中的分压为 245kPa。试计算：

(1) 25℃当 $x(CH_4)=0.01$ 时的甲烷-苯溶液的蒸气总压 p。

(2) 与上述溶液成平衡的气相组成 $y(CH_4)$。

已知 25℃时液态苯和苯蒸气的标准摩尔生成焓分别为 $48.66\text{kJ}\cdot\text{mol}^{-1}$ 和 $82.93\text{kJ}\cdot\text{mol}^{-1}$，苯在 101325Pa 下的沸点为 80.1℃。

答案：(1) $p=581409.7\text{Pa}$；(2) $y(CH_4)=0.98$

16. $p^{\ominus}$压力下，268K 的过冷水比 268K 的冰的化学势高多少？已知 273K 时冰的熔化热为 $6.01\text{kJ}\cdot\text{mol}^{-1}$。

答案：$\Delta\mu=110.1\text{J}\cdot\text{mol}^{-1}$

17. 在 293.15K 时，乙醚的蒸气压为 58.95kPa，今在 0.10kg 乙醚中溶入某非挥发性有机物质 0.01kg，乙醚的蒸气压降低到 56.79kPa，试求该有机物的摩尔质量。

答案：$M_B=0.1959\text{kg}\cdot\text{mol}^{-1}$

18. 已知苯的沸点为 353.3K，摩尔汽化焓为 $30.80\text{kJ}\cdot\text{mol}^{-1}$。试求：

(1) 苯的摩尔沸点升高常数。

(2) 在 100g 苯中加入 13.76g 联苯（$C_6H_5C_6H_5$），所形成稀溶液的沸点为多少？

答案：(1) $k_b=2.63\text{K}\cdot\text{kg}\cdot\text{mol}^{-1}$；(2) $T=355.65\text{K}$

19. 已知某溶剂的凝固点为 318.2K，摩尔质量为 $94.10\text{g}\cdot\text{mol}^{-1}$。在 100g 该溶剂中加入摩尔质量为 $110.10\text{g}\cdot\text{mol}^{-1}$ 的溶质 0.5550g，形成稀溶液后，测得凝固点为 317.818K，试求：

(1) 该溶剂的凝固点降低常数 K_f。

(2) 溶剂的摩尔熔化焓。

答案：(1) $K_f=7.58K \cdot kg \cdot mol^{-1}$；(2) $\Delta_{fus}H_m^*=1.043\times10^4 J \cdot mol^{-1}$

20. 在293K下，将6.84g物质B溶于100g水中，B在水中不电离，测得该稀溶液渗透压为$4.67\times10^5 Pa$，密度为$1.024kg \cdot dm^{-3}$。试求B物质的摩尔质量M_B。

答案：$M_B=342g \cdot mol^{-1}$

21. 在50.0g CCl_4中溶入0.5126g萘（$M=128.16g \cdot mol^{-1}$），测得沸点升高0.402K，若在等量溶剂中溶入0.6216g某未知物B，测得沸点升高0.647K，求此未知物的摩尔质量。

答案：$M_B=96.55g \cdot mol^{-1}$

22. 1kg纯水中，溶解不挥发溶质B 2.22g，B在水中不电离，假设此溶液具有稀溶液性质。已知B的摩尔质量为$111.0g \cdot mol^{-1}$，水的$k_b=0.52K \cdot kg \cdot mol^{-1}$，$\Delta_{vap}H_m^*=40.67kJ \cdot mol^{-1}$。设$\Delta_{vap}H_m^*$为常数。

试求：(1) 此溶液25℃的渗透压Π。

(2) 此溶液在25℃饱和蒸气压。

答案：(1) $\Pi=49.58kPa$；(2) $p=3745Pa$

23. 吸烟对人体有害，香烟中主要含有尼古丁（Nicotine），系致癌物质。经分析得知其中含9.3%的H，72%的C和18.70%的N。现将0.6g尼古丁溶于12.0g的水中，所得溶液在$p^\ominus$下的凝固点为−0.62℃，试确定该物质的分子式（已知水的凝固点降低常数为$1.86K \cdot kg \cdot mol^{-1}$）。

答案：$C_9H_{14}N_2$

24. 在恒温恒压下，从纯溶剂水中取1mol纯水（蒸气压为p_1^*）加入到大量的、溶剂摩尔分数为x_1的水溶液中（溶剂蒸气分压为p_1）。

(1) 设蒸气为理想气体，溶剂遵守拉乌尔定律，计算该1mol水(l)始、末态G函数的差值ΔG_m（以x_1表示）；

(2) 设蒸气不是理想气体，但溶剂仍遵守拉乌尔定律，结果是否相同?

(3) 若蒸气是理想气体，但溶剂不严格遵守拉乌尔定律，ΔG_m又如何表示?

答：(1) $\Delta G_m=RT\ln x_1$；(2) 结果与（1）相同；(3) $\Delta G_m=RT\ln(p_1/p^*)$

25. (1) 298K时将568g碘溶于$0.050dm^3$ CCl_4中所形成的溶液与$0.500dm^3$水一起摇动，平衡后测得水中含有0.233mol的碘。计算碘在两溶剂中的分配系数K。设碘在两种溶剂中均以I_2分子形式存在。(2) 若298K时，碘在水中的溶解度是$1.33mol \cdot dm^{-3}$，求碘在CCl_4中的溶解度。已知I_2的相对分子质量为253.8。

答案：(1) $K=0.0116$；(2) $c(I_2,CCl_4)=114.7mol \cdot dm^{-3}$

26. 25℃时某有机酸在水和醚中的分配系数为0.4。

(1) 若$100cm^3$水中含有机酸5g，用$60cm^3$的醚一次倒入含酸水中，留在水中的有机酸最少有几克?

(2) 若每次用$20cm^3$醚倒入含酸水中，连续抽取三次，最后水中剩有几克有机酸?

答案：(1) $x=2g$；(2) 留在水中的有机酸为1.48g

27. 在352K，乙醇和水的饱和蒸气压分别为$1.03\times10^5 Pa$和$4.51\times10^4 Pa$。计算同温度下，乙醇(1)-水(2)的混合物中当液相和气相组成分别为$x_1=0.663$，$y_1=0.733$（物质的量分数）时，各组分的活度系数（气相总压为$1.00\times10^5 Pa$，以纯态为标准态）。

答案：$\gamma_1=1.08$；$\gamma_2=1.77$

28. 262.5K时饱和KCl溶液（$3.3mol \cdot kg^{-1}$）与纯冰共存，已知水的凝固热为−6008

$J \cdot mol^{-1}$，以 273.15K 纯水为标准态，计算饱和溶液中水的活度。

答案：$a_{H_2O}=0.898$

29. 丙酮和氯仿体系在 308K 时，蒸气压与物质的量分数之间的实验数据如下：

x(丙酮)	p(丙酮)/Pa	p(氯仿)/Pa	x(丙酮)	p(丙酮)/Pa	p(氯仿)/Pa
0	0	39063	0.8	49330	4533
0.2	5600	29998	1.0	45863	0

在亨利定律的基础上，估计 x(氯仿)$=0.8$ 时氯仿的活度系数。

答案：$\gamma_{氯仿}=1.65$

30. 实验测得某水溶液的凝固点为-15℃，求该溶液中水的活度以及 25℃时，该溶液的渗透压。已知，$\Delta_{fus}H_m^{\ominus}[H_2O(s)]=6025 J \cdot mol^{-1}$，且设为常数。

答案：$a_A=0.857$，$\Pi=2.12\times10^7 Pa$

第5章

化学平衡

对于一个正、逆向反应程度相当的化学反应，在它进行到一定时间后都会达到平衡状态，此时若温度、压力等外界条件保持不变，平衡组成将不随时间而变化。反应达到平衡时，从宏观来看表现为静态，反应好像已经停止，但实际上是一种动态平衡，反应仍在进行，只不过正向与逆向的反应速率相等。如果维持平衡态的外界条件发生改变，平衡就会移动，从而影响平衡组成。研究化学平衡的目的就是要了解反应达到平衡时体系的组成，算出平衡转化率，预计反应能够进行的程度，并通过改变外界条件来调节或控制反应所能进行的程度，指导工业生产。因为化学反应常在恒温恒压下进行，且体系本身是一个多组分系统，因此本章的重点就是从第4章所学的化学势概念出发，推导出各种反应体系标准平衡常数的表达式，讨论化学反应方向和限度以及温度、压力等外界因素对反应方向和平衡的影响。

5.1 摩尔反应吉布斯函数 $\Delta_r G_m$ 与化学反应的方向

5.1.1 摩尔反应吉布斯函数与化学势的关系

设在一个封闭的、含有物质E、F、Y和Z的**无限大的系统中，在恒温恒压且不做非体积功**的情况下，可进行如下化学反应：

$$eE + fF \rule[0.5ex]{2em}{0.4pt} yY + zZ$$

当反应进度为1mol时，即$e$mol的E和$f$mol的F完全反应而生成$y$mol的Y和$z$mol的Z时，该无限大体系的吉布斯函数的变化值定义为上述化学反应的**摩尔反应吉布斯函数** $\Delta_r G_m$。显然有：

$$\Delta_r G_m = G_{终态} - G_{始态}$$

由于反应体系无限大，反应进度为1mol时所引起的反应物和产物浓度的变化可以忽略不计，因此反应物和产物的化学势在反应过程中可认为是不变的，这样可以得到：

$$\Delta_r G_m = y\mu_Y + z\mu_Z - e\mu_E - f\mu_F = \sum_B \nu_B \mu_B \tag{5-1}$$

式中，ν_B为化学计量系数，对反应物取负值，对产物取正值；加和符号$\sum_B$代表对反应物和产物求和。如果每个反应物或产物同时在不同相里存在，上述式(5-1)也成立，此时$\sum_B$代表对各相中存在的各反应物和产物求和（如无特殊说明，下同）。

5.1.2 摩尔反应吉布斯函数的物理意义

假设在一个封闭体系中，有一任意化学反应：$eE + fF \rule[0.5ex]{2em}{0.4pt} yY + zZ$。如果体系内发生

了微小变化，且在变化过程中不做非体积功，则体系的吉布斯函数变化为

$$dG = -SdT + Vdp + \sum_{B} \mu_B dn_B$$

若反应在恒温恒压下进行，则

$$dG = \sum_{B} \mu_B dn_B$$

根据反应进度 ξ 的定义，有 $dn_B = \nu_B d\xi$，因此可得

$$dG = \sum_{B} \nu_B \mu_B d\xi$$

将上式两边均除以 $d\xi$，有

$$(\partial G/\partial \xi)_{T,p} = \sum_{B} \nu_B \mu_B \tag{5-2}$$

结合式(5-1) 和式(5-2) 可得

$$\Delta_r G_m = (\partial G/\partial \xi)_{T,p} = \sum_{B} \nu_B \mu_B \tag{5-3}$$

从式(5-3) 可知，摩尔反应吉布斯函数 $\Delta_r G_m$ 的物理意义为恒温恒压下，具有一定组成的系统中进行了极微量的化学反应所引起的系统吉布斯函数的改变值与反应进度的改变值之比；或者说，在恒温恒压下，无限大量的系统中进行进度为 1mol 的化学反应时所引起的系统吉布斯函数的改变值。该改变值等于反应物和产物化学计量系数与其化学势乘积之和。

5.1.3 化学反应的方向与平衡条件

化学反应方向与平衡条件

由于化学反应在恒温恒压下进行且不做非体积功时，可用摩尔反应吉布斯函数 $\Delta_r G_m$ 来判断反应过程进行的方向，因此，根据式(5-3) 可知。

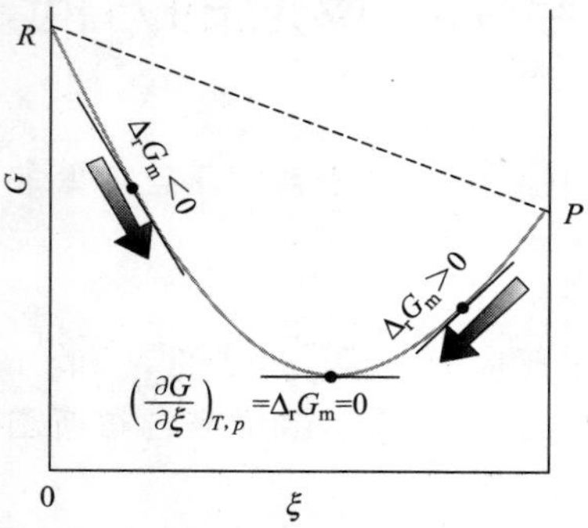

图 5-1 恒温恒压下，G 随反应进度 ξ 变化示意图

若 $\Delta_r G_m < 0$，则化学反应将自发地正向进行，此时反应物化学势的总和大于产物化学势的总和，对应于 G-ξ 曲线上斜率为负值那段（见图 5-1），即 $(\partial G/\partial \xi)_{T,p} = \Delta_r G_m < 0$。

若 $\Delta_r G_m > 0$，则化学反应将自发地逆向进行，此时反应物化学势的总和小于产物化学势的总和，对应于 G-ξ 曲线上斜率为正值那段，即 $(\partial G/\partial \xi)_{T,p} = \Delta_r G_m > 0$。若 $\Delta_r G_m = 0$，则化学反应达到平衡，此时反应物化学势的总和等于产物化学势的总和，对应于 G-ξ 曲线上的最低点，斜率为零，即 $(\partial G/\partial \xi)_{T,p} = 0$。

从上面的讨论可知，在恒温恒压下，$-\Delta_r G_m$ 为化学反应的净推动力，被称为化学反应亲和势，以 A 表示，即

$$A = -(\partial G/\partial \xi)_{T,p} = -\Delta_r G_m$$

5.2 化学反应等温方程和标准平衡常数

5.2.1 化学反应等温方程

以化学反应 $eE + fF = yY + zZ$ 为例，根据 $\Delta_r G_m = \sum_{B} \nu_B \mu_B$，有

$$\Delta_r G_m = (y\mu_Y + z\mu_Z) - (e\mu_E + f\mu_F)$$

由第 4 章可知，任意物质 B 的化学势可表示为 $\mu_B = \mu_B^\ominus + RT\ln a_B$，式中，$a_B$ 是一个**量纲**为 1 的量，其值对不同状态的物质可参见表 5-1。

表 5-1　处于不同状态下物质 B 的化学势表达式 $\mu_B = \mu_B^\ominus + RT\ln a_B$ 中的 a_B

物质状态			物质 B 的 a_B	备　注
气体	理想气体		$a_B = p_B/p^\ominus$	p_B 为物质 B 的分压 f_B 为物质 B 的逸度
	实际气体		$a_B = f_B/p^\ominus$	
常压液态混合物	理想液态混合物		$a_B = \gamma_{x,B}x_B = x_B(\gamma_{x,B} = 1)$	a_B 为物质 B 的活度 x_B 为物质 B 的摩尔分数 $\gamma_{x,B}$ 为物质 B 的活度系数 b_B 为溶质 B 的质量摩尔浓度 $\gamma_{b,B}$ 为溶质 B 的活度系数
	实际液态混合物		$a_B = \gamma_{x,B}x_B(\gamma_{x,B} \neq 1)$	
常压溶液	理想稀溶液	溶剂	$a_B = \gamma_{x,B}x_B = x_B(\gamma_{x,B} = 1)$	
		溶质	$a_B = \gamma_{b,B}b_B/b^\ominus = b_B/b^\ominus(\gamma_{b,B} = 1)$	
	实际溶液	溶剂	$a_B = \gamma_{x,B}x_B(\gamma_{x,B} \neq 1)$	
		溶质	$a_B = \gamma_{b,B}b_B/b^\ominus(\gamma_{b,B} \neq 1)$	
常压纯液体或纯固体			$a_B = 1$	

将 $\mu_B = \mu_B^\ominus + RT\ln a_B$ 代入 $\Delta_r G_m = (y\mu_Y + z\mu_Z) - (e\mu_E + f\mu_F)$，得

$$\Delta_r G_m = [(y\mu_Y^\ominus + yRT\ln a_Y) + (z\mu_Z^\ominus + zRT\ln a_Z)] - [(e\mu_E^\ominus + eRT\ln a_E) + (f\mu_F^\ominus + fRT\ln a_F)]$$

$$= (y\mu_Y^\ominus + z\mu_Z^\ominus - e\mu_E^\ominus - f\mu_F^\ominus) + RT\ln\frac{a_Y^{\nu_Y} a_Z^{\nu_Z}}{a_E^{\nu_E} a_F^{\nu_F}}$$

$$= \sum_B \nu_B\mu_B^\ominus + RT\ln\prod_B (a_B)^{\nu_B}$$

令 $\Delta_r G_m^\ominus = \sum_B \nu_B\mu_B^\ominus$，称为**标准摩尔反应吉布斯函数**。同时又令

$$J_a = \prod_B (a_B)^{\nu_B} \tag{5-4}$$

J_a 称为**活度商**，则上式可简写成

$$\Delta_r G_m = \Delta_r G_m^\ominus + RT\ln J_a \tag{5-5}$$

式(5-5) 称为**化学反应等温方程**，又称为**Van't Hoff 等温方程式**。

5.2.2　标准平衡常数的定义

如果化学反应在恒温恒压下达到平衡，则有 $\Delta_r G_m = 0$。此时式(5-5) 可变为

$$\Delta_r G_m^\ominus = -RT\ln(J_a)_{eq}$$

式中，$(J_a)_{eq}$ 为**反应达到平衡时的活度商**。定义反应达到平衡时的活度商 $(J_a)_{eq}$ 为**标准平衡常数**，记为 $K^\ominus$，即

$$K^\ominus = (J_a)_{eq} = \prod_B (a_B)_{eq}^{\nu_B} \tag{5-6}$$

则有

$$\Delta_r G_m^\ominus = -RT\ln K^\ominus \tag{5-7a}$$

或者

$$K^\ominus = \exp[-\Delta_r G_m^\ominus/(RT)] \tag{5-7b}$$

标准平衡常数 $K^\ominus$ 是量纲为 1 的量，它表示反应所能达到的最大限度，$K^\ominus$ 越大，则反

应进行程度越大。由于 $\Delta_r G_m^\ominus = \sum_B \nu_B \mu_B^\ominus$，而标准态的化学势 $\mu_B^\ominus$ 只与温度有关，因此 $\Delta_r G_m^\ominus$ 也只跟温度有关。根据式(5-7) 可知，$K^\ominus$ 也只是温度的函数，即在一定温度下，$K^\ominus$ 和 $\Delta_r G_m^\ominus$ 均是一个常数，两者具有一定的关系，因此 $\Delta_r G_m^\ominus$ 的大小也可以反映化学反应所能达到的最大限度。

由式(5-7a) 的推导可知，式(5-7a) 是一普遍适用的公式，它将热力学数据与平衡常数关联起来，不但只适用于理想气体系统，也适用于高压下真实气体，液态混合物，液态溶液及气-液（固）混合反应系统。只不过在非理想气体系统，$K^\ominus$ 不再是平衡压力商，而是平衡逸度商或平衡活度商。

根据 $\Delta_r G_m^\ominus = -RT\ln K^\ominus$，Van't Hoff 等温方程式可以写成

$$\Delta_r G_m = -RT\ln K^\ominus + RT\ln J_a = RT\ln(J_a/K^\ominus) \tag{5-8}$$

根据式(5-8) 可知，在恒温恒压下一个化学反应进行的方向可以通过比较标准平衡常数 $K^\ominus$ 与活度商 J_a 的大小来判断：

若 $J_a < K^\ominus$，即 $\Delta_r G_m < 0$，则化学反应将自发地正向进行；

若 $J_a = K^\ominus$，即 $\Delta_r G_m = 0$，则化学反应达到平衡；

若 $J_a > K^\ominus$，即 $\Delta_r G_m > 0$，则化学反应不能自发地正向进行（或者说能自发地逆向进行）。

5.2.3 标准平衡常数数值与反应方程式的书写关系

由于 $\Delta_r G_m^\ominus$ 与化学方程式的写法有关，而 $\Delta_r G_m^\ominus = -RT\ln K^\ominus$，因此，$K^\ominus$ 的大小也与化学方程式的写法有关。如氢气和氧气发生反应生成水的化学方程式可用下面两种方法书写：

(1) $2H_2(g) + O_2(g) = 2H_2O(g)$　　$\Delta_r G_m^\ominus(1) = -RT\ln K_1^\ominus$

(2) $H_2(g) + 1/2O_2(g) = H_2O(g)$　　$\Delta_r G_m^\ominus(2) = -RT\ln K_2^\ominus$

由于上述方程式之间存在式(1)＝式(2)× 2，所以 $\Delta_r G_m^\ominus(1) = 2\Delta_r G_m^\ominus(1)$，根据 $\Delta_r G_m^\ominus = -RT\ln K^\ominus$ 可以推导出 $K_1^\ominus = (K_2^\ominus)^2$。

如果几个化学方程式是相关联的，也可根据 $\Delta_r G_m^\ominus = -RT\ln K^\ominus$ 来推导出这几个化学方程的标准平衡常数之间的关系。如下列三个反应：

(1) $C(s) + O_2(g) = CO_2(g)$　　$\Delta_r G_m^\ominus(1) = -RT\ln K_1^\ominus$

(2) $CO(g) + 1/2O_2(g) = CO_2(g)$　　$\Delta_r G_m^\ominus(2) = -RT\ln K_2^\ominus$

(3) $C(s) + CO_2(g) = 2CO(g)$　　$\Delta_r G_m^\ominus(3) = -RT\ln K_3^\ominus$

由于方程式之间存在式(3)＝式(1)－2×式(2)，所以 $\Delta_r G_m^\ominus(3) = \Delta_r G_m^\ominus(1) - 2\Delta_r G_m^\ominus(2)$，根据 $\Delta_r G_m^\ominus = -RT\ln K^\ominus$，可推导出 $K_3^\ominus = K_1^\ominus/(K_2^\ominus)^2$。

5.3 不同反应体系的标准平衡常数

标准平衡常数 $K^\ominus$ 定义为反应达到平衡时的活度商，即 $K^\ominus = (J_a)_{eq} = \prod_B (a_B)_{eq}^{\nu_B}$，式中 a_B 来源于物质化学势表达式 $\mu_B = \mu_B^\ominus + RT\ln a_B$ 中的 a_B。由于对同一物质，其 a_B 因所处的状态不同而不同（参见表 5-1），因此不同反应体系的标准平衡常数 $K^\ominus$ 的表示形式也不一样。

5.3.1　理想气体反应

若反应物和产物均为理想气体，根据表5-1可知，对理想气体而言$a_B=p_B/p^\ominus$，因此可得活度商J_a：

$$J_a=\prod_B(a_B)^{\nu_B}=\prod_B(p_B/p^\ominus)^{\nu_B}=J_p \tag{5-9}$$

$J_p=\prod_B(p_B/p^\ominus)^{\nu_B}$，称为**压力商**。将式(5-9)代入化学反应等温方程$\Delta_rG_m=\Delta_rG_m^\ominus+RT\ln J_a$或$\Delta_rG_m=RT\ln(J_a/K^\ominus)$，得

$$\Delta_rG_m=\Delta_rG_m^\ominus+RT\ln J_p \tag{5-10a}$$

或

$$\Delta_rG_m=RT\ln(J_p/K^\ominus) \tag{5-10b}$$

式(5-10)为**理想气体反应的等温方程**。

将式(5-9)代入标准平衡常数的定义$K^\ominus=(J_a)_{eq}=\prod(a_B)_{eq}^{\nu_B}$，则得到**理想气体反应的标准平衡常数表达式**：

$$K^\ominus=(J_p)_{eq}=\prod_B(p_B/p^\ominus)_{eq}^{\nu_B} \tag{5-11a}$$

令$K_p^\ominus=\prod_B(p_B/p^\ominus)_{eq}^{\nu_B}$，因此有

$$K^\ominus=K_p^\ominus \tag{5-11b}$$

对一具体反应$eE+fF=\!=\!=yY+zZ$而言，若反应物和产物均为理想气体，则其标准平衡常数为

$$K^\ominus=(J_p)_{eq}=\frac{(p_Y/p^\ominus)^y(p_Z/p^\ominus)^z}{(p_E/p^\ominus)^e(p_F/p^\ominus)^f}$$

根据理想气体反应的等温方程式(5-10b)可知，恒温恒压下一个理想气体反应进行的方向可以通过比较**标准平衡常数$K^\ominus$与压力商J_p**的大小来判断：

若$J_p<K^\ominus$，即$\Delta_rG_m<0$，则化学反应将自发正向进行；

若$J_p=K^\ominus$，即$\Delta_rG_m=0$，则化学反应达到平衡；

若$J_p>K^\ominus$，即$\Delta_rG_m>0$，则化学反应能自发逆向进行。

例题5-1　有理想气体反应$2H_2(g)+O_2(g)\rightleftharpoons 2H_2O(g)$，在2000K时，已知反应的$K^\ominus=1.55\times10^7$。

(1) 计算H_2和O_2分压各为1.00×10^4Pa，水蒸气分压为1.00×10^5Pa的混合气中，进行上述反应的Δ_rG_m，并判断反应自发进行的方向；

(2) 当H_2和O_2的分压仍然分别为1.00×10^4Pa时，欲使反应不能正向自发进行，水蒸气的分压最少需要多大？

解　(1) 反应系统的压力商J_p为

$$J_p=\frac{(p_{H_2O}/p^\ominus)^2}{(p_{H_2}/p^\ominus)^2(p_{O_2}/p^\ominus)}=\frac{(p_{H_2O})^2p^\ominus}{(p_{H_2})^2p_{O_2}}=\frac{(1.00\times10^5)^2\times10^5}{(1.00\times10^4)^3}=10^3$$

由等温方程可知

$$\Delta_r G_m = RT\ln(J_p/K^\ominus) = \left(8.314\times2000\times\ln\frac{10^3}{1.55\times10^7}\right)\mathrm{J\cdot mol^{-1}}$$

$$= -1.60\times10^5\ \mathrm{J\cdot mol^{-1}}$$

因为 $\Delta_r G_m < 0$，可判断此时反应能够自发正向进行。

(2) 欲使反应逆向自发进行，J_p 至少需与 $K^\ominus$ 相等，即

$$J_p = \frac{(p_{H_2O})^2 p^\ominus}{(p_{H_2})^2 p_{O_2}} = K^\ominus = 1.55\times10^7$$

由于 $p_{H_2} = p_{O_2} = 1.00\times10^4\ \mathrm{Pa}$

由此得

$$p_{H_2O} = 1.24\times10^7\ \mathrm{Pa}$$

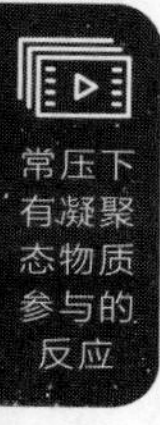

5.3.2 常压有纯凝聚态物质参与的理想气体反应

设有一常压进行的化学反应为 $eE(s)+fF(g) \!=\!=\!= yY(l)+zZ(g)$，其中 E 为纯固体，Y 为纯液体，F 和 Z 为理想气体。该反应的活度商 J_a 为

$$J_a = \frac{(a_Y)^y (a_Z)^z}{(a_E)^e (a_F)^f}$$

根据表 5-1 可知，对理想气体 F 和 Z 而言，$a_F = p_F/p^\ominus$ 和 $a_Z = p_Z/p^\ominus$；对常压纯固体 E 和常压纯液体 Y 而言，$a_E = 1$ 和 $a_Y = 1$。因此有

$$J_a = \frac{(a_Y)^y (a_Z)^z}{(a_E)^e (a_F)^f} = \frac{(p_Z/p^\ominus)^z}{(p_F/p^\ominus)^f} = \prod_{B(g)} [p_{B(g)}/p^\ominus]^{\nu_B} = J_p(g) \tag{5-12}$$

其中，压力商 $J_p(g)$ 只包括气体反应物和气体产物的分压。将式(5-12) 代入标准平衡常数定义 $K^\ominus = (J_a)_{eq}$，得到该反应的标准平衡常数表达式：

$$K^\ominus = (J_a)_{eq} = [J_p(g)]_{eq} = \frac{(p_Z/p^\ominus)^z}{(p_F/p^\ominus)^f}$$

显然上述标准平衡常数 $K^\ominus$ 只包括了气体的分压，即对纯固体或纯液体和气体之间的常压多相化学反应，要表示此反应的标准平衡常数时，只要写出反应中每种气体物质的分压即可，不必将纯固体或纯液体物质的分压写在标准平衡常数的表示式中。

如碳酸盐的分解：$CaCO_3(s) \!=\!=\!= CaO(s)+CO_2(g)$，其标准平衡常数 $K^\ominus = p_{CO_2}/p^\ominus$，即标准平衡常数等于平衡时 CO_2 的分压除以标准压力。由于标准平衡常数只与温度有关，因此根据 $p_{CO_2} = K^\ominus\ p^\ominus$ 可知，在一定温度下，不论 $CaCO_3$ 和 CaO 的数量有多少，反应达到平衡时，CO_2 的分压为一定值。常将平衡时 CO_2 的分压称为 $CaCO_3$ 分解反应的**分解压**。如果固体物质分解时产生的气体物质不止一种，则**分解达到平衡时所有气体的总压称为分解压**。

对碳酸盐而言，如果分解压变小，则标准平衡常数 $K^\ominus$ 也变小。因此，根据 $\Delta_r G_m^\ominus = -RT\ln K^\ominus$ 可知，$\Delta_r G_m^\ominus$ 变大。由于 $\Delta_r G_m = \Delta_r G_m^\ominus + RT\ln J_p$，当 $\Delta_r G_m^\ominus$ 较大时，要使反应能自发正向发生（即 $\Delta_r G_m < 0$）将变得更困难。因此常可用分解压的大小来近似衡量固体化合物的稳定性，分解压越小，其稳定性越高。升高温度会使分解压升高，如 $CaCO_3$ 分解反应的分解压在 800℃时为 $0.22p^\ominus$，当温度升高到 1000℃时变为 $3.87p^\ominus$，这也说明温度升高，$CaCO_3$ 变得不稳定。

例题 5-2 将固体 NH_4HS 放在 25℃的抽空容器中，求 NH_4HS 分解达到平衡时，容器内的压力为多少？如果容器中原来已盛有 H_2S 气体，其压力为 4.00×10^4 Pa，则达到平衡时容器内的总压力又将是多少？已知 25℃时，该分解反应的 $\Delta_r G_m^\ominus = 5.51\text{kJ}\cdot\text{mol}^{-1}$。

解 NH_4HS 的分解反应为 $NH_4HS(s) \rightleftharpoons NH_3(g) + H_2S(g)$

$$K^\ominus = \frac{p(NH_3)}{p^\ominus} \times \frac{p(H_2S)}{p^\ominus}$$

由 $\Delta_r G_m^\ominus = -RT\ln K^\ominus$ 知

$$K^\ominus = \exp\left(\frac{-5.51\times10^3}{8.314\times298}\right) = 0.108$$

(1) 如果反应起始时，只有 NH_4HS，当分解反应达到平衡时 $p(NH_3) = p(H_2S)$，此时容器内的压力就是 NH_4HS 的分解压，即

$$p = p(NH_3) + p(H_2S)$$

所以达到平衡时，

$$p(NH_3) = p(H_2S) = \frac{1}{2}p$$

所以

$$K^\ominus = \frac{p(NH_3)}{p^\ominus} \times \frac{p(H_2S)}{p^\ominus} = \frac{1}{4}\left(\frac{p}{p^\ominus}\right)^2$$

则

$$p = (4K^\ominus)^{1/2} p^\ominus = [(4\times0.108)^{1/2}\times101325]\text{Pa} = 6.67\times10^4\text{Pa}$$

(2) 如果原容器中已有 4.00×10^4 Pa 的 H_2S 气体，设平衡时 $p(NH_3) = x$，则 $p(H_2S) = x + 4.00\times10^4$ Pa。

$$K^\ominus = \frac{p(NH_3)}{p^\ominus} \times \frac{p(H_2S)}{p^\ominus} = \frac{x}{p^\ominus} \times \frac{(x+4.00\times10^4)}{p^\ominus} = 0.108$$

解得 $x = 1.89\times10^4$ Pa，则 $p(NH_3) = x = 1.89\times10^4$ Pa

$$p(H_2S) = (x + 4.00\times10^4)\text{Pa} = 5.89\times10^4\text{Pa}$$

此时容器内的总压力应为

$$p = p(NH_3) + p(H_2S) = (1.89\times10^4 + 5.89\times10^4)\text{Pa} = 7.78\times10^4\text{Pa}$$

5.3.3 实际气体反应

若反应物和产物均为实际气体，根据表 5-1 可知，对实际气体而言 $a_B = f_B/p^\ominus$，因此可得活度商 J_a：

$$J_a = \prod_B (a_B)^{\nu_B} = \prod_B (f_B/p^\ominus)^{\nu_B} = J_f \tag{5-13}$$

式中，$J_f = \prod_B (f_B/p^\ominus)^{\nu_B}$，称为**逸度商**。将式(5-13) 代入化学反应等温方程 $\Delta_r G_m = \Delta_r G_m^\ominus + RT\ln J_a$ 或 $\Delta_r G_m = RT\ln(J_a/K^\ominus)$，得

$$\Delta_r G_m = \Delta_r G_m^\ominus + RT\ln J_f \tag{5-14a}$$

或

$$\Delta_r G_m = RT\ln(J_f/K^\ominus) \tag{5-14b}$$

式(5-14a) 和式(5-14b) 为**实际气体反应的等温方程**。

将式(5-13) 代入标准平衡常数的定义 $K^\ominus = (J_a)_{eq} = \prod_B (a_B)_{eq}^{\nu_B}$，得到**实际气体反应的**

标准平衡常数表达式：

$$K^{\ominus}=(J_f)_{eq}=\prod_B (f_B/p^{\ominus})_{eq}^{\nu_B} \tag{5-15}$$

对一具体反应 $eE+fF \rightleftharpoons yY+zZ$ 而言，若反应物和产物均为实际气体，则标准平衡常数 $K^{\ominus}$表达式为：

$$K^{\ominus}=(J_f)_{eq}=\frac{(f_Y/p^{\ominus})^y(f_Z/p^{\ominus})^z}{(f_E/p^{\ominus})^e(f_F/p^{\ominus})^f}$$

如果把逸度与压力的关系 $f_B=\varphi_B p_B$（φ_B 为逸度系数）代入式(5-15）得

$$K^{\ominus}=\prod_B\left(\frac{f_B}{p^{\ominus}}\right)_{eq}^{\nu_B}=\prod_B\left(\frac{\varphi_B p_B}{p^{\ominus}}\right)_{eq}^{\nu_B}=\prod_B\left(\frac{p_B}{p^{\ominus}}\right)_{eq}^{\nu_B}\prod_B(\varphi_B)^{\nu_B}=K_p^{\ominus}\prod_B(\varphi_B)^{\nu_B}$$

令 $K_\varphi=\prod_B(\varphi_B)^{\nu_B}$，则有

$$K^{\ominus}=K_p^{\ominus}K_\varphi \tag{5-16}$$

从式(5-16）可知，对实际气体反应而言，其标准平衡常数并不等于 $K_p^{\ominus}$。另外，由于 $K^{\ominus}$仅是温度的函数，而逸度系数是温度和压力的函数，即 K_φ 与温度和压力有关，因此根据式(5-16）可知，实际气体反应的 $K_p^{\ominus}$ 与温度和压力均有关系。而对理想气体反应，其标准平衡常数 $K^{\ominus}$等于 $K_p^{\ominus}$，$K_p^{\ominus}$ 只与温度有关。

根据实际气体反应的等温方程式(5-14b）可知，恒温恒压下一个实际气体化学反应进行的方向可以通过比较**标准平衡常数 $K^{\ominus}$与逸度商 J_f** 的大小来判断：

若 $J_f<K^{\ominus}$，即 $\Delta_r G_m<0$，则化学反应将自发地正向进行；

若 $J_f=K^{\ominus}$，即 $\Delta_r G_m=0$，则化学反应达到平衡；

若 $J_f>K^{\ominus}$，即 $\Delta_r G_m>0$，则化学反应能自发地逆向进行。

5.3.4 常压下液态混合物中的化学反应

在常压下，如果所有的反应物与产物可以形成液态混合物。根据表 5-1 可知，对于液态混合物（无论是理想的还是实际的）中任意物质 B，其活度 $a_B=\gamma_{x,B}x_B$，因此可得活度商 J_a：

$$J_a=\prod_B(a_B)^{\nu_B}=\prod_B(\gamma_{x,B}x_B)^{\nu_B} \tag{5-17}$$

将式(5-17）代入化学反应等温方程 $\Delta_r G_m=\Delta_r G_m^{\ominus}+RT\ln J_a$，得

$$\Delta_r G_m=\Delta_r G_m^{\ominus}+RT\ln\prod_B(\gamma_{x,B}x_B)^{\nu_B} \tag{5-18}$$

式(5-18）为**液态混合物中化学反应的等温方程**。如果液态混合物是理想的，因 $\gamma_{x,B}=1$，式(5-18）可以简化为

$$\Delta_r G_m=\Delta_r G_m^{\ominus}+RT\ln\prod_B(x_B)^{\nu_B} \tag{5-19}$$

式(5-19）为**理想液态混合物中化学反应的等温方程**。

将式(5-17）代入标准平衡常数定义式 $K^{\ominus}=(J_a)_{eq}=\prod_B(a_B)_{eq}^{\nu_B}$ 中，得到**液态混合物中化学反应的标准平衡常数表达式**：

$$K^{\ominus}=\prod_B(\gamma_B x_B)_{eq}^{\nu_B}=\prod_B(\gamma_B)_{eq}^{\nu_B}\prod_B(x_B)_{eq}^{\nu_B}=\prod_B(\gamma_B)_{eq}^{\nu_B}K_x \tag{5-20a}$$

令 $K_{\gamma,x}=\prod_{B}(\gamma_{x,B})_{eq}^{\nu_B}$，$K_x=\prod_{B}(x_B)_{eq}^{\nu_B}$，其中 K_x 称为以**摩尔分数表示的平衡常数**，则有：

$$K^{\ominus}=K_{\gamma,x}K_x \tag{5-20b}$$

如果液态混合物是理想的，因 $\gamma_{x,B}=1$，有 $K_\gamma=1$，则

$$K^{\ominus}=K_x \tag{5-21}$$

式(5-21) 为**理想液态混合物中化学反应的标准平衡常数表达式**。

对一具体反应 $e\mathrm{E}+f\mathrm{F}=\!=\!=y\mathrm{Y}+z\mathrm{Z}$ 而言，若反应物和产物可形成液态混合物，其标准平衡常数 $K^{\ominus}$表达式为：

$$K^{\ominus}=K_\gamma K_x=\frac{(\gamma_Y)^y(\gamma_Z)^z}{(\gamma_E)^e(\gamma_F)^f}\times\frac{(x_Y)^y(x_Z)^z}{(x_E)^e(x_F)^f}$$

如果液态混合物是理想的，则

$$K^{\ominus}=K_x=\frac{(x_Y)^y(x_Z)^z}{(x_E)^e(x_F)^f}$$

5.3.5 常压下液态非电解溶液中的化学反应

从表 5-1 可知，对溶液而言，其溶质与溶剂的活度 a_B 的表达形式不一样，因此为给出溶液中化学反应的标准平衡常数，分为溶剂不参与反应和溶剂参与反应两种情况讨论。

(1) 溶剂不参与反应

如果溶剂不参与反应，根据表 5-1 可知，溶液（无论是理想稀溶液还是实际溶液）中任意溶质 B 的活度 a_B 可表示为 $a_B=\gamma_{b,B}b_B/b^{\ominus}$，因此可得活度商 J_a：

$$J_a=\prod_{B}(a_B)^{\nu_B}=\prod_{B}(\gamma_{b,B}b_B/b^{\ominus})^{\nu_B} \tag{5-22}$$

将式(5-22) 代入化学反应等温方程 $\Delta_rG_m=\Delta_rG_m^{\ominus}+RT\ln J_a$，得

$$\Delta_rG_m=\Delta_rG_m^{\ominus}+RT\ln\prod_{B}(\gamma_{b,B}b_B/b^{\ominus})^{\nu_B} \tag{5-23}$$

式(5-23) 为**溶液中化学反应（溶剂不参与反应）的等温方程**。如果溶液是理想稀溶液，$\gamma_{b,B}=1$，式(5-23) 可以简化为：

$$\Delta_rG_m=\Delta_rG_m^{\ominus}+RT\ln\prod_{B}(b_B/b^{\ominus})^{\nu_B} \tag{5-24}$$

式(5-24) 为**理想稀溶液中化学反应（溶剂不参与反应）的等温方程**。

将式(5-22) 代入标准平衡常数定义 $K^{\ominus}=(J_a)_{eq}=\prod_{B}(a_B)_{eq}^{\nu_B}$ 中，得到**溶液中化学反应（溶剂不参与反应）的标准平衡常数表达式**：

$$K^{\ominus}=\prod_{B}(\gamma_{b,B}b_B/b^{\ominus})_{eq}^{\nu_B}=\prod_{B}(\gamma_{b,B})_{eq}^{\nu_B}\prod_{B}(b_B/b^{\ominus})_{eq}^{\nu_B} \tag{5-25a}$$

令 $K_{\gamma,b}=\prod_{B}(\gamma_{b,B})_{eq}^{\nu_B}$，$K_b^{\ominus}=\prod_{B}(b_B/b^{\ominus})_{eq}^{\nu_B}$，其中 $K_b^{\ominus}$ 是以质量摩尔浓度表示的一种平衡常数，则有

$$K^{\ominus}=K_{\gamma,b}K_b^{\ominus} \tag{5-25b}$$

如果理想稀溶液，因 $\gamma_{b,B}=1$，有 $K_{\gamma,b}=1$，则

$$K^{\ominus}=K_b^{\ominus} \tag{5-26}$$

式(5-26) 为**理想稀溶液中化学反应（溶剂不参与反应）的标准平衡常数表达式**。

需要指出的是，溶质的化学势除了可以以质量摩尔浓度的形式表示即 $\mu_B=\mu_{b,B}^{\ominus}+$

$RT\ln a_B=\mu_{b,B}^{\ominus}+RT\ln(\gamma_{b,B}b_B/b^{\ominus})$ 外，还可用体积摩尔浓度表示，即 $\mu_B=\mu_{c,B}^{\ominus}+RT\ln a_B=\mu_{c,B}^{\ominus}+RT\ln(\gamma_{c,B}c_B/c^{\ominus})$，因此根据该表达式也可以推导出标准平衡常数表达式：

$$K^{\ominus}=\prod_B(\gamma_{c,B}c_B/c^{\ominus})_{eq}^{\nu_B}=\prod_B(\gamma_{c,B})_{eq}^{\nu_B}\prod_B(c_B/c^{\ominus})_{eq}^{\nu_B}=K_{\gamma,c}K_c^{\ominus} \tag{5-27}$$

$$K^{\ominus}=\prod_B(c_B/c^{\ominus})_{eq}^{\nu_B}=K_c^{\ominus}\quad（对理想稀溶液中化学反应） \tag{5-28}$$

但是，因为 $\mu_{c,B}^{\ominus}$ 与 $\mu_{b,B}^{\ominus}$ 不一样，具有不同的值，这就导致用体积摩尔浓度表示的标准平衡常数 $K_c^{\ominus}$ 在数值上不等于用质量摩尔浓度表示的标准平衡常数 $K_b^{\ominus}$，即 $K_c^{\ominus}\neq K_b^{\ominus}$。

(2) 溶剂参与反应

以 A 表示溶剂，溶剂 A 在化学反应中的化学计量系数为 ν_A。若溶剂 A 为反应物，则 $\nu_A<0$，若溶剂 A 为产物，则 $\nu_A>0$。根据表 5-1 可知，对溶剂 A 而言，其活度 $a_A=\gamma_{x,A}x_A$；对溶液中任意溶质 B，其活度 $a_B=\gamma_{b,B}b_B/b^{\ominus}$，因此可得活度商 J_a：

$$J_a=(a_A)^{\nu_A}\prod_B(a_B)^{\nu_B}=(\gamma_{x,A}x_A)^{\nu_A}\prod_B(\gamma_{b,B}b_B/b^{\ominus})^{\nu_B} \tag{5-29}$$

式中符号 $\prod_B$ 仅对参与反应的溶质求积。将式(5-29) 代入化学反应等温方程 $\Delta_rG_m=\Delta_rG_m^{\ominus}+RT\ln J_a$，得

$$\Delta_rG_m=\Delta_rG_m^{\ominus}+RT\ln[(\gamma_{x,A}x_A)^{\nu_A}\prod_B(\gamma_{b,B}b_B/b^{\ominus})^{\nu_B}] \tag{5-30}$$

式(5-30) 为**溶剂参与反应的溶液中化学反应的等温方程**。如果溶液是理想稀溶液，因 $\gamma_{x,A}=1$、$x_A\approx1$ 和 $\gamma_{b,B}=1$，因此式(5-30) 可以简化为：

$$\Delta_rG_m=\Delta_rG_m^{\ominus}+RT\ln\prod_B(b_B/b^{\ominus})^{\nu_B} \tag{5-31}$$

式(5-31) 为**溶剂参与反应的理想稀溶液中化学反应的等温方程**。

将式(5-29) 代入标准平衡常数定义 $K^{\ominus}=(J_a)_{eq}$，得到**溶剂参与反应的溶液中化学反应的标准平衡常数表达式**：

$$K^{\ominus}=(\gamma_{x,A}x_A)^{\nu_A}\prod_B(\gamma_{b,B}b_B/b^{\ominus})^{\nu_B}=(\gamma_{x,A}x_A)^{\nu_A}K_{\gamma,b}K_b^{\ominus} \tag{5-32}$$

如果理想稀溶液，因 $\gamma_A=1$，$x_A\approx1$，以及 $\gamma_{b,B}=1$ 即 $K_{\gamma,b}=1$，则

$$K^{\ominus}=K_b^{\ominus}$$

该式与式(5-26) 完全一致，说明对理想稀溶液中的化学反应，无论溶剂是否参与反应，其标准平衡常数表达式是一样的。

5.4 平衡常数的不同表示方法

前面我们对不同反应系统的化学反应的等温方程和标准平衡常数 $K^{\ominus}$进行了介绍，但是在实际工作中我们常常碰到平衡常数的其他表示形式。下面我们将逐一介绍平衡常数的其他表示形式，并重点讨论理想气体反应中标准平衡常数 $K^{\ominus}$与其他平衡常数之间的关系。

5.4.1 平衡常数的不同表示方法

以化学反应 $eE+fF \rightleftharpoons yY+zZ$ 为例，其平衡常数有如下表示形式。

① 用分压表示的平衡常数 K_p 或 $K_p^{\ominus}$，K_p 或 $K_p^{\ominus}$ 定义为：

$$K_p=\frac{(p_Y)^y(p_Z)^z}{(p_E)^e(p_F)^f}=\prod_B(p_B)^{\nu_B} \tag{5-33}$$

$$K_p^{\ominus}=\frac{(p_Y/p^{\ominus})^y(p_Z/p^{\ominus})^z}{(p_E/p^{\ominus})^e(p_F/p^{\ominus})^f}=\prod_B(p_B/p^{\ominus})^{\nu_B}=\prod_B(p_B)^{\nu_B}\prod_B(1/p^{\ominus})^{\nu_B}$$
$$=K_p(p^{\ominus})^{-\sum\nu_B} \tag{5-34}$$

K_p 或 $K_p^{\ominus}$ 常用于表示有气体参与的化学反应的平衡常数。

② 用摩尔分数表示的平衡常数 K_x，K_x 定义为：

$$K_x=\frac{(x_Y)^y(x_Z)^z}{(x_E)^e(x_F)^f}=\prod_B(x_B)^{\nu_B} \tag{5-35}$$

③ 用体积摩尔浓度表示的平衡常数 K_c 或 $K_c^{\ominus}$，K_c 或 $K_c^{\ominus}$ 定义为：

$$K_c=\frac{(c_Y)^y(c_Z)^z}{(c_E)^e(c_F)^f}=\prod_B(c_B)^{\nu_B} \tag{5-36}$$

$$K_c^{\ominus}=\frac{(c_Y/c^{\ominus})^y(c_Z/c^{\ominus})^z}{(c_E/c^{\ominus})^e(c_F/c^{\ominus})^f}=\prod_B(c_B/c^{\ominus})^{\nu_B}=\prod_B(c_B)^{\nu_B}\prod_B(1/c^{\ominus})^{\nu_B}$$
$$=K_c(c^{\ominus})^{-\sum\nu_B} \tag{5-37}$$

④ 用质量摩尔浓度表示的平衡常数 K_b 或 $K_b^{\ominus}$，K_b 或 $K_b^{\ominus}$ 定义为：

$$K_b=\frac{(b_Y)^y(b_Z)^z}{(b_E)^e(b_F)^f}=\prod_B(b_B)^{\nu_B} \tag{5-38}$$

$$K_b^{\ominus}=\frac{(b_Y/b^{\ominus})^y(b_Z/b^{\ominus})^z}{(b_E/b^{\ominus})^e(b_F/b^{\ominus})^f}=\prod_B(b_B/b^{\ominus})^{\nu_B}=\prod_B(b_B)^{\nu_B}\prod_B(1/b^{\ominus})^{\nu_B}$$
$$=K_b(b^{\ominus})^{-\sum\nu_B} \tag{5-39}$$

⑤ 用物质的量表示的平衡常数 K_n，K_n 定义为：

$$K_n=\frac{(n_Y)^y(n_Z)^z}{(n_E)^e(n_F)^f}=\prod_B(n_B)^{\nu_B} \tag{5-40}$$

5.4.2　理想气体反应标准平衡常数 $K^{\ominus}$ 与其他平衡常数的关系

K⊖与其他平衡常数的关系

(1) $K^{\ominus}$ 与 $K_p^{\ominus}$ 的关系

$$K^{\ominus}=K_p^{\ominus} \tag{5-41}$$

(2) $K^{\ominus}$ 与 K_p 的关系

$$K^{\ominus}=K_p^{\ominus}=K_p(p^{\ominus})^{-\sum\nu_B} \tag{5-42}$$

由于 $K^{\ominus}$ 只与温度有关，因此 K_p 也只与温度有关。

(3) $K^{\ominus}$ 与 K_x 的关系

对于理想气体，分压与总压 p 有关系式：$p_B=px_B$，代入式(5-34) 可得：

$$K^{\ominus}=(p^{\ominus})^{-\sum\nu_B}K_p=(p^{\ominus})^{-\sum\nu_B}\prod_B(p_B)^{\nu_B}=(p^{\ominus})^{-\sum\nu_B}\prod_B(px_B)^{\nu_B}$$
$$=(p^{\ominus})^{-\sum\nu_B}\prod_B(p)^{\nu_B}\prod_B(x_B)^{\nu_B}=(p^{\ominus})^{-\sum\nu_B}(p)^{\sum\nu_B}K_x$$
$$=(p/p^{\ominus})^{\sum\nu_B}K_x \tag{5-43}$$

由于式中包含了总压 p，只要 $\sum\nu_B\neq0$，K_x 除了与温度有关外，还受压力的影响。

(4) $K^{\ominus}$ 与 K_c、$K_c^{\ominus}$ 的关系

根据理想气体状态方程 $p_BV=n_BRT$，得 $p_B=c_BRT$，代入式(5-34) 可得：

$$K^{\ominus}=(p^{\ominus})^{-\sum\nu_B}K_p=(p^{\ominus})^{-\sum\nu_B}\prod_B(p_B)^{\nu_B}=(p^{\ominus})^{-\sum\nu_B}\prod_B(c_BRT)^{\nu_B}$$

$$=(p^{\ominus})^{-\sum\nu_B}\prod_B(RT)^{\nu_B}\prod_B(c_B)^{\nu_B}=(p^{\ominus})^{-\sum\nu_B}(RT)^{\sum\nu_B}K_c \tag{5-44}$$

$$K^{\ominus}=(RT/p^{\ominus})^{\sum\nu_B}K_c$$

把 $K_c^{\ominus}=K_c(c^{\ominus})^{-\sum\nu_B}$ 代入上式可得

$$K^{\ominus}=(c^{\ominus}RT/p^{\ominus})^{\sum\nu_B}K_c^{\ominus} \tag{5-45}$$

由于 $K^{\ominus}$只与温度有关，因此从式(5-44) 和式(5-45) 可知 K_c 与 $K_c^{\ominus}$ 也只与温度有关。

(5) $K^{\ominus}$与 K_n 的关系

根据 $x_B=n_B/n_{总}=n_B/\sum n_B$，代入式(5-43)，可得：

$$K^{\ominus}=(p/p^{\ominus})^{\sum\nu_B}K_x=(p/p^{\ominus})^{\sum\nu_B}\prod_B(x_B)^{\nu_B}=(p/p^{\ominus})^{\sum\nu_B}\prod_B(n_B/\sum n_B)^{\nu_B}$$

$$=(p/p^{\ominus})^{\sum\nu_B}\prod{}_B(1/\sum n_B)^{\nu_B}\prod_B(n_B)^{\nu_B}$$

$$K^{\ominus}=[p/(p^{\ominus}\sum n_B)]^{\sum\nu_B}K_n \tag{5-46}$$

上式中，由于包含了总压 p，同时还包含总的气体的物质的量$\sum n_B$，只要$\sum\nu_B$ 不等于 0，K_n 除了与温度有关外，还受压力以及总的气体的物质的量的影响。

根据式(5-42)～式(5-46)，可总结得到如下关系：

$$K_p=K^{\ominus}(p^{\ominus})^{\sum\nu_B}=K_x(p)^{\sum\nu_B}=K_c(RT)^{\sum\nu_B}=K_n(p/\sum n_B)^{\sum\nu_B} \tag{5-47}$$

5.5 标准平衡常数 $K^{\ominus}$的计算与测定

化学反应标准平衡常数 $K^{\ominus}$的大小反映了该反应所能达到的最大限度。根据标准平衡常数可求算平衡体系混合物的组成，进而算出平衡转化率，预测反应能够进行的程度。那么，如何得到一个化学反应标准平衡常数 $K^{\ominus}$呢？标准平衡常数 $K^{\ominus}$既可以运用已知的热力学数据求算，也可以通过直接测定平衡组成而得到。

5.5.1 由热力学数据求算标准平衡常数 $K^{\ominus}$

由热力学数据求算标准平衡常数的计算依据是 $\Delta_rG_m^{\ominus}=-RT\ln K^{\ominus}$。因此只要知道 $\Delta_rG_m^{\ominus}$ 就可以计算出标准平衡常数 $K^{\ominus}$。当然，如果知道标准平衡常数 $K^{\ominus}$，反过来也可以计算热力学量 $\Delta_rG_m^{\ominus}$。$\Delta_rG_m^{\ominus}$ 一般可以通过下述几种方法获得。

① 利用物质的标准摩尔生成吉布斯函数 $\Delta_fG_m^{\ominus}$ 来计算化学反应的 $\Delta_rG_m^{\ominus}$。采用此方法需要知道各物质的标准摩尔生成吉布斯函数 $\Delta_fG_m^{\ominus}$ 数据。

② 根据公式 $\Delta_rG_m^{\ominus}=\Delta_rH_m^{\ominus}-T\Delta_rS_m^{\ominus}$ 来计算 $\Delta_rG_m^{\ominus}$，其中反应的标准摩尔焓 $\Delta_rH_m^{\ominus}$ 可由物质的标准摩尔生成焓 $\Delta_fH_m^{\ominus}$ 计算得到，反应的标准摩尔熵 $\Delta_rS_m^{\ominus}$ 则可从热力学第三定律的标准摩尔熵 $S_m^{\ominus}$ 的计算获得。

③ 用已知反应的 $\Delta_rG_m^{\ominus}$ 计算未知反应的 $\Delta_rG_m^{\ominus}$。

此外，还可通过电化学方法，设计可逆电池，使反应在电池中进行，然后由公式 $\Delta_rG_m^{\ominus}=-zFE^{\ominus}$来计算，式中，$E^{\ominus}$是可逆电池的标准电动势，$F$ 是法拉第常数，z 是电池反应式中的得失电子数，在下册电化学一章中将介绍与此式有关的内容。关于用统计热力学方法计算出不同物质的配分函数，进而求反应的 $K^{\ominus}$，将在下一章统计热力学中讨论。

例题 5-3 已知下列两个反应的 $\Delta_r G_m^{\ominus}$ 在 25℃ 时为：

(1) $2CO(g)+O_2(g)=\!=\!=2CO_2(g)$， $\Delta_r G_m^{\ominus}(1)=-514.21kJ\cdot mol^{-1}$

(2) $2H_2(g)+O_2(g)=\!=\!=2H_2O(g)$， $\Delta_r G_m^{\ominus}(2)=-457.23kJ\cdot mol^{-1}$

求在相同温度下，反应(3) $CO(g)+H_2O(g)=\!=\!=CO_2(g)+H_2(g)$ 的 $K_3^{\ominus}$。

解 $[(1)-(2)]/2$ 得：$CO(g)+H_2O(g)=\!=\!=CO_2(g)+H_2(g)$，即是反应（3），于是有：

$$\Delta_r G_m^{\ominus}(3)=[\Delta_r G_m^{\ominus}(1)-\Delta_r G_m^{\ominus}(2)]/2=[(-514.21+457.23)/2]kJ\cdot mol^{-1}$$

$$=-28.49kJ\cdot mol^{-1}$$

$$\ln K_3^{\ominus}=-\Delta_r G_m^{\ominus}(3)/RT=28490/(8.314\times 298)=11.5$$

得 $$K_3^{\ominus}=9.88\times 10^4$$

5.5.2 标准平衡常数 $K^{\ominus}$的实验测定

标准平衡常数 $K^{\ominus}$除了可以运用热力学数据求算外，也可以通过实验测定平衡体系混合物组成得到。因此，测定标准平衡常数，实际上是测定**反应达到平衡时**各物质的浓度或压力等，常用的方法有物理法和化学法。

物理法是通过物理性质的测定，如体系折射率、电导率、颜色、光的吸收、密度、色谱等，求出平衡组成，这种方法一般不会扰乱体系的平衡，但物理方法必须找出被测量的物理量与平衡组成（浓度或压力）之间的关系。

化学方法采用化学分析的方法得到平衡组成，但加入试剂常会扰乱体系的平衡状态，使所测浓度并非平衡浓度，故分析前必须设法使平衡“冻结”，如骤冷或有催化剂存在时采取暂时除去催化剂的方法，使反应“停止”等。

不论采用何种方法，必须首先明确体系是否已达平衡，可采用以下几种判断方法：

① 若达反应平衡，则浓度不随时间而变；

② 一定温度下，由正反应或逆反应测定出的平衡组成计算得到标准平衡常数应相等；

③ 一定温度下，任意改变参加反应各物质初始浓度，平衡后所得标准平衡常数相同。

例题 5-4 反应：$4HCl(g)+O_2(g)=\!=\!=2Cl_2(g)+2H_2O(g)$ 在适当的催化剂下达到平衡。一个原先含 HCl 和 O_2 摩尔比为 1∶1 的混合物，温度为 480℃，平衡时有 75% HCl 转变为 Cl_2，若总压为 $0.947p^{\ominus}$，计算反应的 $K^{\ominus}$。

解 设所有气体为理想气体，反应前 HCl 和 O_2 物质的量均为 1mol，达到平衡后 Cl_2 的物质的量为 2α mol。

	$4HCl(g)$	$+O_2(g)=\!=\!=$	$2Cl_2(g)$	$+2H_2O(g)$
开始：	1	1	0	0
平衡时：	$1-4\alpha$	$1-\alpha$	2α	2α

由 $4\alpha\times 1=75\%$，得 $\alpha=0.1875$。

所以平衡时：$n_{HCl}=1-4\alpha=0.25$，$n_{O_2}=1-\alpha=0.8125$，$n_{Cl_2}=n_{H_2O}=0.375$

总的气体物质的量 $\sum n_B=2-\alpha=1.8125$，$\sum \nu_B=-1$

所以，$K^{\ominus}=[p/(p^{\ominus}\sum n_B)]^{\sum\nu_B}K_n$

$=[0.375^4/(0.25^4\times0.8125)]\times(1.8125/0.947)=11.93$

例题 5-5 某气体混合物含 H_2S 的体积分数为 51.3%，其余是 CO_2，在 25℃ 和 10^5Pa 下，将 1750cm^3 此混合气体通入 350℃的管式高温炉中发生反应并达到平衡，然后迅速冷却。当反应后流出的气体通过盛有氯化钙的干燥器时（吸收水汽用），该管的质量增加了 34.7mg。试求反应 $H_2S(g)+CO_2(g)$══$COS(g)+H_2O(g)$ 的平衡常数 K_p。假设所有气体可视为理想气体。

解 反应前气体总物质的量为

$$n=pV/RT=1.0\times10^5\times0.00175/(8.314\times298.15)\text{mol}=0.07063\text{mol}$$

则

$$n(H_2S)=(0.07036\times51.3\%)\text{mol}=0.03623\text{mol}$$

$$n(CO_2)=[0.07036\times(1-51.3\%)]\text{mol}=0.03440\text{mol}$$

反应达到平衡后：

$$n(H_2O)=\frac{0.0347}{18}\text{mol}=0.001928\text{mol}$$

$$n(COS)=n(H_2O)$$

$$n(H_2S)=(0.03623-0.001928)\text{mol}=0.03430\text{mol}$$

$$n(CO_2)=(0.03440-0.001928)\text{mol}=0.03247\text{mol}$$

因为 $\sum\nu_B=0$，$K^{\ominus}=K_p=K_n$，故

$$K_p=[n(H_2O)n(COS)]/[n(H_2S)n(CO_2)]$$

$$=0.001928^2/(0.03430\times0.03247)=3.338\times10^{-3}$$

5.6 温度对标准平衡常数 $K^{\ominus}$的影响

标准平衡常数 $K^{\ominus}$只与温度有关，那么温度是如何影响标准平衡常数 $K^{\ominus}$？根据 $\Delta_r G_m^{\ominus}=-RT\ln K^{\ominus}$可知，如果知道了温度对 $\Delta_r G_m^{\ominus}$ 的影响，那么温度对 $K^{\ominus}$的影响就知道了。

5.6.1 范特霍夫方程微分式

$\Delta_r G_m^{\ominus}$ 随温度的变化可以从吉布斯-亥姆霍兹（Gibbs-Helmholtz）方程得知，对于化学反应有

$$\left[\partial\left(\frac{\Delta_r G_m^{\ominus}}{T}\right)\Big/\partial T\right]_p=-\frac{\Delta_r H_m^{\ominus}}{T^2}$$

由 $\Delta_r G_m^{\ominus}=-RT\ln K^{\ominus}$，可知 $\Delta_r G_m^{\ominus}/T=-R\ln K^{\ominus}$，代入上式可得：

$$\left[\partial\left(\frac{\Delta_r G_m^{\ominus}}{T}\right)\Big/\partial T\right]_p=-R\left(\frac{\partial\ln K^{\ominus}}{\partial T}\right)_p=-\frac{\Delta_r H_m^{\ominus}}{T^2}$$

所以

$$\left(\frac{\partial\ln K^{\ominus}}{\partial T}\right)_p=\frac{\Delta_r H_m^{\ominus}}{RT^2}$$

因 $K^{\ominus}$与压力无关，故上式左侧恒压条件可不写，即：

$$\frac{\mathrm{d}\ln K^{\ominus}}{\mathrm{d}T}=\frac{\Delta_{\mathrm{r}}H_{\mathrm{m}}^{\ominus}}{RT^{2}} \tag{5-48}$$

式(5-48) 称为**范特霍夫（van't Hoff）方程的微分式**，可定性判断随着温度变化，$K^{\ominus}$是如何变化的。当上式右边为正值时（即 $\Delta_{\mathrm{r}}H_{\mathrm{m}}^{\ominus}>0$，吸热反应），升高温度（$\mathrm{d}T>0$），$K^{\ominus}$也升高（即 $\mathrm{d}\ln K^{\ominus}>0$），有利于正反应进行；降低温度（$\mathrm{d}T<0$），$K^{\ominus}$也降低（即 $\mathrm{d}\ln K^{\ominus}<0$），不利于正反应进行。当上式右边为负值时（即 $\Delta_{\mathrm{r}}H_{\mathrm{m}}^{\ominus}<0$，放热反应），升高温度（$\mathrm{d}T>0$），$K^{\ominus}$降低，不利于正反应进行；降低温度（$\mathrm{d}T<0$），$K^{\ominus}$升高，有利于正反应进行。

对理想气体反应，由式(5-45) 可知 $K^{\ominus}=(c^{\ominus}RT/p^{\ominus})^{\sum\nu_{\mathrm{B}}}K_{c}^{\ominus}$，取对数后对 T 求导得

$$\frac{\mathrm{d}\ln K^{\ominus}}{\mathrm{d}T}=\frac{\mathrm{d}\ln(c^{\ominus}R/p^{\ominus})^{\sum\nu_{\mathrm{B}}}}{\mathrm{d}T}+\frac{\mathrm{d}\ln(T)^{\sum\nu_{\mathrm{B}}}}{\mathrm{d}T}+\frac{\mathrm{d}\ln K_{c}^{\ominus}}{\mathrm{d}T}=\frac{\sum\nu_{\mathrm{B}}}{T}+\frac{\mathrm{d}\ln K_{c}^{\ominus}}{\mathrm{d}T}$$

将上式代入范特霍夫方程，得

$$\frac{\sum\nu_{\mathrm{B}}}{T}+\frac{\mathrm{d}\ln K_{c}^{\ominus}}{\mathrm{d}T}=\frac{\Delta_{\mathrm{r}}H_{\mathrm{m}}^{\ominus}}{RT^{2}}$$

即

$$\frac{\mathrm{d}\ln K_{c}^{\ominus}}{\mathrm{d}T}=\frac{\Delta_{\mathrm{r}}H_{\mathrm{m}}^{\ominus}}{RT^{2}}-\frac{\sum\nu_{\mathrm{B}}}{T}=\frac{\Delta_{\mathrm{r}}H_{\mathrm{m}}^{\ominus}-\sum\nu_{\mathrm{B}}RT}{RT^{2}}=\frac{\Delta_{\mathrm{r}}U_{\mathrm{m}}^{\ominus}}{RT^{2}} \tag{5-49}$$

式(5-49) 也称为**范特霍夫方程**，但只适用于理想气体反应。

5.6.2 范特霍夫方程积分式

(1) $\Delta_{\mathrm{r}}H_{\mathrm{m}}^{\ominus}$ 不随温度变化时的范特霍夫方程积分式

当恒压反应热 $\Delta_{\mathrm{r}}H_{\mathrm{m}}^{\ominus}$ 不随温度而变化即 $\Delta_{\mathrm{r}}C_{p,\mathrm{m}}=0$ 时，或者当温度变化范围不大，$\Delta_{\mathrm{r}}H_{\mathrm{m}}^{\ominus}$ 可近似地看作一常数时，对范特霍夫方程微分式进行不定积分可得：

$$\ln K^{\ominus}=-\frac{\Delta_{\mathrm{r}}H_{\mathrm{m}}^{\ominus}}{RT}+C \tag{5-50}$$

式中，C 为积分常数，该式为**范特霍夫的不定积分式**。由上式知，如果以 $\ln K^{\ominus}$对 $1/T$ 作图，应得一直线，此直线的斜率为$-\Delta_{\mathrm{r}}H_{\mathrm{m}}^{\ominus}/R$。因此，如果知道 $\ln K^{\ominus}$与温度 T 的函数关系，可获得热力学量 $\Delta_{\mathrm{r}}H_{\mathrm{m}}^{\ominus}$。

对范特霍夫方程微分式进行定积分可得：

$$\ln K_{2}^{\ominus}-\ln K_{1}^{\ominus}=\frac{\Delta_{\mathrm{r}}H_{\mathrm{m}}^{\ominus}}{R}\left(\frac{1}{T_{1}}-\frac{1}{T_{2}}\right) \tag{5-51}$$

式(5-51) 为**范特霍夫方程的定积分式**。该式表明，当 $\Delta_{\mathrm{r}}H_{\mathrm{m}}^{\ominus}$ 已知的情况下，可由某一温度（T_{1}）下的标准平衡常数 $K^{\ominus}(T_{1})$，计算得到另一温度（T_{2}）下的标准平衡常数 $K^{\ominus}(T_{2})$。

(2) $\Delta_{\mathrm{r}}H_{\mathrm{m}}^{\ominus}$ 为温度的函数时范特霍夫方程的积分式

当 $\Delta_{\mathrm{r}}C_{p,\mathrm{m}}\neq0$，尤其是温度变化范围较大时，则 $\Delta_{\mathrm{r}}H_{\mathrm{m}}^{\ominus}$ 就不能看作常数，需将 $\Delta_{\mathrm{r}}H_{\mathrm{m}}^{\ominus}=f(T)$ 的函数关系代入范特霍夫方程微分式进行积分。

由基尔霍夫定律可知：

$$\Delta_{\mathrm{r}}H_{\mathrm{m}}(T)=\Delta H_{0}+\Delta aT+\frac{\Delta b}{2}T^{2}+\frac{\Delta c}{3}T^{3}$$

将上式代入式(5-46) 可得：

$$\frac{\mathrm{d}\ln K^{\ominus}}{\mathrm{d}T}=\frac{\Delta H_{0}}{RT^{2}}+\frac{\Delta a}{RT}+\frac{\Delta b}{2R}+\frac{\Delta c}{3R}T \tag{5-52}$$

积分上式可得

$$\ln K^{\ominus}=-\frac{\Delta H_0}{RT}+\frac{\Delta a}{R}\ln T+\frac{\Delta b}{2R}T+\frac{\Delta c}{6R}T^2+I \tag{5-53}$$

式中，I 为积为常数。代入已知反应温度 T 下的**标准平衡常数 $K^{\ominus}$**，可先求得积分常数 I，进而可求任意温度下的**标准平衡常数 $K^{\ominus}$**。

例题 5-6 在标准压力和 250℃时，用物质的量之比为 1∶2 的 CO 和 H_2 合成甲醇，反应为

$$CO(g)+2H_2(g)\rightleftharpoons CH_3OH(g)$$

试求算平衡混合物中甲醇的摩尔分数（设反应热不随温度而变，且气体均视为理想气体）。已知 298K 时：

	CO(g)	$CH_3OH(g)$
$\Delta_f H_m^{\ominus}/kJ\cdot mol^{-1}$	−110.52	−201.17
$\Delta_f G_m^{\ominus}/kJ\cdot mol^{-1}$	−137.27	−161.88

解 $\Delta_r G_m^{\ominus}(298K)=(-161.88+137.27)kJ\cdot mol^{-1}=-24.61kJ\cdot mol^{-1}$

$\Delta_r H_m^{\ominus}(298K)=(-201.17+110.52)kJ\cdot mol^{-1}=-90.65kJ\cdot mol^{-1}$

由 $\Delta_r G_m^{\ominus}=-RT\ln K^{\ominus}$，可解得 $K^{\ominus}(298K)=2.062\times10^4$。

根据范特霍夫方程，有

$$\ln\frac{K^{\ominus}(523K)}{K^{\ominus}(298K)}=\frac{\Delta_r H_m^{\ominus}}{R}\left(\frac{1}{298}-\frac{1}{523}\right)$$

可解得 $K^{\ominus}(523K)=3.00\times10^{-3}$。

设平衡时甲醇物质的量为 n，则

$$CO(g)+2H_2(g)\rightleftharpoons CH_3OH(g)$$

平衡时 $1-n$ $2(1-n)$ n

则 $$K^{\ominus}=[p/(p^{\ominus}\sum n_B)]^{\sum\nu_B}K_n=\left[\frac{p}{(3-2n)p^{\ominus}}\right]^{-2}\frac{n}{4(1-n)^3}$$

因 $p=p^{\ominus}$，由此得

$$K^{\ominus}=\frac{n(3-2n)^2}{4(1-n)^3}$$

因 $K^{\ominus}$很小，所以 n 也很小，则有 $1-n\approx n$ 和 $3-2n\approx3$。上式可简化为：

$$K^{\ominus}=\frac{9n}{4}=3.00\times10^{-3}$$

$$n=1.34\times10^{-3}$$

混合物中甲醇的摩尔分数为：

$$x=\frac{1.34\times10^{-3}}{3}=4.45\times10^{-4}$$

5.7 其他因素对理想气体化学反应平衡的影响

在温度保持不变的情况下，标准平衡常数 $K^{\ominus}$为定值。对理想气体反应，改变其他条件如压力或通入惰性气体等，虽然不能改变标准平衡常数 $K^{\ominus}$（也不能改变 K_p 和 K_c），但根

据式(5-43) 和式(5-46)，只要$\sum\nu_B \neq 0$，压力的改变会影响 K_x 与 K_n，而在压力保持不变的情况下，通入惰性气体即体系总物质的量 n 的增加，会影响 K_n，从而使平衡发生移动，进而影响平衡转化率。同时，温度与压力保持不变的情况下，反应物初始配比也会影响平衡转化率。

5.7.1　压力对于理想气体反应平衡移动的影响

由式(5-43) 即 $K^{\ominus}=(p/p^{\ominus})^{\sum\nu_B}K_x$，两边取对数，得

$$\ln K^{\ominus}=\sum\nu_B\ln(p/p^{\ominus})+\ln K_x$$

在温度一定的情况下，两边对 p 求导：

$$\left(\frac{\partial \ln K^{\ominus}}{\partial p}\right)_T=\sum\nu_B\left(\frac{\partial \ln(p/p^{\ominus})}{\partial p}\right)_T+\left(\frac{\partial \ln K_x}{\partial p}\right)_T=\frac{\sum\nu_B}{p}+\left(\frac{\partial \ln K_x}{\partial p}\right)_T$$

因 $K^{\ominus}$不随 p 而变，即$\left(\frac{\partial \ln K^{\ominus}}{\partial p}\right)_T=0$，所以有

$$\left(\frac{\partial \ln K_x}{\partial p}\right)_T=-\frac{\sum\nu_B}{p} \tag{5-54}$$

根据上式可知，当$\sum\nu_B>0$ 即反应后气体分子数增加，上式右边为负值，增加压力，K_x 下降，对正向反应不利；$\sum\nu_B<0$ 即反应后气体分子数减小，上式右边为正值，增加压力，K_x 也增加，对正向反应有利；当$\sum\nu_B=0$ 即反应后气体分子数不变，上式右边为 0，增加压力，K_x 不变，不会引起平衡移动。

例题 5-7　合成氨反应$\frac{1}{2}N_2(g)+\frac{3}{2}H_2(g)\rightleftharpoons NH_3(g)$。500K 时 $K_p=0.30076$，若反应物 N_2 与 H_2 符合化学计量配比，求此温度时，$1p^{\ominus}\sim10p^{\ominus}$下的转化率 α。可近似地按理想气体计算。

解　设以 1mol 原料 N_2 为计算标准，转化率为 α。

$$\frac{1}{2}N_2(g)+\frac{3}{2}H_2(g)\rightleftharpoons NH_3(g)$$

平衡时　　$1-\alpha$　　$3-3\alpha$　　2α　　$\sum n_B=4-2\alpha$

$$K_p=K_n(p/\sum n_B)^{\sum\nu_B}=\frac{2\alpha}{(1-\alpha)^{1/2}(3-3\alpha)^{3/2}}\left(\frac{p}{4-2\alpha}\right)^{-1}=0.30076$$

当 $p=p^{\ominus}$时，代入上式得 $\alpha=0.152$

当 $p=2p^{\ominus}$时，代入上式得 $\alpha=0.251$

当 $p=5p^{\ominus}$时，代入上式得 $\alpha=0.418$

当 $p=10p^{\ominus}$时，代入上式得 $\alpha=0.549$

即平衡转化率随压力升高而增加。

5.7.2　加入惰性组分对于理想气体反应平衡移动的影响

由式(5-46) 可知，标准平衡常数 $K^{\ominus}$与 K_n 的关系如下：

$$K^{\ominus}=[p/(p^{\ominus}\sum n_B)]^{\sum\nu_B}K_n$$

(1) 在温度和体积均保持不变的情况下（即恒温恒容反应），通入惰性组分

加入惰性气体即总的气体物质的量$\sum n_B$ 增加，在体积保持不变的情况下，总压 p 也应相应增加。根据理想气体状态方程 $pV=RT\sum n_B$，可得 $p/\sum n_B=RT/V$。在恒温恒容下，

T 和 V 不变，因此总压 p 与总的气体物质的量 $\sum n_B$ 之比保持不变。根据标准平衡常数 $K^{\ominus}$ 与 K_n 的关系可知，K_n 的大小与惰性气体加入无关。因此，在恒温恒容反应条件下，加入惰性气体，对平衡没影响。

（2）在温度和压力均保持不变的情况下（即恒温恒压反应），**通入惰性组分**

保持总压 p 不变，往平衡体系中充以惰性气体时，根据标准平衡常数 $K^{\ominus}$ 与 K_n 的关系可知：

若 $\sum \nu_B > 0$，由于加入惰性气体，即 $\sum n_B$ 增加，为保持 $K^{\ominus}$ 不变，K_n 必然增加，即平衡向产物增加方向移动，即有利于正向反应；

若 $\sum \nu_B < 0$，由于加入惰性气体，即 $\sum n_B$ 增加，为保持 $K^{\ominus}$ 不变，必然使 K_n 减小，平衡向反应物增加方向移动，即有利于逆向反应；

若 $\sum \nu_B = 0$，$K^{\ominus} = K_n$，加入惰性气体即 $\sum n_B$ 增加，对平衡没有影响。

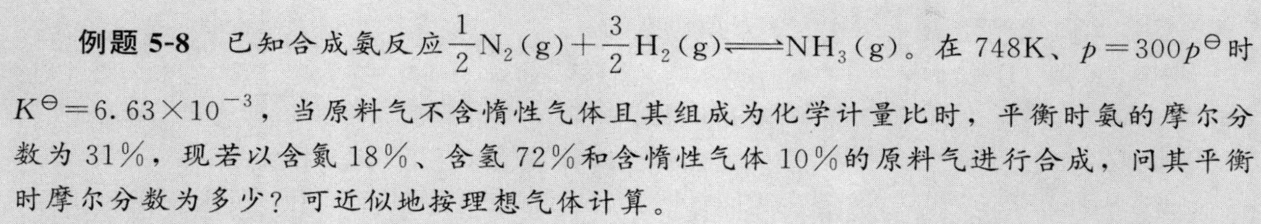

例题 5-8 已知合成氨反应 $\frac{1}{2}N_2(g) + \frac{3}{2}H_2(g) \rightleftharpoons NH_3(g)$。在 748K、$p = 300p^{\ominus}$ 时 $K^{\ominus} = 6.63 \times 10^{-3}$，当原料气不含惰性气体且其组成为化学计量比时，平衡时氨的摩尔分数为 31%，现若以含氮 18%、含氢 72% 和含惰性气体 10% 的原料气进行合成，问其平衡时摩尔分数为多少？可近似地按理想气体计算。

解 设反应前原料有 0.18mol N_2，0.72mol H_2 和 0.1mol 惰性气体：

	$\frac{1}{2}N_2(g)$ +	$\frac{3}{2}H_2(g) \rightleftharpoons$	$NH_3(g)$，	惰性气体
反应前	0.18	0.72		0.1
反应达到平衡后	$0.18-0.5y$	$0.72-1.5y$	y	0.1

此处 y 为平衡时氨的物质的量，系统内物质的总物质的量为 $(0.18-0.5y)+(0.72-1.5y)+y+0.1=1-y$，故各组分的摩尔分数为

$$x_{N_2} = \frac{0.18-0.5y}{1-y} \quad x_{H_2} = \frac{0.72-1.5y}{1-y} \quad x_{NH_3} = \frac{y}{1-y}$$

$$K_x = \frac{x_{NH_3}}{x_{N_2}^{1/2} x_{NH_3}^{3/2}} = \frac{y(1-y)}{(0.18-0.5y)^{1/2}(0.72-1.5y)^{3/2}}$$

根据式(5-47) $K^{\ominus} = \left(\frac{p}{p^{\ominus}}\right)^{\sum \nu_B} K_x$，可求得

$$K_x = 6.63 \times 10^{-3} (p^{\ominus})^{-1} \times 300p^{\ominus} = 1.99$$

将此值代入上式可求得 $y=0.2$，即氨的摩尔分数为

$$\frac{0.2}{1-0.2} \times 100\% = 25\%$$

没有惰性气体存在时氨的摩尔分数为 31%，可见因惰性气体的存在使氨摩尔分数降低。

5.7.3 反应物配比对平衡移动的影响

在此，我们仅讨论恒温恒压反应中，当原料气中只有反应物时，反应物的初始配比对反应达到平衡时产物浓度的影响。

以合成氨反应 $3H_2 + N_2 \longrightarrow 2NH_3$ 为例。表 5-2 给出了 500℃、30.4MPa 下，反应物氢气与氮气初始物质的量比 n_{H_2}/n_{N_2} 对反应达到平衡时氨气浓度（以摩尔分数表示 x_{NH_3}）的影响。从表中可知，当反应物氢气与氮气初始物质的量比 $n_{H_2}/n_{N_2} = 3$ 时，产物氨气的平衡

浓度最高，而3正好是氢气与氮气的化学计量系数之比。

表5-2 500℃、30.4MPa下，不同氢气与氮气初始物质的量比下得到平衡时氨气摩尔分数

n_{H_2}/n_{N_2}	1	2	3	4	5	6
x_{NH_3}	0.188	0.250	0.264	0.258	0.242	0.222

可以证明，对理想气体反应 $eE+fF \rightleftharpoons yY+zZ$，若原料气中只有反应物E和F时，当反应物的初始物质的量比 n_E/n_F 等于反应物系数之比即 $n_E/n_F=e/f$ 时，反应达到平衡时产物Y、Z在平衡气体混合物中的浓度最高。相关的证明读者可参考文献《在理想气体反应中反应物用量的最佳配比求证》（闽西职业大学学报，2000，2：19-20）。这里以 $CO+2H_2 \rightleftharpoons CH_3OH$ 为例，且设CO起始量为1mol，平衡后各物质的摩尔分数为 $x_甲$、x_{H_2}、x_{CO}，且设 $x_{H_2}/x_{CO}=m$，由此得 $x_甲+x_{H_2}+x_{CO}=1$ 或 $1-x_甲=x_{H_2}+x_{CO}$。因为 $x_{H_2}/x_{CO}=m$，所以有

$$x_{CO}=(1-x_甲)/(1+m) \text{和} x_{H_2}=m(1-x_甲)/(1+m)$$

$$K_x=\frac{x_甲}{x_{CO}x_{H_2}^2}=\frac{x_甲}{\left(\frac{1}{1+m}\right)(1-x_甲)\left(\frac{m}{1+m}\right)^2(1-x_甲)^2}$$

上式重排后得

$$K_x\left(\frac{1}{1+m}\right)\left(\frac{m}{1+m}\right)^2=\frac{x_甲}{(1-x_甲)^3}$$

反应物配比对转化率的影响，实际上就是上式中 m 的取值对 $x_甲$ 的影响。m 取何值，$x_甲$ 有最大值，在数学上相当于将 $x_甲$ 对 m 微分求其极值。即令 $dx_甲/dm=0$

$$\frac{d}{dm}\left[K_x\left(\frac{1}{1+m}\right)\left(\frac{m}{1+m}\right)^2\right]=\frac{d}{dm}\left[\frac{x_甲}{(1-x_甲)^3}\right]$$

$$=\frac{(1-x_甲)^3\frac{dx_甲}{dm}+3x_甲(1-x_甲)^2\frac{dx_甲}{dm}}{(1-x_甲)^6}=\frac{(1-x_甲)+3x_甲}{(1-x_甲)^4}\times\frac{dx_甲}{dm}$$

重排上式

$$\frac{dx_甲}{dm}=\frac{(1-x_甲)^4}{(1+2x_甲)}K_x\frac{d}{dm}\left[\frac{m^2}{(1+m)^3}\right]=0$$

由于反应不能进行到底，所以 $(1-x_甲)\neq0$，只有 $\frac{d}{dm}\left[\frac{m^2}{(1+m)^3}\right]=0$，由此得

$$\frac{2m(1+m)^3-3m^2(1+m)^2}{(1+m)^6}=0$$

$$2m(1+m)-3m^2=0$$

$$2(1+m)=3m$$

$$m=2$$

即平衡时，$x_{H_2}/x_{CO}=2/1$ 时甲醇的浓度最大，也即是反应物起始物质的量之比 $n_{H_2}/n_{CO}=2$ 时平衡转化率最大。其实，$x_{H_2}/x_{CO}=2$ 也即是反应式中反应物化学计量数之比。

本章小结及基本要求

本章主要内容是将化学势表达式 $\mu_B=\mu_B^\ominus+RT\ln a_B$ 代入化学反应吉布斯函数计算公式

$\Delta_r G_m = \sum \nu_B \mu_B$，得到化学等温方程 $\Delta_r G_m = \Delta_r G_m^\ominus + RT\ln J_a$，式中 $J_a = \prod_B (a_B)^{\nu_B}$ 为活度商。在恒温恒压下，根据化学反应达到平衡的条件即 $\Delta_r G_m = 0$，给出标准平衡常数的定义 $K^\ominus = (J_a)_{eq}$，并得到标准平衡常数 $K^\ominus$ 与热力学量 $\Delta_r G_m^\ominus$ 的关系式 $\Delta_r G_m^\ominus = -RT\ln K^\ominus$，从而可以通过热力学数据来计算标准平衡常数 $K^\ominus$，得到化学反应的平衡组成。同时，根据标准平衡常数的定义 $K^\ominus = (J_a)_{eq} = \prod_B (a_B)_{eq}^{\nu_B}$，结合物质处于不同状态下的化学势表达式 $\mu_B = \mu_B^\ominus + RT\ln a_B$，可以导出不同反应体系的标准平衡常数 $K^\ominus$ 的表达形式。

由于 $\Delta_r G_m^\ominus = \sum_B \nu_B \mu_B^\ominus$ 和 $\Delta_r G_m^\ominus = -RT\ln K^\ominus$，而 $\mu_B^\ominus$ 只与温度有关，因此标准平衡常数 $K^\ominus$ 只是温度的函数。根据 Gibbs-Helmholtz 方程中 $\Delta_r G_m^\ominus$ 与温度 T 关系，可推出标准平衡常数与温度的关系式即 Van't Hoff 方程 $\frac{d\ln K^\ominus}{dT} = \frac{\Delta_r H_m^\ominus}{RT^2}$，从而可定性且定量地判断温度对化学平衡的影响。

本章的基本要求如下。

① 理解反应吉布斯函数 $\Delta_r G_m$ 的物理意义以及掌握化学等温方程的应用。

② 理解并掌握 $\mu_B^\ominus$、$\Delta_r G_m$ 与 $K^\ominus$ 之间的关系。

③ 理解各种反应体系中 $K^\ominus$ 的表达式的不同，了解其他形式的平衡常数，掌握理想气体反应 $K^\ominus$ 与其他形式的平衡常数之间的关系。

④ 掌握温度对化学平衡的影响即 van't Hoff 方程，掌握其他因素如压力、惰性气体以及反应物配比对理想气体反应化学平衡的影响。

⑤ 能熟练地应用热力学数据或实验测定的平衡组成数据计算 $K^\ominus$，反过来也能利用 $K^\ominus$ 数据计算相关热力学数据以及平衡组成。

习题

1. 是否凡是 $\Delta_r G_m^\ominus > 0$ 的反应，在任何条件下均不能自发进行，而凡是 $\Delta_r G_m^\ominus < 0$ 的反应，在任何条件下均能自发进行？比较 $\Delta_r G_m$ 和 $\Delta_r G_m^\ominus$ 两个物理量的异同。

答：不对，$\Delta_r G_m^\ominus$ 的值只能判断反应体系中各组分处于标准态时的反应方向，却不能判断任意条件下的反应方向。$\Delta_r G_m^\ominus$ 是标准摩尔反应吉布斯函数的变化，$\Delta_r G_m$ 是反应瞬间的摩尔反应吉布斯函数的变化，可用来判断反应的进行方向。

2. 试问在 1500K 的标准状态下，下述反应在高炉内能否进行？

$$Fe_2O_3(s) + 3CO(g) \xlongequal{\quad} 2Fe(s) + 3CO_2(g)$$

已知：

$$\Delta_f G_m^\ominus(Fe_2O_3) = (-811696 + 255.2T)\,J\cdot mol^{-1}$$

$$\Delta_f G_m^\ominus(CO) = (-116315 - 83.89T)\,J\cdot mol^{-1}$$

$$\Delta_f G_m^\ominus(CO_2) = -395388\,J\cdot mol^{-1}$$

答案：$\Delta_r G_m^\ominus(1500K) = -30818 J\cdot mol^{-1} < 0$，此反应在该条件下能够进行

3. 已知 700℃时理想气体反应 $CO(g) + H_2O(g) \xlongequal{\quad} CO_2(g) + H_2(g)$ 的平衡常数为 $K^\ominus = 0.71$，试问：(1) 各物质的分压均为 $1.5p^\ominus$，此反应能否自发进行？

(2) 若增加反应物的压力，使 $p_{CO}=10p^{\ominus}$，$p_{H_2O}=5p^{\ominus}$，$p_{CO_2}=p_{H_2}=1.5p^{\ominus}$，该反应能否自发进行？

答案：(1) $\Delta_r G_m=2.77\text{kJ}\cdot\text{mol}^{-1}>0$，反应不能自发进行；

(2) $\Delta_r G_m=-22.3\text{kJ}\cdot\text{mol}^{-1}<0$，反应能自发进行

4. 求理想气体反应 $C_3H_6(g)+H_2(g)=C_3H_8(g)$ 在298K时的标准平衡常数。若原料气组成（摩尔百分数）为 $30\%C_3H_6$、$40\%H_2$、$0.5\%C_3H_8$、$29.5\%N_2$，且体系压力为 $p^{\ominus}$，反应向哪个方向进行？已知298K时下列数据：

	$C_3H_6(g)$	$C_3H_8(g)$	$H_2(g)$
$\Delta_f H_m^{\ominus}/\text{kJ}\cdot\text{mol}^{-1}$	20.42	−103.85	0
$S_m^{\ominus}/\text{J}\cdot\text{mol}^{-1}\cdot\text{K}^{-1}$	266.90	269.90	130.5

答案：$K^{\ominus}=1.33\times10^{15}$，$\Delta_r G_m=-94.15\text{kJ}\cdot\text{mol}^{-1}$，$\Delta_r G_m<0$，反应向右进行

5. 298K，10^5Pa时，有理想气体反应

$$4HCl(g)+O_2(g)\rightleftharpoons 2Cl_2(g)+2H_2O(g)$$

求该反应的标准平衡常数 $K^{\ominus}$ 及平衡常数 K_p 和 K_x。已知298K时 $\Delta_f G_m^{\ominus}(HCl,g)=-95.265\text{kJ}\cdot\text{mol}^{-1}$；$\Delta_f G_m^{\ominus}(H_2O,g)=-228.597\text{kJ}\cdot\text{mol}^{-1}$

答案：$K^{\ominus}=2.216\times10^{13}$，$K_p=2.216\times10^{8}\text{Pa}^{-1}$，$K_x=2.216\times10^{13}$

6. 若将1mol $H_2(g)$ 和3mol $I_2(g)$ 引入一容积为 V，温度为 T 的烧瓶中，当达到平衡时得到 $x$mol的HI(g)，此后再引入2mol $H_2(g)$，达到新的平衡后，得到 $2x$mol的HI(g)。设气体可视为理想气体。

(1) 写出 K_p、K_c、K_x 之间的关系；

(2) 求该温度下的 K_p。

答案：(1) $K_p=K_c=K_x$；(2) $K_p=4$

7. 630K时反应 $2HgO(s)\rightleftharpoons 2Hg(g)+O_2(g)$ 的 $\Delta_r G_m^{\ominus}=44.3\text{kJ}\cdot\text{mol}^{-1}$，(1) 试求算此温度时反应的 $K^{\ominus}$ 及HgO(s)的分解压。(2) 若反应开始前容器中已有 10^5Pa的 O_2，试求算630K达到平衡时与HgO固相共存的气相中Hg(g)的分压。

答案：(1) $p(分解)=3p(O_2)=11.3\text{kPa}$；(2) $p(Hg)=1.45\text{kPa}$

8. 试利用标准生成吉布斯函数数据，求算298K时，欲使反应

$$KCl(s)+\frac{3}{2}O_2(g)\rightleftharpoons KClO_3(s)$$

得以进行，最少需要氧的分压为多少？已知298K时，$\Delta_f G_m^{\ominus}(KCl,s)=-408.32\text{kJ}\cdot\text{mol}^{-1}$，$\Delta_f G_m^{\ominus}(KClO_3,s)=-289.91\text{kJ}\cdot\text{mol}^{-1}$。

答案：$p(O_2)=6.9\times10^{18}\text{Pa}$

9. 对于反应 $MgCO_3$(菱镁矿)$=$MgO(方镁石)$+CO_2(g)$，

(1) 计算298K时 $MgCO_3$ 的分解压力；

(2) 设在298K时地表 CO_2 的分压力为 $p(CO_2)=32\text{Pa}$，问此时的 $MgCO_3$ 能否自动分解为MgO和 CO_2；

(3) 从热力学上说明当温度升高时，$MgCO_3$ 稳定性的变化趋势。

已知298K时的数据如下：

	$MgCO_3(s)$	$MgO(s)$	$CO_2(g)$
$\Delta_f H_m^{\ominus}/kJ \cdot mol^{-1}$	-1112.9	-601.83	-393.5
$S_m^{\ominus}/J \cdot K^{-1} \cdot mol^{-1}$	65.7	27	213.6

答案：(1) $p=3.37\times10^{-7}$ Pa；(2) 32Pa≫3.37×10^{-7}Pa，故知 $MgCO_3$ 不能自动分解；(3) 升高温度时，p 变大，$MgCO_3$ 的稳定性变小

10. 银可能受到 H_2S 气体的腐蚀而发生下列反应：

$$H_2S(g)+2Ag(s) \longrightarrow Ag_2S(s)+H_2(g)$$

298K 下，$Ag_2S(s)$ 和 $H_2S(g)$ 的标准摩尔生成 Gibbs 函数 $\Delta_f G_m^{\ominus}$ 分别为 $-40.25kJ \cdot mol^{-1}$ 和 $-32.93kJ \cdot mol^{-1}$，在 298K，10^5Pa 下，H_2S 和 H_2 的混合气体中 H_2S 的摩尔分数低于多少时便不致使 Ag 发生腐蚀？

答案：$x(H_2S) \leqslant 0.050$

11. 实际气体反应 $N_2O_4(g) \rightleftharpoons 2NO_2(g)$，已知 298K 时 $\Delta_f G_m^{\ominus}=4.78kJ \cdot mol^{-1}$，当 N_2O_4 的逸度为 6000kPa 时，NO_2 的逸度最少为多少才能使反应向生成 N_2O_4 的方向进行？

答案：$f(NO_2)>295.2$kPa

12. 423K、$100p^{\ominus}$下，甲醇的合成反应 $CO(g)+2H_2(g) = CH_3OH(g)$ 的 $K^{\ominus}=2.35\times10^{-3}$。已知在此条件下，CO、$H_2$ 和 CH_3OH 的逸度系数分别为 1.08、1.25 和 0.56，试求此时反应的 K_p。

答案：$K_p=7.08\times10^{-13}Pa^{-2}$

13. 已知 37℃时，细胞内 ATP 水解反应 [ATP + H_2O = ADP + P_i(磷酸)] 的 $\Delta_r G_m^{\ominus}= -30.54kJ \cdot mol^{-1}$，细胞内 ADP 和 P_i 的平衡浓度分别是 3×10^{-3} $mol \cdot dm^{-3}$ 和 $1\times10^{-3}mol \cdot dm^{-3}$，试求：(1) 37℃时 ATP 在细胞内的平衡浓度；(2) 若实际测得 ATP 的浓度为 $10\times10^{-3}mol \cdot dm^{-3}$，水解反应的 $\Delta_r G_m$ 应是多少？

答案：(1) $c(ATP)=2.14\times10^{-11}mol \cdot dm^{-3}$；(2) $\Delta_r G_m=-51.45kJ \cdot mol^{-1}$

14. 反应 $4HCl(g)+O_2(g) = 2Cl_2(g)+2H_2O(g)$ 在适当的催化剂下达到平衡，一个原先含 HCl 和 O_2 摩尔分数 x 各为 0.5 的混合物，温度为 480℃，平衡时有 75%HCl 转变为 Cl_2，若总压为 $0.947p^{\ominus}$，计算反应的 $K^{\ominus}$。

答案：$K^{\ominus}=11.93$

15. 反应 R = A+D 的平衡常数与温度的关系可用下式表示：$\ln K^{\ominus}=-4567/(T/K)+8.51$，求 373K 时该反应的 $\Delta_r S_m^{\ominus}$。

答案：$\Delta_r S_m^{\ominus}=8.51\times8.314=70.75\ J \cdot mol^{-1} \cdot K^{-1}$

16. 从 NH_3 制备 HNO_3 的工业方法中，一个主要反应是空气的混合物通过高温下的 Pt 催化剂，按下式发生反应：$4NH_3(g)+5O_2(g) = 4NO(g)+6H_2O(g)$

已知 298K 时的数据如下：

	$NH_3(g)$	$H_2O(g)$	$NO(g)$	$O_2(g)$
$\Delta_f H_m^{\ominus}/kJ \cdot mol^{-1}$	-46.19	-241.8	90.37	0
$\Delta_f G_m^{\ominus}/kJ \cdot mol^{-1}$	-16.63	-228.59	86.69	0

试求 1073K 时的标准平衡常数，假定 $\Delta_r H_m^{\ominus}$ 不随温度而改变。

答案：$K^{\ominus}(1073K)=2.90\times10^{53}$

17. Ag_2CO_3(s) 分解计量方程为 $Ag_2CO_3(s) \xlongequal{} Ag_2O(s)+CO_2(g)$，设气相为理想气体，298K 时各物质的 $\Delta_f H_m^\ominus$、$S_m^\ominus$ 如下：

	$\Delta_f H_m^\ominus$/kJ·mol^{-1}	$S_m^\ominus$/J·K^{-1}·mol^{-1}
Ag_2CO_3(s)	−506.14	167.36
Ag_2O(s)	−30.57	121.71
CO_2(g)	−393.15	213.64

(1) 求 298K、10^5Pa 下，1mol Ag_2CO_3(s) 完全分解时吸收的热量；

(2) 求 298K 下，Ag_2CO_3(s) 分解压力；

(3) 假设反应焓变与温度无关，求 383K 下 Ag_2CO_3 分解时平衡压力。

答案：(1) $\Delta_r H_m^\ominus = 82.42$kJ·mol^{-1}；(2) $p(O_2, 298K)=0.2127$Pa；(3) $p(O_2, 383K)=342$Pa

18. 反应：$2NaHCO_3(s) \xlongequal{} Na_2CO_3(s)+H_2O(g)+CO_2(g)$，$NaHCO_3$ 在 25℃ 与 60℃ 时的分解压力分别为 $0.005p^\ominus$ 与 $0.080p^\ominus$，并且该反应的 $\Delta_r H_m^\ominus$ 与温度无关。

(1) 计算 25℃ 与 60℃ 的 $K^\ominus$ 各是多少；

(2) 1mol $NaHCO_3$ 在等压下，需吸收多少热量才能全部转化成为 Na_2CO_3；

(3) 计算 25℃ 时反应的 $\Delta_r G_m^\ominus$ 与 $\Delta_r S_m^\ominus$。

答案：(1) $K_1^\ominus = 1/4 \times 0.005^2 = 6.25 \times 10^{-6}$，$K_2^\ominus = 1/4 \times 0.08^2 = 1.60 \times 10^{-3}$；(2) $\Delta_r H_m^\ominus = 130.713$kJ·mol^{-1}；(3) $\Delta_r G_m^\ominus = 29.689$kJ·mol^{-1}，$\Delta_r S_m^\ominus = 339.01$J·K^{-1}·mol^{-1}

19. 某反应在 1100K 附近，温度每升高 1℃，$K^\ominus$ 比原来增大 1%，试求在此温度附近的 $\Delta_r H_m^\ominus$。

答案：$\Delta_r H_m^\ominus = 100.6$kJ·mol^{-1}

20. 求反应 $Cr_2O_3(s)+3C(石墨) \xlongequal{} 2Cr(s)+3CO(g)$ 的 $\Delta_r G_m^\ominus$ 与 T 的关系。假定该反应的 $\Delta_r H_m^\ominus$ 不随温度而变。若体系内 CO 的平衡分压为 10kPa，求此时的温度。设该气体为理想气体。已知 298K 时的数据如下：

	$\Delta_f H_m^\ominus$/kJ·mol^{-1}	$S_m^\ominus$/J·K^{-1}·mol^{-1}
Cr_2O_3(s)	−1128.4	81.17
C(石墨)	0	5.690
Cr(s)	0	23.77
CO(g)	−110.5	197.9

答案：$\Delta_r G_m^\ominus(T)$(J·mol^{-1})=796900−543(T/K)，T=1327K

21. 已知 298K 时 Br_2(g) 的标准生成热 $\Delta_f H_m^\ominus$ 和标准生成吉布斯函数 $\Delta_f G_m^\ominus$ 分别为 30.71kJ·mol^{-1} 和 3.14kJ·mol^{-1}。

(1) 计算液态溴在 298K 时的蒸气压；

(2) 近似计算溴在 323K 时的蒸气压；

(3) 近似计算标准压力下液态溴的沸点。

答案：(1) $p(Br_2)=0.2816p^\ominus=28.16$kPa；(2) $p(Br_2)=0.7350p^\ominus=73.50$kPa；(3) T=332K

22. 已知 1000K 时生成水煤气的反应

$$C(s)+H_2O(g) \rightleftharpoons H_2(g)+CO(g)$$

在 $p^{\ominus}$ 下的平衡转化率 $\alpha=0.844$。求：(1) 平衡常数 $K^{\ominus}$；(2) 在 $1.1p^{\ominus}$ 下的平衡转化率 α。

答案：(1) $K^{\ominus}=2.48$；(2) $\alpha=0.832$

23. 1000K 下，在 $1dm^3$ 容器内含过量碳；若通入 4.25g CO_2 后发生下列反应：

$$C(s)+CO_2(g) = 2CO(g)$$

反应平衡时气体的密度相当于平均摩尔质量为 $36g\cdot mol^{-1}$ 的气体密度，$M_{CO_2}=44g\cdot mol^{-1}$

(1) 计算平衡总压和 K_p；

(2) 若加入惰性气体 He，使总压加倍，则 CO 的平衡量是增加，减少，还是不变？若加入 He，使容器体积加倍，而总压维持不变，则 CO 的平衡量发生怎样变化？

答案：(1) $K_p=537.5kPa$，p(总压)$=1075kPa$；(2) 恒温、恒容时加入 He，对平衡无影响；恒温、恒压时加入 He，CO 的平衡量增加，原来为 0.065mol 增大至 0.084mol

24. 设在某一定温度下，有一定量的 $PCl_5(g)$ 在标准压力 $p^{\ominus}$ 下的体积为 $1dm^3$，在此情况下，$PCl_5(g)$ 的解离度设为 50%。通过计算说明在下列几种情况下，$PCl_5(g)$ 的解离度是增大还是减小。

(1) 使气体的总压降低，直到体积增加到 $2dm^3$；

(2) 恒压下，通入氮气，使体积增加到 $2dm^3$；

(3) 恒容下，通入氮气，使压力增加到 $2p^{\ominus}$；

(4) 通入氯气，使压力增加到 $2p^{\ominus}$，而体积维持为 $1dm^3$。

答案：(1) $\alpha_1=0.618>0.50$，解离度增加；(2) 同 (1)；
(3) $\alpha_3=0.50$，不变；(4) $\alpha_4=0.2<0.5$，解离度下降

*25. 600K、10^5Pa 时由 CH_3Cl 和 H_2O 作用生成 CH_3OH 后，CH_3OH 可以继续分解为 $(CH_3)_2O$ 即下列平衡同时存在：

(1) $CH_3Cl(g)+H_2O(g) \rightleftharpoons CH_3OH(g)+HCl(g)$

(2) $2CH_3OH(g) \rightleftharpoons (CH_3)_2O(g)+H_2O(g)$

已知在该温度下 $K_{p_1}=0.00154$，$K_{p_2}=10.6$，今以等物质的量 CH_3Cl 和 H_2O 开始反应，求 CH_3Cl 的平衡转化率。

答案：CH_3Cl 的平衡转化率$=0.048/1\times100\%=4.8\%$

*26. 在 450℃，把 0.1mol 的 H_2 与 0.2mol 的 CO_2 引入一个抽空的反应瓶中，在达到以下①$H_2(g)+CO_2(g) \rightleftharpoons H_2O(g)+CO(g)$ 平衡时；混合物中 H_2O 的摩尔分数 $x=0.10$，平衡常数为 $K_1^{\ominus}$，将平衡压力为 50.66kPa 氧化钴与钴的混合物引入瓶中，又建立起另外两个平衡：② $CoO(s)+H_2(g) \rightleftharpoons Co(s)+H_2O(g)$；$K_2^{\ominus}$。③ $CoO(s)+CO(g) \rightleftharpoons Co(s)+CO_2(g)$；$K_3^{\ominus}$。由分析得知，混合物中 $x_{H_2O}=0.30$。

(1) 计算这三个反应的平衡常数；

(2) 若在 450℃附近温度每升高 1℃，反应（①的平衡常数 $K_1^{\ominus}$ 增加 1%，试求反应①的反应焓变为多少？

答案：(1) $K_1^{\ominus}=0.0756$，$K_2^{\ominus}=9$，$K_3^{\ominus}=119$；(2) $\Delta_r H_m^{\ominus}=43.46kJ\cdot mol^{-1}$

第6章 相平衡

关注易读书坊
扫封底授权码
学习线上资源

在前面几章中，分别讨论了热平衡和化学平衡。通过热力学第一定律，讨论了系统状态变化过程中的热效应问题，即系统与环境间能量交换的问题；通过热力学第二定律及其导出的状态函数熵（S）和另外两个辅助函数 A 和 G，讨论了系统变化方向性和过程的可逆性以及平衡判据等问题；通过对多组分系统的热力学讨论，介绍了一个描述多组分系统的重要物理量——偏摩尔量以及化学势。至此，作为热力学在化学领域主要研究的三个对象之一的相平衡将是本章要讨论的内容。

其实，相平衡在化工生产中具有举足轻重的地位。在一个高塔林立的石油化工厂中，大多数高塔都是用来分离、提纯的。在化学、化工的生产和科研中，为了从反应或天然的混合物中通过分离、提纯得到合格的产品，经常会遇到像蒸（精）馏、冷凝、升华、溶解、结晶等相变化过程。类似地，如何从盐湖或海水中提取各种有用的无机盐；在钢铁生产和各种合金冶炼中，怎样控制条件和成分以得到具有特殊性能的钢材和合金等，都涉及相变化过程。要了解这些相变化过程所遵循的规律，并用这些规律解决上述实际问题，都需要用到相平衡知识。

本章主要介绍三个方面内容：首先介绍相平衡系统普遍遵循的规律——相律；接着介绍单组分系统相平衡之相图和相图中两相平衡边界线上温度与压力的关系——克拉佩龙（Clapeyron）方程和克拉佩龙（Clapeyron）-克劳修斯（Clausius）方程；最后介绍几种典型的单组分系统和二组分系统相图。除此之外，对三组分系统亦作初步介绍。

相律

6.1 相律

6.1.1 基本概念

（1）相

系统中，物质的物理性质和化学性质完全均匀一致的形态称为“相”，相与相之间存在明显的界面，穿过界面，物理性质或化学性质发生突变。系统中相的总数称为相数，用 P 表示。

以物质常见的三种状态为例，由于不同种类气体能够在分子水平上无限均匀混合，故无论系统中含有多少种气体，只形成一个相；液体按其互溶程度，可以形成单相（例如水与乙醇混合），二相（例如水与苯混合）或三相共存，一般不超过三相共存。除了以分子（原子）尺度混合的“固溶体”为单相以外，一般而言，系统中有多少种固体物质，最少便有多少个固相存在。很显然，根据相的定义，具有不同晶体结构的同一种（固体）物质亦属于不同的相。例如，石墨与金刚石，红磷与白磷等。

简单地说，系统中，纯物质或不同物质之间在分子（原子或离子）尺度上相互均匀混合部分为同一个“相”，否则为多相。

(2) 相平衡

系统中任何一种物质 i 在它所存在相的各相中的化学势皆相等，则该系统达到相平衡，即

$$\mu_i(\alpha)=\mu_i(\beta)=\cdots=\mu_i(\delta)$$

(3) 自由度

确定平衡系统的状态所必需的独立强度变量的数目称为自由度，用字母 F 表示。当然，也可以将自由度理解为在不引起旧相消失、新相产生的前提下，可以在一定范围内独立变化的强度变量的数目。这些强度变量通常为温度、压力和浓度等。如果指定某个强度变量为定值，则除该变量以外的其他强度变量数目称为条件自由度，用 F^* 表示。

(4) 物种数和组分数

相平衡系统中所含物质种类的数目称为物种数，用字母 S 表示。而相平衡系统中，能够确定各相组成所需要的最少独立物种数称为**独立组分数**，简称为**组分数**，用字母 C 表示。应该注意，组分数和物种数是两个不同的概念，在同一多相平衡系统中，物种数可随着考虑问题的角度不同而不同，但组分数是一个确定值。

组分数在数值上等于系统中物种数 S 减去系统中独立的化学平衡数目 R，再减去独立的浓度限制条件 R'，即

$$C=S-R-R' \tag{6-1}$$

例题 6-1 请确定平衡

$$NH_4Cl(s) \rightleftharpoons HCl(g)+NH_3(g)$$

在下列不同条件下系统独立组分数 C 值。

(1) 开始时只有 $NH_4Cl(s)$ 存在；

(2) 反应前有等量的 $HCl(g)$ 和 $NH_3(g)$ 存在；

(3) 开始时已有任意量的 $HCl(g)$ 和 $NH_3(g)$ 存在。

解 (1) $S=3$，存在一个独立的化学平衡条件，$R=1$，又因为在反应达到平衡时，有 $p_{NH_3}=p_{HCl}=p/2$，$R'=1$，所以 $C=S-R-R'=3-1-1=1$，即只要有一种物质 $NH_4Cl(s)$ 存在，平衡时，系统中一定有 $NH_4Cl(s)$、$HCl(g)$ 和 $NH_3(g)$ 存在。

(2) $S=3$，存在一个独立的化学平衡，$R=1$，反应前尽管已存在 $HCl(g)$ 和 $NH_3(g)$，但二者是等量的，故平衡时，等式 $p_{NH_3}=p_{HCl}=p/2$ 仍然成立，$R'=1$。所以

$C=S-R-R'=3-1-1=1$

(3) $S=3$，存在一个独立的化学平衡，$R=1$，此时，由于开始时已有任意量的 $HCl(g)$ 和 $NH_3(g)$ 存在，p_{NH_3} 和 p_{HCl} 之间的定量关系已不存在，故 $R'=0$，所以

$C=S-R-R'=3-1-0=2$

也即在 (3) 的条件下，至少要有两种物质才能保证上述反应平衡状态存在。

例题 6-2 求下列情况下系统的组分数：

(1) 固体 $NaCl$、KCl、$NaNO_3$、KNO_3 的混合物与水振荡达到平衡；

(2) 固体 $NaCl$、KNO_3 与水振荡达到平衡。

解 (1) 根据题意，系统中存在 $NaCl(s)$、$KCl(s)$、$NaNO_3(s)$、$KNO_3(s)$、Na^+、K^+、Cl^-、NO_3^- 和 H_2O，共 9 种物质，$S=9$。同时存在 $NaCl(s) \rightleftharpoons Na^+ + Cl^-$ 等四个

独立的溶解平衡方程，$R=4$，以及 $[Na^+]+[K^+]=[Cl^-]+[NO_3^-]$ 浓度（或称电荷平衡）限制条件，$R'=1$，所以 $C=S-R-R'=9-4-1=4$，即系统中只要有 H_2O 和 4 种固体 $NaCl(s)$、$KCl(s)$、$NaNO_3(s)$、$KNO_3(s)$ 中的任意 3 种，共计 4 种物质存在就能构成（1）所述的系统。

（2）根据题意，系统中存在 $NaCl(s)$、$KNO_3(s)$、Na^+，K^+、Cl^-、NO_3^- 和 H_2O，$S=7$，同时存在 $NaCl(s)$ ══ Na^++Cl^- 等两个独立溶解平衡方程，$R=2$，以及 $[Na^+]=[Cl^-]$ 和 $[K^+]=[NO_3^-]$ 两个浓度限制条件，$R'=2$，所以 $C=S-R-R'=7-2-2=3$。

在上题（1）和（2）中，物种数分别是 9 和 7，也可分别是 11 和 9，当物种数分别按 11 和 9 计算时，即认为系统中还有 H^+ 和 OH^-，此时必定同时存在独立的化学平衡 H_2O ══ H^++OH^- 限制条件和 $[OH^-]=[H^+]$ 浓度限制条件。此时，对于（1），$R=5$，$R'=2$，$C=S-R-R'=11-5-2=4$；对于（2），$R=3$，$R'=3$，$C=S-R-R'=9-3-3=3$。组分数的计算结果与物种数分别按 9 和 7 的计算结果完全相同。

在计算组分数 C 时，为什么要从物种数 S 中减去独立的化学平衡数？这是因为，根据化学平衡条件，当系统存在一个独立的化学平衡时，必定存在一个独立的方程 $\sum \nu_B \mu_B=0$，由数学中的代数定律可知，存在一个独立的等式，就减少了系统一个独立的（物质）变量，所以，计算独立组分数 C 时，要从物种数 S 中减去独立的化学平衡数目 R。值得注意的是，在考虑系统中存在的化学平衡数目时，所考虑的平衡必须是“独立”的化学平衡。例如，在某系统中，存在下列化学反应，且达到平衡：

（1）$CO(g)+H_2O(g)$ ══ $CO_2(g)+H_2(g)$

（2）$CO(g)+1/2O_2(g)$ ══ $CO_2(g)$

（3）$H_2(g)+1/2O_2(g)$ ══ $H_2O(g)$

尽管三个反应同时存在，仔细分析发现，只有两个反应是独立的，因为（2）−（3）=（1），所以 $R=2$。

同样值得注意的是浓度限制条件，必须是同一相中的几种物质的浓度（分压）之间存在某种关系，且有一个方程式把它们联系起来，才能作为浓度限制条件。例如

$$CaCO_3(s) \text{══} CaO(s)+CO_2(g)$$

尽管系统中的 $CaO(s)$ 和 $CO_2(g)$ 皆是由 $CaCO_3(s)$ 分解而来，且 $CaO(s)$ 和 $CO_2(g)$ 物质的量相等，但一个为固相，一个为气相，不在同一相，在 p_{CO_2} 和 $p_{CaO(s)}$ 之间没有一个公式将其联系起来，所以 $R'=0$。

以上讨论了相平衡研究中经常用到的几个基本概念。行文至此，大家自然而然地会提出这样的问题：在一个多相平衡系统中，系统中的相数 P、自由度 F 和组分数 C 之间存在着什么关系吗？即在一定的 T 或 p 的条件下，一个相平衡系统（例如二组分系统）中最多有几个相平衡共存？在保持相数不变的前提下，系统有几个独立的变量可变，即其自由度为多少？回答上述问题的答案就是下面将要介绍的、相平衡系统普遍遵循的规律——**相律**。

6.1.2 相律及相律的推导

相律是揭示相平衡系统中相数 P、组分数 C 和自由度 F 之间关系的规律，是相平衡系统普遍遵循的规律。其公式为

$$F=C-P+n \tag{6-2}$$

式中，n 是温度 T、压力 p、磁场、电场、重力场等可以独立变化的强度变量的数目。在一般的研究中，除了 T、p 变化外，其他的一般保持不变，这样，相律可写为

$$F=C-P+2 \tag{6-3}$$

式中，2 为 T、p 两个独立变量，当 T 或 p 恒定不变时，式(6-2) 可写 $F^*=C-P+1$。F^* 称之为条件自由度。

相律是 1875 年由吉布斯提出的，但是，直到 1884 年才被麦克斯韦发现并重视之。相律的推导如下：

假设一平衡系统中有 S 种物质，如果 S 种物质分布于同一相中，不存在化学反应，且整个系统有相同的温度 T 和压力 p，欲描述此系统的状态，需要的自由度数应为多少？咋一想，所需要的自由度数应为系统的物种数，外加温度 T 和压力 p 两个变量，即 $S+2$ 个变量，但是，在同一相中，物质的浓度之间存在等式 $\sum x_i=1$，即只要知道了其中 $(S-1)$ 个物质的浓度，则另一浓度就不再是独立变量，故单相系统只需独立变量数为 $(S-1)+2$。

若系统不止一个相，而是 P 个相，且每一物质皆分布在各个相中，这时，描述该系统所需要的变量似乎为 $P(S-1)+2$。但是，在相平衡条件下，应有

$$\begin{aligned}
\mu_1(\alpha)&=\mu_1(\beta)=\cdots=\mu_1(\mathrm{P})\\
\mu_2(\alpha)&=\mu_2(\beta)=\cdots=\mu_2(\mathrm{P})\\
&\vdots \qquad \vdots \qquad \vdots\\
\mu_S(\alpha)&=\mu_S(\beta)=\cdots=\mu_S(\mathrm{P})
\end{aligned}$$

有一个化学势相等的关系式，就应少一个独立变量。S 个物种分布在 P 个相中一共应有 $S(P-1)$ 个等式，描述系统所需要的总的独立变量数目应从总数中减去上述等式的数目，即

$$F=P(S-1)-S(P-1)+2=S-P+2$$

当系统中还存在 R 个独立的化学平衡条件和 R' 个浓度限制条件时

$$F=S-R-R'-P+2$$

$$F=C-P+2$$

上式即为相律的数学表达式。

在上述推导中，曾假设每一种物质分布于每一相中，倘若某一相中不存在某一物质，式(6-3) 还成立吗？答案是肯定的。因为如果某相中少了一种物质，虽然总变量中少去了一个变量，但同时也要少一个化学等式，相律的公式不变。

在式(6-3) 中的 2 是系统温度和压力两个变量，这时整个系统具有相同的温度和压力。若系统中存在隔热板，导致整个系统温度不一样；或系统中存在半透膜或刚性隔板，导致整个系统的压力不一样时，则要根据具体情况对式(6-3) 进行修正。

例题 6-3 碳酸钠与水可形成下列几种化合物：

$$Na_2CO_3\cdot H_2O,\ Na_2CO_3\cdot 7H_2O,\ Na_2CO_3\cdot 10H_2O$$

(1) 试说明标准压力下，与碳酸钠水溶液和冰平衡共存的含水盐最多有几种？

(2) 试说明在 30℃时，可与水蒸气平衡共存的含水盐最多可以有几种？

解 根据题意，很明显，题目要求的是系统最多有几个相，即 P_{max}。根据相律公式(6-3) 可知，$F=0$ 时，P 有最大值 P_{max}。如果知道了 C，就可以根据式(6-3) 求得 P_{max}。由此可见，本题的关键是求 C。此系统是由 Na_2CO_3 和 H_2O 构成的。虽然可有多种含水盐存在，但每形成一种含水盐，在物种数增加 1 的同时，独立的化学方程式也增加 1，故最终 $C=2$。

(1) 在指定的压力下，相律变为

$$F^* = C - P + 1 = 2 - P + 1$$

当 $F^* = 0$ 时，$P_{max} = 3$，系统已存在 Na_2CO_3 水溶液和冰两相，因此，与 Na_2CO_3 水溶液和冰平衡共存的含水盐最多只有一种。

(2) 同理，指定 30℃时，相律变为

$$F^* = C - P + 1 = 2 - P + 1$$

当 $F^* = 0$ 时，$P_{max} = 3$，已知系统只有水蒸气一相，故与水蒸气平衡共存的含水盐可有两种。

上题的计算结果表明，相律只能告诉我们：在一定的条件下，一个系统最多有几个相，但不能指明具体是哪几个相。

例题 6-4　试说明下列平衡系统中的自由度数为若干？

(1) 25℃及标准压力下，NaCl(s) 与水溶液平衡共存；

(2) $I_2(s)$ 与 $I_2(g)$ 呈平衡；

(3) 开始时系统中有任意量的 HCl(g) 和 $NH_3(g)$，当反应 $HCl(g) + NH_3(g) \longrightarrow NH_4Cl(s)$ 达平衡时。

解　(1) 已知 $C = 2$，$P = 2$，且温度、压力恒定不变，因此

$$F^{**} = C - P = 2 - 2 = 0$$

即恒定温度、压力条件下，饱和食盐水的浓度为定值，系统已无独立变量可变。

(2) $C = 1$，$P = 2$，$F = C - P + 2 = 1 - 2 + 2 = 1$

即当 $I_2(s)$ 与 $I_2(g)$ 呈平衡时，系统压力即为所处温度下 $I_2(g)$ 的饱和蒸气压。对纯物质而言，系统的饱和蒸气压 p 与 T 之间有函数关系，二者之中只有一个独立变量可变。

(3) 已知 $P = 2$，$S = 3$，$R = 1$，$R' = 0$，由此得 $C = 3 - 1 = 2$，$F = 2 - 2 + 2 = 2$。温度及总压或温度及任一气体分压可独立变动。

例题 6-5　一系统如右图所示，其中半透膜 aa 只允许 O_2 通过，半透膜左边三种物质 $O_2(g)$，$Ag_2O(s)$，Ag(s) 已达化学平衡，求系统的组分数、相数和自由度数。

解　已知 $S = 4$，$R = 1$，($2Ag + \frac{1}{2}O_2 \longrightarrow Ag_2O$)

所以 $C = S - R - R' = 4 - 1 - 0 = 3$。

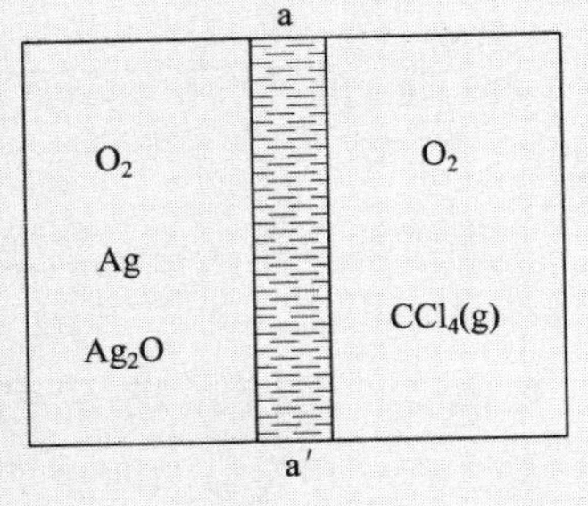

由于存在半透膜，气体不能完全混合成一相，而是在膜两侧各有一相，所以 $P = 4$。此外，由于膜两边的压力不相等，故式(6-3) 不再适用，要修正为 $F = C - P + 3$，因此 $F = C - P + 3 = 3 - 4 + 3 = 2$。

值得再一次提醒注意的是：相律所描述的是相平衡系统，且是“定性”地描述，它只讨论系统中相的“数目”，而不关注系统中具体是哪几个相（对象）和每个相有多少量（数值）。要解决系统中具体是哪几个相以及每个相有多少量的问题，要用到 6.3 节介绍的相图。

6.2 克拉佩龙和克拉佩龙-克劳修斯方程

对于单组分系统，根据相律 $F=C-P+2=1-P+2=3-P$，因为 $P_{\min}=1$、$F_{\max}=2$，$F_{\min}=0$、$P_{\max}=3$，所以单组分系统最多有 2 个自由度，它们是系统的温度 T 和压力 p，最多有三相共存。例如，$H_2O(s) \rightleftharpoons H_2O(l) \rightleftharpoons H_2O(g)$，此时，$F=0$。

以 H_2O 为例，单组分常见的二相平衡有：

$$\left.\begin{array}{l} H_2O(l) \rightleftharpoons H_2O(g) \\ H_2O(l) \rightleftharpoons H_2O(s) \\ H_2O(s) \rightleftharpoons H_2O(g) \end{array}\right\} \text{二相平衡 } P=2, F=1$$

当系统二相平衡时，$F=1$，说明二相平衡时，系统的温度和压力中，二者只有一个变量可独立变化，由此推测二者之间一定存在某种函数关系。为此，在讲单组分相图之前，先找出这一函数关系，以便解释单组分相图中相线斜率的大小和变化趋势。

6.2.1 克拉佩龙方程（任意两相平衡）

设在一定的温度和压力下，单组分系统 α、β 两相平衡，根据等温、等压下相平衡条件有 $\Delta G_m=0$，即 $\mu(\alpha)=\mu(\beta)$。若温度改变 dT，相应的压力改变 dp 后，α、β 两相达到新的平衡，如下图所示。在新的平衡下，应有

$$G_m(\alpha)+dG_m(\alpha)=G_m(\beta)+dG_m(\beta)$$

即

$$dG_m(\alpha)=dG_m(\beta)$$

根据热力学基本方程

$$dG=-SdT+Vdp$$

于是有

$$-S_m(\alpha)dT+V_m(\alpha)dp=-S_m(\beta)dT+V_m(\beta)dp$$

或

$$[V_m(\beta)-V_m(\alpha)]dp=[S_m(\beta)-S_m(\alpha)]dT$$

整理得

$$\frac{dp}{dT}=\frac{S_m(\beta)-S_m(\alpha)}{V_m(\beta)-V_m(\alpha)}=\frac{\Delta_\alpha^\beta S_m}{\Delta_\alpha^\beta V_m} \tag{6-4}$$

式中，$\Delta_\alpha^\beta S_m$ 和 $\Delta_\alpha^\beta V_m$ 分别为 1mol 物质由 α 相到 β 相的摩尔熵变和体积变化。对可逆相变而言，有

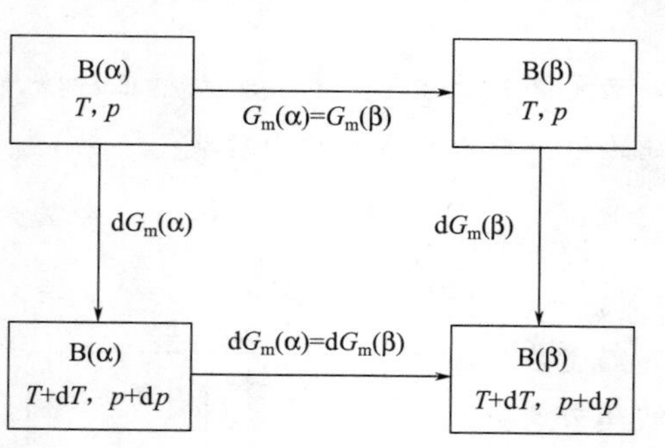

$$\Delta_\alpha^\beta S_m=\frac{\Delta_\alpha^\beta H_m}{T}$$

式中，$\Delta_\alpha^\beta H_m$ 为相变焓，将上式代入式(6-4)中，可得

$$\frac{dp}{dT}=\frac{\Delta_\alpha^\beta H_m}{\Delta_\alpha^\beta VT} \tag{6-5}$$

上式即为著名的克拉佩龙（Clapeyron，1799—1864）方程。它描述了相平衡条件下，平衡压力随平衡温度的变化，以及该变化与该物质相变焓和相变体积的定量关系。由于 α 相和 β 相可以是任意两相，因此式(6-5) 可用于纯物质任意两相平衡。

6.2.2 克拉佩龙-克劳修斯方程（液-气或固-气两相平衡）

对于有气相参加的两相平衡，液体或固体的摩尔体积与气体的摩尔体积相比可忽略不计，此时，式(6-5) 可进一步简化。以液-气两相平衡为例，式(6-5) 可简化为

$$\frac{dp}{dT}=\frac{\Delta_{vap}H_m}{V_{m,g}T}$$

若再假设气体可视为理想气体，则

$$\frac{dp}{dT}=\frac{\Delta_{vap}H_m}{T\left(\frac{RT}{p}\right)}$$

整理后得

$$\frac{d\ln p}{dT}=\frac{\Delta_{vap}H_m}{RT^2} \tag{6-6}$$

式(6-6) 称为**克拉佩龙-克劳修斯方程**。当温度变化范围不大时，$\Delta_{vap}H_m$ 可近似看作一常数。将上式积分，可得

$$\ln p=-\frac{\Delta_{vap}H_m}{RT}+C \tag{6-7}$$

式(6-7) 就是某物质液体饱和蒸气压与其对应的沸点关系式。式中，C 为积分常数。由此式可知，将 $\ln p$ 对 $1/T$ 作图应为一直线，其斜率为 $(-\Delta_{vap}H_m/R)$，由此斜率即可求得液体的 $\Delta_{vap}H_m$。

如果对式(6-6) 在温度 T_1 和 T_2 间求定积分，且设 $\Delta_{vap}H_m$ 近似为与 T 无关的常数，则

$$\ln\frac{p_2}{p_1}=-\frac{\Delta_{vap}H_m}{R}\left(\frac{1}{T_2}-\frac{1}{T_1}\right) \tag{6-8}$$

上式表明，只要知道了 $\Delta_{vap}H_m$，就可以根据某一温度 T_1 下的饱和蒸气压 p_1，求算其他温度 T_2 下的饱和蒸气压 p_2，反之亦然。

当缺乏液体的汽化热数据时，有一近似规则称为**楚顿**（Trouton）规则，即

$$\frac{\Delta_{vap}H_m}{T_b}\approx 88\text{J}\cdot\text{K}^{-1}\cdot\text{mol}^{-1} \tag{6-9}$$

可供近似估算 $\Delta_{vap}H_m$。式中，T_b 为正常沸点。应该注意的是此规则不能用于极性大的液体，也不适用于在液态时存在分子缔合现象和 $T_b<150\text{K}$ 的液体。

关于液体的饱和蒸气压和其沸点的关系，在工程上，还有一个应用非常广泛的经验方程

$$\lg p=-\frac{A}{t+C}+B \tag{6-10}$$

式(6-10) 称为**安托音（Antoine）方程**，式中 A、B、C 为常数，可从相关的手册中查到，t 为摄氏温度，此式适用的温度范围较宽。

对于固-气平衡，只需分别将式(6-6)、式(6-7) 和式(6-8) 中的 $\Delta_{vap}H_m$ 换成 $\Delta_{sub}H_m$（升华热）即可得到与式(6-6)、式(6-7) 和式(6-8) 相同形式的公式。

例题 6-6　已知水在 100℃时饱和蒸气压为 1.01325×10^5Pa，汽化热为 $2260\text{J}\cdot\text{g}^{-1}$，试计算：

(1) 水在 95℃时的饱和蒸气压；

(2) 水在高压锅（2.5×10^5Pa）中的沸点。

解　(1) $\ln\frac{p_2}{p_1}=\frac{\Delta_{vap}H_m(T_2-T_1)}{RT_1T_2}=\frac{2260\times18\times(368-373)}{8.314\times373\times368}=-0.1782$

$$p_2=(1.01325\times10^5\times0.836)\text{Pa}=8.37\times10^4\text{Pa}$$

(2) $\ln\frac{2.5\times10^5}{1.01325\times10^5}=\frac{2260\times18\times(T_2-373)}{8.314\times373\times T_2}$

解之得　　$T_2=400.6\text{K}$ (127.4℃)

6.2.3 固-液或固(s_1)-固(s_2)平衡

对于固-液或固(s_1)-固(s_2)两相平衡，以固-液平衡为例，可将式(6-5)改写为

$$dp=\frac{\Delta_{fus}H_m}{\Delta_{fus}V_m}\times\frac{dT}{T} \tag{6-11}$$

式中，$\Delta_{fus}H_m$ 和 $\Delta_{fus}V_m$ 分别为摩尔熔化焓和固、液摩尔体积之差。当温度变化不大时，$\Delta_{fus}H_m$ 和 $\Delta_{fus}V_m$ 均可视为常数，于是式(6-11)可积分为

$$p_2-p_1=\frac{\Delta_{fus}H_m}{\Delta_{fus}V_m}\ln\frac{T_2}{T_1} \tag{6-12}$$

当 T_1 和 T_2 相差不是很大且 $x=(T_2-T_1)/T_1\ll 1$ 时，根据 $\ln(1+x)$ 的幂级数展开式，并取其一级近似，可得

$$\ln\frac{T_2}{T_1}=\ln\left(1+\frac{T_2-T_1}{T_1}\right)\approx\frac{T_2-T_1}{T_1}$$

将上式代入式(6-12)中，得

$$p_2=p_1+\frac{\Delta_{fus}H_m}{\Delta_{fus}V_m}\times\frac{T_2-T_1}{T_1} \tag{6-13}$$

例题 6-7 在 273.2K 和标准压力下，已知冰的熔化热为 $333.5\text{kJ}\cdot\text{kg}^{-1}$，冰和水的密度分别为 $916.8\text{kg}\cdot\text{m}^{-3}$ 和 $999.9\text{kg}\cdot\text{m}^{-3}$，试解释为什么下雪的冬天（0℃），公路上的雪总是先于草坪上的雪融化。(假设 $\Delta_{fus}V_m$ 和 $\Delta_{fus}H_m$ 不随压力变化，公路上来往车辆施加给路面的压力为 $5.0\times10^6\text{Pa}$)

解 已知 $p_1=p^\ominus$，$T_1=273.2\text{K}$，且

$$\Delta_{fus}H_m=\left(\frac{333.5\times10^3}{1000}\times18\right)\text{J}\cdot\text{mol}^{-1}=6.003\times10^3\text{J}\cdot\text{mol}^{-1}$$

$$\Delta_{fus}V_m=V_m(\text{l})-V_m(\text{s})=\left[18\times10^{-3}\left(\frac{1}{999.9}-\frac{1}{916.8}\right)\right]\text{m}^3=-1.632\times10^{-6}\text{m}^3$$

根据公式(6-13)，可得

$$\begin{aligned}T_2&=\frac{T_1\Delta_{fus}V_m}{\Delta_{fus}H_m}(p_2-p_1)+T_1\\&=\left[\frac{273.2\times(-1.632\times10^{-6})}{6.003\times10^3}\times(5.0\times10^6-1.0\times10^5)+273.2\right]\text{K}\\&=(-0.36+273.2)\text{K}=272.84\text{K}\end{aligned}$$

即随着压力的增大，冰的熔点下降，低于 273.2K，因此公路上的雪先于草坪上的雪融化。

6.2.4 外压对蒸气压的影响

前面我们通过克拉佩龙-克劳修斯方程讨论了温度对液体饱和蒸气压的影响。现在要问，外加压力对液体饱和蒸气压有影响吗？如果有，影响如何？

蒸气压是液体自身的性质。在一定温度下把液体放入真空容器中，液体开始挥发成气态，同时，处在气相中的分子又可撞击液面而重新回到液相，最终，液-气两相达到平衡。此时，液面上除了液体的蒸气外别无它物，液相的压力就等于其饱和蒸气压。但是，如果将液体放在惰性气体中，例如空气中（并假设空气不溶于液体）则外压就是大气压，此时，液体的蒸气压将有所改变。下面将讨论外加压力对蒸气压的影响。

设在一定温度 T 和一定外压 p_e 时，液体与其蒸气呈平衡，设蒸气压力为 p_g（倘若没

有其他物质存在，则 $p_e=p_g$）。因为两相平衡，所以 $G_l=G_g$。今若在液面上增加惰性气体，使外压由 p_e 改变到 p_e+dp_e，则液体的蒸气压相应地由 p_g 改变到 p_g+dp_g，且重新达到平衡，即

外压	液体	⇌	气体	蒸气压
T，p_e	$G_{l,m}$	=	$G_{g,m}$	T，p_g
T，p_e+dp_e	$G_{l,m}+dG_{l,m}$	=	$G_{g,m}+dG_{g,m}$	T，p_g+dp_g

因为 $G_l=G_g$，所以 $dG_{l,m}=dG_{g,m}$ 且恒温下有 $dG=Vdp$，由此得

$$V_m(l)dp_e=V_m(g)dp_g \text{ 或 } \frac{dp_g}{dp_e}=\frac{V_m(l)}{V_m(g)}>0 \tag{6-14}$$

上式表明，蒸气压 p_g 随着外压 p_e 增大而增大。不过，由于 $V_m(g)>V_m(l)$，所以 p_e 对 p_g 影响很小。一般（常压）情况下，外压对 p_g 的影响可忽略不计。不过，在接近临界状态时，由于 $V_m(g)\approx V_m(l)$，此时，外压对蒸气压的影响就大了。

若将气相视为理想气体，$V_m(g)=RT/p_g$，代入式(6-14) 中，整理后得

$$d\ln p_g=\frac{V_m(l)}{RT}dp_e \tag{6-15}$$

$V_m(l)$ 可看作不受压力的影响，上式积分后得

$$\ln\frac{p_g}{p_g^*}=\frac{V_m(l)}{RT}(p_e-p_g^*) \tag{6-16}$$

式中，p_g^* 是常压下液体的饱和蒸气压；p_g 是在总压 p_e 时的饱和蒸气压。

6.3 水的相图

所谓**相图**，就是表示多相平衡系统的状态如何随着温度、压力、浓度等强度性质而变化的几何图形。它描述了多相平衡系统中状态与温度、压力、组成等强度性质之间的关系。在相图上，任意一点代表着系统的一个状态；反过来，知道系统所处的温度和压力（或温度和组成，或压力和组成），就能在平面相图上找到代表系统状态的点。总之，相图上的点与系统实际状态之间存在一一对应关系。正因为如此，有了相图，就可以知道在一定的 T、p 和组成的条件下，一个相平衡系统存在着哪几个相。同时还知道当 T 或 p 或组成发生变化时，系统的状态如何随之变化。因此，相图在化工生产和科研中有着重要的意义和应用。

6.3.1 水的相图

对于单组分系统（例如 H_2O），根据相律，最多有两个自由度，也就是说，可以用平面坐标来表征单组分系统的相图，两个坐标分别为温度和压力。在通常压力下，水的相图为单组分系统中最简单的相图。不过，再简单的相图都必须依靠实验测定。通过实验，测出系统分别处在 s⇌l、l⇌g 和 g⇌s 两相平衡条件下不同温度所对应的饱和蒸气压，然后将实验测得的数据绘在 p-T 图上，就得到所测单组分系统的相图。图 6-1 是根据实验所测数据绘制的水的相图示意图。

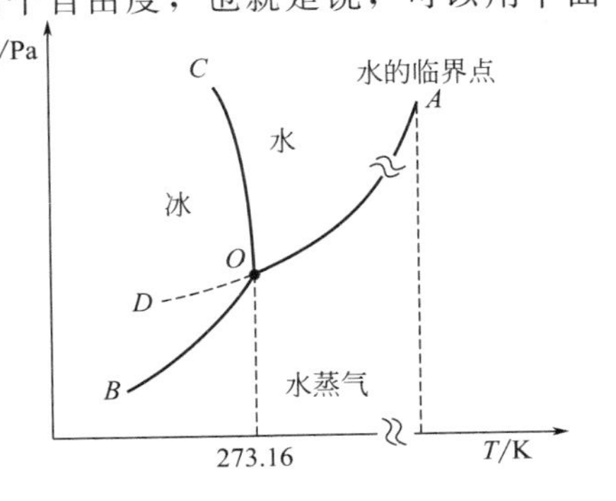

图 6-1 水的相图

由图 6-1 可知，水的相图由一点、三线和三个面构成。

(1) 点

O 点由三条线 OC、OA、OB 相交而成，所在的坐标（0.0098℃，610.48Pa），叫水的三相点。在三相点，$H_2O(l) \rightleftharpoons H_2O(s) \rightleftharpoons H_2O(g)$ 三相平衡，$P=3$，$F=0$，即水的三相点是一无变量系统，T、p 皆有定值。三相点的温度和压力是由系统物质的性质决定。值得注意的是，水的三相点不是冰点，冰点是在压力为 101.325kPa、水中溶有空气时，$l \rightleftharpoons s$ 两相平衡的温度，水的冰点为 273.15K；而在水的相图中，三相点的温度是 273.16K，与水的冰点相差 0.01，这是由两个方面原因造成的。

① 压力的影响。在三相点时，系统的压力为 610.48Pa，而冰点时的压力是 101.325kPa，根据克拉佩龙方程可求得 $l \rightleftharpoons s$ 两相平衡线在冰点附近的斜率 $dT/dp = -7.432 \times 10^{-8} K \cdot Pa^{-1}$，当外压由 101.325kPa 降至 610.48Pa 时，相应的平衡温度也要改变。

$$\Delta T = -7.432 \times 10^{-8} \times (0.61048 - 101.325) \times 10^3 = 0.00749K$$

即由于外压的影响，三相点的温度比水的冰点温度升高了 0.00749K。

② 水中溶有空气的影响。通常在空气中测量水的冰点时，已有极少量的空气溶入水中，此时，系统实际上已不是单组分系统。纯水的冰点较空气饱和后的冰点高 0.00242K（关于溶入空气导致冰点下降的计算，请见第 4 章稀溶液的依数性）。以上两种效应之和为 $0.00991 \approx 0.01K$。

(2) 线

在任一条线上，压力和温度只有一个可独立改变（$F=1$），指定了压力，则温度有确定的数值，反之亦然（请读者回忆克拉佩龙和克拉佩龙-克劳修斯方程）。

① OA 线：$g \rightleftharpoons l$ 两相平衡、水的蒸气压随温度变化曲线，$F=1$（注意，水的气-液曲线 OA 不能任意延伸，只能延伸至临界点，$T=647K$，$p=2.2 \times 10^7 Pa$。临界点以上，液态水将不复存在）。

OA 线向下，超过三相点 O 向下延伸所形成的 OD（虚）线，代表过冷水与蒸气的平衡，因此 OD 线为不稳的液-气平衡线，此种液-气共存系统处在亚稳态，不是真正的热力学平衡系统，只要稍受干扰，立即就会有冰析出。从图 6-1 还可以看出，OD 线在 OB 线的上方，即过冷水的饱和蒸气压要大于冰的饱和蒸气压。（注意，在考察 OD 虚线时，只当 OB 和 OC 线不存在）。

② OB 线：$g \rightleftharpoons s$ 两相平衡线，也称冰的升华曲线，$F=1$。在 OB 线两边，升温或降压，系统可直接由固相升华为气相，反之，系统则直接由气相凝华为固相，中间不经过液相。OB 线可往下向绝对零度延伸（注意，在考察 OB 线时，只当 OD 虚线不存在）。

③ OC 线：$l \rightleftharpoons s$ 两相平衡线，也称冰的熔点曲线，$F=1$。OC 线向上可延伸到 $2 \times 10^8 Pa$ 和 -20℃左右。压力再增加，将会出现另外一种冰的结晶（图中未画出）。

(3) 面

对于单组分系统，在任一面上，$P=1$，$F=2$，系统的温度和压力可同时改变而不会导致新相生成，旧相消失。必须同时指定温度和压力才能确定系统的状态。

在图 6-1 中，BOC 以左的面，冰（即固态）单相区，$P=1$，$F=2$；COA 以上的面，水（液体）单相区，$P=1$，$F=2$；BOA 以下的面，气态单相区，$P=1$，$F=2$。

6.3.2 克拉佩龙及克拉佩龙-克劳修斯方程对单组分相图的应用

在介绍了图 6-1 相图中的点、线、面的物理意义之后，进一步观察我们发现 OB（$g \rightleftharpoons s$ 平衡线）和 OA（$g \rightleftharpoons l$ 平衡线）的斜率皆为正，而 OC（$l \rightleftharpoons s$ 平衡线）的斜率为负。实际上，对于单组分系统相图，任意两相平衡线上任意一点的斜率要么服从克拉佩龙-克劳修斯方程（$g \rightleftharpoons l$ 相线和 $g \rightleftharpoons s$ 相线），要么服从克拉佩龙方程（$l \rightleftharpoons s$ 相线或 $s_1 \rightleftharpoons s_2$ 相线）。以 OC 线为例，由于 $\Delta_{fus}H_m > 0$，而 $\Delta_{fus}V_m < 0$，根据克拉佩龙方程式(6-5) 可知 $dp/dT < 0$，故 OC 线各点的斜率皆为负。同理可根据克拉佩龙-克劳修斯方程分析 OB 线和 OA 线斜率（读者自己练习之）。

6.3.3　独立变量的改变对系统状态的影响

上面我们从相平衡的角度详细考查了构成相图的点、线、面的物理意义，这是认识相图的第一步，当然也是很重要的一步，这一步是进一步读懂相图，掌握相图及其他知识的基础。读懂相图的第二个知识点就是通过相图了解系统的状态是如何随着系统某一强度性质变化而发生变化。图 6-2(a) 和图 6-2(b) 分别给出了系统状态随压力和温度的变化。

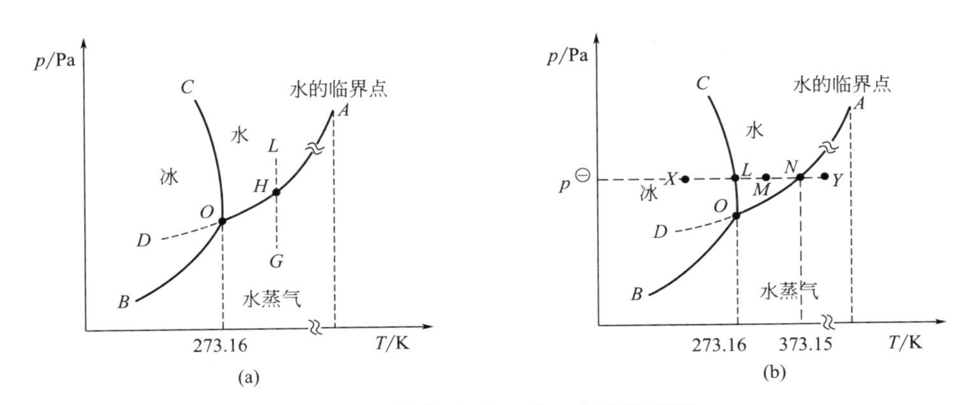

图 6-2　系统状态随 p 或 T 变化示意图

在图 6-2(a) 中，系统在恒温下降压，随着压力从 L 点经 H 点降至 G 点，相应地系统状（相）态、相数和自由度变化如下：

$$\begin{array}{ccccc} L & \longrightarrow & H & \longrightarrow & G \\ l & & l \rightleftharpoons g & & g \\ P=1,\ F^*=1 & & P=2,\ F^*=0 & & P=1,\ F^*=1 \end{array}$$

在图 6-2(b) 中，系统在 $p^{\ominus}$ 压力下升温，随着温度从 X 点所处的温度经 L、M、N 点升到 Y 点所处的温度，相应地系统状（相）态、相数和自由度变化如下：

$$\begin{array}{ccccccccc} X & \longrightarrow & L & \longrightarrow & M & \longrightarrow & N & \longrightarrow & Y \\ s & & s \rightleftharpoons l & & l & & l \rightleftharpoons g & & g \\ P=1,\ F^*=1 & & P=2,\ F^*=0 & & P=1,\ F^*=1 & & P=2,\ F^*=0 & & P=1,\ F^*=1 \end{array}$$

从上述相图变化可以看出，随着温度升高，系统中最稳定的相态从固相→液相→气相。为什么？这是因为对于同一物质有

$$\left(\frac{\partial \mu^*}{\partial T}\right)_p = -S_m^* < 0 \tag{6-17}$$

且

$$\left|\left(\frac{\partial \mu^*(g)}{\partial T}\right)_p\right| > \left|\left(\frac{\partial \mu^*(l)}{\partial T}\right)_p\right| > \left|\left(\frac{\partial \mu^*(s)}{\partial T}\right)_p\right| \tag{6-18}$$

6.4 二组分理想液态混合物的气-液平衡相图

二组分系统的相律表示式为

$$F=C-P+2=2-P+2=4-P \tag{6-19}$$

当 $F_{\min}=0$ 时，$P_{\max}=4$，$P_{\min}=1$，$F_{\max}=3$，由此可知，二组分系统最多可以有四相平衡共存，系统最多有三个自由度。一般是温度、压力和组成。相对于单组分系统，二组分系统要多一个变量。因此要完整地描述二组分相平衡系统的状态随温度、压力和组成的变化，需要用三维坐标的立体模型。为了方便起见，往往固定一个变量不变，这样 $F^*=2-P+1=3-P$，由此可以得到二组分系统的平面相图，即压力-组成（p-x-y）相图、温度-组成（T-x）相图和温度-压力（T-p）相图。

根据物质形态来区分，二组分系统的相图类型有气-液平衡相图、液-液平衡相图、固-液平衡相图和气-固平衡相图。其中气-固系统在本书中不予讨论，其余各类型相图将在以下内容中逐一介绍。

6.4.1 压力-液相组成图（p-x 图）

在介绍二组分理想液态混合物的气-液平衡相图之前，有必要先了解理想液态混合物的气相总压与组成的关系，即 p-x 图。理想液态混合物气相总压与组成的关系曲线就是其相图的液相线。设有二组分 A（甲苯）和 B（苯）可以任意比例互溶，形成理想液态混合物，其中的任一组分都服从拉乌尔定律，所以各组分分压及气相总压可通过拉乌尔定律计算如下。

A 组分分压：
$$p_A=p_A^* x_A=p_A^*(1-x_B) \tag{6-20}$$

B 组分分压：
$$p_B=p_B^* x_B \tag{6-21}$$

气相总压：
$$p=p_A+p_B=p_A^*(1-x_B)+p_B^* x_B=p_A^*+(p_B^*-p_A^*)x_B \tag{6-22}$$

在恒定温度条件下，以系统的气相总压 p 对组分 B 的液相组成 x_B 作图得一直线，称为蒸气压-组成图，如图 6-3 所示。

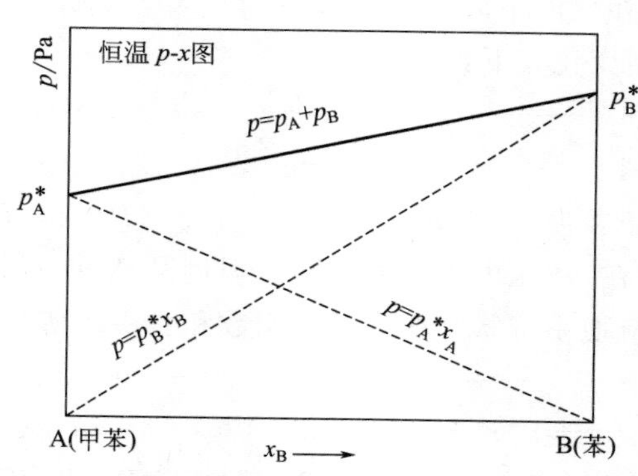

图 6-3 理想液态混合物蒸气压-液相组成图（p-x 图）

从图 6-3 可以看出，无论是组分 A、组分 B，还是系统的蒸气总压 p 与 x_B 皆为直线关系，且一般而言，对理想液态混合系统，蒸气总压与纯 A（或纯 B）蒸气压的关系为 p_A^*（或 p_B^*）$<p<p_B^*$（或 p_A^*）。其实，上面两点在式(6-20)～式(6-22) 中已被揭示得非常清楚，只不过公式的结论不如图形更直观。

在图 6-3 中蒸气总压 p 对液相组成 x_B 的关系曲线又叫液相线，因为它表示的是系统的气相总压与液相组成的关系。由液相线可以找出不同气相总压时系统的液相组成，反之亦然。

6.4.2 压力-气、液相组成图（p-x-y 相图）

图 6-3 是理想液态混合物的蒸气压（即是系统压力）-组成图，但不是相图，因为作为相图，在恒温条件下必须要能反映一定压力和液相组成时系统的状态。即不但要知道系统的压力与液相组成的关系，还必须要知道系统的压力与气相组成的关系，也就是说，作为相图，图 6-3 中还差一条压力-气相组成线，即 p-y_B 线。

对于二组分系统，在恒温条件下两相平衡的自由度 $F^*=2-2+1=1$，由此可知，若选定液相组成为独立变量，则不仅系统的压力为液相组成的函数（如图 6-3 所示），气相组成也应为液相组成的函数。若以 y_A、y_B 分别表示气相中组分 A 和 B 的摩尔分数，且蒸气为理想气体混合物，根据道尔顿分压定律，有

$$y_A=\frac{p_A}{p}=\frac{p_A^*(1-x_B)}{p_A^*+(p_B^*-p_A^*)x_B} \tag{6-23a}$$

$$y_B=\frac{p_B}{p}=\frac{p_B^* x_B}{p_A^*+(p_B^*-p_A^*)x_B} \tag{6-23b}$$

即 T 一定时，有一个液相组成 x_B，一定有一个与之平衡的气相组成 y_B，而且可以根据式(6-23b) 算出一定 x_B 时相对应的 y_B，此时若将由式(6-23b) 计算得到的气相组成也表示在同一张压力-组成（p-x 图）图上，得到 p-y_B 关系曲线，称为气相线。如图 6-4 所示，由此可得到一完整的 p-x-y 或写为 [p-$x(y)$] 相图，通常简写为 p-x 的相图。

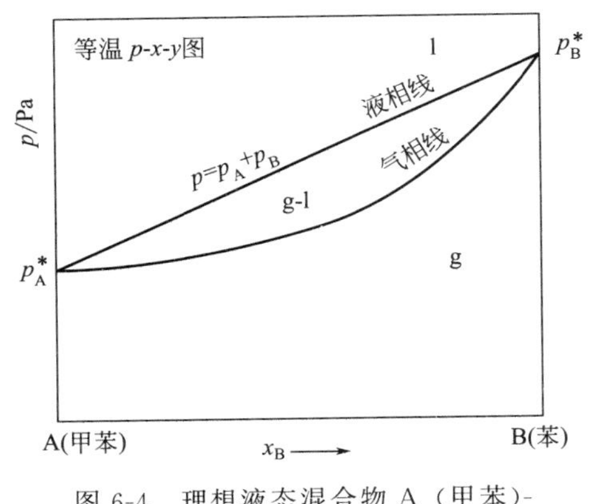

图 6-4　理想液态混合物 A（甲苯）-B（苯）系统的 p-$x(y)$ 相图

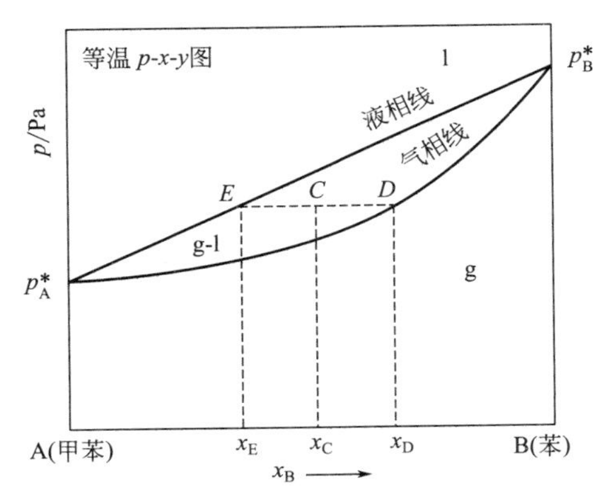

图 6-5　物系点和相点

在图 6-4 中，由于液相组成 x_B 和气相组成 y_B 共用一横坐标轴，所以在相图中只需标出 x_B 即可。

对于 A(甲苯)-B(苯) 系统，因为 $p_A^*<p<p_B^*$，即易挥发组分在气相中摩尔分数 y_B 大于其液相中的摩尔分数 x_B，而难挥发的组分恰好相反。这就是 * 4.10 节中介绍的柯诺瓦洛夫的第二规则，此结论具有普遍性。因此，在以 B(苯) 的摩尔分数作变量的图 6-4 中，气相线在液相线的下方，相同压力时的气相组成在液相组成右边。

理想液态混合物的 p-$x(y)$ [即 p-x 相图(图 6-4)] 是由两个点、两条线和三个面构成的，它们的物理意义分别是。

点：p_A^* 和 p_B^* 分别表示纯 A(甲苯) 和纯 B(苯) 在实验温度下的饱和蒸气压，$P=2$，$F^*=0$。

线：图 6-4 中上方的直线（$p=p_A+p_B$）是液相线，它给出了系统压力与液相组成的关系，$F^*=1$；下面的曲线是气相线，它是有关系统的压力与气相组成的关系曲线，$F^*=1$。

面：液相线上方是液态单相区，$P=1$，$F^*=2$；气相线下方是气相单相区 $P=1$，$F^*=2$。在单相区，系统可以同时改变压力和组成而不会导致旧相消失，新相生成。在液相线和气相线之间的面为气-液两相平衡区，$P=2$，$F^*=1$。在该区域内，一旦压力确定，则气、液相的组成皆有定值，反之亦然。

相点和物系点及杠杆规则

物系点和相点

与单组分相图不同，二组分相图中存在二相平衡的面，即二相区。为了准确描述二组分系统二相区中系统的实际状态，分别定义了**"物系点"**和**"相点"**两个概念。对于二组分系统的 p-x 相图或 T-x 相图，所谓**物系点**，就是表示系统总组成和压力（在 p-x 相图上）（图 6-5 中 C 点）或总组成和温度（在 T-x 相图上）的点，而**相点**就是代表与**物系点**相对应的有关相组成和压力（在 p-x 相图上）（图 6-5 中 E 和 D 点）或相组成和温度（在 T-x 相图上）的点。在单相区，**物系点＝相点**，而在二相区，**物系点≠相点**，此时，描述系统实际状态的是相应的相点。

如同单组分相图一样，通过相图可以了解指定的系统状态如何随外界条件（独立强度变量）的改变而变化。例如可以通过图 6-6A-B 系统来讨论恒温下减压过程系统状态（相态）的变化。如图 6-6(a) 所示，在一带有活塞的导热气缸中盛有液相组成为 x_a 的 A 和 B 组成的二组分液体，将气缸置于 100℃的恒温槽中。起始时，系统的压力为 p_a，在气缸中表现为液体［如图 6-6(a) 中的 a 气缸所示］，将其描述在 p-x_B 相图中，就是图 6-6(b) 中的 (x_a,p_a) 点，即 a 点。从相图中可以看出，a 点处在液相区。当缓慢降低系统压力时，在相图上，系统的物系点沿恒组成线垂直向下移动，在到达 a_1 点之前系统一直是单一的液相。当到达 a_1 时，此时，系统的压力为 p_1，气缸中的液体开始蒸发，系统中有气相产生［如图 6-6(a) 中的 a_1 气缸所示］，不过这时气相的量很少，气缸中只有很少一点气体，液相组成仍可视为 x_a，系统开始进入气-液两相平衡，相应的相点分别是 a_1(液相) 和 a_1'(气相)，如图 6-6(b) 所示。在两相平衡区内，压力继续下降，当压力降到 p_2 时，系统的物系点为 a_2''点，相应的液相和气相相点分别为 a_2 和 a_2'，而且此时气相的量大于液相量，如图 6-6(a) 中 a_2''气缸所示。

随着系统压力继续降低，气缸中的液体不断蒸发，当降到压力为 p_3 时，系统的物系点处在 a_3'点，而相应的相点分别为 a_3'(气相) 和 a_3(液相)，此时，系统中液相所剩无几［见图 6-6(a) 中 a_3'气缸］，气相组成可近似视为 x_a。当压力降到 p_4 时，物系点为 a_4，系统进入单（气）相区。在图 6-6(a) 中，a_4 气缸中全部是蒸气。

从图 6-6(b) 中还应注意到，在恒温降压时，尽管物系点是恒组成垂直下降，但相应的相点变化却不同，其液相相点（液相压力和组成）沿液相线从 $a_1 \rightarrow a_3$；而气相相点（气相的压力和组成）是沿着气相线从 $a_1' \rightarrow a_3'$。

6.4.3 温度-组成图（T-x 相图）

通常蒸馏或精馏是在恒压下进行的，所以表示二组分沸点和组成关系的相图（T-x 相图）对讨论精（蒸）馏更为有用。

当混合物的蒸气压等于外压时，混合物开始沸腾。此时的温度即为该混合物的沸点。显

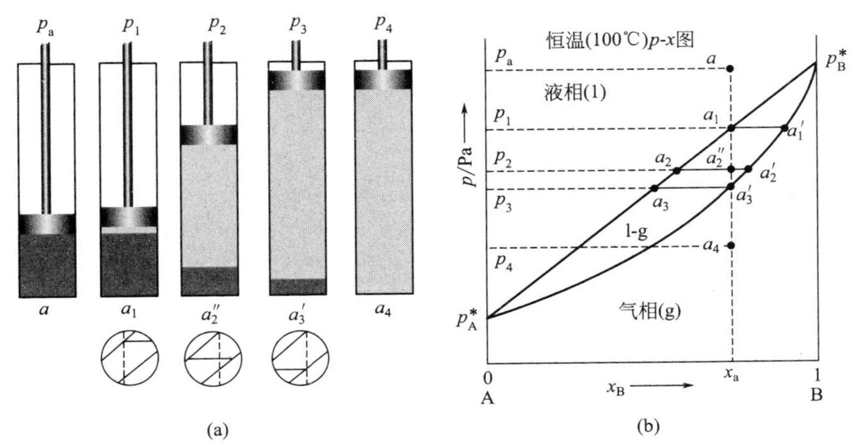

图 6-6 理想液态混合物系统状态随压力变化示意图（a）和相图（b）

然，蒸气压越高的混合物，其沸点越低，反之亦然。据此，请比较图 6-6(b) 与图 6-7 中二相区其坡度是相反的。

对于理想液态混合物的 T-x 相图，可以根据实验数据绘制，也可以通过计算结果绘制。通过实验方法绘制的相图如图 6-7 所示。例如，对组成为 $x_1=0.2$ 的混合物加热，当温度到 $T_1=373.15\text{K}$ 时，液体开始鼓泡沸腾，故 T_1 又称为**泡点**；当组成为 F 点气相混合物恒压降温到 E 点时，开始凝结出如露珠的液滴，故 E 点又称为**露点**。把不同组成的泡点连起来，就是**液相线**，也称为**泡点线**；把不同组成的露点连起来，就是**气相线**，也称为**露点线**。

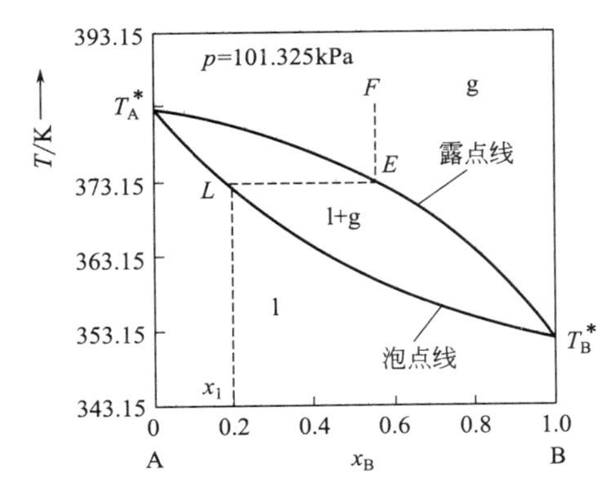

图 6-7 二组分理想液态混合物 A（甲苯）-B（苯）T-x 相图

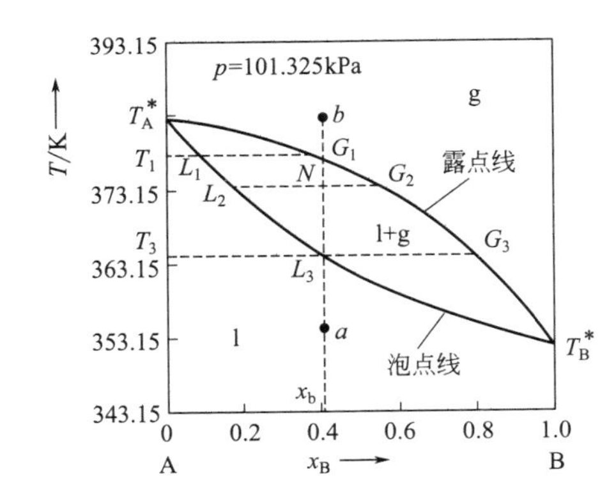

图 6-8 理想液态混合物恒压升温系统状态变化

通过计算绘制二组分理想液态混合物 T-x 相图的方法是通过测定不同温度 T'时的 A 组分和 B 组分的饱和蒸气压 $p_A^*(T')$ 和 $p_B^*(T')$，然后根据拉乌尔定律和道尔顿分压定律分别计算出相应温度 T'所对应的液相组成 x'_B和气相组成 y'_B。例如，在 $p^{\ominus}$条件下，有

$$100000=p_A^*(T')(1-x_B)+p_B^*(T')x'_B=p_A^*(T')+[p_B^*(T')-p_A^*(T')]x_B \tag{6-24}$$

$$x'_B=\frac{100000-p_A^*(T')}{p_B^*(T')-p_A^*(T')} \tag{6-25}$$

$$y'_B=\frac{p_B}{p}=\frac{p_B^*(T')x'_B}{100000} \tag{6-26}$$

由此可得到一组数据（T'，x'_B，y'_B）。同理，测定温度T''时的A组分和B组分的饱和蒸气压$p_A^*(T'')$和$p_B^*(T'')$，再根据式(6-25)和式(6-26)分别求得T''所对应的液相组成x''_B和气相组成y''_B，由此可得到另一组数据（T''，x''_B，y''_B）。以此类推，可得到一系列不同温度下的液相和气相组成，将这一系列的数据描绘在T-x相图上，并连接成光滑的曲线，就得到理想液态混合物T-x相图（如图6-7）。

T-x相图中点、线、面的物理意义、相数和自由度如下。

点：T_A^*和T_B^*分别为纯A和纯B的沸点，$A(l) \rightleftharpoons A(g)$和$B(l) \rightleftharpoons B(g)$，$P=2$，$F^*=0$。

线：图6-7中上方的线是气相线，又称为**露点线**，它给出了系统温度与气相组成的关系，$F^*=1$；下面的曲线是液相线，又称为**泡点线**，它是有关系统的温度与液相组成的关系曲线，$F^*=1$。

面：气相线上方是气态单相区，$P=1$，$F^*=2$；液相线下方是液相单相区$P=1$，$F^*=2$。在单相区，系统可以同时改变温度和组成而不会导致旧相消失，新相生成。

在液相线和气相线之间的面为气-液两相平衡区，$P=2$，$F^*=1$。在该区域内，一旦温度确定，则气、液两相的组成皆有定值，反之亦然。

在图6-8的T-x相图中，若将组成为$x_b=0.4$的物系点a（液态）恒压升温至物系点b（气态）（途经L_3、N、G_1），请读者自行分析升温过程中系统状态的变化（即何时出现气相，液相何时消失，相应的$P=?$，$F^*=?$）及物系点和相点（液相组成点和气相组成点）的移动轨迹。

6.4.4 杠杆规则

前面曾讲到，相律能告诉人们在一定的条件下，一个相平衡系统最多有几相平衡共存，但不能指出具体是哪几相，要知道具体是哪几相，需要通过相图。但是，尽管相图能告诉人们在一定条件下一个相平衡系统有哪几个相，但不能定量地给出每个相的量是多少。要解决这个问题，需借助杠杆规则。

图6-8是典型的恒压下T-x相图。当一定量的组成为$x_B=0.4$（图6-8中x_b点）的蒸气恒压降温至梭形区内N点时，气-液两相平衡。两相的组成可分别由水平线（L_2G_2）的两端给出（L_2G_2线称为**连接线**，落在L_2G_2线上所有物系点对应的气相组成和液相组成都分别由G_2和L_2点决定）。此时，气相和液相各自的量为多少？仅从相图上看不出直接答案，需借助类似于物理学中的杠杆规则进行具体的计算。设液体A（甲苯）和B（苯）以物质的量n_A和n_B混合后，B的摩尔分数为x_b。当温度为T_2（$=373.15$K）时，物系点N的位置处在气-液二相平衡的二相区，与其对应的气、液两相中B的组成分别为$x_{G,2}$和$x_{L,2}$，气、液两相总的物质的量$n=n_A+n_B=n(l)+n(g)$。混合物中B的总物质的量为nx_b，应等于气、液两相中B物质的量$n(l)x_{L,2}$和$n(g)x_{G,2}$的加和，即

$$nx_b=n(l)x_{L,2}+n(g)x_{G,2}$$

因为
$$n=n(l)+n(g)$$

代入上式得
$$[n(l)+n(g)]x_b=n(l)x_{L,2}+n(g)x_{G,2}$$

整理得
$$n(l)(x_b-x_{L,2})=n(g)(x_{G,2}-x_b) \tag{6-27}$$

或
$$n(\mathrm{l})\overline{NL_2}=n(\mathrm{g})\overline{G_2N} \tag{6-28}$$

如果将物系点 N 看作支点，支点两边连接线 NL_2 和 G_2N 看作力臂臂长，这样就构成了一个杠杆，液相的物质的量乘以 NL_2，等于气相的物质的量乘以 G_2N。这个关系式就叫**杠杆规则**。杠杆规则可用于任何气-液、液-液、液-固、固-固和气-固**两相平衡**。值得注意的是，在相平衡杠杆规则中的臂长 NL_2 或 G_2N 不是用长度单位表示的，而是通过某一组分摩尔分数的差值或质量分数的差值表示的，例如式(6-27)。当相图横坐标用质量分数，其物系点、液相组成点和气相组成点分别为 w_B、w_l 和 w_g，而物质总质量、液相质量和气相质量分别用 m、m_l、m_g 表示时，可以证明杠杆规则仍然适用，且有

$$m_l(w_B-w_l)=m_g(w_g-w_B)$$
$$m=m_l+m_g$$

例题 6-8 甲苯和苯能形成理想液态混合物，已知90℃时两纯液体的饱和蒸气压分别为54.22kPa和136.12kPa。求：

(1) 在90℃和100kPa下甲苯-苯系统气-液平衡时两相的组成；

(2) 若由100.0g甲苯和200.0g苯构成的系统，求上述温度压力下，气相和液相的质量各为多少？

解 (1) 甲苯为A，苯为B，求气-液平衡时两相的组成也即是求 x_A 和 y_A 或 x_B 和 y_B。根据拉乌尔定律

$$p_A=p_A^*x_A,\ p_B=p_B^*x_B$$
$$p=p_A+p_B=p_A^*x_A+p_B^*(1-x_A)=p_B^*+(p_A^*-p_B^*)x_A$$
$$x_A=\frac{p-p_B^*}{p_A^*-p_B^*}$$

已知
$$p=100\text{kPa}$$

所以
$$x_A=\frac{10000-136120}{54220-136120}=\frac{-36120}{-81900}=0.441$$
$$x_B=1-x_A=0.559$$
$$y_A=\frac{p_A}{p}=\frac{p_A^*x_A}{p}=\frac{54220\times0.441}{100000}=0.239$$
$$y_B=1-y_A=0.761$$

(2) 为了利用杠杆规则，先求出物系点组成 $x_{S,B}$。

$$x_{S,B}=\frac{200/M_B}{100/M_A+200/M_B}=\frac{200/78.11}{100/92.14+200/78.11}=0.7025$$
$$n(\mathrm{g})(y_B-x_{S,B})=n(\mathrm{l})(x_{S,B}-x_B)$$
$$n=n(\mathrm{l})+n(\mathrm{g})$$
$$\frac{n(\mathrm{g})}{n(\mathrm{l})}=\frac{x_{S,B}-x_B}{y_B-x_{S,B}}=\frac{0.7025-0.559}{0.761-0.7025}=\frac{0.1435}{0.0585}=2.453$$
$$n(\mathrm{g})=2.453n(\mathrm{l})$$
$$n=\left(\frac{100}{92.14}+\frac{200}{78.11}\right)\text{mol}=3.65\text{mol}$$

由液相组成求液相摩尔质量为

$$M(\mathrm{l})=x_A M_A+x_B M_B=(0.441\times92.14\times10^{-3}+0.559\times78.11\times10^{-3})\mathrm{kg\cdot mol^{-1}}$$
$$=8.429\times10^{-3}\mathrm{kg\cdot mol^{-1}}$$
$$m(\mathrm{l})=n(\mathrm{l})M(\mathrm{l})=(1.057\times8.429\times10^{-3})\mathrm{kg}=89.09\times10^{-3}\mathrm{kg}$$
$$m(\mathrm{g})=(300-89.09)\times10^{-3}\mathrm{kg}=210.91\times10^{-3}\mathrm{kg}$$

*6.5 蒸馏（精馏）基本原理

气-液平衡相图的重要应用之一就是指导蒸馏（精馏）操作，以对液相可无限混溶体系进行分离和提纯。所谓精馏就是将液态混合物经多次部分汽化和部分冷凝而使之分离的操作。为了便于用相图对精馏操作的表述和理解，在介绍精馏之前，结合相图先回顾一下有机实验中所进行的简单蒸馏的操作。

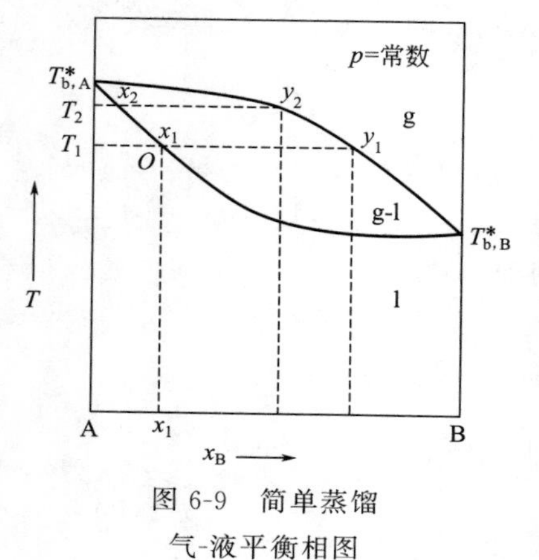

图 6-9 简单蒸馏气-液平衡相图

在 A 和 B 构成的二元液态混合物的 T-x 相图（图 6-9）上，纯 A 的沸点高于纯 B 的沸点，可知对二者混合物蒸馏时气相中 B 组分的含量要高于液相中 B 组分的含量；同时，液相中 A 组分的含量要高于气相中 A 组分的含量。设有组成为 x_1 的系统，加热到 T_1 时开始沸腾，与之平衡的气相组成为 y_1。由图 6-9 可知，与原系统相比，气相中 B 组分的含量显著增加。不过，由杠杆规则可知，这时气相的量还非常少。实际蒸馏时，随着组分 B 的不断馏出，系统的温度将随之升高。当温度升到 T_2 时，液相组成沿 $OT^*_{b,A}$ 线上升到了 x_2，所对应的气相组成为 y_2。收集 $T_1\sim T_2$ 间的馏出物，其组成在 $y_1\sim y_2$ 之间，其中 B 组分含量大大地增加了。剩余的液体组成为 x_2，其中组分 A 的含量略有增加。这样，通过简单的蒸馏，将 A、B 二组分作初步分离。由上述实验可知，一次简单蒸馏只能将 A、B 二组分作初步分离。

很显然，一次简单的蒸馏并不能达到分离提纯 A、B 的目的。要想完全分离 A、B 二组分，需进行精馏。简单地讲，精馏就是多次简单蒸馏的组合。如图 6-10(a) 和图 6-10(b) 分别是典型的精馏塔和用来说明精馏原理的二组分系统的 T-x 相图。

精馏操作和对应的说明精馏原理的 T-x 相图如图 6-10 所示。首先取组成为 x 的混合物从精馏塔的中部、温度为 T_4 的塔板加入，这一操作系统所处的状态对应于 T-x 图中 O_4 (x,T_4) 点，即“O_4”点，在该物系点，系统处于气-液两相平衡，对应的气、液相组成分别为 y_4 和 x_4；组成为 y_4 的气相在塔中上升到上一层塔板，温度降为 T_3，相应于 T-x 相图中的“O_3”物系点。在这一塔板上，气-液两相重新达成平衡，其对应的气-液组成为 y_3 和 x_3；组成为 y_3 的气相继续上升到更上一层塔板，温度降到 T_2，相应于 T-x 相图中的“O_2”物系点，且再一次达成气-液两相平衡，其对应的气、液相组成分别为 y_2、x_2，如此这般，气相每升高一层塔板，即每降低一次温度并达成气-液平衡时，气相中 B 的含量就提高一次。到塔顶时，温度降到纯 B 的沸点，冷凝下来的蒸气几乎是纯 B；与此同时，组成为 x_4 的液相在塔板上冷却后流到下一层塔板，温度上升到 T_5，达成新的气-液平衡，对应的气、液相组成为 y_5 和 x_5。组成为 x_5 的液体再流到下一层塔板，温度继续升高，继续达成

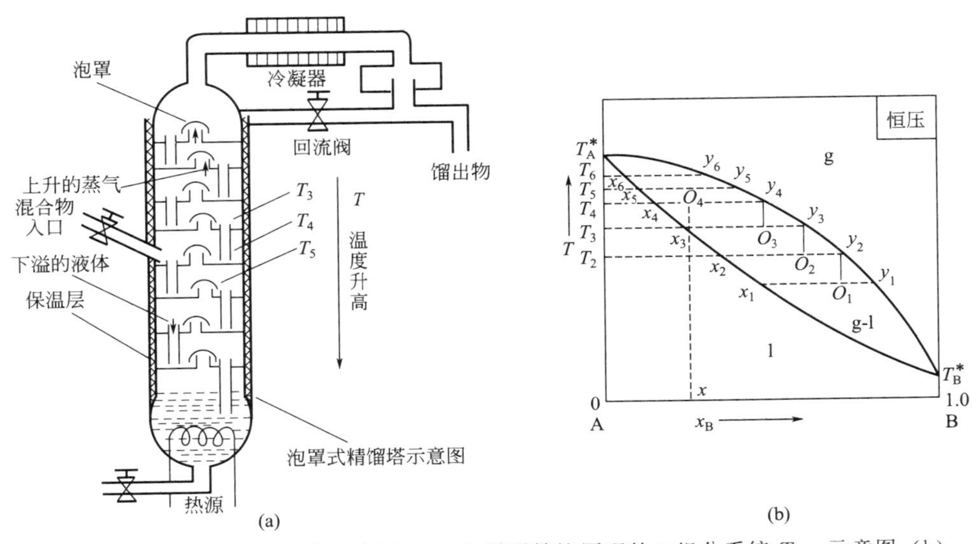

图 6-10　精馏塔及精馏操作示意图（a）和说明精馏原理的二组分系统 T-x 示意图（b）

新的气-液平衡，如此这般，最终在塔釜得到的几乎是纯 A，这时温度为纯 A 的沸点。精馏的结果是塔顶上出来的是低沸点的纯物质 B，而塔釜中出来的是高沸点的纯 A，从而实现将混合物中 A、B 分离提纯的目的。在精馏过程中，在每一层塔板上都存在着气-液平衡，经历一个热交换过程，蒸气中高沸点组分在塔板上冷凝，放出凝聚热后流到下一层，液体中的低沸点组分得到热量后挥发，上升到上一层塔板。为了完全分离 A、B 两组分，精馏塔中必须要有足够的塔板层数，对应不同的系统，其理论塔板数的计算有赖该系统的 T-x 相图。

6.6　二组分实际液体混合物的气-液平衡相图

实际液体气-液平衡相图

相比较而言，理想液态混合物的数量远少于实际液态混合物。所谓实际液态混合物，就是在大部分浓度范围偏离拉乌尔定律的液态混合物。在实际液态混合物系统中，组分 i 的蒸气压大于按拉乌尔定律的计算值，称之为对拉乌尔定律产生正偏差，反之，称为负偏差。在大多数情况下，构成实际液态混合物中二个组分，要么都对拉乌尔定律产生正偏差，要么都产生负偏差。但也有的系统一个组分对拉乌尔定律产生正偏差，而另一组分都产生负偏差。

产生偏差的原因主要是分子间作用力或分子在气、液相存在状态的差异。若混合后分子间作用力小于混合前分子间作用力，即 $F_{A\text{-}B}<F_{A\text{-}A}(F_{B\text{-}B})$，或纯物质间发生缔合，当加入另一组分后发生解离，则产生正偏差，且有混合热 $\Delta_{mix}H>0$，混合体积 $\Delta_{mix}V>0$；反之，若 $F_{A\text{-}B}>F_{A\text{-}A}(F_{B\text{-}B})$，或混合后两组分分子间发生缔合，即 $A+B \longrightarrow A\cdot B$，则产生负偏差，且有 $\Delta_{mix}H<0$，$\Delta_{mix}V<0$。

本节主要介绍不同类型实际液体混合物的蒸气压-组成（p-x）图、p-$x(y)$ 和 T-$x(y)$ 相图。这些相图都是根据实验数据绘出的，无法通过计算得到。根据对拉乌尔定律的偏差程度不同，将其分为对拉乌尔定律发生一般正偏差、一般负偏差、较大正偏差和较大负偏差四种类型。

6.6.1　一般正（负）偏差

若在全部组成范围皆有 $p_{实际}>p_{理想}$（或 $p_{实际}<p_{理想}$），且 $p^*_{易挥发}>p_{实际}>p^*_{难挥发}$，这样的系统即为对拉乌尔定律发生一般正（或负）偏差系统。其 p-$x(y)$ 图和 T-$x(y)$ 相图如图 6-11（正偏差）和图 6-12（负偏差）所示。

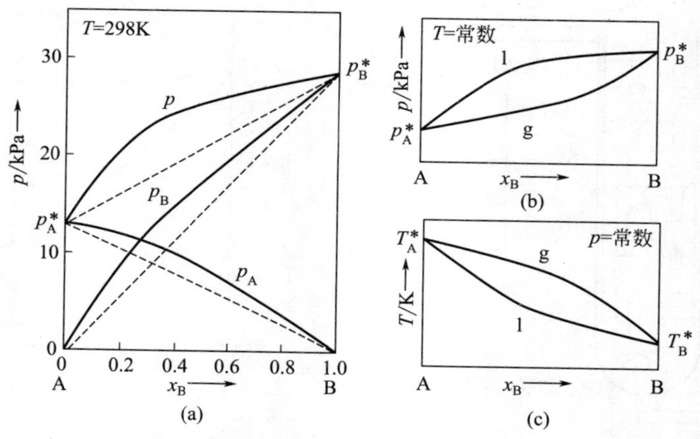

图 6-11 实际二组分液态混合物（正偏差）系统的压力-组成（p-x）图（a）、p-$x(y)$ 相图（b）和 T-$x(y)$ 相图（c）

图 6-11(a) 中，虚（直）线为符合拉乌尔定律的情况，实线代表实际的压力-组成关系。图 6-11(b) 同时画出了气相线和液相线，从图中可以看出，$p^*_{易挥发} > p_{实际} > p^*_{难挥发}$，图 6-11(c) 则是相应的 T-$x(y)$ 相图，对应有 $T^*_{难挥发} > T_{实际} > T^*_{易挥发}$。

对于负偏差系统（图 6-12），其情况与上述类似，但实际所遇到的图形以正偏差类型居多。

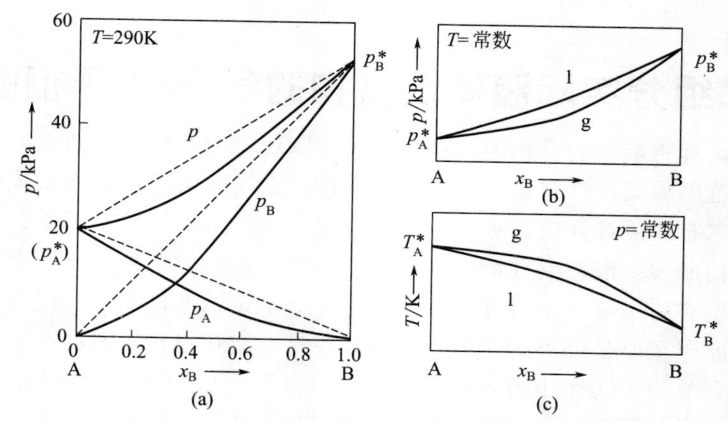

图 6-12 实际二组分液态混合物（负偏差）系统的压力-组成（p-x）图（a）、p-$x(y)$ 相图（b）和 T-$x(y)$ 相图（c）

6.6.2 较大正偏差

在 p-x 图上具有最高点的系统，在最高点，系统实际总压 $p > p_A^*$、$p > p_B^*$，如图 6-13(a) 所示，虚（直）线为符合拉乌尔定律的情况，实线代表实际蒸气压-组成关系。在图 6-13(b) 和图 6-13(c) 中分别画出其 p-$x(y)$ 相图和相应的 T-$x(y)$ 相图，在 p-$x(y)$ 相图上有 $p > p_A^*$、$p > p_B^*$，相应的 T-$x(y)$ 相图有 $T < T_A^*$、$T < T_B^*$。蒸气压高，沸点就低，因此，在 p-$x(y)$ 相图上有最高点者，相应的 T-$x(y)$ 相图上就有最低点。这个最低

点称为**最低恒沸点**。图 6-13(b) 和图 6-13(c) 可以分别看作是两个简单的 p-$x(y)$ 相图和两个简单的 T-x 相图组合而成的。在最低恒沸点时组成为 x_1 的混合物称为**最低恒沸物**。属于此系统的有 H_2O-C_2H_5OH、CH_3OH-C_6H_6、C_2H_5OH-C_6H_6 等。

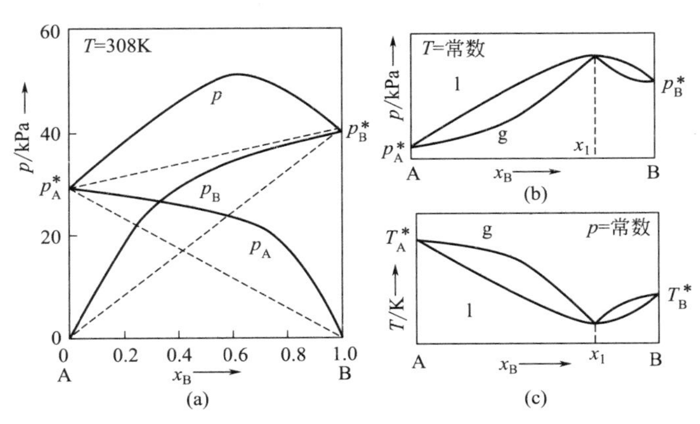

图 6-13　具有最高点的实际二组分液态混合物系统蒸气压-组成（p-x）图（a）及相应的 p-$x(y)$ 相图（b）和 T-$x(y)$ 相图（c）

6.6.3　较大负偏差

在 p-x 图上具有最低点的系统。在最低点，系统的实际总压 $p<p_A^*$、$p<p_B^*$。如图 6-14(a) 所示。在图 6-14(b) 和图 6-14(c) 中分别画出了其 p-$x(y)$ 相图和 T-$x(y)$ 相图。在 p-$x(y)$ 相图上有 $p<p_A^*$、$p<p_B^*$，相应的 T-$x(y)$ 相图有 $T>T_A^*$、$T>T_B^*$。在 p-$x(y)$ 相图上有最低点，在相应 T-$x(y)$ 图上则有最高点，此点称为**最高恒沸点**。在最高恒沸点时组成为 x_1 的混合物称为**最高恒沸物**。属于这一类系统有 H_2O-HNO_3、HCl-$(CH_3)_2O$ 和 H_2O-HCl 等。

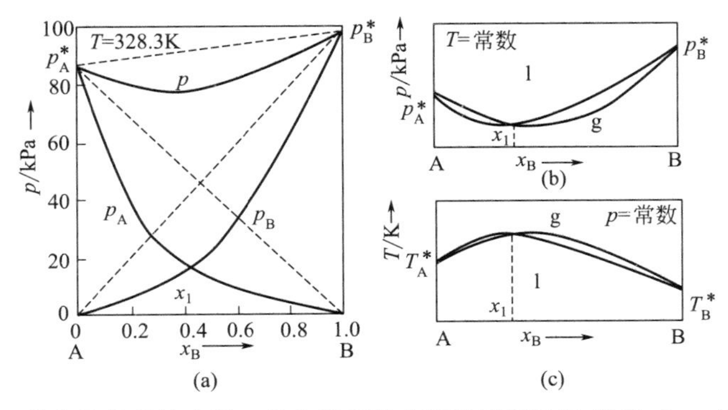

图 6-14　具有最低点的实际二组分液态混合物系统蒸气压-组成（p-x）图（a）及相应的 p-$x(y)$ 相图（b）和 T-$x(y)$ 相图（c）

值得注意的是，尽管在一定的压力条件下，恒沸物的组成有定值，但是无论是最高恒沸点还是最低恒沸点，其恒沸物皆是混合物，不是化合物，因为恒沸物的组成在一定的范围内随外压的变化而改变。

6.6.4　科诺瓦洛夫（Konovalov）规则

由 6.4 节和 6.6 节的内容可知，无论是二组分理想液态混合物，还是实际液态混合物，平衡共存的气相和液相的组成并不相同。1881 年，科诺瓦洛夫在大量实验工作的基础上，总结出有关平衡共存气相和液相组成之间相互关系的两条经验规则：

① 在二组分液态混合物系统中，如果加入某一组分而使系统的总蒸气压增加（或者说在一定压力下使系统的沸点下降）的话，那么，该组分在平衡气相中的浓度将大于其在液相中的浓度［图 6-12(b)、图 6-12(c)］。

② 在液态混合物的 p-$x(y)$ 相图［或 T-$x(y)$ 相图］中，如果存在极大值点或极小值点，则在极大值点或极小值点气相组成等于液相组成（即 $y_B=x_B$）［图 6-13(b)、图 6-13(c) 和图 6-14(b)、图 6-14(c)］。

根据科诺瓦洛夫规则可以确定，在液态混合物的 p-$x(y)$ 相图中，①各种类型液态混合物的气相线在液相线下方；②在极大值点或极小值点，液态混合物的气相线和液相线应合二为一。

关于科诺瓦洛夫规则，在 * 4.10 节中曾通过杜亥姆-马居耳方程进行了理论推导和说明。

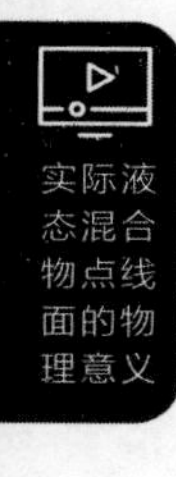

6.6.5 二组分实际液态混合物点、线、面的物理意义

以具有最高恒沸点的 T-$x(y)$ 相图为例，如图 6-15(a) 所示。

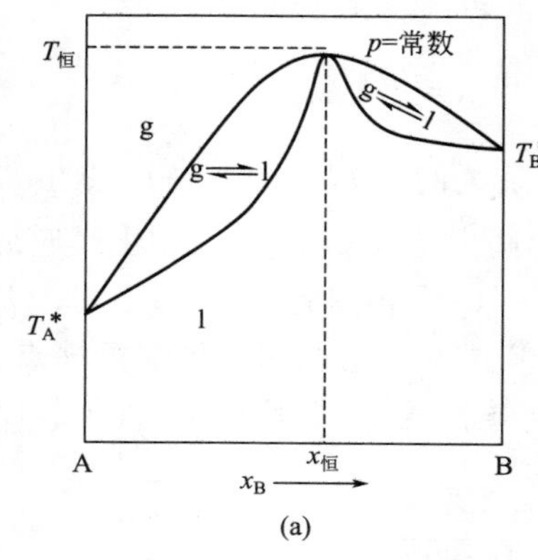

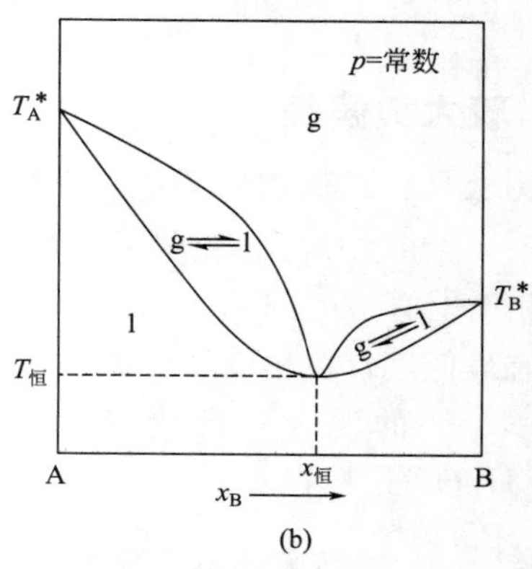

图 6-15　具有最高 (a)、最低 (b) 恒沸点的 T-$x(y)$ 相图

点：T_A^*，T_B^* 分别为纯 A 和纯 B 物质的沸点，$g \rightleftharpoons l$，$P=2$，$F^*=0$；

$T_恒$，最高恒沸点，$l \rightleftharpoons g$，且有 $x_B=y_B$，$P=2$，$F^*=0$。

线：$T_A^* T_B^*$ 线（上），气相线（露点线），$g \rightleftharpoons l$，$F^*=1$；

$T_A^* T_B^*$ 线（下），液相线（泡点线），$g \rightleftharpoons l$，$F^*=1$。

面：气相线之上，气体单相区，$P=1$，$F^*=2$；

液相线之下，液体单相区，$P=1$，$F^*=2$；

两个菱形区，$g \rightleftharpoons l$，两相区，$P=2$，$F^*=1$。

具有最高（或最低）恒沸点的相图可以近似看作是由两个简单 T-$x(y)$ 相图构成的。值得注意的是，具有恒沸点的系统，再也无法通过单纯的精馏同时得到纯 A 和纯 B 组分。根据物系点的组成，只能得其中一种纯物质，而另一种则为恒沸物。例如，对具有最高恒沸点的系统：当 $x_B<x_恒$，塔釜得到的是恒沸物，塔顶出来的是纯 A（不可能得到纯 B)；当 $x_B>x_恒$，塔釜得到的是恒沸物，塔顶出来的是纯 B（不可能得到纯 A)。

同理，对于具有最低恒沸点系统：当 $x_B<x_恒$，塔釜得到的是纯 A（不可能得到纯 B)，塔顶出来的是恒沸物；当 $x_B>x_恒$，塔釜得到的是纯 B（不可能得到纯 A)，塔顶出来的是

恒沸物。

例如 C_2H_5OH-H_2O 系统，具有最低恒沸点，若乙醇含量小于 95.57%，无论如何精馏，都不可能得到无水乙醇，只有在恒沸物中加入 $CaCl_2$ 或分子筛等吸水剂，使乙醇含量大于 95.57%，再精馏可得到无水乙醇。

图 6-15(b) 是具有最低恒沸点系统的相图，有关其点、线、面的物理意义读者可比照图 6-15(a) 自己分析。

对于二组分气-液平衡相图，除了上述的 p-$x(y)$ 相图和 T-$x(y)$ 相图以外，还有 x-y 相图。几种常见类型的二组分气-液平衡相图归纳在图 6-16。

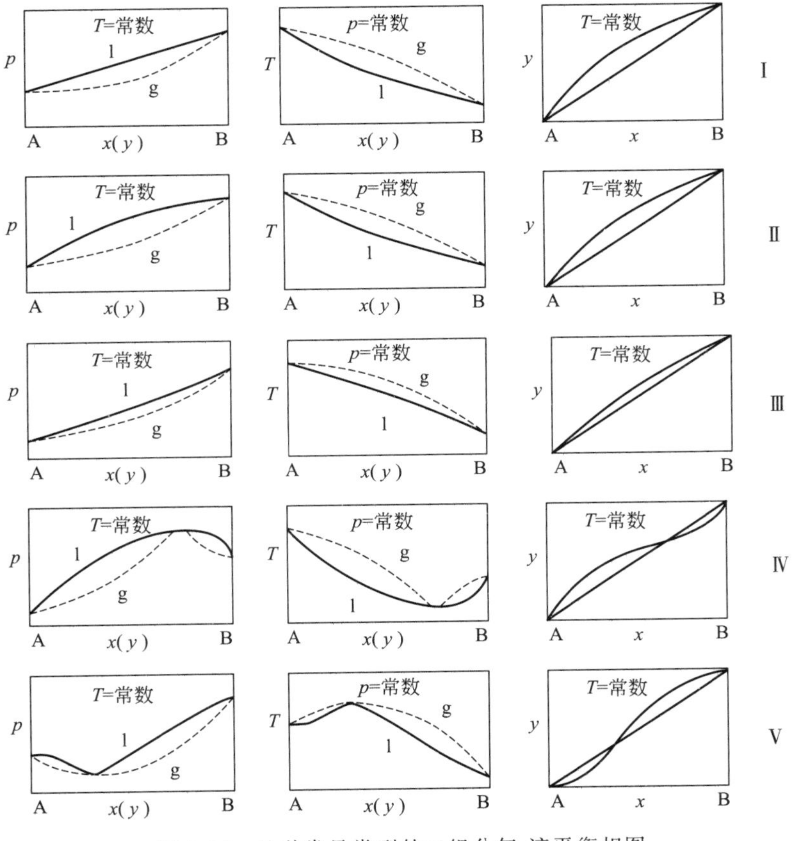

图 6-16　几种常见类型的二组分气-液平衡相图

上述相图中，第一、二、三列分别为 p-$x(y)$ 相图、T-$x(y)$ 相图和 y-x 相图。从行来看，类型Ⅰ为理想液态混合物的 p-$x(y)$、T-$x(y)$ 以及 y-x 相图。在 p-$x(y)$ 和 y-x 相图中，液相线为一直线；类型Ⅱ和Ⅲ分别为对拉乌尔定律发生一般正偏差和一般负偏差的液态混合物的 p-$x(y)$、T-$x(y)$ 以及 y-x 相图；类型Ⅳ和Ⅴ分别为对拉乌尔定律发生较大正偏差和较大负偏差的液态混合物的 p-$x(y)$、T-$x(y)$ 以及 y-x 相图。各种类型的 p-$x(y)$ 和 T-$x(y)$ 相图在前面几节中已被详细讨论，而第三列 y-x 相图并未提及。在 y-x 相图中，纵坐标为气相组成 y_B，横坐标为液相组成 x_B，均从 0～1。图中左下至右上的对角线表示气相和液相有相同的组成。如果 y-x 线位于对角线上方，表示组分 B 在气相中含量大于其在液相中的含量；如果 y-x 线位于对角线下方，表明组分 B 在气相中含量小于其在液相中的含量。对拉乌尔定律具有较大正（负）偏差系统的最高（最低）点，因气相组成等于液相组成而位于对角线上，以这一点为界，y-x 线一部分位于对角线上方，一部分位于对角线下方。上述不同系统的 p-$x(y)$、T-$x(y)$ 以及 y-x 相图在后续化工原理课程的分离和提纯部分有重要的应用。

例题 6-9 下列表中为乙醇-乙酸乙酯体系在 $p^{\ominus}$ 压力下蒸馏时所得数据：

t/℃		77.15	75.0	71.8	71.6	72.8	76.4	78.3
$x_{乙醇}$	气相	0.000	0.164	0.398	0.462	0.600	0.880	1.000
	液相	0.000	0.100	0.360	0.462	0.710	0.942	1.000

（1）依据表中数据绘制 T-x 图；

（2）在溶液成分 $x_{乙醇}=0.75$ 时，最初馏出物的成分是什么？

（3）用精馏塔能否将（2）的溶液分离成纯乙醇和纯乙酸乙酯？

解 （1）分别以表中 $x_{乙醇}$（气相）和 t/℃对应的各组数据作为横、纵坐标，在 T-x 相图中画出各个坐标点 A、C、D、B 等，将这些实验点连成一光滑曲线得乙醇-乙酸乙酯体系的气相线；再分别以表中 $x_{乙醇}$（液相）和 t/℃对应的各组数据作为横、纵坐标，在 T-x 相图中画出各个坐标点 A、E、F、B 等，将这些实验点连成一光滑曲线得乙醇-乙酸乙酯体系的液相线。根据实验数据画出的乙醇-乙酸乙酯体系的 T-x 相图如附图所示，Q 点为最低恒沸点。

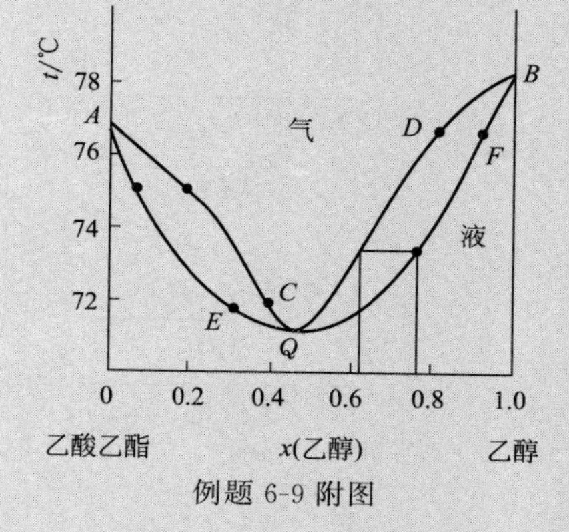

例题 6-9 附图

（2）在溶液成分 $x_{乙醇}=0.75$ 时，由 T-x 图可得最初馏出物成分 $y_{乙醇}=0.64$。

（3）不能。由 T-x 图可看出，塔顶馏出液为组成为 Q 点的恒沸物，塔釜剩余物为纯乙醇，因有最低恒沸点存在，在此情况下不能得到纯乙酸乙酯。

例题 6-10 A 和 B 完全互溶，已知 B(l) 在 353K 时的蒸气压为 100kPa，A(l) 的正常沸点比 B(l) 高 10K，在 100kPa 下，将 8mol A(l) 与 2mol B(l) 混合加热至 333K 时产生第一个气泡，其组成为 0.4，继续在 100kPa 下恒压封闭加热至 343K 时剩下最后一滴液体，其组成为 0.1；将 7mol B(g) 与 3mol A(g) 混合气体，在 100kPa 下冷却到 338K，产生第一滴液体，其组成为 0.9，继续恒压封闭冷却到 328K 时，剩下最后一个气泡，其组成为 0.6。已知恒沸物的组成是 0.54，沸点为 323K（组成均以 B 的物质的量分数表示）。

（1）画出此二元物系在 100kPa 下的沸点-组成图。

（2）8mol B 与 2mol A 的混合物在 100kPa、338K 时：①求平衡气相物质的量 n_g，②此混合物能否用简单的精馏方法分离 A、B 两个纯组分？为什么？

解 （1）根据题目第一句话可在 T-x 图上确定纯物质 A 和 B 的沸点 T_A^*（363K）和 T_B^*（353K）；由题目第二句可知 $x_B=0.2$ 时，其沸点为 333K，对应的气相组成 $y_B=$

0.4，由此确定 $C(0.2, 333\text{K})$ 为液相点，$D(0.4, 333\text{K})$ 为气相点；根据题目第三句可得 $E(0.2, 343\text{K})$ 为气相点，$F(0.1, 343\text{K})$ 为液相点；题目第四句给出 $H(0.7, 338\text{K})$ 为气相点，$I(0.9, 338\text{K})$ 为液相点；题目的第五句 $M(0.6, 328\text{K})$ 为气相点，$N(0.7, 328\text{K})$ 为液相点；已知最低恒沸点 $Q(0.54, 323\text{K})$。分别将上述各实验点连成光滑曲线得气相线 $T_A^* EDQMHT_B^*$ 和液相线 $T_A^* FCQNIT_B^*$，所画出的相图如例题 6-10 附图所示。

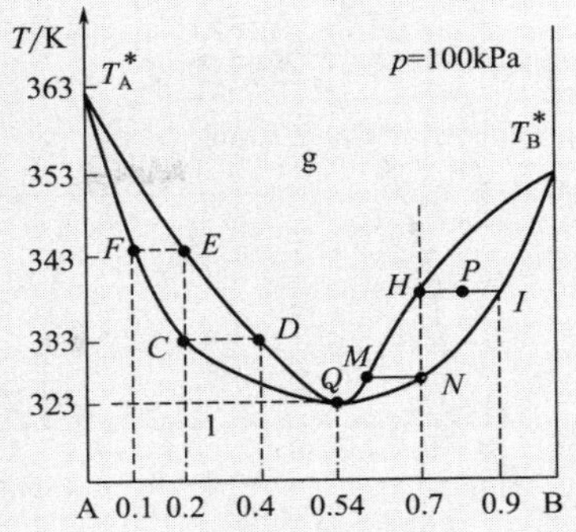

例题 6-10 附图

(2) ① 首先算出题目给定条件的物系点

$$x_B(\text{P}) = 8/(8+2) = 0.8$$

根据杠杆规则

$$n_g(0.8-0.7) = n_l(0.9-0.8)$$

由此得

$$n_g = n_l = n_{总}/2$$

$$n_g = n_{总}/2 = (8+2)/2\text{mol} = 5\text{mol}$$

② 此图有恒沸点，且 $x_B(P) > x_{恒}$，所以单纯用精馏方法只能得到纯 B 及恒沸组成约为 $x_B = 0.54$ 的混合物。

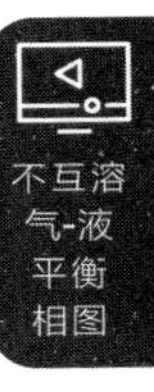

6.7　二组分液态部分互溶及完全不互溶系统的气-液平衡相图

在不发生化学反应的情况下，二种液态物质相互混合，根据其相互溶解程度，大致可分为：以任意比例完全互溶、部分互溶和完全不互溶三种情况。当然，绝对完全不互溶是不存在的。通常在其相互溶解程度可忽略不计时，可近似将其视为完全不溶。关于二组分液态完全互溶体系的气-液平衡及其相图在本章前几节已进行了详细讨论。接下来，主要介绍液态部分互溶和完全不互溶二组分系统的液-液平衡及其相图。

6.7.1　液相部分互溶系统液-液平衡 *T-x* 相图

水-苯酚系统是一典型的液相部分互溶系统。常温下，将少量苯酚加到水中，苯酚可完全溶解。继续加入苯酚，可以得到苯酚在水中的饱和溶液。此后，若再加入苯酚，系统将会出现两个液层，呈现出两相，一相是饱和了苯酚的水相，另一层则是饱和了水的苯酚相，这一对平衡共存的两相，称为**共轭溶液**。

在恒定压力下，根据相律，液-液两相平衡时，$F^* = 2-2+1 = 1$，即在两个饱和溶液组成、外加温度共计三个变量中，只有一个是独立的。如果以温度作为变量，则温度一定，两个液相的组成皆有定值。由此，可以通过如下的实验画出液-液部分互溶系统液-液平衡相图。以水-苯胺系统为例，通过测定溶解度实验，分别测出不同温度下苯胺在水相和水在苯胺相的溶解度，得到如下三组数据：

温度/K　　T_1，T_2，T_3…

$w_{苯胺}/\%$　　w_1，w_2，w_3…（苯胺在水中的溶解度）

$w_{水}/\%$　　w_1'，w_2'，w_3'…（水在苯胺中的溶解度）

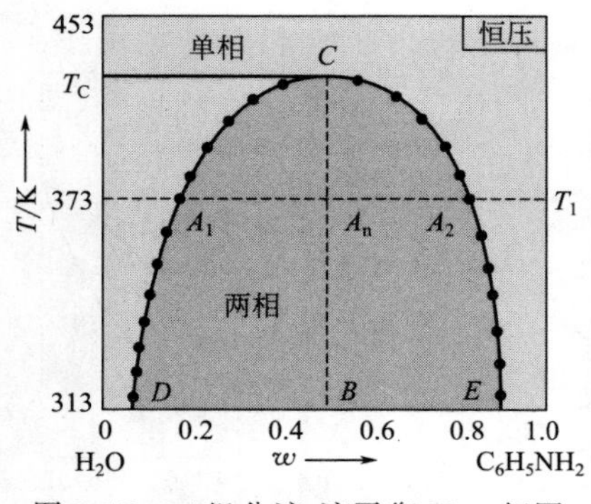

图 6-17 二组分液-液平衡 T-x 相图

分别以 T-$w_{苯胺}$ 和 T-$w_{水}$ 作图，如果压力足够大，使得在所讨论的温度范围内不产生气相（压力对两种液体的相互溶解度影响不大，通常不予考虑），则水-苯胺系统的 T-x 相图如图 6-17 所示。

图 6-17 由一个点、两条线和两个面构成。其物理意义和相应的相数及自由度如下。

点：C 点，最高会溶点，是两条溶解度曲线 DA_1C 和 EA_2C 交会点。

线：左半支 DA_1C 线，苯胺在水中的饱和溶解度随温度变化曲线，$F^*=1$；

右半支 EA_2C 线，水在苯胺中的饱和溶解度随温度变化曲线，$F^*=1$。

面：帽形区 DCE 之外的面，液态单相区，$P=1$，$F^*=2$；

帽形区 DCE 以内的面，两相区，$l_1 \rightleftharpoons l_2$，$P=2$，$F^*=1$。

图中 C 点所在的温度称为最高临界**会溶温度**，当温度高于 T_C 时，系统不再分层，苯胺和水可无限互溶，以单相形式存在。当温度低于 T_C 时，例如，$T_1=373\text{K}$，系统为共轭溶液，即 $l_1(A_1) \rightleftharpoons l_2(A_2)$，处在两相平衡的共轭溶液各自质量可用杠杆规则计算。图 6-17 中 A_n 点为 $T_1=373\text{K}$ 时共轭层组成的平均值，不同温度时共轭层组成平均值的连线 CB 与溶解度曲线 DCE 的交点即为会溶点 C。会溶点所处的温度简称为会溶温度。会溶温度的高低，反映了一对液体间的互溶能力，可以用来作为选择合适萃取剂的参考数据。

在实验温度范围内，并不是所有的液态部分互溶系统都有最高会溶点。图 6-18 给出了几种液态部分互溶系统相图，其中水-三乙胺系统有最低会溶温度［图 6-18(a)］，水-烟碱系统同时具有最高和最低会溶温度［图 6-18(b)］，而水-乙醚系统在实验温度范围内没有会溶点［图 6-18(c)］。

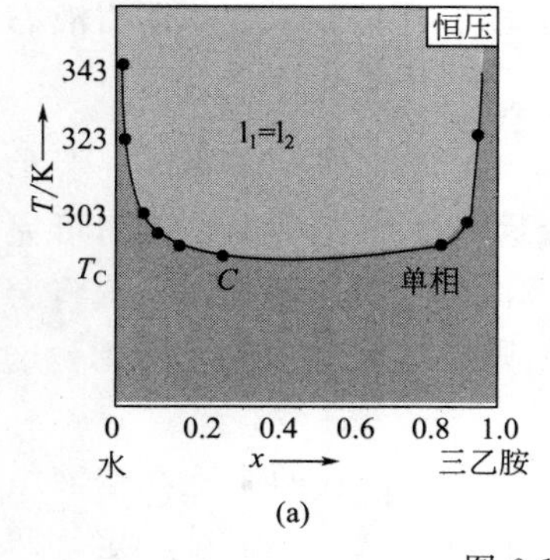

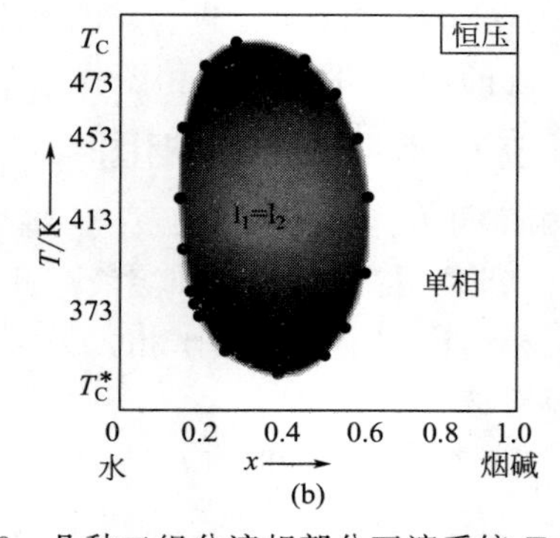

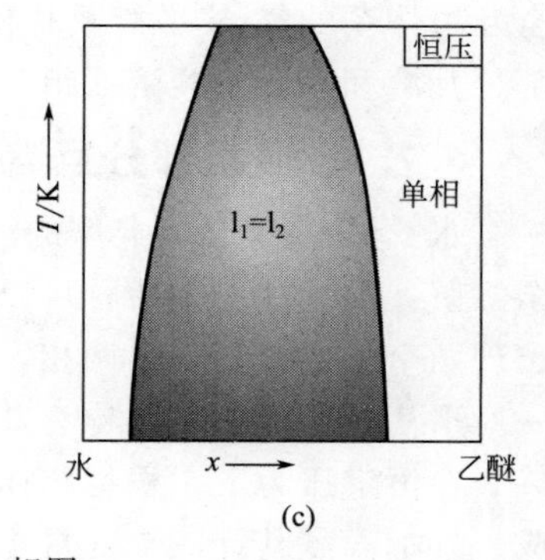

图 6-18 几种二组分液相部分互溶系统 T-x 相图

在上面的讨论中，曾假设压力足够大，在所讨论的温度范围内不出现气相，由此得到部分互溶的液-液平衡 T-x 相图。对于有最高会溶温度的系统，若压力足够大（即保证在温度高于会溶温度 T_B 时，系统不出现气相），在逐渐升高系统温度过程中，当温度低于最高会溶温度 T_B 时，系统只有液-液平衡，当温度高于最高会溶温度 T_B 时，系统变为液态单相，继续升高温度至沸点，系统将产生气相，并达到气-液平衡。若配制一系列的组成不同的二组分系统，分别测定其在不同温度下不同相态的组成，可得到图 6-19 所示的 T-x 相图。

图 6-19 可以看作是具有最低恒沸点气-液平衡 T-x 相图和液-液平衡相图组合而成的，图中各点、线、面的物理意义及相应相数和自由度请见前面相应部分所述。

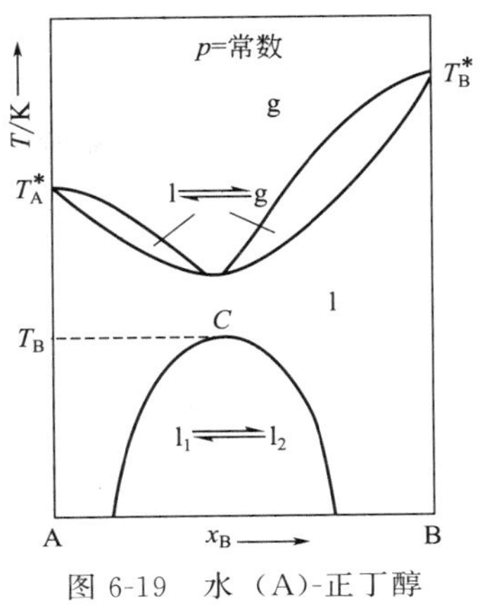

图 6-19　水（A)-正丁醇（B）类型系统的泡点高于会溶温度时的 T-x 相图

6.7.2　液相部分互溶系统气-液平衡 T-x 相图

对于某些系统，当压力不是足够高时，会出现两溶解度曲线还未会溶就沸腾的现象，这时，系统内呈现气-液-液三相平衡。根据相律，二组分三相平衡时，$F^*=C-3+1=2-3+1=0$，表明压力一定时，则系统的沸点、两液相及气相组成皆为定值。同理，若系统温度一定，则系统压力、两液相及气相组成同样为定值，且系统的压力为分别与两液相中相应组分平衡的各组分气相分压之和。

根据气-液-液三相平衡时的组成关系，可将液相部分互溶系统 T-x 相图分为两类：一类是气相组成介于两液相组成之间；另一类是气相组成位于两液相组成的一侧。

(1) 气相组成介于两液相组成之间

以水-正丁醇系统为例，该系统的溶解度曲线具有最高会溶点。在 100kPa 压力下，其共轭溶液还未会溶前就沸腾了（沸点为 365K)，于是出现气-液-液三相平衡，且气相组成介于两液相组成之间，系统的 T-x 相图如图 6-20 所示。

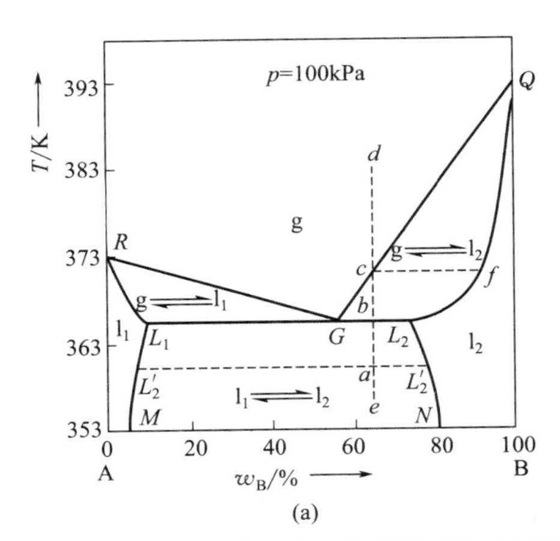

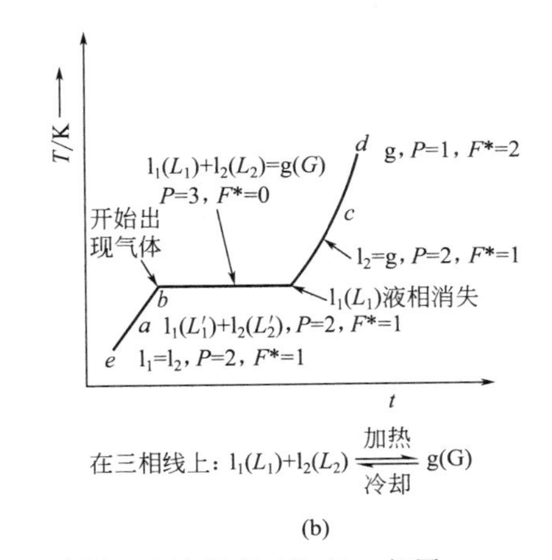

图 6-20　水（A)-正丁醇（B）类型系统的泡点低于会溶温度时的 T-x 相图

图 6-20(a) 由 5（个）点、7（条）线和 6（个）面构成，其点、线、面的物理意义、平衡相和自由度 F^* 如下。

点：R、Q 两点分别为水和正丁醇沸点，$g \rightleftharpoons l$，$P=2$，$F^*=0$。

G 点为三相平衡时（$l_1 \rightleftharpoons l_2 \rightleftharpoons g_G$）气相组成点，$P=3$，$F^*=0$。在 G 点

$$g(G) \underset{加热}{\overset{冷却}{\rightleftharpoons}} l_1(L_1)+l_2(L_2)$$

其实，在 L_1GL_2 三相线上的任何一点，上式都成立。

L_1 点为三相平衡时（$l_1 \rightleftharpoons l_2 \rightleftharpoons g_G$）正丁醇在水中饱和溶解时的液相组成点，$P=$

3，$F^*=0$。

L_2 点为三相平衡时（$l_1 \rightleftharpoons l_2 \rightleftharpoons g_G$）水在正丁醇中饱和溶解时的液相组成点，$P=3$，$F^*=0$。

线：L_1M 线和 L_2N 线为两液体（水和正丁醇）的相互溶解度曲线，$F^*=1$。其中 L_1M 线是正丁醇在水中饱和溶解度随温度变化曲线，L_2N 是水在正丁醇中饱和溶解度随温度变化曲线。

RL_1 和 QL_2 线均为气-液平衡的液相线（泡点线），$F^*=1$。其中 RL_1 线表示含正丁醇水溶液的沸点与其组成的关系曲线，QL_2 线表示含水正丁醇溶液的沸点与其组成关系曲线。

RG 和 QG 线均为气-液平衡的气相线（露点线），$F^*=1$。其中 RG 线为与 RL_1 液相线对应的气相线，QG 线为与 QL_2 液相线对应的气相线。

L_1GL_2 线为三相线（$l_1 \rightleftharpoons l_2 \rightleftharpoons g_G$），$P=3$，$F^*=0$。所有落在该三相线上的物系点，其液相组成和气相组成分别为 $x(L_1)$、$x(L_2)$ 和 $y(G)$。

面：RGQ 线之上的面，气体单相区，$P=1$，$F^*=2$。

RGL_1R 面，气-液（l_1）平衡两相区，$P=2$，$F^*=1$。

QGL_2Q 面，气-液（l_2）平衡两相区，$P=2$，$F^*=1$。

RL_1M 之左的面，正丁醇溶于水的液体（l_1）单相区，$P=1$，$F^*=2$。

QL_2N 之右的面，水溶于正丁醇的液体（l_2）单相区，$P=1$，$F^*=2$。

ML_1L_2N 面，液(l_1) $\rightleftharpoons$ 液(l_2) 两相区，$P=2$，$F^*=1$。

接下来考查图 6-20 中物系点介于 L_1 和 L_2 点所对应的组成之间，温度处在该两点所对应温度之下的系统在加热过程中系统的相变及相点的移动轨迹。例如图 6-20 中物系点 e 所对应的系统，当对该系统加热升温到 a 点时，系统仍处在液［$l_1(L_1')$］$\rightleftharpoons$液［$l_2(L_2')$］两相平衡（$P=2$，$F^*=1$），继续加热系统，物系点由 a 移向 b 点，在升温过程中，两个共轭溶液的相点由 L_1' 和 L_2' 分别沿着 ML_1 线和 NL_2 线移向 L_1 和 L_2 点，当物系点到达 b 时，在 b 点所对应的温度，相点分别为 L_1 和 L_2 的两共轭液相同时沸腾，产生与之平衡的气相，其相点为 G，即系统因发生 $l_1(L_1)+l_2(L_2)=g(G)$ 的相变而成为三相平衡共存，因此，L_1GL_2 线称为三相线，所对应的温度称为共沸温度，其自由度 $F^*=2-3+1=0$，即恒压下，当物系点处在三相线上，即使继续给系统加热，其共沸温度及三相线上的三个相点的组成皆为定值，不能随意变动，在相图上为三个确定的点 L_1、G 及 L_2。

在不断加热的条件下，虽说共沸温度及三个相的组成不能变，但 l_1、g、l_2 三相的量却在改变，改变的结果是气相（相点为 G）的量不断增加，而状态为 L_1 和 L_2 的两液相的量（按照与 G 点组成相关的比例）不断减少，由于物系点 b 位于 G 点右侧的 L_2G 线段上，因此，蒸发的结果是组成为 L_1 的液相先消失，在组成为 L_1 的液相消失的那一刻，系统变成组成为 L_2 的液相与组成为 G 的气相两相共存，再加热时，因系统温度升高而使物系点进入气-液(l_2) 两相平衡区。温度继续升高，在 b 点与 c 点之间，系统皆为气-液两相平衡，但液相(l_2) 的量不断减少，而气相的量不断增加。在物系点从 b 到 c 点的升温过程中，系统的气相相点（组成和温度）沿 GQ 线向 c 点移动，而液相相点（组成和温度）沿 L_2Q 线向 f 点移动。当物系点过了 c 点后，系统进入气态单相区，从 c 点到 d 点为单相升温过程。在上述的升温操作过程中，系统状态的变化可用图 6-20(b) 表示。

若系统物系点在 G 点之左，升温过程中系统状态变化及相应的相点移动轨迹请读者自己分析之。

若物系点的组成刚好等于 G 点所对应的组成，加热到共沸温度时，液(L_1)$\rightleftharpoons$液(L_2)$\rightleftharpoons$气(G)三相平衡，继续加热，则两共轭液体同时消失，其后，系统进入气相单相区。

仔细比较图 6-19 和图 6-20(a) 可知，这两个相图实际上是水-正丁醇系统恒定在不同的压力下所测得的 T-x 相图。很显然，图 6-19 所恒定的压力较图 6-20(a) 更高。

(2) 气相组成处在两液相组成之一侧

部分互溶系统气-液平衡（T-x）相图的另一种类型为三相平衡时气相组成处在两液相组成之一侧的情况，如图 6-21 所示。

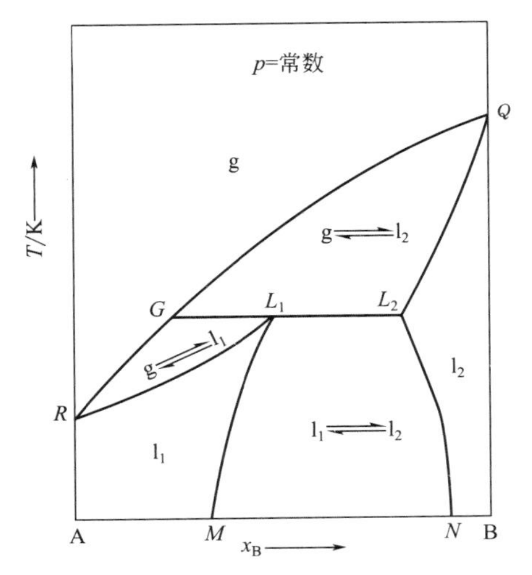

图 6-21　部分互溶系统气相组成处在两液相组成之一侧的 T-x 相图

同图 6-20(a) 一样，图 6-21 也是由 5（个）点、6（个）面和 7（条）线构成，各相区相应的平衡相已在图中标出，其点、线、面的物理意义、相数和自由度与气相组成介于两液相组成之间的情况类似，请读者自己参考图 6-20 自行分析、归纳。二者主要不同点在于共沸温度时的相变化，在图 6-21 中，共沸温度时的相变化是按下式进行的

$$\mathrm{l}_1(L_1) \xrightleftharpoons[\text{冷却}]{\text{加热}} \mathrm{g}(G)+\mathrm{l}_2(L_2)$$

6.7.3 液相完全不互溶系统气-液平衡 *T-x* 相图及水蒸气蒸馏

(1) 液相完全不互溶系统 *T-x* 相图

正如前面所讲到的，两种液体完全不互溶，严格来说是没有的。但是有时两种液体间的互溶程度如此之小，以至于实际上可忽略不计，这种系统可近似地看作完全不互溶系统。例如，汞-水、二硫化碳-水、氯苯-水等均属于这种系统。

在完全不互溶系统中，液体 A 和 B 的蒸气压就等于其在纯态时的饱和蒸气压 p_A^* 和 p_B^*，各自的大小与其本身存在的量及另一种液体存在与否无关。所以，一定温度下，系统的总压 $p=p_A^*+p_B^*$。因此不相容的两种液体混合物的沸点低于其中任意一种纯组分的沸点。如图 6-22(a) 所示。由于总蒸气压与两种液体相对量无关，故完全不互溶系统在蒸馏时的温度保持不变，此温度称为共沸温度。图 6-22(b) 是液相完全不互溶系统的 T-x 相图（示意图）

完全不互溶 T-x 相图由三个点、三条线和四个面构成。

点：R 和 Q 点分别为纯 A 和纯 B 的沸点，$P=2$，$F^*=0$。

G 点为三相点，此时，液(纯 A)$\rightleftharpoons$气(G)$\rightleftharpoons$液(纯 B)，

$$\mathrm{G(g)} \xrightleftharpoons[\text{加热}]{\text{冷却}} \mathrm{A(l)+B(l)}$$

即组成为 G 的气相同时与纯 A 液体和纯 B 液体平衡，$P=3$，$F^*=0$。G 点所处的温度为共沸温度 $T_{共沸}$，从图上可以看出，$T_{共}<T_B^*$（或 T_A^*）。

线：RG 线，液(纯 A)$\rightleftharpoons$g，气相线(A 的沸点下降曲线)，$F^*=1$。

QG 线，液(纯 B)$\rightleftharpoons$g，气相线(B 的沸点下降曲线)，$F^*=1$。

L_1GL_2，三相线，液(纯 A)$\rightleftharpoons$g(G)$\rightleftharpoons$液(纯 B)，$P=3$，$F^*=0$。

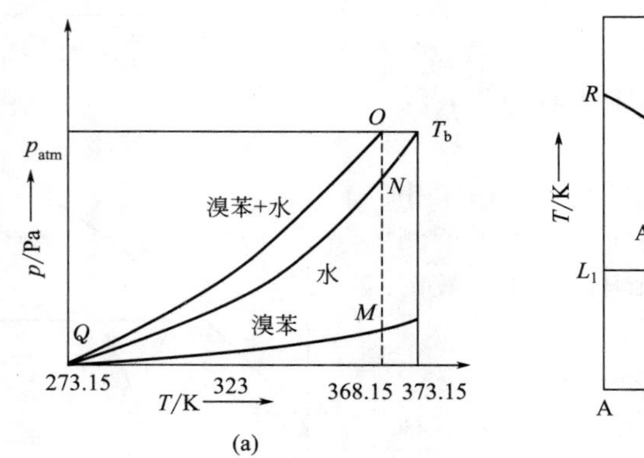

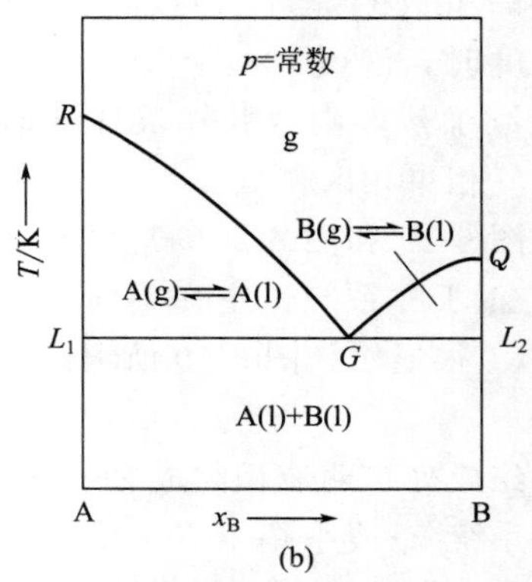

图 6-22 液相完全不互溶系统的蒸气压（a）和液相完全不互溶系统 T-x 相图（b）

面：如图 6-22 所示。

RGQ 之上为气体单相区，$P=1$，$F^*=2$。

RGL_1R 面，液(纯 A)$\rightleftharpoons$g(气相中的 B 是不饱和的气体)，$P=2$，$F^*=1$。

QGL_2Q 面，液(纯 B) $\rightleftharpoons$g(气相中的 A 是不饱和气体)，$P=2$，$F^*=1$。

L_1GL_2 之下，完全不互溶液（纯 A）-液（纯 B）两相区，$P=2$，$F^*=1$。

对液-液完全不互溶系统加热，在共沸点，两液相按下式发生相转变

$$A(l)+B(l) \rightleftharpoons g(G)$$

其气相组成（即 G 点所对应的组成）可由分压定律计算得知

$$y_B=p_B^*/p=p_B^*/(p_A^*+p_B^*)$$

即气相中组成完全取决于纯 A 和纯 B 的饱和蒸气压。如物系点的组成刚好是 G 点所对应组成，则在加热过程中，随着纯 A 和纯 B 两液相不断汽化，最终液相全部汽化，系统由液(A)-液(B) 完全不互溶的两相进入气相单相区；若物系点处在 G 点之左，随着不断加热和汽化，最终，B 物质全部变为气体，且系统由液(A)-液(B) 完全不互溶两相进入液(A)$\rightleftharpoons$气(A) 两相区。此时，气相中只有 A 物质与液相中 A 物质呈两相平衡，而气相中 B 物质是不饱和的蒸气；当物系点处在 G 的右方时，分析方法类似于物系点处在 G 的左方，读者不妨自己尝试之。

为了更好地理解液相完全互溶、部分互溶和完全不互溶相系统的 T-x 相图，不妨从几何形状上来对图 6-15(b)、图 6-20(a) 和 6-22(b) 进行比较（见图 6-23)。

图 6-23(a) 中液相线之下是液-液完全互溶的单相区，不存在液态单相区与两相区的分界线，当然也就不存在三相线，即三相线的长度为零，只有一个恒沸点，且在恒沸点有 $x_B=y_B$；而图 6-23(b) L_1GL_2 以下区域为液相部分互溶区，存在着 L_1M 之左和 L_2N 之右的单相区和 $l_1 \rightleftharpoons l_2$ 二相平衡区，其三相线 L_1GL_2 长度不为零，且 $x_B(L_1)\neq x_B$ $(L_2)\neq y_B(G)$；在液相完全不互溶的相图 6-23(c) 中，有最长的液 (A)$\rightleftharpoons$气(G)$\rightleftharpoons$液(B) 三相线。由于 A 在 B 中及 B 在 A 中的溶解度为零，表示在相图上就相当于图 6-23(b) 中的 L_1M 和 L_2N 线分别向表示纯 A 和纯 B 的纵轴靠拢并完全与之重合，与此同时，相对于 6-23(b) 中的 RL_1 和 QL_2 液相线也分别向纵轴靠拢并完全重合。

(2) 水蒸气蒸馏

液-液完全不互溶系统相图的重要应用之一是水蒸气蒸馏。有不少有机物或因沸点太高、

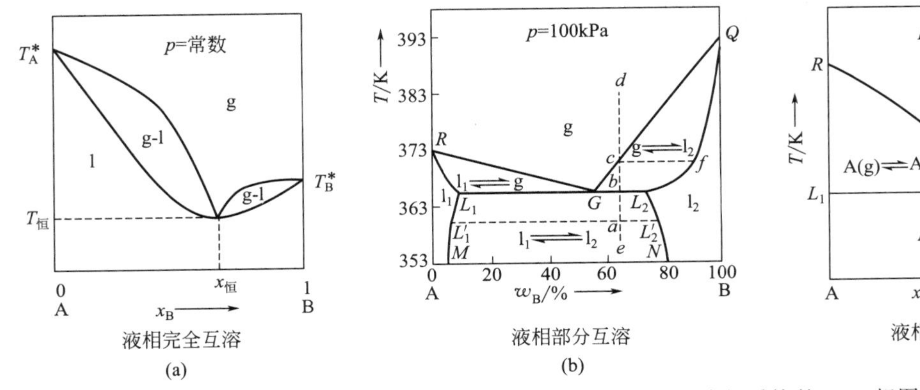

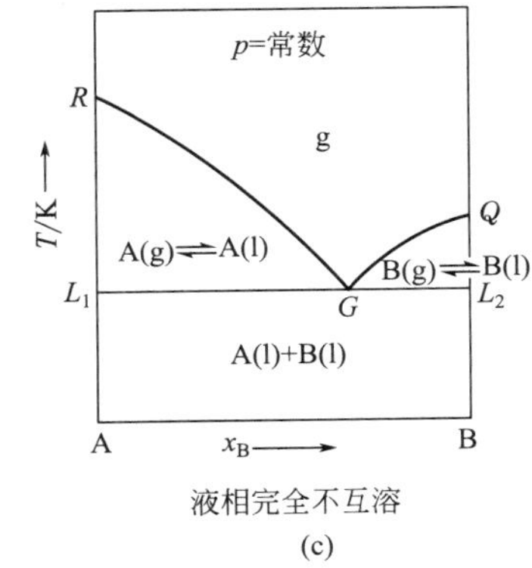

图 6-23　液相完全互溶、部分互溶和完全不互溶相系统的 T-x 相图

或因高温时不稳定，在温度升到沸点之前就会分解，因此不用或不能用普通的蒸馏方法进行提纯。对于这类有机化合物，只要是能与水构成一液相完全不互溶系统，就可以利用完全不互溶系统的特点（$p=p_A^*+p_B^*$ 或 $T_{共沸}<T_A^*$、$T_{共沸}<T_B^*$）进行水蒸气蒸馏提纯，此时，$T_{共沸}<100℃$，避免了不稳定的有机化合物因高温而分解。

通常用**"蒸气消耗系数"**，m_{H_2O}/m_B，即用单位质量纯有机物质 B 所需水蒸气质量来衡量水蒸气蒸馏效率，显然，该系数越小，水蒸气蒸馏的效率越高。假设蒸气为理想气体，则"水蒸气消耗系数"可根据道尔顿分压定律推导如下：

$$\frac{p_{H_2O}^*}{p_B^*}=\frac{n_{H_2O}}{n_B}=\frac{m_{H_2O}/M_{H_2O}}{m_B/M_B}=\frac{m_{H_2O}}{m_B}\times\frac{M_B}{M_{H_2O}}$$

$$\frac{m_{H_2O}}{m_B}=\frac{p_{H_2O}^*}{p_B^*}\times\frac{M_{H_2O}}{M_B} \tag{6-29}$$

很明显，被水蒸气蒸馏的有机物 B 的摩尔质量和 100℃时的饱和蒸气压越大，越有利于水蒸气蒸馏。

根据上式，水蒸气蒸馏的方法还可以用来测定与水完全不互溶的有机物的摩尔质量

$$M_B=M_{H_2O}\frac{p_{H_2O}^*m_B}{p_B^*m_{H_2O}} \tag{6-30}$$

例题 6-11　硝基苯和水组成完全不互溶的二组分系统，在标准压力下，其沸点为 99.0℃，该温度下水的饱和蒸气压为 9.77×10^4 Pa，若将此混合物进行水蒸气蒸馏，试求馏出物中硝基苯所占质量分数。

解　设馏出物有 100g，硝基苯的质量为 m_B，水的质量为 $100-m_B$，根据式(6-29)

$$m_B=\frac{p_B^*M_Bm_{H_2O}}{p_{H_2O}^*M_{H_2O}}=\frac{(p^\ominus-9.77\times10^4)\times123(100-m_B)}{18.0\times9.77\times10^4}=0.161(100-m_B)=13.9\text{g}$$

$$\frac{m_B}{m_B+m_{H_2O}}=\frac{13.9\text{g}}{100\text{g}}=0.139$$

6.8　二组分固态互不相溶系统固-液平衡相图

在研究固液两相平衡时，如果外压大于平衡蒸气压，实际上系统的蒸气相是不存在的。

人们将只有固体和液体存在的系统称为**"凝聚态系统"**。因此，固-液平衡相图有时又称为凝聚系统平衡相图。固-液平衡相图通常在大气压下测定，值得提醒的是这时的压力并不是系统的平衡压力，只不过是由于压力对凝聚态系统的影响很小，在大气压下测的结果与平衡压力下测的结果几乎没有区别。因此，研究凝聚态系统相图通常在标准压力下讨论其温度与组成（T-x）的关系，此时相律公式为 $F^*=C-P+1$。

相比较而言，二组分凝聚系统相图较二组分气-液平衡相图类型更多、更复杂。这是因为二组分凝聚系统不仅有液态、固态部分互溶、完全不溶和完全互溶等情况，有时还会出现同一物质不同晶型间的晶型转换以及生成新的化合物等情况。

对于二组分凝聚系统相图的绘制，通常根据绘制相图的方法可将二组分凝聚系统分为两类：一类是通过测量不同温度下固相溶解度方法绘制相图的水-盐系统；另一类是除水-盐系统之外的，通过热分析法绘制相图的所有其他的二组分凝聚相系统。例如，合金系统、金属非金属氧化物系统以及由不同盐构成的二组分凝聚相系统等。

尽管二组分凝聚系统的相图类型多，但不论如何复杂，都是由若干基本类型的相图构成，只要掌握基本相图的知识，就能看懂复杂相图的含义。正所谓"入门既不难，深造也是可以做得到的"。因此，在本书中，除了介绍绘制凝聚系统相图的方法（热分析法和溶解度法）外，还要介绍液相完全互溶，而固相或完全互溶，或部分互溶，或完全不互溶几种类型的相图，这其中又包括生成一种或多种化合物系统的相图。

6.8.1 溶解度法绘制水-盐系统相图

水-盐系统相图通常是通过测定含不同浓度盐溶液中溶剂水的冰点下降曲线和盐在水中溶解度随温度变化曲线绘制而成。以水-$(NH_4)_2SO_4$ 系统为例，通过测定下列二组数据

① 不同浓度 $(NH_4)_2SO_4$ 水溶液中溶剂水的冰点 T_f。

$w_{(NH_4)_2SO_4}/\%$	w_1	w_2	w_3	…
T_f/K	T_1	T_2	T_3	…

② 不同温度下 $(NH_4)_2SO_4$ 在水中的溶解度。

T/K	T'_1	T'_2	T'_3	…
$w_{(NH_4)_2SO_4}/\%$	w'_1	w'_2	w'_3	…

以上述二组数据作图，并将各实验点连成光滑曲线即得图 6-24。

图 6-24 中点、线、面的物理意义如下。

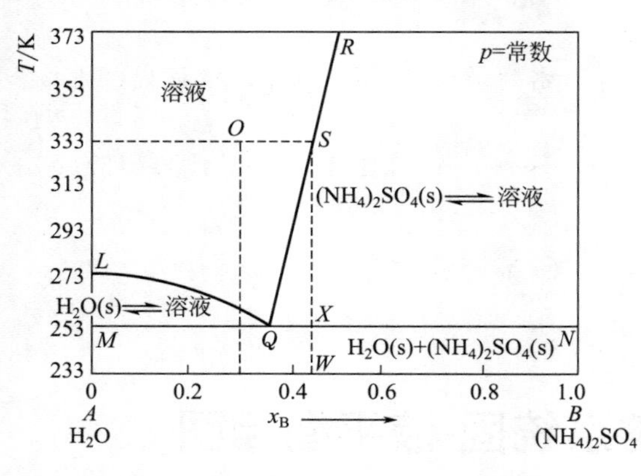

图 6-24 H_2O-$(NH_4)_2SO_4$ 系统相图

点：R 点的温度为能形成 $(NH_4)_2SO_4$ 饱和溶液所允许的最高温度，$F^*=1$；

L 点，水的冰点，$H_2O(l) \rightleftharpoons H_2O(s)$，$P=2$，$F^*=0$；

Q 点，液相所能存在的最低温度，亦是冰和 $(NH_4)_2SO_4(s)$ 能够同时熔化的温度（-18.3℃），故 Q 点称为**"最低共熔点"**，所对应的温度称为**最低共熔温度**。在 Q 点：

$$l(x_B=x_Q) \underset{加热}{\overset{冷却}{\rightleftharpoons}} H_2O(s)+(NH_4)_2SO_4(s)$$

$P=3$，$F^*=0$。

线：LQ 为冰点下降曲线，同样也是冰和溶液中的水成平衡的曲线，$F^*=1$；

QR 曲线是固体 $(NH_4)_2SO_4$ 在水中饱和溶解度随温度变化曲线，$F^*=1$；

MQN 线为三相线，在三相线上任意一点皆有

$$H_2O(s) \rightleftharpoons l(x_Q) \rightleftharpoons (NH_4)_2SO_4(s)$$

三相平衡，$P=3$，$F^*=0$。也就是说，两固体同时与溶液成平衡的温度，以及溶液和两固相的组成皆为定值。其中，在 Q 点

$$l(x_B=x_Q) \underset{加热}{\overset{冷却}{\rightleftharpoons}} H_2O(s)+(NH_4)_2SO_4(s)$$

所析出的固体称为“最低共熔物”。值得注意的是，在三相线上的任何一点上式都成立。此外，常见水-盐系统的最低共熔温度和组成可在一般的物理化学手册中查到。

面：在图 6-24 中存在四个面，各个面上相互平衡的相如图 6-24 所示。

在 LQ 和 QR 线之上为单一的液相区，$P=1$，$F^*=2$；

在 $LQML$ 区域为冰和溶液中的水两相平衡区，$P=2$，$F^*=1$。当系统的物系点处在该区域内，升高或降低温度，溶液的组成（液相相点）的移动轨迹一定在 LQ 线上；

同理，RQN 区域为 $(NH_4)_2SO_4(s)$ 和溶液两相平衡区，$P=2$，$F^*=1$。当物系点落在该区域内，升高或降低温度，溶液的组成（液相相点）的移动轨迹一定在 RQ 线上。

MQN 线以下为固相区，有冰和盐 $(NH_4)_2SO_4(s)$ 两个固相同时存在，$P=2$，$F^*=1$。

当物系点落在两相区内，每相中物质的量可利用杠杆规则进行定量计算。

水-盐系统相图可用来指导水-盐系统的分离提纯。例如，欲自图 6-24 中 O 点（30%，333K）所代表的系统中获得纯 $(NH_4)_2SO_4$（s）固体，由图可知，由于在 O 点 $(NH_4)_2SO_4$ 的含量小于 Q 点 $(NH_4)_2SO_4$ 的含量 39.75%，直接降温得的固体是冰，而不是纯 $(NH_4)_2SO_4(s)$，故应先蒸发以提高 $(NH_4)_2SO_4$ 的浓度，使其大于 39.75%，再将浓缩后的溶液冷却，并控制温度，使其高于 Q 点（−18.3℃），则可得到纯的 $(NH_4)_2SO_4$（s）固体。

同二组分气-液平衡相图一样，在用二组分凝聚（水-盐）系统 T-x 相图指导生产时，应掌握两条重要的规则：①改变系统的温度，物系点的移动轨迹应在通过系统物系点且垂直于横坐标的直线上；②恒温下改变系统的含 H_2O 量，物系点的移动轨迹应在通过该物系点所画的一条平行于横坐标的直线上。即增加系统含水量，物系点向代表纯水的方向移动；如果是蒸发脱水，或往系统中加盐，则物系点向代表纯 $(NH_4)_2SO_4$ 的方向移动。

6.8.2 热分析法绘制二组分凝聚系统相图

欲绘制二组分系统 T-x 相图，就是要寻找温度与组成的关系。当然，这里所说的温度是特指的温度，是指在某一组成下发生可逆相变的温度。将一定组成的某系统加热到熔点之上，使其成为液态，当系统均匀冷却时，如果系统不发生相变化，则系统的温度随时间变化是均匀的。如果在变化过程中发生相变，则由于相变化的同时伴随有热效应，所放出的热量部分或全部抵消了环境吸热，系统温度随时间的变化速率将会减小或为零。所以，可以从系统的温度-时间关系曲线上斜率的变化来判断系统在冷却过程中发生相变化的温度和所析出的相的数目。这种“温度-时间”曲线叫“**步冷曲线**”，用此曲线绘制固-液平衡相图的方法叫“热分析法”。

(1) 热分析法绘制固-液平衡相图

以 Bi-Cd 系统为例，简单介绍如何用热分析（步冷曲线）法绘制相图。首先配制含 Cd 质量分数分别为 0（纯 Bi）、20%、40%、60%、80%和 100%（纯 Cd）的五个样品（样品配制得越多，所绘制的相图越准确），随后把它们分别加热熔融成完全液态后，在恒压（通常为大气压）的环境中冷却，记录其温度随时间的变化。将每个样品温度随时间变化数据画在温度-时间图上就得到图 6-25(a) 所示的各个样品的步冷曲线。第①和⑤分别是纯 Bi 和纯 Cd 样品的步冷曲线，组分数 $C=1$，恒压下冷却，其自由度变化为 $F^*=C-P+1=2-P$ 。冷却过程中，当温度在凝固点之上时，系统为单一的液相，$P=1$，$F^*=C-P+1=2-P=2-1=1$，这一个自由度就是系统的温度。由于周围环境吸热，系统均匀降温，此即图 6-25(a) 中曲线①和⑤水平线段之上所反映的情况。当温度降到凝固点时，开始析出固相，由于凝固热刚好抵消了环境的吸热，此时，系统保持凝固点的温度不变，步冷曲线上出现平台段，步冷曲线上出现平台段意味着 $F^*=0$，系统没有独立变量可变。其实，这一结论同样可以通过相律公式的计算得出。当析出固相时，系统处在液-固两相平衡，从开始析出固相到全部凝完，$F^*=C-P+1=2-P=2-2=0$，所以系统温度保持凝固点温度不能变，步冷曲线上出现平台段，而平台段的长短则取决于系统的物质的量。当全部凝固后，系统变成单一的固相，此时 $F^*=C-P+1=2-P=2-1=1$，系统又可以均匀降温，此即曲线①和⑤水平线段之下所反映的情况。步冷曲线①和⑤的平台温度分别给出了纯 Bi 和纯 Cd 的熔点温度，根据这一温度和组成（$w_{Cd}=0$ 和 100%），可在温度-组成图 6-25(b) 中画出纯 Bi 和纯 Cd 的两相平衡点 A 和 B。

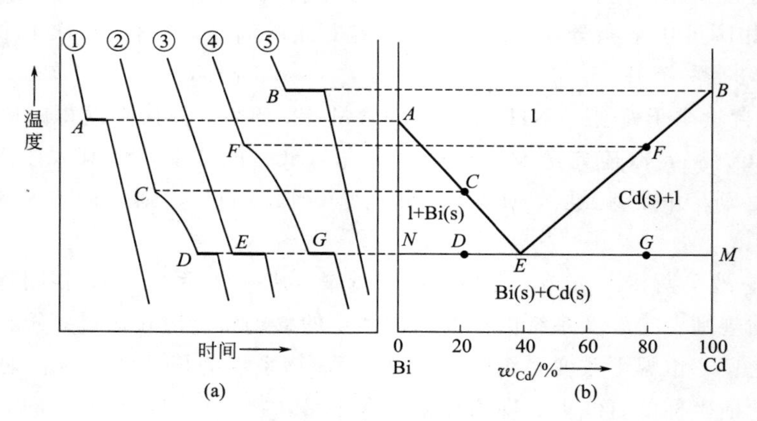

图 6-25　步冷曲线与相图

第②和④分别是含有不同质量 Bi 和 Cd 样品的步冷曲线，组分数 $C=2$，恒压下冷却时，其自由度的变化为 $F^*=C-P+1=3-P$。在较高温度时，系统是单一的液相，$F^*=C-P+1=3-P=2$，系统可均匀降温，正如图 6-25(a) 中 C 点和 F 点以上线段所反映的情况那样。当系统冷却到 C 点（曲线②）和 F 点（曲线④）所处的温度时，有一种金属已经饱和并开始析出，系统处在液-固平衡状态，$F^*=C-P+1=3-2=1$，仍不为零，温度还可以下降。不过，由于此时已有一固体析出，放出凝固热，部分抵消了环境的吸热，使得冷却速率较之前缓慢，表现在步冷曲线上出现了较前一段斜率稍小的另一段平滑的降温曲线（曲线②上 CD 段和曲线④上 FG 段）。作为两段曲线的分界点，转折点指明了系统刚刚析出一种固体金属，开始呈现两相平衡的温度。据此可在图 6-25(b) 中画出两个固-液两相平衡点

C 和 F。当这两个系统继续降温到 D 点和 G 点，致使开始析出第二种纯金属固体，形成 Bi(s)-l-Cd(s) 三相平衡，在三相共存的全部过程中，$F^*=C-P+1=3-3=0$，温度有定值，不随时间变化，因此在步冷曲线上出现平台段，该平台所对应的温度就是系统的**最低共熔温度**。根据平台温度，又可在图 6-25(b) 中画出两个固-液-固三相平衡点 D 和 G。当熔融液完全凝固后，系统中只有 Bi(s)+Cd(s) 两个纯物质固相存在，$F^*=C-P+1=3-2=1$，又可以均匀降温，此即平台下端线段所反映的情况。

第③是总组成恰好就是最低共熔混合物组成的步冷曲线，所以在降温过程中，并没有一种金属比另一种金属先析出，步冷曲线上没有斜率发生改变的转折，而是以同一斜率降到最低共熔温度，同时析出两种金属（Bi 和 Cd）且含有很大比表面能的微晶，形成最低共熔混合物。在最低共熔温度，系统处在 Bi(s)-l($w_{Cd}=40\%$)-Cd(s) 三相平衡，$F^*=C-P+1=3-3=0$，步冷曲线上出现平台段，据此可在图 6-25(b) 中画出一个固-液-固三相平衡点 E，当液相完全凝固后，$F^*=C-P+1=3-2=1$，系统又可以均匀降温。

连接画在图 6-25(b) 中的 A、C、E、F、B 和 D、E、G 各点，并将表示低共熔温度的点 D、E、G 的连线向左右延长，分别与两纵轴相交于 M 和 N，就得到图 6-25(b) 所示的 Bi-Cd 系统的完整相图。如果配制不同组成的样品越多，所绘制的相图就越准确。

(2) 固-液平衡相图的分析

液相完全互溶而固相完全不互溶的二组分固-液平衡相图［如图 6-25(b) 或图 6-26(a) 所示］是二组分凝聚系统相图中最简单，但同时又是最基本的相图。是进一步认识、读懂其他更复杂二组分凝聚系统相图的基础。根据上面介绍的热分析法绘制固-液平衡相图的原理，可以很容易读懂图 6-26(a) 所示的 Bi-Cd 系统相图。图中点、线、面的物理意义分析如下：A 点和 B 点分别为纯 Bi 和纯 Cd 的熔点，两相平衡［$\mathrm{Bi(s)} \rightleftharpoons \mathrm{Bi(l)}$ 和 Cd(s)=Cd(l)］，$P=2$，$F^*=0$；AE 线和 BE 线是不同温度下分别与纯 Bi(s) 和纯 Cd(s) 相对应的液相平衡组成线，同时，它们又分别是（由于 Cd 的加入而导致的）Bi 的凝固点下降曲线和（由于 Bi 的加入而导致的）Cd 的凝固点下降曲线。AE 线和 BE 线相交于 E 点，E 点的液相同时对 Bi(s) 和纯 Cd(s) 达到饱和，因此该液相在冷却时将按一定的比例同时析出纯 Bi(s) 和纯 Cd(s)，即

$$\mathrm{l}(w_{\mathrm{Cd}}=w_E) \underset{\text{加热}}{\overset{\text{冷却}}{\rightleftharpoons}} \mathrm{Bi(s)}+\mathrm{Cd(s)}$$

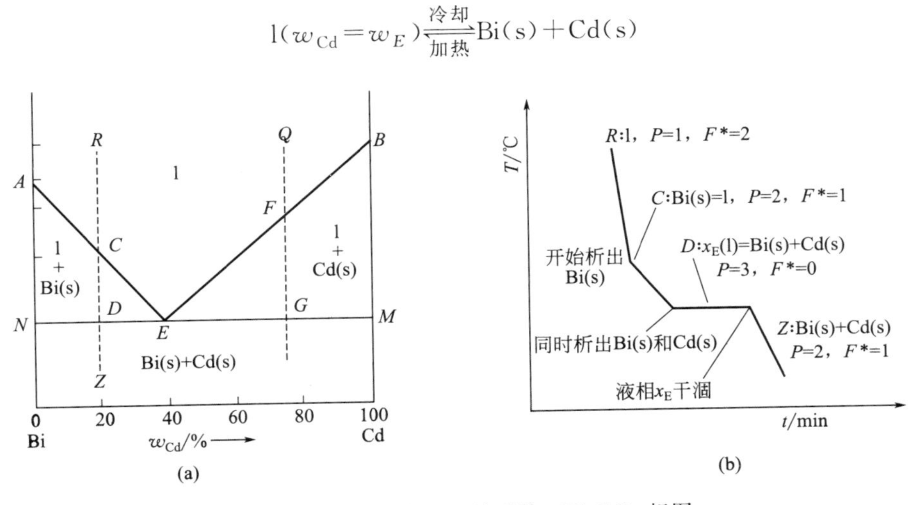

图 6-26　固态完全不互溶系统（Bi-Cd）相图

这时三相共存，NEM 线称为三相线，$P=3$，$F^*=0$，是无变量系统，温度和三个相的组成都保持不变。其实，在三相线上的任何一点上式都成立。只有当液相完全凝固后，系统变为纯 Bi(s) 和纯 Cd(s) 两相时温度才会继续下降。由于 E 点的温度低于其他任何组成时液-固两相平衡的温度，故 E 点又叫**最低共熔点**，因此，在该点同时析出的纯 Bi(s) 和纯 Cd(s) 的机械混合物称为最低共熔混合物。最低共熔混合物之所以具有最低共熔温度，是因为在组成为 E 点的液相同时析出的两种金属颗粒十分细小、均匀，包含有很大的表面能。

在图 6-26(a) 中，曲线 $ACEFB$ 以上的区域为液相单相区，$P=1$，$F^*=2$，在此区域内任意改变温度和组成不会导致旧相消失、新相生成；$ACENA$ 和 $BFEMB$ 区域分别为 Bi(s)=l 和 Cd(s)=l 二相平衡区，$P=2$，$F^*=1$；三相线 NEM 以下为纯 Bi(s) 和纯 Cd(s) 两相区，$P=2$，$F^*=1$。

分析了图 6-26(a) 简单相图的点、线、面的物理意义之后，我们就能很容易理解相图中任意给定组成的物系点在升温或降温过程中系统的相态变化及相点的移动轨迹。如图 6-26(a)、图 6-26(b) 所示：系统在 R 点时，$P=1$(液相)，$F^*=2$。从 R 点开始，RC 段为单纯液相降温过程，当温度降到图中 C 点所处的温度时，系统中有固相 Bi 析出，此时，$P=2$，$F^*=1$。继续降温，固相 Bi 不断析出，随着 Bi(s) 不断析出，液相中 Cd 的含量不断增加，当物系点沿着 CD 线段垂直移动(降温) 时，固相相点在纯 Bi 的纵轴上向 N 点移动，而液相相点则沿着 CE 线向 E 点移动。当系统温度降到 D 点所处的温度时，也即物系点移动到 D 点时，固相点和液相点相应地分别移到 N 点和 E 点，此时同时析出两种纯金属 Bi(s) 和 Cd(s)，系统达到三相平衡，$P=3$，$F^*=0$。当组成为 w_E 的液相完全凝固时，系统物系点开始继续沿着 DZ 移动，而固相 Bi(s) 和 Cd(s) 相点则分别从 N 和 M 点向下移动。

图 6-26 中物系点 Q 的液相，在恒定组成降温过程中的相变及相应的相点移动轨迹的情况与上述情况类似，请读者自己分析之。

系统的低共熔性质常被用于合金冶炼中。例如，一些常见的氧化物熔点远高于其纯金属的熔点（如 CaO 的熔点为 2570℃），但当加入助熔剂 CaF(萤石)后，由于两者能形成低共熔混合物，其共熔温度（低于 1400℃）远低于各自纯氧化物的熔点，因而可使高熔点氧化物在炼钢温度下熔化，同时亦改善了炉渣的流动性。

除此之外，用作焊接、保险丝等的易熔合金，也都是利用合金的低共熔性质。

6.9 生成化合物的二组分凝聚系统相图

在二组分系统中，若两纯组分之间能发生化学反应生成新的化合物，例如 CuCl 和 $FeCl_3$ 能形成一化合物 $CuCl·FeCl_3$，根据组分数的概念 $C=S-R-R'=3-1=2$，仍为二组分系统。尽管如此，由于新的化合物的形成，其相图还是有别于无化合物形成时的二组分凝聚系相图。根据所生成化合物的稳定性，下面将分两种情况加以讨论。

6.9.1 生成稳定化合物系统

如果系统中两个纯组分之间形成稳定化合物，如图 6-27(a) 中的 CuCl 和 $FeCl_3$ 以等物质的量比形成化合物 $CuCl·FeCl_3$，则其温度-组成图如图 6-27(a) 所示。所谓稳定化合物系指该化合物熔化时，所形成的液相与固体化合物有相同的组成，故此化合物又称为具有“相合熔点”的化合物。图 6-27(a) 中 H 点为化合物 $CuCl·FeCl_3$ 的（相合）熔点，在 H 点，其液相组成与其固相组成相同。

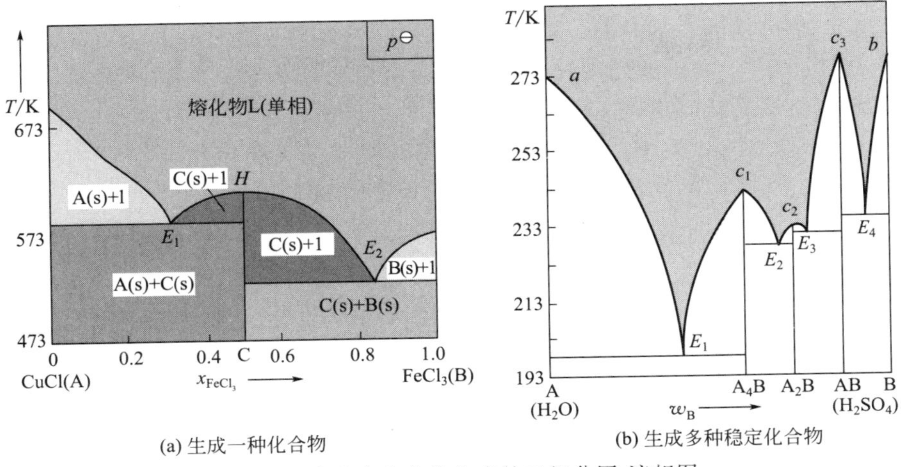

(a) 生成一种化合物　　(b) 生成多种稳定化合物

图 6-27　有稳定化合物生成的二组分固-液相图

图 6-27(a) 可以看作是由两个类似图 6-26(a) 的简单相图拼合而成。一个是具有低共熔点 E_1 的 CuCl(A)- $CuCl \cdot FeCl_3$(C) 简单相图，另一个是具有低共熔点 E_2 的 $CuCl \cdot FeCl_3$-$FeCl_3$ 简单相图。在两个低共熔点 E_1 和 E_2 之间有一极大值点 H。H 点为化合物 $FeCl_3 \cdot FeCl_3$的（相合）熔点。在 H 点，$CuCl \cdot FeCl_3(s) \rightleftharpoons CuCl \cdot FeCl_3(l)$，$P=2$，$F^*=0$。应该注意的是，具有 H 点组成的溶液冷却时，其步冷曲线的形式与纯物质相同，到达 H 点时将出现一水平线段。图 6-27(a) 中其他点、线、面的分析和物理意义与上述图 6-26 相图类似，读者自己分析之。

有时在两个纯物质组分之间形成不止一种稳定化合物，特别是在水-盐系统中更是如此。图 6-27(b) 是 H_2O-H_2SO_4 系统相图，常压下，在 190～298K 范围内，H_2O-H_2SO_4 系统可形成 $H_2SO_4 \cdot H_2O$(AB)、$H_2SO_4 \cdot 2H_2O$(A_2B) 和 $H_2SO_4 \cdot 4H_2O$(A_4B) 三个化合物，其（相合）熔点分别为 c_3、c_2 和 c_1。利用这类相图，可以看出欲得到某种水合物的合理操作步骤。例如，欲想得到化合物 $H_2SO_4 \cdot 4H_2O$，溶液中 H_2SO_4 的浓度必须控制在 $w_B=w_{E_1}$ 和 w_{E_2} 之间，当浓度控制在 w_{E_1} 和 w_{A_4B} 之间时，在 T_{c_1}（约 243K）～ T_{E_1}（约 200K）温度区间可得到化合物 $H_2SO_4 \cdot 4H_2O$，而且，当浓度愈接近 w_{A_4B}，温度愈接近 T_{E_1} 时，得到的纯 $H_2SO_4 \cdot 4H_2O$ 就愈多。但是，当浓度控制在 $w_{A_4B} \sim w_{E_2}$ 之间时，则温度只能控制在 T_{c_1}（约 243K）～ T_{E_2}（约 230K）之间。图 6-27(b) 还告诉我们，纯 H_2SO_4 与 $H_2SO_4 \cdot H_2O$ 的最低共熔点温度约为 235K，而 98.3%浓硫酸的熔点在 283.5K 左右，所以，在冬天（尤其北方的冬天）用管道输送硫酸时应进行适当的稀释，以防止硫酸在管道中冻结。

6.9.2 生成不稳定化合物系统

所谓不稳定化合物，就是将此化合物加热时，在其熔点以下就会分解为一个新固相和一个组成与化合物不同的溶液。因为所形成的溶液其组成与化合物的组成不同，故称此化合物为具有**“不相合熔点”**的化合物。这种在其熔点之下的分解反应称为**“转熔反应”**。发生转熔反应所对应的温度称为**“转熔温度”**。转熔反应的通式可表示如下：

$$S_2 \underset{冷却}{\overset{加热}{\rightleftharpoons}} S_1 + l(x_N)$$

有稳定化合物生成相图点线面的物理意义

式中，S_2 为所形成的不稳定化合物；S_1 是分解反应所生成的新固相，它可以是一纯组分 A 或 B，也可以是另一化合物；$l(x_N)$ 为分解反应所生成的、组成为 x_N 的液相。上式所表示的转熔反应是可逆的，加热时，反应自左向右，冷却时则逆向进行。在转熔温度，系统三相平衡，$P=3$，$F^*=0$，即发生转熔反应时系统自由度为零，系统的温度和各自组成皆有定值，在步冷曲线上此时出现一水平段。

图 6-28(a) 是 CaF_2、$CaCl_2$ 和由 CaF_2、$CaCl_2$ 生成的不稳定化合物 C 构成的二元凝聚系相图。图中点、线、面的物理意义及所代表的相平衡如下。

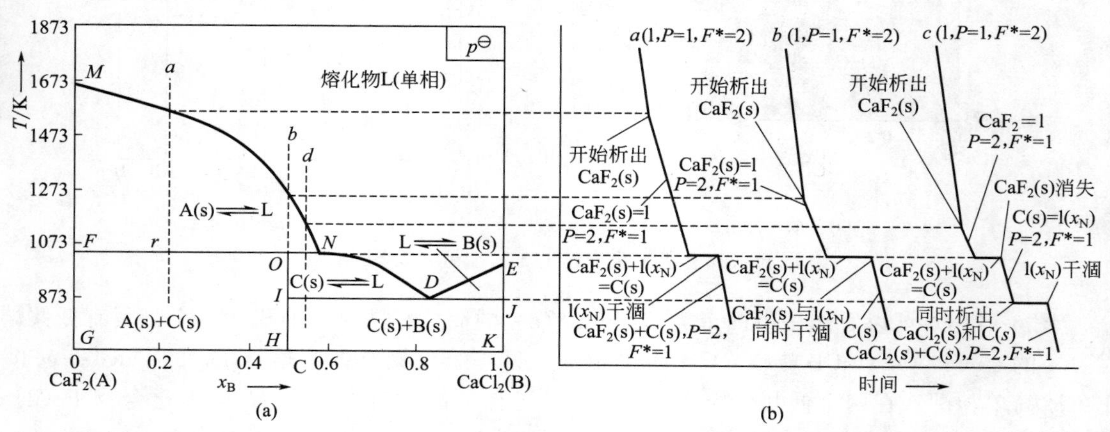

图 6-28 生成不稳定化合物的二组分固-液相图（a）及相应物系点的步冷曲线（b）

点：M 点和 E 点分别为 CaF_2 和 $CaCl_2$ 的熔点，$P=2$，$F^*=0$。

O 点是不稳定化合物 $C(CaF_2\cdot CaCl_2)$ 的不相合熔点，在该点，

$$CaF_2\cdot CaCl_2(s)\underset{冷却}{\overset{加热}{\rightleftharpoons}}CaF_2(s)+l(x_N)$$

三相平衡，$P=3$，$F^*=0$；

D 点是不稳定化合物 $CaF_2\cdot CaCl_2$ 和 $CaCl_2$ 的最低共熔点，在该点，

$$CaF_2\cdot CaCl_2(s)+CaCl_2(s)\underset{冷却}{\overset{加热}{\rightleftharpoons}}l(x_D)$$

溶液三相平衡，$P=3$，$F^*=0$。

线：MN 线和 ND 线分别是 CaF_2 和化合物 $C(CaF_2、CaCl_2)$［由于物质 $B(CaCl_2)$ 存在］的熔点下降曲线，$F^*=1$；

ED 线：$CaCl_2$［由于物质 $A(CaF_2)$ 存在］的熔点下降曲线，$F^*=1$；

FON 线：三相线，在该三相线上的任一物系点皆有 $CaF_2(s)\rightleftharpoons CaF_2\cdot CaCl_2(s)\rightleftharpoons l(x_N)$ 三相平衡，$P=3$，$F^*=0$；

IDJ 线：三相线，在该三相线上的任一物系点皆有 $CaF_2\cdot CaCl_2(s)\rightleftharpoons CaCl_2(s)\rightleftharpoons l(x_D)$ 三相平衡，$P=3$，$F^*=0$。

面：$MNDE$ 以上：单相区，$P=1$，$F^*=2$；

$MNOF$ 区：两相平衡，$CaF_2(s)\rightleftharpoons l$(熔化物)，$P=2$，$F^*=1$；

$ONDI$ 区：两相平衡区，$CaF_2\cdot CaCl_2(s)\rightleftharpoons l$(熔化物)，$P=2$，$F^*=1$；

EDJ 区：两相平衡区，$CaCl_2(s)\rightleftharpoons l$(熔化物)，$P=2$，$F^*=1$；

$FOHG$ 区：两相区，$CaF_2(s)+CaF_2\cdot CaCl_2(s)$，$P=2$，$F^*=1$；

$IJKH$ 区：两相区，$CaF_2 \cdot CaCl_2(s) + CaCl_2(s)$，$P=2$，$F^*=1$。

现在来讨论物系点 a、b、d(熔化物) 冷却过程中的相变化和步冷曲线［图 6-28(b)］。

① 物系点 a 的冷却。如图 6-28(b) 所示，当组成为 a 的物系点冷却时，在冷却到曲线 MN 之前，系统仅单纯降温，当冷到曲线 MN 时，系统开始析出 $CaF_2(s)$，此时步冷曲线上有一转折点，继续冷却，析出的 $CaF_2(s)$ 不断增加，固相相点沿着代表 CaF_2 的纵轴向下运动，液相相点则沿着 MN 线向着 N 点方向运动。当冷却到 FON 三相线时，组成为 x_N 的溶液与固相 CaF_2 的质量之比 $m_1 : m_{CaF_2}$ 为线段长度之比 $\overline{Fr} : \overline{rN}$，此时发生转熔反应

$$CaF_2 \cdot CaCl_2(s) \underset{冷却}{\overset{加热}{\rightleftharpoons}} CaF_2(s) + l(x_N)$$

生成化合物 $C(CaF_2 \cdot CaCl_2)$，$P=3$，$F^*=0$，温度不变，步冷曲线上有一水平段。由于物系点 a 中 $n(CaF_2)/n(CaCl_2)$ 大于化合物 C 中 $n(CaF_2)/n(CaCl_2)=1$，当溶液由于转熔反应而干涸时，系统为 $CaF_2(s)$ 和化合物 $C(s)$ 的混合物，$P=2$，$F^*=1$，系统继续降温。所有组成在 F 点和 O 点之间的冷却情况均如此，其步冷曲线的形状皆相同。但物系点的组成不同时，步冷曲线上水平段的长度不一样，最后系统中的 $CaF_2(s)$ 和化合物 $C(s)$ 的量之比亦不相同。

② 物系点 b 的冷却。物系点 b 的组成与化合物 C 的组成相同。因此，将物系点为 b 的溶液冷却最终得到的应是化合物 $C(CaF_2 \cdot CaCl_2)$。不过，并不是一开始冷却析出的就是化合物 C，当冷却到曲线 MN 时，首先析出的为 $CaF_2(s)$，此时，步冷曲线上应有一转折点［如图 6-28(b) 中之 b 所示］。继续冷却，液相组成（相点）沿 MN 线向 N 移动，当到达 FON 线时，如下的转熔反应发生，

$$CaF_2 \cdot CaCl_2(s) \underset{冷却}{\overset{加热}{\rightleftharpoons}} CaF_2(s) + l(x_N)$$

生成化合物 C，$P=3$，$F^*=0$，步冷曲线上有相应的水平段。由于物系 b 点中 $n(CaF_2)/n(CaCl_2)$ 恰好等于化合物 C 中 $n(CaF_2)/n(CaCl_2)$，随着转熔反应的继续，$CaF_2(s)$ 与溶液同时消失，没有多余的 CaF_2 和溶液，与物系点 a 及 c 相比，物系点 b 所得化合物 $C(CaF_2 \cdot CaCl_2)$ 量最多，故其步冷曲线上相应的水平线段应该最长。其后，单一的化合物 $C(s)$ 继续降温。

③ 物系点 d 的冷却。在温度达到 FON 三相线之前，冷却过程中的相变情况与 a 和 b 相同，当达到三相线时，转熔反应发生，$P=3$，$F^*=0$。但由于物系点 d 中所含的 CaF_2 的量少于化合物 C 中所含的 CaF_2 的量，故当析出的 CaF_2 全部转化以后还有多余的组成为 x_N 的溶液存在，此时系统中只有化合物 C 和溶液，温度又可以下降，溶液继续析出化合物 $C(s)$，溶液的组成（即液相的相点）沿 ND 曲线向 D 方向移动，当温度达到 IDJ 三相线所处的温度时，液相相点达到 D 点，这时化合物 $C(s)$ 和 $CaCl_2(s)$ 同时析出，$P=3$，$F^*=0$，温度又保持不变，相应的步冷曲线又出现一水平线段［见图 6-28(b) 中之 d 所示］，待组成为 x_D 的液相干涸，系统中只有化合物 $C(s)$ 和 $CaCl_2(s)$ 两相时，$P=2$，温度又可以下降。

两个纯组分之间有可能生成不止一种化合物，有的二组分系统可能既生成稳定化合物又生成不稳定化合物，或生成多种不稳定化合物。无论哪种情况，有了前述的简单相图和生成一种稳定或不稳定化合物相图的基础知识，就不难进行一一分析。

6.10　二组分固态互溶系统固-液平衡相图

两种物质形成的液态完全互溶的混合物在冷却过程中，若在分子或原子尺度水平上形成混合均匀的固相，不生成化合物，也没有最低共熔点，则称该固相为**固体溶液**，简称为**固溶**

体。根据其中两个组分的互溶程度，可形成完全互溶（无限互溶度）固溶体和部分互溶固溶体；而按照两个组分的互溶方式，固溶体又可分为**置换固溶体**和**间隙固溶体**两种。以金属固溶体为例，间隙固溶体是一些原子半径比较小的非金属元素，如 H、B、C、N 等（它们的电负性与金属的电负性相差不是很悬殊）溶入过渡金属中所形成固溶体。这些非金属元素不置换作为溶剂的金属原子，而是统计地填充在溶剂金属晶格的空隙中。若 A、B 两种金属形成固溶体且仍保持 A 或 B 的结构形式，但其中一部分金属原子 A（或 B）的位置被另一种金属原子 B（或 A）统计性地取代，像溶液一样均匀，这样的固溶体称为置换性固溶体。

两种物质（金属或金属氧化物）能否形成置换性固溶体及固溶体存在的浓度范围取决于这两种物质是否性质相似，“相似者相溶”的规则在这里也是适用的。仍以金属为例，构成**无限互溶度**（完全互溶）所必要的（但显然不是充分的）条件如下。

① 二种组分具有相同的结构类型。假如组分金属是多晶型的，则只在它们的同晶型变体之间出现无限互溶度。例如 TiO_2 和 SnO_2（金红石型），TiO_2 有金红石型、锐钛矿型和板钛矿型三种结构，这样，当 TiO_2 和 SnO_2（金红石型）形成固溶体时，只能形成具有金红石型结构的固溶体。

② 组分金属的原子半径相近，两者相差不能超过 10%～15%。

③ 组分金属的电正性不能相差太多，否则倾向于生成金属化合物。显然，为了满足这个条件，组分金属应当属于周期表的同一族，或者相邻的族。

当两种物质形成固溶体时，一种物质晶体中的粒子（原子或离子）可以被另一种物质的相应粒子（原子或离子）以任意比例取代时，即能构成固态完全互溶系统。若两种物质 A 和 B 在液态时完全互溶，而固态时 A 在 B 中溶解形成一种**固态溶液 α**，B 在 A 中溶解形成另一种**固态溶液 β**，两种固溶体在同一温度下有各自的**溶解度**，则这两个固态饱和溶液（即**共轭固溶体**）平衡共存时为两种固相，这样的系统属于**固态部分互溶系统**。

6.10.1 固态完全互溶系统

以 Au-Ag 系统为例，Au 和 Ag 为同一簇且都为面心立方结构的金属，其原子半径分别为 0.1442nm 和 0.1444nm。符合形成置换式完全互溶的固溶体条件。该系统的固-液平衡相图如图 6-29(a) 所示。此图的形状与二组分液态完全互溶系统恒压下的气-液平衡相图（图 6-8）十分相似。图 6-6 中的沸点相当于这里的熔点，相应的气相线（或称露点线）相当于

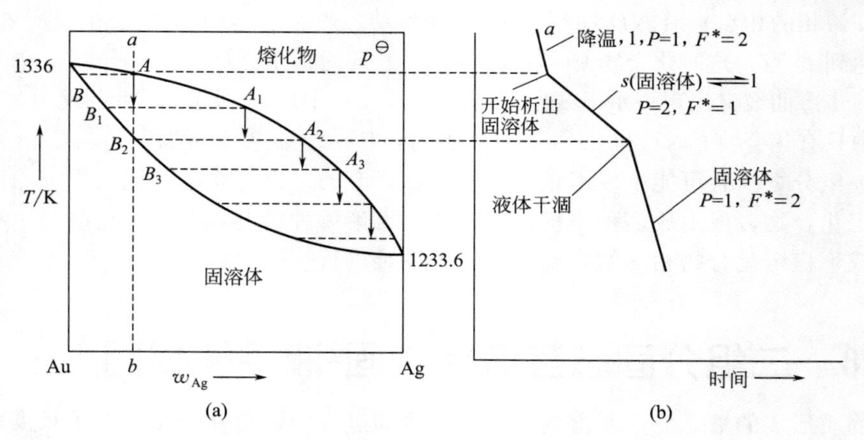

图 6-29 固相完全互溶的二组分固-液相图（a）及相应物系点的步冷曲线（b）

图 6-29(a) 的液相线（或称为凝固点曲线），即图 6-29(a) 中上面一条线；相应的液相线（或称泡点线）相当于这里的固相线或熔点曲线，即图 6-29(a) 中下面一条线。

图 6-29(a) 中液相线以上为液态单相区，$P=1$，$F^*=2$；固相线以下为固溶体单相区，$P=1$，$F^*=2$；液相线与固相线中间区域为固-液平衡的二相区，$P=2$，$F^*=1$。

将物系点为 a 的溶液系统冷却，当温度降到 A 点时，开始析出固溶体，其组成为 B 点所对应的组成，此时，$F^*=1$，温度可继续下降。继续冷却，析出的固溶体不断增加，而液相的量不断减少，冷却过程中，固溶体的组成沿着 BB_2 曲线向 B_2 移动，而液相组成则沿着 AA_2 曲线向 A_2 运动。当温度降到 B_2 点时，液相干涸，系统全部凝固成组成为 B_2 的固溶体。该冷却过程的步冷曲线见图 6-29(b)。从图 6-29(a) 中可以看出，任一组成固溶体的熔点皆介于两个纯组分熔点之间，且步冷曲线上只有转折点，而没有水平线段。其实，固态完全互溶二组分固-液相图中任一物系点（两个纯组分除外）的步冷曲线上都不可能有水平线段，即 $P<3$，$F^*>0$。

同液相完全互溶的气-液平衡相图一样，固态完全互溶系统的固-液平衡相图除了图 6-29 类型外，同样还有具有最高共熔点图 6-30 和最低共熔点图 6-31 类型。其相图的分析类似于图 6-16。只需将其中的沸点、气相线和液相线相应地改成这里的熔点、液相线和固相线即可。

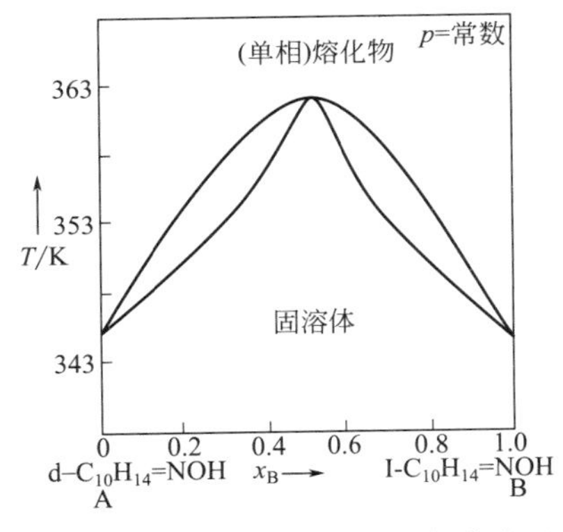

图 6-30　具有最高共熔点固相完全互溶的二组分固-液相图

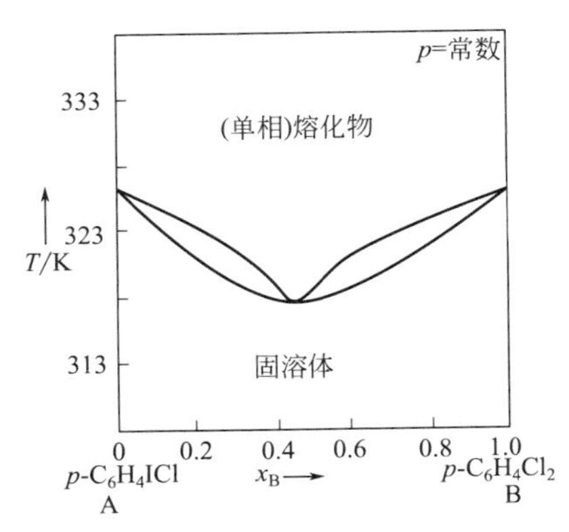

图 6-31　具有最低共熔点固相完全互溶的二组分固-液相图

6.10.2　固相部分互溶系统

液相完全互溶，固态部分互溶现象及其相图与 6.7 节中图 6-20 和图 6-21 所介绍的液相部分互溶现象及其相图很相似，亦是一种物质在另一种物质中有一定的溶解度，超过此浓度将有另一固溶体产生。两种物质的互溶程度往往是温度的函数。这种系统的相图可分为两类。

(1) 系统有一低共熔点（液相组成介于两固相组成之间）

这类相图如图 6-32(a) 所示。它与液相部分互溶的气-液平衡相图［图 6-20(a)］非常类似。六个相区的平衡相已标于图中，其中 α 代表 $TiNO_3$ 溶于 KNO_3 中形成的固溶体，β 代表 KNO_3 溶于 $TiNO_3$ 中形成的固溶体。JEC 为三相线，$P=3$，$F^*=0$，三个相点分别为 J、C 和组成为 E 点的液相，三相所对应的温度为低共熔温度。有关相图中点、线、面的物理意义、平衡相态和 F^* 值可参考图 6-20(a) 的分析，只需将图 6-20(a) 中的气相、液相、沸点和部分互溶的液相（l_1，l_2）等相应地分别改成图 6-32(a) 中的液相、固相、熔点和部分互溶的固溶体（α,β）等即可。

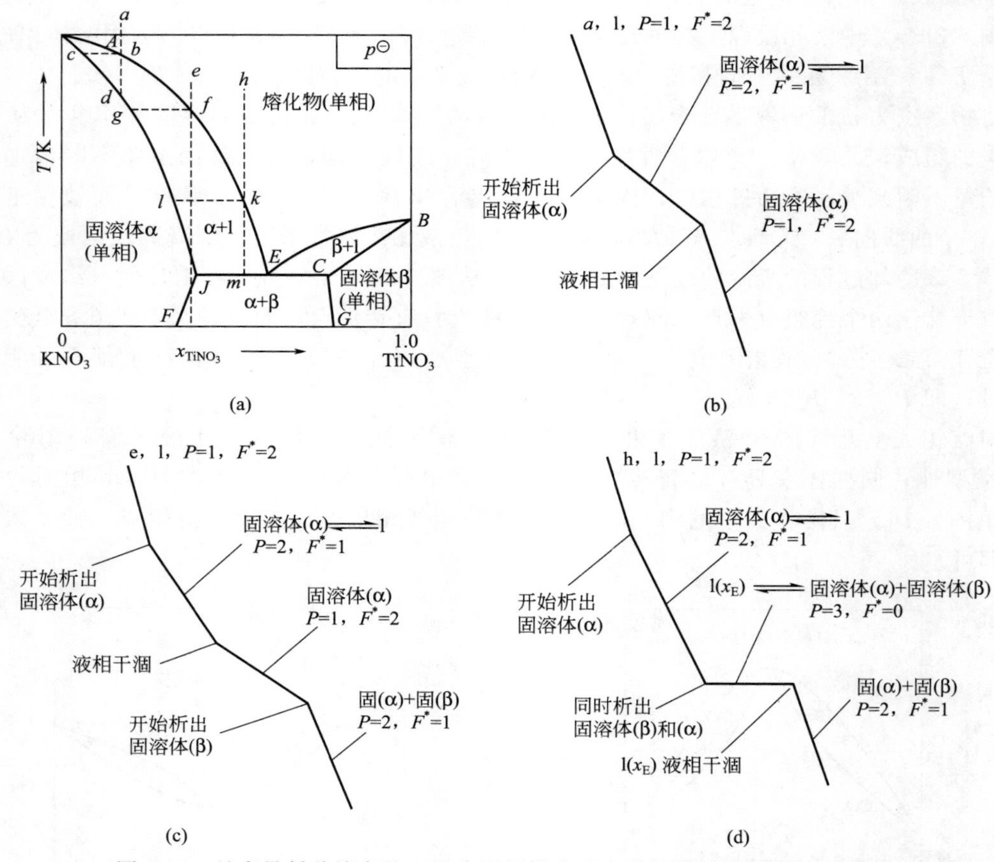

图 6-32 具有最低共熔点的二组分固相部分互溶系统固-液相图及步冷曲线

在图 6-32(a) 中，处在 J 之左及 C 之右的物系点冷却时，由于不经过三相线，其步冷曲线上只有转折点，而没有水平线段［如图 6-32(b)、图 6-32(c)所示］；当物系点介于 J 和 C 之间时，冷却时通过三相线。例如，图中物系点 h 样品冷却到 k 点时［步冷曲线见图 6-32(d)］，开始析出固溶体 α，在 km 段不断析出 α 相，系统的固相点沿 lJ 曲线向 J 点方向移动，液相点沿 kE 曲线向 E 点移动。刚刚冷却到低共熔温度时，固相点为 J，液相点为 E，再冷却，温度不变，液相 E 按比例同时析出 α 相及 β 相而呈三相平衡，$F^*=0$，即 l $(x_E) \underset{加热}{\overset{冷却}{\rightleftharpoons}} \alpha+\beta$，两个固相点分别为 J 和 C。待液相干涸后，系统离开 m 点，此时 $P=2$，$F^*=1$，继续降温，物系点进入 α+β 区。若继续降温，由 α 相相点和 β 相相点构成的共轭固溶体分别沿 JF 曲线和 CG 曲线向下移动。

(2) 系统有一转熔温度（液相组成处在两固相组成之一侧）

具有转熔温度的固相部分互溶相图如图 6-33 所示，即三相平衡时，液相组成点在两固相组成点的一侧。同样，它与液相部分互溶的气-液平衡相图 6-21 非常相似。六个相区的平衡相已标注在相应的区域。图 6-33 与图 6-32(a)的区别在于三相线上代表液相组成的相点不是处在两个共轭固溶体组成点之间，而是处在两个共轭固溶体组成点的一侧，由此导致相图的形状与具有低共熔点相图的形状不一样，而且组成介于 D 和 E 点之间的物系点在冷却或加热过程中，当温度达到转熔温度时，其相转变方程与有低共熔点系统也不一样。以图中物系点 a 的冷却为例，ab 段为液态混合物的降温过程，到达 b 点时析出固溶体 β，$\beta \rightleftharpoons l$，在 bn 段，系统继续降温，不断析出 β 相。液相点和固相点分别沿着 BC 线和 BE 线向 C 点和 E 点移动，当温度刚刚到达 n 点时，液相组成为 C 点，β 相组成为 E 点，同时析出组成为 D 的固溶体 α，发生如下的转熔反应：

$$l(x_C) + \beta \underset{\text{加热}}{\overset{\text{冷却}}{\rightleftharpoons}} \alpha$$

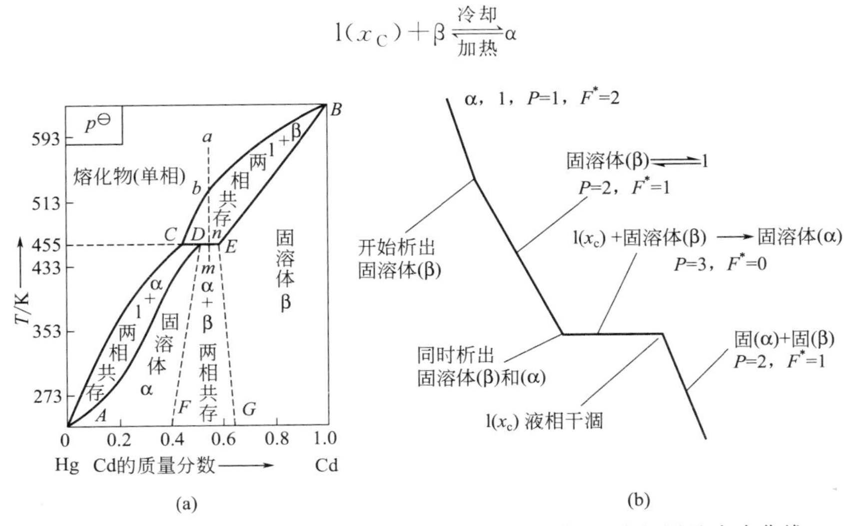

图 6-33　具有转熔温度的二组分固相部分互溶系统固-液相图及步冷曲线

组成为 C 点的液相与组成为 E 点 β 相按 $m_l : m_\beta$ 等于 $\overline{DE}$ 与 $\overline{CD}$ 线段长度的比例转化为组成为 D 点的固溶体 α，这时 $P=3$，$F^*=0$。在步冷曲线［图 6-33(b)］上出现一水平线段。由于 β 相的量大于液相量，故随着冷却继续，组成为 x_C 的液相干涸，此时 $P=2$，$F^*=1$，系统继续降温，进入 α+β 的两相区［见图 6-33(b)］。

若物系点介于 C 与 D 点所对应的组成之间，在转熔温度时，上述转熔反应的方程同样成立，不过，继续冷却，最终消失的将是 β 相，而不是液相，而后进入 $\alpha \rightleftharpoons l$ 的两相平衡区。

6.10.3　区域熔炼

20 世纪 50 年代以来，尖端技术的发展需要有高纯度的金属和非金属材料，例如，作为半导体原料的锗和硅，其纯度要求达到 8 个 9（99.999999%）。将金属或非金属材料提纯到这样高的纯度，显然是任何化学处理方法所办不到的。1952 年以后，根据相平衡及相图原理发展起来的一种叫作 **“区域熔炼”** 的方法，对于提纯、制备高纯度材料既有效又易行。该方法的原理及操作如下。

图 6-34 是二组分固相完全互溶系统相图（固相部分互溶也可以类似地讨论）。组分 A 是所需要的金属，组分 B 是杂质。图中上方是熔融液相区，中间是固-液两相平衡区，下方是固相区。两相区上界为液相线，下界是固相线。一般用来进行区域熔炼提纯的金属已经具有很高的纯度，其中杂质的含量很低。表示在相图上，物系点 x_B 非常靠近 A(纵)轴，这里为了看图方便，将其中的杂质含量放大了很多很多倍。如果将含有杂质的物系点为 a 的熔融液冷却，当温度达到上界液相线 a_1 点时，最先析出的固体相点为 b_1，其中杂质 B 的含量已比 a 中减少。继续冷却［相当于图 6-35(a) 中的加热环缓慢向右移动］，固-液两相平衡为 $b_2=a_2'$，

从图中可以看出，a_2'中 B 的含量高于 a_1 中 B 的含量。随着加热环不断地缓慢向右移动，反映在 T-x_B 图上就是液相中 B 的含量逐渐增加，液相点不断向 B（纵轴）移动，即杂质在液相中富集，如图 6-35(b) 所示。当加热环移到最右端后取下，重新放回最左端，开始下一遍从左到右的熔化、凝固的过程，如此这般。利用上述原理发展起来的区域熔炼法的具体生产操作为：把待提纯的金属做成长的、圆形金属棒，放在圆环式高温炉（图 6-35）中。加热环可以移动，加热环移到哪里，哪里的一小段金属就被加热熔融。当加热环离开后，又重新凝固。操作中，先将加热环放在金属棒的最左端加热，使最左端的金属棒加热熔融，由相图可知，这时有更多的杂质 B 进入液相中，将加热环向右慢慢移动，左端金属凝固，析出的固相中，杂质含量比原来减少，而液相中杂质含量有所提高。随着加热环慢慢地右移，液相中杂质不断富集、右移。当加热环移到最右端后取下，重新放回最左端，开始下一遍从左到右的熔化、凝固的过程。每进行一遍，固相中杂质含量比前次凝固后杂质含量又有所减少。将加热环从左至右移动，一遍又一遍，如此这般，加热环就像一把"扫帚"一样，把杂质 B 一次又一次"扫"到了金属棒的右端，在左端可得到高纯度的金属 A。

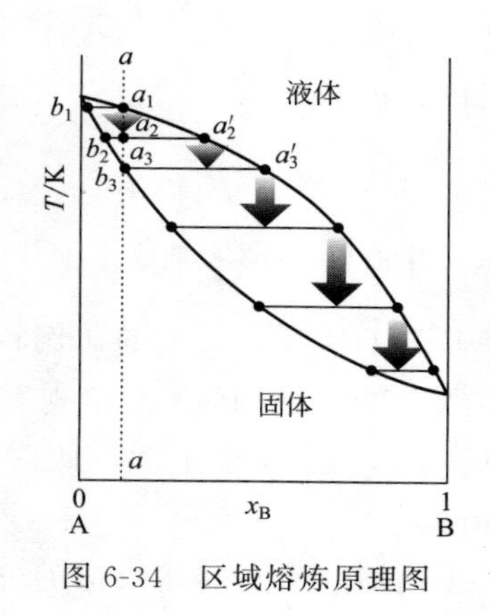

图 6-34　区域熔炼原理图

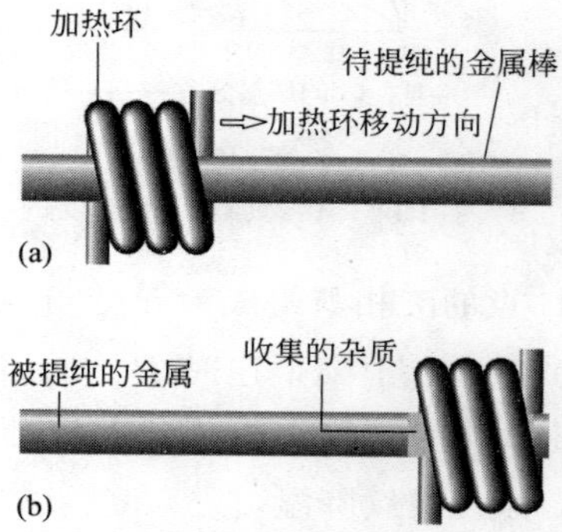

加热环
待提纯的金属棒
加热环移动方向
(a)
被提纯的金属
收集的杂质
(b)

图 6-35　区域熔炼提纯操作示意图

*6.11　等边三角形坐标表示法

在这一部分，我们仅对三组分系统作一初步介绍，为读者进行更深入的了解三组分系统打下初步基础。三组分系统，组分数 $C=3$，因此相律

$$F=C-P+2=5-P$$

上式表明，三组分系统中最多可有 5 相平衡共存，最多可以有 4 个独立变量。因此，要完整描述三组分系统相图，需四维空间，这是不可能做到的。对于凝聚系统而言，压力影响不大，故通常都在恒定压力下，$F^*=3$，可用三维空间坐标来表示系统的相图。若温度、压力同时恒定，$F^{**}=2$，可用二维平面坐标描述三组分平衡系统。若要了解相平衡随温度变化，只需将各部分不同温度下的平面图叠起来就可得到系统在不同温度下的立体图。因此，下面我们仅讨论恒压下某温度时的平面相图。

通常都用等边三角形的方法来表示三组分系统的组成，如图 6-36 所示。等边三角形三顶点分别代表纯组分 A、B、C；三角形三条边，各代表 A 和 B、B 和 C、C 和 A 所构成的二组分系统，按照逆时针方向，A、B 和 C 的组成 w_A、w_B、w_C 分别从 CA、AB、BC 边上读取。三角形中任何一点代表三组分系统，其组成可分别从三条边上读出。如图中 d 点表示系统中含 A 20%、含 B 20%及含 C 60%。确定三角形中任意一点所表示的系统组成的方法是基于等边三角形的几何性质，参见图 6-37。经等边三角形中任何一点 p，作平行于三条边的直线交三边于 a、b、c 三点，则 $pa+pb+pc=AB=BC=CA$。如果每条边分为 10 等分，则 $pa=w_A$，$pb=w_B$，$pc=w_C$，此法可简化成这样，通过 p 点作平行于 AB 和 AC 的两条直线，交 BC 于 a 和 a' 点，于是 $Ba=w_C$，$aa'=w_A$，$a'C=w_B$。

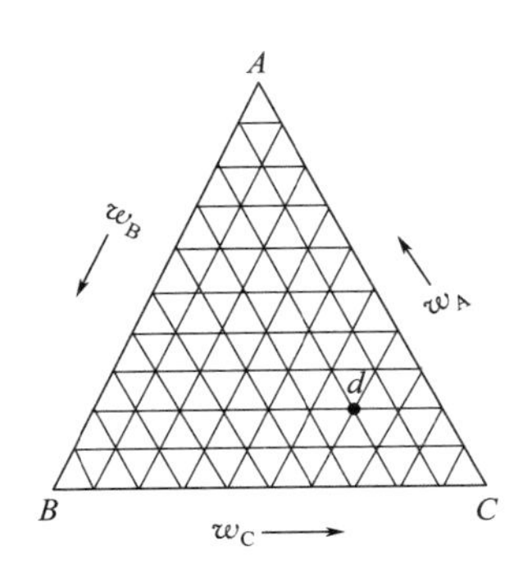

图 6-36　三角坐标图组成表示法

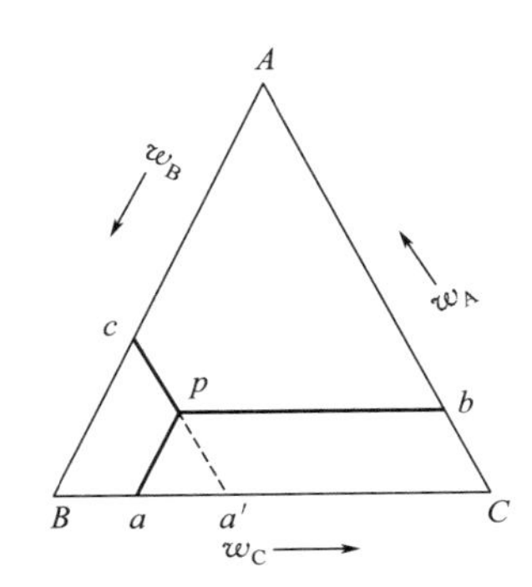

图 6-37　三组分系统的组成表示法

用等边三角形表示三组分系统的组成，有下列几个特点。

① 在与等边三角形的某边平行的任意一条直线上各点所代表的三组分系统中，与此线相对的顶点的组分含量一定相同。例如图 6-38 中 ef 线上各点所含 A 的质量分数一定相同。

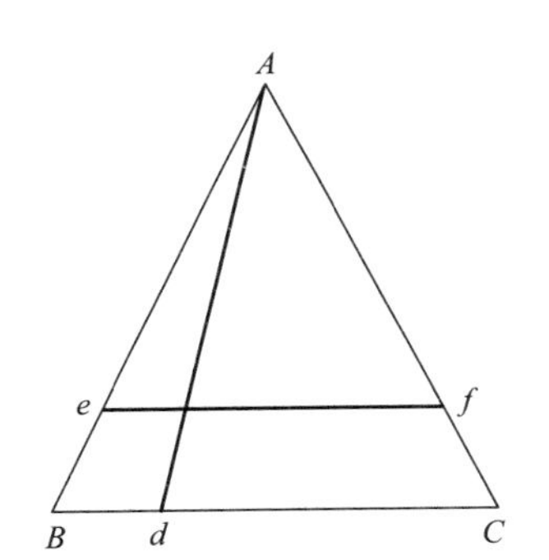

图 6-38　三组分系统的组成表示法

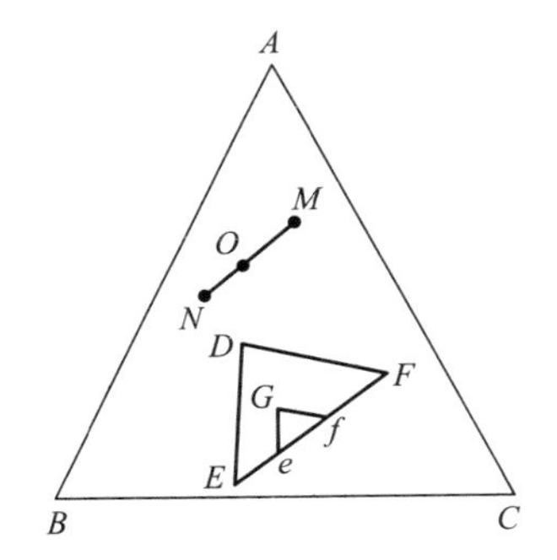

图 6-39　三组分系统组成表示法

② 在通过三角形某一顶点的任意一条直线（例如图 6-38 中 Ad 线）上各点所代表的三组分系统中，另外两个顶点所代表的组分的含量之比一定相同。

③ 如果两个三组分系统 M 和 N 合并成一新的三组分系统，则新系统的组成一定在 M、N 两点的连线上，如图 6-39 所示。新系统的位置与 M 和 N 两个系统的量有关，哪个系统（例如 N）的量愈多，则新系统的物系点 O 的位置愈接近 N 点。杠杆规则在这里仍可使用，即 N 的量$\times ON=$M 的量$\times OM$。

④ 如果由 D、E、F 三个三组分系统合并成一新的三组分系统，则新的系统的物系点一定在三角形 DEF 中间（图 6-39）。新系统的物系点在 DEF 中的位置与 D、E、F 三个系统的相对量有关。例如，新系统为 G 点，则 D、E、F 的相对量可以这样表示：通过 G 点画平行于 DE 和 DF 的两条平行线，交 EF 于 e 和 f 两点，则 ef 线段表示 D 的量，Ee 线段表示

F 的量，fE 线段表示 E 的量。这一规则叫三角形“重心规则”。

*6.12 部分互溶的三组分系统

这类系统中，三对液体间可以是一对部分互溶、两对部分互溶或三对部分互溶。

6.12.1 三组分中有一对部分互溶系统

以醋酸(A)、氯仿(B) 和水(C) 所构成的系统为例。其中 A 和 B 及 C 均能以任意比例互溶，但 B 和 C 只能部分互溶。如图 6-40 所示，B 和 C 浓度在 Be 或 fC 之间，可以完全互溶，组成介于 e 和 f 之间时，系统分为两层，一层是水在氯仿中的饱和溶液（e 点），共轭溶液的另一层是氯仿在水中的饱和溶液（f 点）。但是，第三组分的存在将改变 B 和 C 之间互溶性。例如，在组成为 n 的 B 和 C 两组分系统中加入少许醋酸(A)，由于醋酸在 B 和 C 所形成的共轭两相中并非等量分配，因此代表两层浓度的各对应点连线 e_1f_1、e_2f_2 等不一定和底边 BC 平行。这些连线称为连结线，两相的组成可由连结线的两端读出。如已知物系点，则可以根据连结线用杠杆规则求得共轭溶液数量的比值。继续加入 A，物系点将沿 nA 线上升。由于第三组分醋酸的加入，使得 B 和 C 的互溶度增加。当物系点接近 f_4 时，含氯仿(B) 较多的一相（接近 e_4）数量渐减；最终该相将逐渐消失，系统进入帽形区以外的单相区。由图可知，自下而上，连结线越来越短，两相的组成逐渐靠近，最后缩为一点 O。此时两层溶液浓度完全相同，两个共轭三组分溶液变成一个三组分溶液，O 点称为等温会溶点，曲线 eOf 称为双结线。

图 6-40 是定温下相图，如以温度为垂直于此面的坐标。升高温度后不互溶的区域将逐渐缩小。图 6-41 中 $a'D'b'$ 是较高温度下的双结曲线。若温度继续升高，曲线可缩成一点 K（K 点的投影位置随系统不同而不同，也可能在三角形之内）。将很多等温线组合起来，便构成空间中的一个曲面。每一个等温线有一个等温会溶点，把这些会溶点连接起来，便得到一条空间中的曲线。

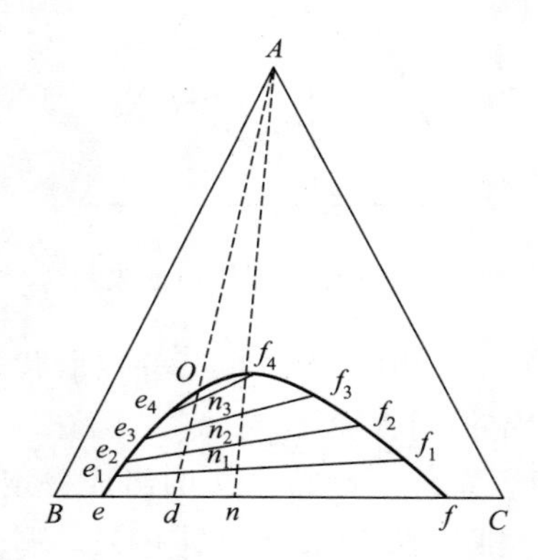

图 6-40 三组分系统有一对部分互溶的相图

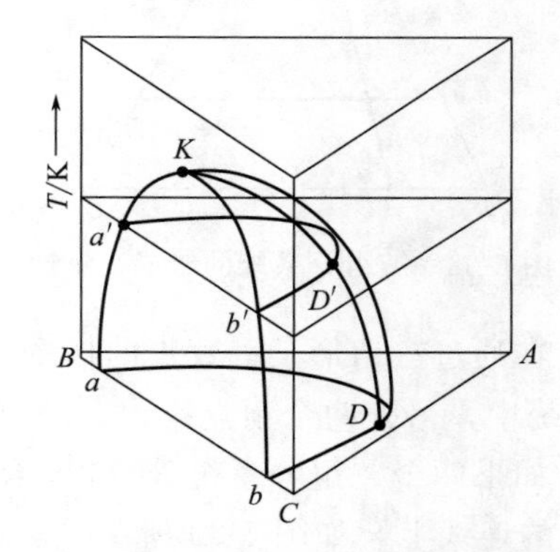

图 6-41 三组分系统有一对部分互溶的温度组成图

6.12.2 有两对部分互溶系统

如图 6-42 是乙烯腈(A)-水(B)-乙醇(C) 的相图，在 foe 和 mrn 区域内两相共存，各相的组成可从连结线上读出。

在上述两个区域以外，相图均为单相区。当温度降低时，不互溶区域逐渐扩大，最后可互相重叠（图 6-43），在阴影区，系统分为两相，其他区域则为单相。

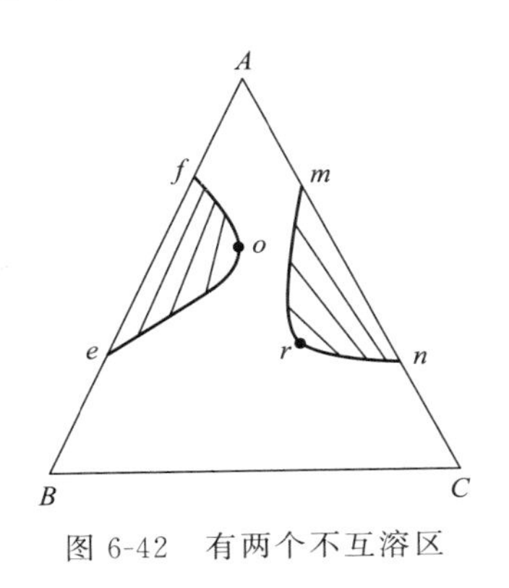

图 6-42　有两个不互溶区

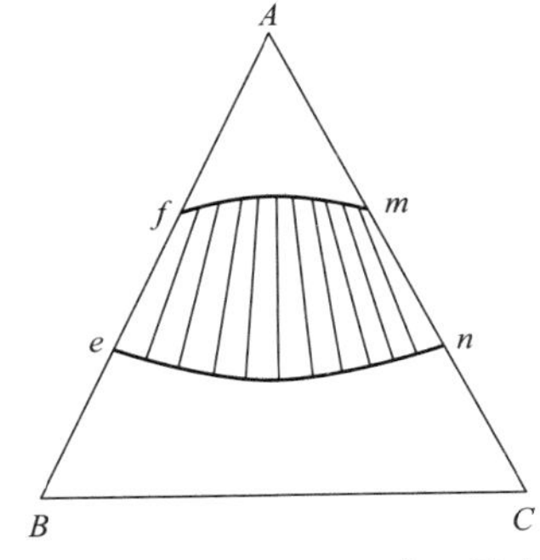

图 6-43　有两个不互溶区叠合

6.12.3　有三对部分互溶系统

如图 6-44 是乙烯睛(A)-水(B)-乙醇(C) 的恒温恒压下相图，阴影部分表示系统为两相，空白区为完全互溶的单相。如果温度降到足够低，三个阴影区逐渐扩大，便形成图 6-45。图 6-45 中区域 1 为单相区，区域 2 为两相区，区域 3 为三相共存，该三相的三个相点分别为 D、E 和 F。根据相律，三相共存时，$F^{**}=3-3=0$，即三个相的组成为定值，不能改变（但三个相的相对数量可因物系点的位置不同而异）。例如在图 6-45 中，若物系点在 P 点，连结 E、P 并延长至 G，连结 F、P 并延长到 H，则三个相的相对质量之比，仍可使用杠杆规则，即

$$\frac{液相\ D\ 的质量}{液相\ E\ 的质量}=\frac{HE}{DH},\quad \frac{液相\ D\ 的质量}{液相\ F\ 的质量}=\frac{GF}{DG}$$

上述部分互溶系统相图在液-液萃取过程中有重要应用。例如芳烃和烷烃的分离，在工业上就常采用液-液萃取法。

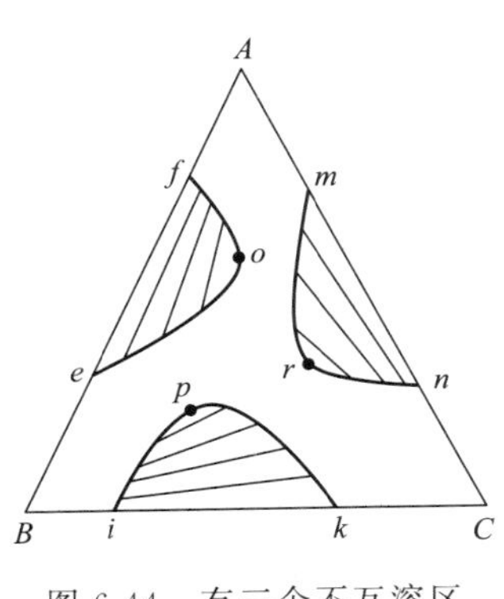

图 6-44　有三个不互溶区

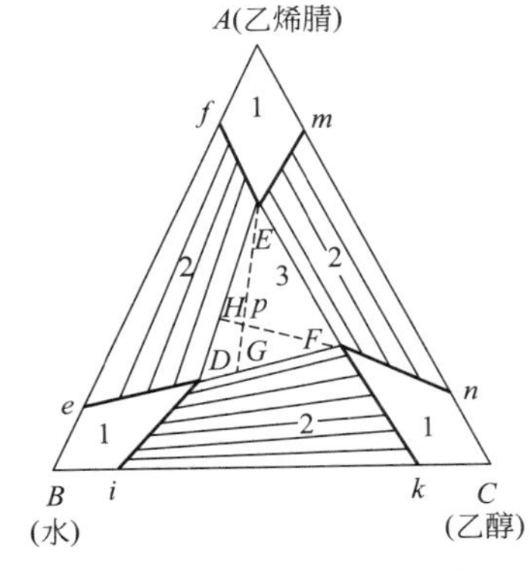

图 6-45　有三个不互溶区叠合

如图 6-46 是苯(A)-正庚烷(B)-二乙二醇醚(S) 在标准压力 $p^{\ominus}$下和 397K 时的相图，由图可知，该相图属于有一对部分互溶系统。

设原始组成在 M 点，加入 S 后，系统物系点沿 MS 线向 S 方向变化，当物系点为 O 点时，系统中原料液与所用溶剂的数量可按杠杆规则计算。此时系统分为两相，其组成分别为 x_1 和 y_1。如果把这两层溶液分开，分别蒸去溶剂，在蒸去溶剂的过程中，相点 x_1 沿着

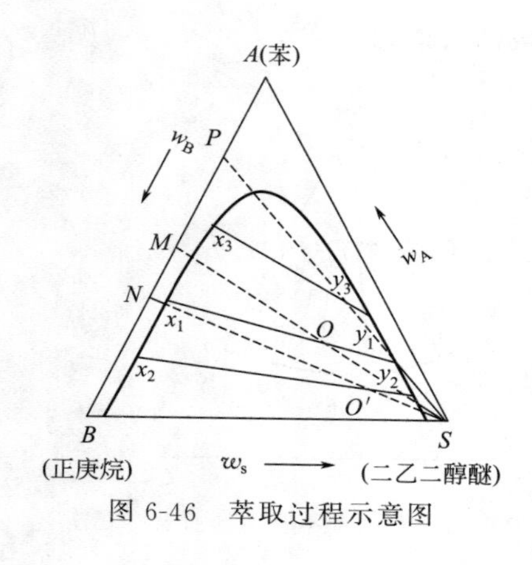

图 6-46　萃取过程示意图

Sx_1 连线向 N 点移动，最后交 AB 边于 N 点，而相点 y_1 则沿 Sy_1 连线向 P 点移动并交 AB 边于 P 点。这就是说，经过一次萃取并除去溶剂后，就能把 M 点的原溶液分成 N 和 P 两个溶液，显然 P 中的苯比 N 中多，而 N 中含正庚烷较 P 中多，这是一次萃取的结果。如果进行第二次萃取，即对浓度为 x_1 层的溶液再加入溶剂进行第二次萃取，此时物系点将沿 x_1S 向 S 方向移动，设到达 O'点，此时系统呈两相，其组成分别为 x_2 和 y_2 点，从图中可以看出，x_2 点所代表的系统中所含正庚烷又较 x_1 中多。如此反复多次，最后可得到不含苯的正庚烷，从而实现了分离。工业上上述过程是在萃取塔（塔中有多层筛板）中进行，溶剂从塔顶进料，原料从塔中进料，依靠密度的差别，在塔内上升和下降的液相充分混合，反复萃取，最后芳烃就不断地溶解在二乙二醇醚中，在塔底作为萃取液排出，脱除芳烃的烷烃作为萃取余液从塔顶送出。

*6.13　二盐一水三组分系统

二盐一水的水盐系统类型很多，本节只讨论研究较多的、有一相同离子的两种盐和水组成的三组分系统。例如，KBr-NaBr-H_2O；NaCl＋Na_2CO_3＋H_2O 等。在这种系统中，重点讨论下列三种情况。

6.13.1　固相是纯盐的系统

图 6-47 中 NH_4Cl-NH_4NO_3-H_2O 的相图即为一例，这是二盐一水系统最基本的相图。其中 A、B 和 S 各代表的纯物质已标在相图中，其他的点、线、面的物理意义如下。

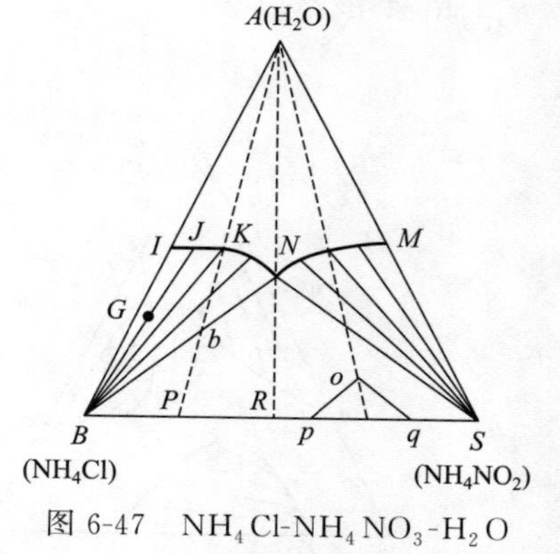

图 6-47　NH_4Cl-NH_4NO_3-H_2O 系统相图

I 和 M 点分别代表在试验温度下 NH_4Cl 和 NH_4NO_3 在水中的溶解度，也即是盐在水中的饱和溶液组成。$P=2$，$F^{**}=2-2=0$。

如果在已饱和了 B 的溶液中加入 S，则饱和溶液的组成将沿 IN 线而改变；同理，在饱和了 S 的溶液中加 B，则饱和溶液将沿 MN 线而改变。因此：

IN 线代表 B 在含有不同浓度的 S 溶液中的饱和溶解度曲线。

MN 线代表 S 在含有不同浓度的 B 溶液中的饱和溶解度曲线。

N 点是 IN 线和 MN 线的交点，即在 N 点的溶液同时饱和了 B 和 S。在该点，$P=3$[NH_4Cl(s)，NH_4NO_3(s)和饱和溶液]，$F^{**}=3-3=0$，该点浓度为定值。

INB 区域为 B 和饱和了 B 的溶液二相区，$P=2$，$F^{**}=1$，这个可变的变量为 S 的浓度。在此区域内，IN 线上任何一点与 B 的连线即为结线。杠杆规则在此亦适用。例如，组成为 G 的物系点，其对应的相点分别为 B 和 J 点，B 和 J 溶液两相的质量比为线段 $GJ:GB$。

MNS 区域为 S 和饱和了 S 的溶液二相区，$P=2$，$F^{**}=1$，可变的变量为 B 的浓度。杠杆规则同样适用。

AINM 区域代表 B 和 S 在水中不饱和溶液的区域，$P=1$，$F^{**}=2$。

NBS 区域代表 B、S 和组成为 N 的溶液三相共存区域，$F^{**}=0$。在这区域内任一物系点，其对应的相点皆为 B、S 和组成为 N 的液相相点。例如物系点 O，三个相的相对量可表示如下：通过 O 点作平行于 NB 和 NS 的两条直线交 BS 于 p 点和 q 点，于是按重心规则，pq 线段代表组成为 N 的液相的量，Bp 线段代表 S 的量，qS 线段代表 B 的量。

相图 6-47 可用来指导对两种盐的混合物通过加水稀释进行分离提纯，或将含有两种盐的稀溶液通过等温蒸发以获得某一种纯盐的操作。以前一种情况为例，设有一 NH_4Cl 和 NH_4NO_3 的混合物，其组成在 BS 边的 P 点，当往此系统加水时，物系点将沿着 PA 线向 A 方向移动。当加入的水不多，物系点还未移动到 b 以前时，系统一直处在 B、S 和组成为 N 的液相三相平衡区，其三相中各相的相对量可按重心规则求算。当物系点到达 b 点时，液相的组成还在 N 点，但固相中只有 B 而无 S 了，此时 N 和 B 的量之比为 $w_N : w_B = Bb : bN$。过滤即可得 B 的固体。

对于二盐一水系统，物系点为何种相态？处在何处时，通过何种操作，最终的产物是什么？相图 6-47 给出了一目了然的答案。例如，当物系点为 B 和 S 混合物，组成在 BR 之间或 SR 之间时，向系统中加水，可得到的纯物质为 B（或 S）；当混合物组成在 R 点，则往系统加水得不纯盐，因 B 和 S 同时溶尽。若系统是稀溶液，当物系点在 AN 线的左边，则等温蒸发时可得纯 B；当物系点在 AN 线的右边，则等温蒸发时可得纯 S；若物系点落在 AN 线上，则不能得到纯盐，因为等温蒸发时 B 和 S 将同时析出。

6.13.2　生成水合物的系统

在 $NaCl$-Na_2SO_4-H_2O 系统中，由于 Na_2SO_4 能形成水合物，故在一定的条件下该系统有 4 种物质存在。不过，由于在水合物形成时，多了一个化学平衡条件，即 $R=1$，故独立组分数仍为 3（$C=4-1=3$），因此，这种系统仍可用等边三角形来表示系统的组成。

图 6-48 是 $NaCl$-Na_2SO_4-H_2O 系统在 17.5℃以下某一温度的相图。图中 N 点为 B 的溶解度；C 点为 S 与 H_2O 形成的水合物 $Na_2SO_4 \cdot 10H_2O$；M 点为水合物 C 在水中的溶解度；I 点为同时饱和了 B 和 C($Na_2SO_4 \cdot 10H_2O$) 的溶液的组成，$P=3$，$F^{**}=0$。此外，

BNI 为饱和溶液与 B 成平衡的两相区，$P=2$，$F^{**}=1$。

CIB 为 B、$Na_2SO_4 \cdot 10H_2O$ 和组成为 I 的溶液的三相区，$P=3$，$F^{**}=0$，在该区域的任一物系点，其相点皆为 B、C 和 I。

BCS 为三相区，$P=3$，$F^{**}=0$。同理，在该相区内任一物系点，其相点皆为 B、C 和 S。如果将组成为 P 的不饱和溶液等温蒸发，物系点将沿着 AP 线背向 A 移动，当物系点移动到 NI 线上时，将有 B 析出。继续蒸发，析出的 B 量增加，同时液相组成沿 NI 曲线向 I 点移动。当物系点在 BI 线上时，液相组成为 I 点。再继续蒸发，物系点进入 BIC 三相区，此时

$$l(I) \xrightleftharpoons{\text{蒸发}} B + C(Na_2SO_4 \cdot 10H_2O)$$

B 和 C 同时析出；当物系点达到 BC 线上时，组成为 I 的液相消失。再脱水，$Na_2SO_4 \cdot 10H_2O$ 就逐渐转化为 S，物系点进入 BCS 三相区，彻底脱水，C 消失，物系点落在三角形底边 BS 上。

由图 6-48 可以看出，组成在 AI 线左边的不饱和溶液蒸发可获得纯 B；组成在 AI 线右边的不饱和溶液蒸发可得纯 C，但得不到纯 S。

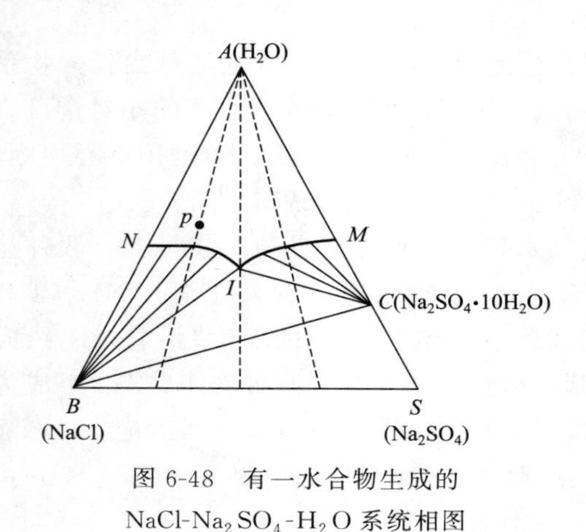

图 6-48 有一水合物生成的 NaCl-Na_2SO_4-H_2O 系统相图

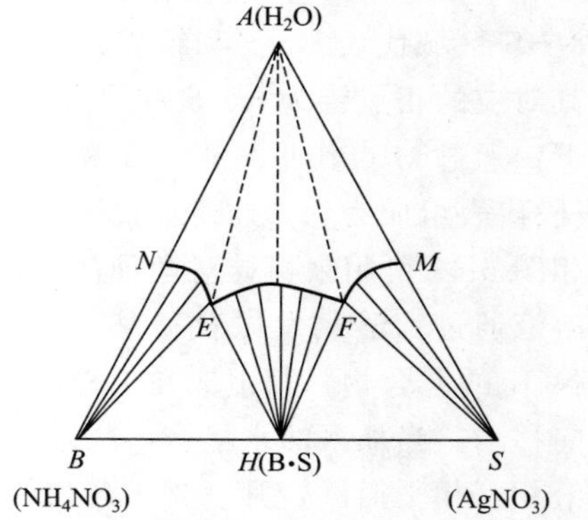

图 6-49 生产复盐的 NH_4NO_3-$AgNO_3$-H_2O

6.13.3 生成复盐的系统

如果两种盐能形成复盐，同生成含水化合物一样，组分数仍为 3。生成复盐的相图如图 6-49 所示，图中 H 点为复盐的组成，EF 曲线为复盐的溶解度曲线。E 点为同时饱和了 B 和复盐 H 的溶液组成，F 点为同时饱和了 S 和复盐 H 的溶液组成，二者皆为三相点。图 6-49 中有两个三相区，BEH 为 B、复盐 H 和组成为 E 的溶液的三相区，HFS 为 S、复盐 H 和组成为 F 的溶液的三相区；EFH 是饱和溶液与复盐 H 成平衡的两相区。其他的曲线区域的物理意义与图 6-47 相同。

处在 $ANEFM$ 不饱和溶液单相区的物系点视组成不同，等温蒸发所得到的纯物质相亦各异。物系点组成在 AE 线左边的不饱和溶液蒸发时可得纯 B；物系点组成在 AF 线右边的不饱和溶液蒸发时可得纯 S；物系点组成在 AE 线和 AF 线中间的不饱和溶液蒸发时可得纯复盐 H。

本章小结及基本要求

本章主要描述多相多组分平衡系统中相变化所遵循的规律。相平衡实际上是在满足热平衡、力平衡的基础上（即一定的温度、压力下），各组分在各相中的平衡分布。恒温、恒压、$W'=0$ 条件下，分布达到平衡的条件是任一组分在它所存在相的各相中的化学势相等。若化学势不相等，则系统偏离相平衡，将发生不可逆的相变化。

描述一个多组分多相平衡系统，首先要确定状态所需的独立强度变量的数目，即自由度。系统的自由度（F）可用 Gibbs 相律公式定量计算。相律是相平衡基本定律，是物理化学中最具普遍性、最重要的规律之一。借助相律可以解决：①计算一个多组分多相平衡系统最多可平衡共存的相数；②计算一个多组分平衡系统的自由度及最大自由度，但相律并不能回答相平衡系统中具体存在的是哪几个相的问题。

通过相图可以解答相律中无法解答的相平衡系统中具体存在哪几个相的问题。所谓相图，就是用图形来表示相平衡系统的状态以及状态随组成、温度、压力的变化关系。相图是相平衡的几何语言，用几何图形来表示平衡系统的状态和演变的规律性，具有直观、简洁、整体性的优点。结合相律，通过相图可知：①一个多组分多相平衡系统在不同状态下系统存在哪几相；②随着某些强度性质的变化，系统的相是否会发生变化，如何变化；③如需得到特定的某种组分，应如何操作。通过相图可以清晰地定性分析系统存在的相、相的组成及相随某些强度性质如何变化，但无法进行定量计算。定量计算则需借助杠杆规则。

本章根据组分数将相图分成单组分、二组分、三组分系统。着重讲述了单组分和二组分系统相图。并对二组分系统按不同聚集状态分成气-液和固-液（凝聚系）两大类。详细讲述了各种类型相图中点、线、面的物理意义及相变规律，并结合工业生产和科学研究阐述各类相图的应用。通过对各类简单相图特征的认识和理解，比较各类相图的区别和联系，可为对复杂相图的分析和应用打下基础。

通过本章的学习：

① 熟练运用相律分析相平衡系统，掌握给定系统的组分数、自由度的计算；

② 掌握相图的分析方法，理解相图中点、线、面的物理意义；

③ 指出确定系统中点、线、面上的总组成及相组成，区分物系点和相点；

④ 能够描述系统的强度性质发生变化时，系统的相数、相态、系统的总组成和相组成的变化情况以及相点在相图中的移动轨迹；

⑤ 掌握运用杠杆规则定量计算二相平衡系统各相的物质的量；

⑥ 能根据实验数据绘制简单的相图；

⑦ 初步了解三组分相图的表示方法以及等边三角形表示三组分系统组成的基本特点。

认识、描述和处理相平衡中各种问题的基本理论仍是应用热力学基本原理。只有结合物理化学基本原理整理出简单相图的规律性和条理性才能真正学好本章。

习题

1. 有下列化学反应存在：

$$N_2(g)+3H_2(g) \rightleftharpoons 2NH_3(g)$$

$$NH_4HS(s) \rightleftharpoons NH_3(g)+H_2S(g)$$

$$NH_4Cl(s) \rightleftharpoons NH_3(g)+HCl(g)$$

在一定温度下，一开始向反应容器中加入 $NH_4HS(s)$、$NH_4Cl(s)$ 两种固体以及物质的量之比为 3∶1 的氢气与氮气。试计算达到平衡时的组分数和自由度数。

答案：$C=3$，$F^*=1$

2. 试确定在 $H_2(g)+I_2(g) \rightleftharpoons 2HI(g)$ 的平衡体系中的组分数。

(1) 反应前只有 HI；

(2) 反应前有等物质的量的 H_2 和 I_2；

(3) 反应前有任意量的 H_2、I_2 和 HI。

答案：(1) $C=1$；(2) $C=1$；(3) $C=2$

3. 试求下列体系的自由度，并指出此变量是什么？

(1) 在标准压力下，水与水蒸气达平衡；

(2) 水与水蒸气达平衡；

(3) 在标准压力下，在无固体 I_2 存在时，I_2 在水和 CCl_4 中的分配已达平衡；

(4) 在25℃时，NaOH和H_3PO_4的水溶液达平衡；

(5) 在标准压力下，H_2SO_4水溶液与$H_2SO_4 \cdot 2H_2O(s)$已达平衡。

答案：(1) $F^*=0$，该体系为无变量体系；(2) $F^*=1$，变量是温度或压力；(3) $F^*=2$，变量是温度和I_2在水中的浓度（或I_2在CCl_4中的浓度）；(4) $F^*=3$，变量是压力、Na^+和PO_4^{3-}的浓度；(5) $F^*=1$，变量为温度或H_2SO_4的浓度。

4. Ag_2O分解的计量方程为$Ag_2O(s) = 2Ag(s) + \frac{1}{2}O_2(g)$，当用$Ag_2O(s)$进行分解时，体系的组分数、自由度和可能平衡共存的最多相数各为多少？

答案：$C=2$，$F=1$，$P_{max}=4$

5. 西藏某地的气压为65861Pa，在那里煮饭，水的最高温度是多少？已知水的汽化热$\Delta H_m = 40644 J \cdot mol^{-1}$。

答案：$T_2 = 361.7K$（即88.5℃）

6. 卫生部门规定汞蒸气在$1m^3$空气中的最高允许含量为0.01mg。已知汞在20℃的饱和蒸气压为0.160Pa，摩尔蒸发焓为$60.7kJ \cdot mol^{-1}$。若在30℃时汞蒸气在空气中达到饱和，问此时空气中汞的含量是最高允许含量的多少倍。已知汞蒸气是单原子分子。

答案：$m=28.9mg$，空气中汞的含量是最高允许含量的2890倍

7. 水的蒸气压与温度的关系为：$\ln(p/Pa) = 24.62 - 4885K/T$

(1) 将1mol水引入体积为$15dm^3$的真空容器中，试计算在333K时容器中剩余液态水的质量$m(l)$。

(2) 求逐渐升高温度时，当水恰好全部变为蒸气的温度（水蒸气可视作理想气体）。

答案：(1) $m(l) = 15.96$；(2) $T=396.9K$

8. 在-5℃结霜后的早晨冷而干燥，大气中的水蒸气分压降至266.6Pa时霜会变为水蒸气吗？若要使霜存在，水的分压要有多大？已知水的三相点：273.16K、611Pa，水的$\Delta_{vap}H_m(273K) = 45.05kJ \cdot mol^{-1}$，$\Delta_{fus}H_m(273K) = 6.01kJ \cdot mol^{-1}$。

答案：$p_2 = 403.15Pa$，-5℃冰的蒸气压为403.15Pa，水蒸气分压为266.6Pa时，霜要升华；水蒸气分压等于或大于403.15Pa时，霜可以存在

9. 在100～120K的温度范围内，甲烷的蒸气压与热力学温度T如下式所示

$$\lg(p/Pa) = 8.96 - 445/(T/K)$$

甲烷的正常沸点为112K。在$1.01325 \times 10^5 Pa$下，下列状态变化是等温可逆地进行的。

$$CH_4(l) = CH_4(g) \ (p^\ominus, 112K)$$

试计算：(1) 甲烷的$\Delta_{vap}H_m^\ominus$、$\Delta_{vap}G_m^\ominus$、$\Delta_{vap}S_m^\ominus$及该过程的Q、W。

(2) 环境的$\Delta S_{环}$和总熵变ΔS。

答案：(1) $\Delta_{vap}H_m^\ominus = 8.52kJ \cdot mol^{-1}$，$\Delta_{vap}G_m^\ominus = 0$（可逆相变），$\Delta_{vap}S_m^\ominus = 76.07J \cdot mol^{-1} \cdot K^{-1}$，$Q_p = 8.52kJ \cdot mol^{-1}$，$W = -931J \cdot mol^{-1}$；(2) $\Delta S_{环} = -76.07J \cdot mol^{-1} \cdot K^{-1}$，$S_{总} = \Delta_{vap}S_m^\ominus + \Delta S_{环} = 0$

10. 在熔点附近的温度范围内，TaBr固体的蒸气压与温度的关系为$\lg(p^*/Pa) = 14.696 - 5650/(T/K)$，液体的蒸气压与温度的关系为：$\lg(p^*/Pa) = 10.296 - 3265/(T/K)$。试求三相点的温度和压力，并求三相点时的摩尔升华焓、摩尔蒸发焓及摩尔熔化焓。

答案：$T=542.0K$，$p^* = 18.7 \times 10^3 Pa$，$\Delta_{sub}H_m = 108.17kJ \cdot mol^{-1}$，$\Delta_{vap}H_m = 62.51kJ \cdot mol^{-1}$，$\Delta_{fus}H_m = 45.66kJ \cdot mol^{-1}$

11. 硫的相图如附图所示。

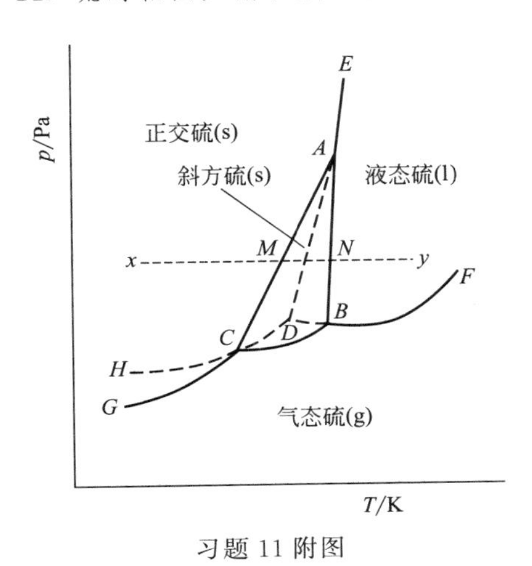

习题 11 附图

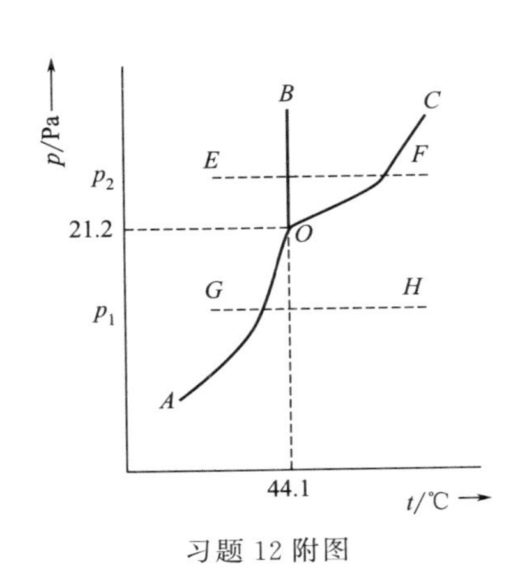

习题 12 附图

(1) 试写出图中的点、线、面各代表哪些相或哪些相平衡，$F=$？

(2) 叙述恒压下体系的状态由 x 加热到 y 所发生的相变化。

12. 附图是根据实验结果绘制的白磷的相图。试讨论相图中各面、线（实线和虚线 EF 及 GH）、点的含义。

13. 附图是碳的相图，试根据该图回答下列问题：

(1) 曲线 OA、OB、OC 的物理意义分别代表什么？

(2) 点 O 的物理意义。

(3) 碳在室温及 101.325kPa 下，以什么状态稳定存在？

(4) 在 2000K 时，增加压力，使石墨转变成金刚石是一个放热反应，试从相图判断两者的摩尔体积 V_m 哪个大？

(5) 从图上估计 2000K 时，将石墨变为金刚石需要多大压力？

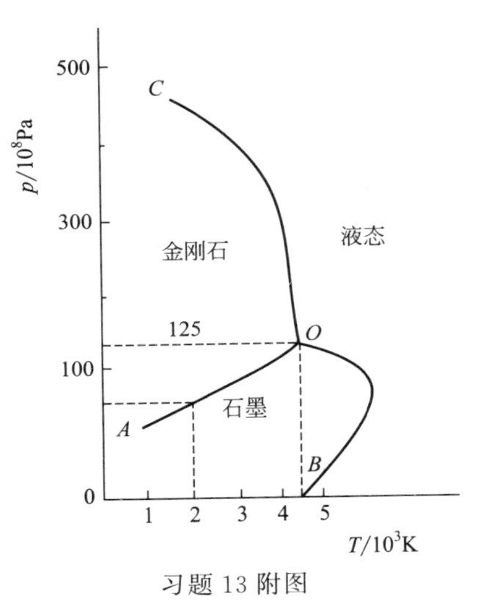

习题 13 附图

答案：(3) 石墨稳定；(4) 石墨的摩尔体积大；(5) $p\approx 6\times 10^9$ Pa

14. 101.325kPa 下水(A)-醋酸(B) 系统的气-液平衡数据如下：

t/℃	100	102.1	104.4	107.5	113.8	118.1
x_B	0	0.300	0.500	0.700	0.900	1.000
y_B	0	0.185	0.374	0.575	0.833	1.000

(1) 画出气-液平衡的温度-组成图；

(2) 从图上找出组成 $x_B=0.800$ 时液相的泡点温度；

(3) 从图上找出组成 $y_B=0.800$ 时气相的露点温度；

(4) 105.0℃时气-液平衡两相的组成是多少？

(5) 9kg 水与 30kg 醋酸组成的系统在 105.0℃达到平衡时，气-液两相的质量各为多少？

答案：(2) 110.3℃；(3) 112.7℃；(4) $x_B=0.550$，$y_B=0.414$；(5) $m(g)=13.0kg$，$m(l)=26.0kg$

15. 恒压下二组分液态部分互溶系统气-液平衡的温度-组成图如附图所示，指出四个区域的平衡相及自由度数。

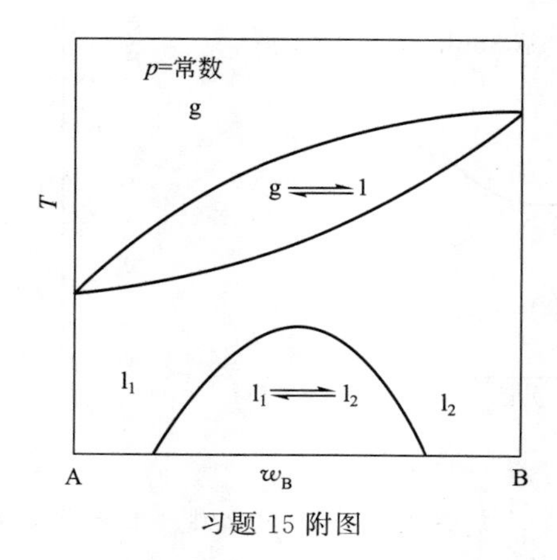

习题 15 附图

答案：g 相区 $F^*=2$，g ⇌ l 相区 $F^*=1$，l 相区 $F^*=2$，l_1 ⇌ l_2 相区 $F^*=1$

16. 已知异丁醇沸点 108℃，水(A)-异丁醇(B) 系统液相部分互溶。在 101.325kPa 下，系统处在共沸点 89.7℃时，气(g)、液(l_1)、液(l_2) 三相平衡的组成以 w（异丁醇）表示依次为：70.0%，8.7%，85.0%。其他数据如下表：

t/℃	80	85	95	95
$w_{异丁醇}$(g)/%(气相)			43.3	80.9
$w_{异丁醇}$/%(水层)	4.0	5.5	2.0	
$w_{异丁醇}$/%(异丁醇层)	88.9	87.8		96.5

(1) 根据上述数据画出水(A)-异丁醇(B) 系统（示意）相图；

(2) 今由 350g 水和 150g 异丁醇形成的系统在 101.325kPa 压力下由室温加热。问：

① 温度刚要达到共沸点时，系统处于相平衡时存在哪些相？其质量各为多少？

② 当温度刚刚离开共沸点向上升高时，指出系统的平衡相？各相的质量为多少？

答案：(2) ①$m_1=360.4g$，$m_2=139.6g$；②$m(g)=173.5g$，$m(l)=326.25g$

17. 已知汞的熔点为−39℃，铊的熔点为 303℃，化合物 Tl_2Hg_5 的熔点为 15℃，8%的铊使汞的熔点降到最低温度−60℃，铊和 Tl_2Hg_5 的最低共熔点温度为 0.4℃，与之相应的低共熔混合物含 41%的铊。

(1) 试绘出 Hg-Tl 体系的相图（T-w 图）；

(2) 确定从含 80%铊的 10kg 铊汞齐中最多获得铊的质量。已知：$M_r(Tl)=204.37$、$M_r(Hg)=200.59$。

答案：(2) $m(Tl)=6.6kg$

18. 由 Sb-Cd 系统的一系列不同组成的步冷曲线得到下列数据

w_{Cd}/%	0	20	37.5	47.5	50	58.3	70	90	100
开始凝固温度/℃	—	550	460	—	419	—	400	—	—
全部凝固温度/℃	630	410	410	410	410	439	295	295	321

(1) 试根据上列数据画出 Sb-Cd 的相图，标出各相区存在的相和自由度。[M_r(Sb)=121.76；M_r(Cd)=112.41]

(2) 将 1kg 含 C_d 80%（质量分数）的溶液由高温冷却，刚到 295℃时，系统中有哪两个相存在，各相的质量为若干？

(3) 已知 Cd 的 $\Delta_{fus}H_m^{\ominus}=6.11kJ\cdot mol^{-1}$，求含 C_d 的量为 $w_{Cd}=90\%$（质量分数）、295℃时熔化物中 Cd 的活度系数。

答案：(2) Cd_3Sb_2，固体 315g，低共溶液 685g；(3) $\gamma_{Cd}=1.04$

19. 附图为 $MgSO_4$-H_2O 系统相图。(1) 试标出各相区存在的相；(2) 试设计由 $MgSO_4$ 的稀溶液制备 $MgSO_4\cdot 6H_2O$ 的最佳操作步骤。

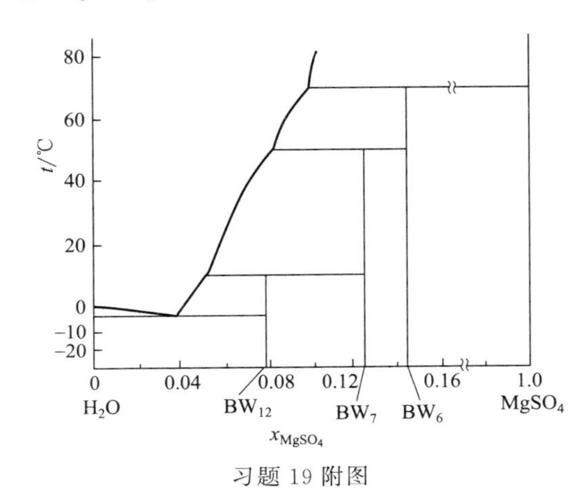

习题 19 附图

20. 在不同温度下，$(NH_4)_2SO_4$ 饱和溶液的质量分数如下表所示：

t/℃	$w[(NH_4)_2SO_4]$/%	平衡时的固体	t/℃	$w[(NH_4)_2SO_4]$/%	平衡时的固体
−5.45	16.7	冰	40	44.8	$(NH_4)_2SO_4$(s)
−11.0	28.6	冰	50	45.8	$(NH_4)_2SO_4$(s)
−18.0	37.5	冰	60	46.8	$(NH_4)_2SO_4$(s)
−19.05	38.4	冰+$(NH_4)_2SO_4$(s)	70	47.8	$(NH_4)_2SO_4$(s)
0	41.4	$(NH_4)_2SO_4$(s)	80	48.8	$(NH_4)_2SO_4$(s)
10	42.2	$(NH_4)_2SO_4$(s)	90	49.8	$(NH_4)_2SO_4$(s)
20	43.0	$(NH_4)_2SO_4$(s)	100	50.8	$(NH_4)_2SO_4$(s)
30	43.8	$(NH_4)_2SO_4$(s)	108.9(沸点)	51.8	$(NH_4)_2SO_4$(s)

(1) 根据表中所列数据粗略地绘出 $(NH_4)_2SO_4$-H_2O 的相图；

(2) 指出相图中点、线、面的含义；

(3) 若有一硫酸铵的水溶液，含硫酸铵的质量分数为 38%，问是否能用冷冻结晶法来提取 $(NH_4)_2SO_4$(s)？

(4) 若有一硫酸铵的质量分数为 43%的水溶液，从 80℃冷至−19.05℃（三相点温度），问 $(NH_4)_2SO_4$ 的最大产率为多少？

答案：(4) m(s) =7.467g，最大产率=(7.467g/43g)×100%=17.4%

21. NaCl-H_2O 二组分体系的低共熔点为−21.1℃，此时冰、$NaCl\cdot 2H_2O$(s) 和浓度为 22.3%（质量分数）的 NaCl 水溶液平衡共存，在−9℃时有一不相合熔点，在该熔点温度时，不稳定化合物 $NaCl\cdot 2H_2O$ 分解成无水 NaCl 和 27%的 NaCl 水溶液，已知无水 NaCl 在水中的溶解度受温度的影响不大（当温度升高时，溶解度略有增加）。[M_r(Na)＝22.99，M_r(Cl)＝35.45]

（1）绘制相图，并指出图中线、面的意义；

（2）若在冰水平衡体系中加入固体 NaCl 作制冷剂可获得最低温度是多少摄氏度？

（3）若有 1000g 28％的 NaCl 溶液，由 25℃冷到－10℃，问此过程中最多能析出多少纯 NaCl？

答案：（2）最低温度为－21.1℃，m(NaCl)＝13.7g

22. 附图是 SiO_2-Al_2O_3 系统在高温区间的相图，本相图在耐火材料工业上具有重要意义。在高温下，SiO_2 有白硅石和鳞石英两种变体，AB 是这两种变体的转晶线，AB 线之上为白硅石（R），之下为鳞石英（A）。

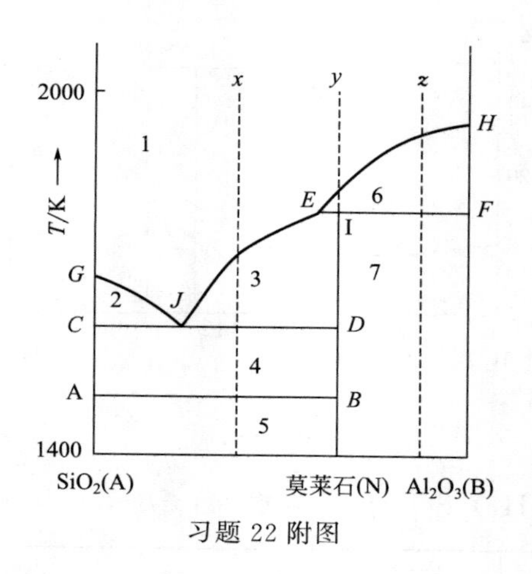

习题 22 附图

（1）指出各相区由哪些相组成；

（2）图中三条水平线分别代表哪些相平衡共存；

（3）画出从 x、y、z 点冷却的步冷曲线（莫莱石的组成为 $2Al_2O_3 \cdot 3SiO_2$）。

23. 指出附图 A-B 二组分凝聚系相图中各区域的平衡相态、相数和自由度 F^*。

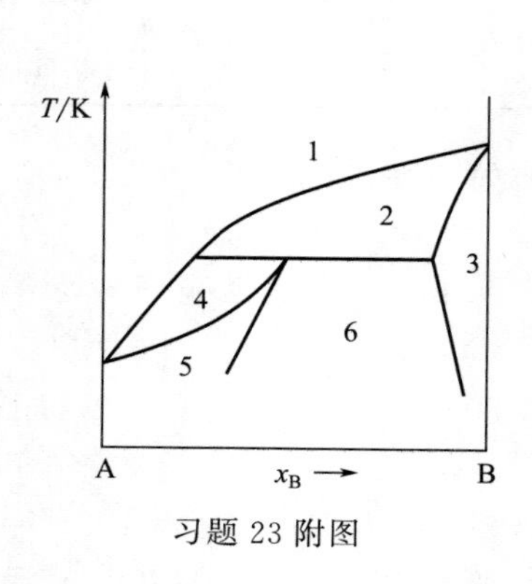

习题 23 附图

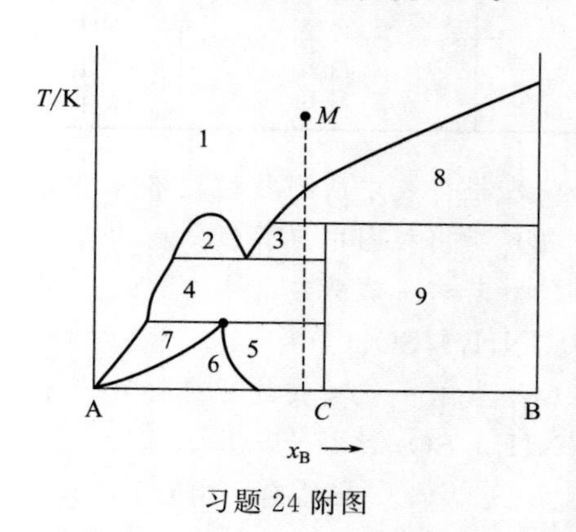

习题 24 附图

24. A 与 B 二组分系统的 T（凝固点）-组成图如附图所示，请标明各区域的平衡相态及自由度 F^*（$F^*=2-P+1$），并画出 M 点的步冷曲线。

附　录

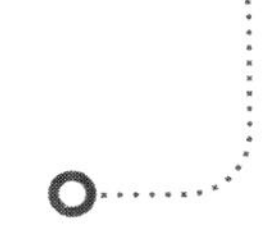

附录Ⅰ　国际单位制

国际单位制（Le systeme international d'Unites）是我国法定计量单位的基础，一切属于国际单位制的单位都是我国的法定单位。国际单位制的简称为 SI。

国际单位制的构成：

- 国际单位制（SI）
  - SI 单位
    - SI 基本单位（见表 1）
    - SI 导出单位
      - 包括 SI 辅助单位在内的具有专门名称的 SI 导出单位（见表 2、表 3）
      - 组合形式的 SI 导出单位
  - SI 单位的倍数单位

国际单位制以表 1 中的 7 个基本单位为基础。

表 1　国际单位制基本单位

量的名称	单位名称	单位符号	单位定义
长度	米	m	等于 Kr-86 原子的 $2p_{10}$ 和 $5d_1$ 能级之间跃迁的辐射在真空中波长的 1650763.73 倍
质量	千克	kg	等于国际千克原器的质量
时间	秒	s	等于 Cs-133 原子基态的两个超精细能级之间跃迁的辐射周期的 9192631770 倍的持续时间
电流	安[培]	A	安培是一恒定电流，若保持在处于真空中相距 1m 的两无限长的圆截面极小的平行直导线间，每米长度上产生 2×10^{-7}N 的力
热力学温度	开[尔文]	K	等于水的三相点热力学温度的$\frac{1}{273.16}$
物质的量	摩[尔]	mol	等于物系的物质的量，该物系中所含基本单元数与 0.012kg 碳-12 的原子数相等
发光强度	坎[德拉]	cd	等于在 $101325\text{N}\cdot\text{m}^{-2}$压力下，处于铂凝固温度的黑体的$\frac{1}{600000}\text{m}^2$ 表面在垂直方向上的发光强度

注：1. 圆括号中的名称，是它前面的名称的同义词，下同。

2. 无方括号的量的名称与单位名称均为全称。方括号中的字，在不致引起混淆、误解的情况下。可以省略。去掉方括号中的字即为其名称的简称。下同。

3. 本标准所称的符号除特殊指明外，均指我国法定计量单位中所规定的符号以及国际符号，下同。

4. 人民生活贸易中，质量习惯称为重量。

5. 关于国家标准可以参看：中华人民共和国国家标准，GB 3100～3102—93 量和单位，1993 年 12 月 27 日发布．北京：中国标准出版社，1994。

表 2　国际单位制辅助单位

量的名称	单位名称	单位符号	单位定义
平面角	弧度	rad	等于一个圆内两条半径之间的平面角，这两条半径在圆周上截取的弧长与半径相等
立体角	球面度	sr	等于一个立体角，其顶点位于球心，而它在球面上所截取的面积等于以球半径为边长的正方形面积

表3 具有专门名词的SI导出单位

量的名称	SI导出单位		
	名称	符号	用SI基本单位和SI导出单位表示
力	牛[顿]	N	$1N=1kg\cdot m\cdot s^{-2}$
压力，压强，应力	帕［斯卡]	Pa	$1Pa=1N\cdot m^{-2}$
能［量]，功，热量	焦［耳]	J	$1J=1N\cdot m$
功率，辐［射能］通量	瓦［特]	W	$1W=1J\cdot s^{-1}$
电荷［量]	库［伦]	C	$1C=1A\cdot s$
电压，电动势，电位，（电势）	伏［特]	V	$1V=1W\cdot A^{-1}$
电容	法［拉]	F	$1F=1C\cdot V^{-1}$
电阻	欧［姆]	Ω	$1\Omega=1V\cdot A^{-1}$
电导	西［门子]	S	$1S=1\Omega^{-1}$
磁通［量]	韦［伯]	Wb	$1Wb=1V\cdot s$
磁通[量］密度，磁感应强度	特［斯拉]	T	$1T=1Wb\cdot m^{-2}$
电感	亨［利]	H	$1H=1Wb\cdot A^{-1}$
摄氏温度	摄［氏度]	℃	1℃=1K
光通量	流［明]	lm	$1lm=1cd\cdot sr$
［光］照度	勒［克斯]	lx	$1lx=1lm\cdot m^{-2}$

表4 由于人类健康安全防护需要而确定的具有专门名称的SI导出单位

量的名称	SI导出单位		
	名称	符号	用SI基本单位和SI导出单位表示
[放射性]活度	贝可[勒尔]	Bq	$1Bq=1s^{-1}$
吸收剂量，比授[予]能，比释动能	戈[瑞]	Gy	$1Gy=1J\cdot kg^{-1}$
剂量当量	希［沃特]	Sv	$1Sv=1J\cdot kg^{-1}$

附录Ⅱ 希腊字母表和基本常数

表5 希腊字母

名称	正体		斜体	
	大写	小写	大写	小写
alpha	Α	α	A	α
beta	Β	β	B	β
gamma	Γ	γ	$\mathit{\Gamma}$	γ
delta	Δ	δ	$\mathit{\Delta}$	δ
epsilon	Ε	ε	E	ε
zeta	Ζ	ζ	Z	ζ
eta	Η	η	H	η
theta	Θ	ϑ,θ	$\mathit{\Theta}$	θ,ϑ
iota	Ι	ι	I	ι
kappa	Κ	κ	K	κ
lambda	Λ	λ	$\mathit{\Lambda}$	λ
mu	Μ	μ	M	μ
nu	Ν	ν	N	ν
xi	Ξ	ξ	$\mathit{\Xi}$	ξ
omicron	Ο	ο	O	o
pi	Π	π	$\mathit{\Pi}$	π
rho	Ρ	ρ	P	ρ
sigma	Σ	σ	$\mathit{\Sigma}$	σ
tau	Τ	τ	T	τ
upsilon	Υ	υ	$\mathit{\Upsilon}$	υ
phi	Φ	ϕ,φ	$\mathit{\Phi}$	ϕ,φ
chi	Χ	χ	X	χ
psi	Ψ	ψ	$\mathit{\Psi}$	ψ
omega	Ω	ω	$\mathit{\Omega}$	ω

表 6 基本常数

量的名称	符号	数值及单位
自由落体加速度或重力加速度	g	$9.80665 m \cdot s^{-2}$（准确值）
真空介电常数（真空电容率）	ε_0	$8.854188 \times 10^{-12} F \cdot m^{-1}$
电磁波在真空中的速度	c，c_0	$299792458 m \cdot s^{-1}$
阿伏伽德罗常数	L，N_A	$(6.0221367 \pm 0.0000036) \times 10^{23} mol^{-1}$
摩尔气体常数	R	$(8.314510 \pm 0.000070) J \cdot mol^{-1} \cdot K^{-1}$
玻尔兹曼常数	k，k_B	$(1.380658 \pm 0.000012) \times 10^{-23} J \cdot K^{-1}$
元电荷	e	$(1.60217733 \pm 0.00000049) \times 10^{-19} C$
法拉第常数	F	$(9.6485309 \pm 0.0000029) \times 10^{4} C \cdot mol^{-1}$
普朗克常数	h	$(6.6260755 \pm 0.0000040) \times 10^{-34} J \cdot s$

附录Ⅲ　压力、体积和能量的单位及其换算

压力　压力的定义是：体系作用于单位面积环境上的法向（即垂直方向）力的大小。即

$$p \xlongequal{\text{def}} F/A$$

国际单位制（SI）是在米制的基础上发展起来的。在 CGS 制中压力的单位是：达因每平方厘米（$dyn \cdot cm^{-2}$），在 SI 中，它们的单位是牛顿每平方米（$N \cdot m^{-2}$），也叫帕斯卡（pascal）缩写为“帕”（Pa），因为 $1N = 10^5 dyn$ 故

$$1Pa \xlongequal{\text{def}} 1N \cdot m^{-2} = 10^5 dyn \cdot (10^2 cm)^{-2} = 10 dyn \cdot cm^{-2}$$

在过去的文献中，也常用毫米汞柱（mmHg）或托（Torr）来表示压力（1 托＝1mmHg），它是 0℃时当重力场的重力加速度具有标准值 $g = 980.665 cm \cdot s^{-2}$ 时，1mmHg 所施加的压力。当汞柱高度为 h，质量为 m，横截面积为 A，体积为 V，密度为 ρ 时，它所施加的压力 p 可按下式求出

$$p = mg/A = \rho Vg/A = \rho Ahg/A = \rho gh$$

在 0℃和 1atm 下汞的密度是 $13.5951 g \cdot cm^{-3}$，因此

$1Torr = (13.5951 g \cdot cm^{-3}) \times (980.665 cm \cdot s^{-2}) \times (10^{-1} cm) = 1333.22 dyn \cdot cm^{-2} = 133.322 N \cdot m^{-2}$。

一大气压（atm）定义为 760Torr（托）。

$$1atm = 760Torr = 1.01325 \times 10^6 dyn \cdot cm^{-2} = 101325 N \cdot m^{-2} = 101.325 kPa$$

但也有一些科学家推荐压力的单位用巴（bar），因为 1bar 与 1atm 在数值上极为相近。

$$1bar = 10^6 dyn \cdot cm^{-2} = 10^5 N \cdot m^{-2} = 0.986923 atm = 10^5 Pa$$

常见的体积单位是立方厘米（cm^3）、立方分米（dm^3）、立方米（m^3）和升（L 或 l）。过去把升定义为 1000g 水在 3.98℃和 1atm 压力下的体积，这样定义的升等于 $1000.028 cm^3$。1964 年国际计量大会重新定义升为 $1L = 1dm^3$。按这个新定义，原来的升就等于 $1.000028 dm^3$。这两种定义内容易引起混淆，所以最好避免使用升，而用 dm^3 或 cm^3。按新定义

$$1L = 1dm^3 = 1000 cm^3$$

表 7 能量的单位及运算

	J	cal	erg	$cm^3 \cdot atm$	eV
1J	1	0.2390	10^7	9.869	6.242×10^{18}
1cal	4.184	1	4.184×10^7	41.29	2.612×10^{19}
1erg	10^{-7}	2.390×10^{-3}	1	9.869×10^{-7}	6.242×10^{11}
$1cm^3 \cdot atm$	0.1013	2.422×10^{-2}	1.013×10^5	1	6.325×10^{17}
1eV	1.602×10^{-19}	3.829×10^{-20}	1.602×10^{-12}	1.581×10^{-18}	1

附录Ⅳ 元素的原子量表

$A_r(^{12}C)=12$

元素符号	元素名称	相对原子质量	元素符号	元素名称	相对原子质量
Ac	锕	—	Br	溴	79.904(1)
Ag	银	107.8682(2)	C	碳	12.0107(8)
Al	铝	26.981538(2)	Ca	钙	40.078(4)
Am	镅	—	Cd	镉	112.411(8)
Ar	氩	39.948(1)	Ce	铈	140.116(1)
As	砷	74.92160(2)	Cf	锎	
At	砹		Cl	氯	35.4527(9)
Au	金	196.96655(2)	Cm	锔	
B	硼	10.811(7)	Co	钴	58.93320(9)
Ba	钡	137.327(7)	Cr	铬	51.9961(6)
Be	铍	9.012182(3)	Cs	铯	132.90543(2)
Bh	铍	—	Cu	铜	63.546(3)
Bi	铋	208.98038(2)	Db	钍	
Bk	锫		Dy	镝	162.50(3)
Er	铒	167.26(3)	Np	镎	—
Es	锿	—	O	氧	15.9994(3)
Eu	铕	151.964(1)	Os	锇	190.23(3)
F	氟	18.9984032(5)	P	磷	30.973761(2)
Fe	铁	55.845(2)	Pa	镤	231.03588(2)
Fe	铁	55.845(2)	Pa	镤	231.03588(2)
Fm	镄	—	Pb	铅	207.2(1)
Fr	钫	—	Pd	钯	106.42(1)
Ga	镓	69.723(1)	Pm	钷	—
Gd	钆	157.25(3)	Po	钋	—
Ge	锗	72.61(2)	Pr	镨	140.90765(2)
H	氢	1.00794(7)	Pt	铂	195.078(2)
He	氦	4.002602(2)	Pu	钚	—
Hf	铪	178.49(2)	Ra	镭	—
Hg	汞	200.59(2)	Rb	铷	85.4678(3)
Ho	钬	164.93032(2)	Re	铼	186.207(1)
Hs	镙	—	Rf	铲	—
I	碘	126.90447(3)	Rh	铑	102.90550(2)
In	铟	114.818(3)	Rn	氡	—
Ir	铱	192.217(30)	Ru	钌	101.07(2)
K	钾	39.0983(1)	S	硫	32.066(6)
Kr	氪	83.80(1)	Sb	锑	121.760(1)
La	镧	138.9055(2)	Sc	钪	44.955910(8)
Li	锂	6.941(2)	Se	硒	78.96(3)
Lr	铹	—	Sg	镨	—
Lu	镥	174.967(1)	Si	硅	28.0855(3)
Md	钔	—	Sm	钐	150.36(3)
Mg	镁	24.3050(6)	Sn	锡	118.710(7)
Mn	锰	54.938049(9)	Sr	锶	87.62(1)
Mo	钼	95.94(1)	Ta	钽	180.9479(1)
Mt	鿏	—	Tb	铽	158.92534(2)
N	氮	14.00674(7)	Tc	锝	—
Na	钠	22.989770(2)	Te	碲	127.60(3)
Nb	铌	92.90638(2)	Th	钍	232.0381(1)
Nd	钕	144.24(3)	Ti	钛	47.867(1)
Ne	氖	20.1797(6)	Tl	铊	204.3833(2)
Ni	镍	58.6934(2)	Tm	铥	168.93421(2)
No	锘	—	U	铀	238.0289(1)
V	钒	50.9415(1)	Yb	镱	173.04(3)
W	钨	183.84(1)	Zn	锌	65.39(2)
Xe	氙	131.29(2)	Zr	锆	91.224(2)
Y	钇	88.90585(2)			

注：相对原子质量后面括号中的数字表示末位数的误差范围。

附录Ⅴ 一些气体的摩尔定压热容与温度的关系

$$C_{p,m}=a+bT+cT^2$$

物质		$a/J\cdot mol^{-1}\cdot K^{-1}$	$10^3b/J\cdot mol^{-1}\cdot K^{-2}$	$10^6c/J\cdot mol^{-1}\cdot K^{-3}$	温度范围/K
H_2	氢	29.09	0.836	−0.3265	273～3800
Cl_2	氯	31.696	10.144	−4.038	300～1500
Br_2	溴	35.241	4.075	−1.487	300～1500
O_2	氧	36.16	0.845	−0.7494	273～3800
N_2	氮	27.32	6.226	−0.9502	273～3800
HCl	氯化氢	28.17	1.810	1.547	300～1500
H_2O	水	30.00	10.7	−2.022	273～3800
CO	一氧化碳	26.537	7.6831	−1.172	300～1500
CO_2	二氧化碳	26.75	42.258	−14.25	300～1500
CH_4	甲烷	14.15	75.496	−17.99	298～1500
C_2H_6	乙烷	9.401	159.83	−46.229	298～1500
C_2H_4	乙烯	11.84	119.67	−36.51	298～1500
C_3H_6	丙烯	9.427	188.77	−57.488	298～1500
C_2H_2	乙炔	30.67	52.810	−16.27	298～1500
C_3H_4	丙炔	26.50	120.66	−39.57	298～1500
C_6H_6	苯	−1.71	324.77	−110.58	298～1500
$C_6H_5CH_3$	甲苯	2.41	391.17	−130.65	298～1500
CH_3OH	甲醇	18.40	101.56	−28.68	273～1000
C_2H_5OH	乙醇	29.25	166.28	−48.898	298～1500
$(C_2H_5)_2O$	乙醚	−103.9	1417	−248	300～400
HCHO	甲醛	18.82	58.379	−15.61	291～1500
CH_3CHO	乙醛	31.05	121.46	−36.58	298～1500
$(CH_3)_2CO$	丙酮	22.47	205.97	−63.521	298～1500
HCOOH	甲酸	30.7	89.20	−34.54	300～700
$CHCl_3$	氯仿	29.51	148.94	−90.734	273～773

附录Ⅵ 一些有机化合物的标准摩尔燃烧焓

($p^\ominus=100kPa$，$T=298K$)

物质		$-\Delta_c H_m^\ominus/kJ\cdot mol^{-1}$	物质		$-\Delta_c H_m^\ominus/kJ\cdot mol^{-1}$
$C_{10}H_8(s)$	萘	5153.9	$C_5H_{12}(l)$	正戊烷	3509.5
$C_{12}H_{12}O_{11}(s)$	蔗糖	5640.9	$C_5H_5N(l)$	吡啶	2782.4
$C_2H_2(g)$	乙炔	1299.6	$C_6H_{12}(l)$	环己烷	3919.9
$C_2H_4(g)$	乙烯	1411.0	$C_6H_{14}(l)$	正己烷	4163.1
$C_2H_5CHO(l)$	丙醛	1816.3	$C_6H_4(COOH)_2(s)$	邻苯二甲酸	3223.5
$C_2H_5COOH(l)$	丙酸	1527.3	$C_6H_5CHO(l)$	苯甲醛	3527.9
$C_6H_5COOH(s)$	苯甲酸	3226.9	$C_6H_5COCH_3(l)$	苯乙酮	4148.9
$C_2H_5NH_2(l)$	乙胺	1713.3	$C_6H_5COOCH_3(l)$	苯甲酸甲酯	3957.6
$C_2H_5OH(l)$	乙醇	1366.8	$C_6H_5OH(s)$	苯酚	3053.5
$C_2H_6(g)$	乙烷	1559.8	$C_6H_6(l)$	苯	3267.5
$C_3H_6(g)$	环丙烷	2091.5	$CH_2(COOH)_2(s)$	丙二酸	861.15
$C_3H_7COOH(l)$	正丁酸	2183.5	$CH_3CHO(l)$	乙醛	1166.4
$C_3H_7OH(l)$	正丙醇	2019.8	$CH_3COC_2H_5(l)$	甲乙酮	2444.2
$C_3H_8(g)$	丙烷	2219.9	$CH_3COOH(l)$	乙酸	874.54
$C_4H_8(g)$	环丁烷	2720.5	$CH_3NH_2(l)$	甲胺	1060.6
$C_4H_9OH(l)$	正丁醇	2675.8	$CH_3OC_2H_5(g)$	甲乙醚	2107.4
$C_5H_{10}(l)$	环戊烷	3290.9	$CH_3OH(l)$	甲醇	726.51
$C_5H_{12}(g)$	正戊烷	3536.1	$CH_4(g)$	甲烷	890.31
$(C_2H_5)_2O(l)$	乙醚	2751.1	$HCHO(g)$	甲醛	570.78
$(CH_3)_2CO(l)$	丙酮	1790.4	$HCOOCH_3(l)$	甲酸甲酯	979.5
$(CH_3CO)_2O(l)$	乙酸酐	1806.2	$HCOOH(l)$	甲酸	254.6
$(CH_2COOH)_2(s)$	丁二酸	1491.0	$(NH_2)_2CO(s)$	尿素	631.66

附录Ⅶ 一些物质的热力学数据

物质的标准摩尔生成焓、标准摩尔熵、标准摩尔生成吉布斯函数及标准摩尔定压热容（$p^{\ominus}=100\mathrm{kPa}$）

物质	$\Delta_f H_m^{\ominus}(298\mathrm{K})$	$S_m^{\ominus}(298\mathrm{K})$	$\Delta_f G_m^{\ominus}(298\mathrm{K})$	$C_{p,m}^{\ominus}/\mathrm{J\cdot K^{-1}\cdot mol^{-1}}$								
	$/\mathrm{kJ\cdot mol^{-1}}$	$/\mathrm{J\cdot K^{-1}\cdot mol^{-1}}$	$/\mathrm{kJ\cdot mol^{-1}}$	298K	300K	400K	500K	600K	700K	800K	900K	1000K
Ag(s)	0	42.55	0	25.351								
AgBr(s)	−100.37	107.1	−96.90	52.38								
AgCl(s)	−127.068	96.2	−109.789	50.79								
AgI(s)	−61.84	115.5	−66.19	56.82								
$AgNO_3$(s)	−124.39	140.92	−33.41	93.05								
Ag_2CO_3(s)	−505.8	167.4	−436.8	112.26								
Ag_2O(s)	−31.05	121.3	−11.20	65.86								
Al_2O_3(s,刚玉)	−1675.7	50.92	−1582.3	79.04								
Br_2(l)	0	152.231	0	75.689	75.63							
Br_2(g)	30.907	245.463	3.110	36.02		36.71	37.06	37.27	37.42	37.53	37.62	37.70
C(s,石墨)	0	5.740	0	8.527	8.72	11.93	14.63	16.86	18.54	19.87	20.84	21.51
C(s,金刚石)	1.895	2.377	2.900	6.113								
CO(g)	−110.525	197.674	−137.168	29.142	29.16	29.33	29.79	30.46	31.17	31.88	32.59	33.18
CO_2(g)	−393.509	213.74	−394.359	37.11	37.20	41.30	44.60	47.32	49.54	51.42	52.97	54.27
CS_2(g)	117.36	237.84	67.12	45.40	45.61	49.45	52.22	54.27	55.86	57.07	57.99	58.70
CaC_2(s)	−59.8	69.96	−64.9	62.72								
$CaCO_3$(s,方解石)	−1206.92	92.9	−1128.79	81.88								
$CaCl_2$(s)	−795.8	104.6	−748.1	72.59								
CaO(s)	−635.09	39.75	−604.03	42.80								
Cl_2(g)	0	223.066	0	33.907	33.97	35.30	36.08	36.57	36.91	37.15	37.33	37.47
CuO(s)	−157.3	42.63	−129.7	42.30								
$CuSO_4$(s)	−771.36	109.0	−661.8	100.0								
Cu_2O(s)	−168.6	93.14	−146.0	63.64								
F_2(g)	0	202.78	0	31.30	31.37	33.05	34.34	35.27	35.94	36.46	36.85	37.17
$Fe_{0.974}O$(s,方铁矿)	−266.27	57.49	245.12	48.12								
FeO(s)	−272.0											
FeS_2(g)	−178.2	52.93	−166.9	62.17								
Fe_2O_3(s)	−824.2	87.40	−742.2	103.85								
Fe_3O_4(s)	−1118.4	146.4	−1015.4	143.43								

续表

物质	$\Delta_f H_m^\ominus$(298K) /kJ·mol^{-1}	$S_m^\ominus$(298K) /J·K^{-1}·mol^{-1}	$\Delta_f G_m^\ominus$(298K) /kJ·mol^{-1}	$C_{p,m}^\ominus$/J·K^{-1}·mol^{-1}								
				298K	300K	400K	500K	600K	700K	800K	900K	1000K
H_2(g)	0	130.684	0	28.824	28.85	29.18	29.26	29.32	29.43	29.61	29.87	30.02
HBr(g)	−36.40	198.695	−53.45	29.142	29.16	29.20	29.41	29.79	30.29	30.88	31.51	32.13
HCl(g)	−92.307	186.908	−95.299	29.12	29.12	29.16	29.29	29.58	30.00	30.50	31.05	31.63
HF(g)	−271.1	173.779	−273.2	29.12	29.12	29.16	29.16	29.25	29.37	29.54	29.83	30.17
HI(g)	26.48	206.594	1.70	29.158	29.16	29.33	29.75	30.33	31.05	31.08	32.51	33.14
HCN(g)	135.1	201.78	124.7	35.86	36.02	39.41	42.01	44.18	46.15	47.91	49.50	50.96
HNO_3(l)	−174.10	155.60	−80.71	109.87								
HNO_3(g)	−135.06	266.38	−74.72	53.35	53.85	63.64	71.50	77.70	82.47	86.36	89.41	91.84
H_2O(l)	−285.830	69.91	−237.129	75.291								
H_2O(g)	−241.818	188.825	−228.572	33.577	33.60	34.27	35.23	36.32	37.45	38.70	39.96	41.21
H_2O_2(l)	−187.78	109.6	−120.35	89.1								
H_2O_2(g)	−136.31	232.7	−105.57	43.1	43.22	48.45	52.55	55.69	57.99	59.83	61.46	62.84
H_2S(g)	−20.63	205.79	−33.56	34.23	34.23	35.61	37.24	38.99	40.79	42.59	44.31	45.90
H_2SO_4(l)	−813.989	156.904	−690.003	138.91	139.33	153.55	161.92	167.36	171.96			
$HgCl_2$(l)	−224.3	146.0	−178.6									
HgO(s,正交)	−90.83	70.29	−58.539	44.06								
Hg_2Cl_2(s)	−265.22	192.5	−210.745									
Hg_2SO_4(s)	−743.12	200.66	−625.815	131.96								
I_2(s)	0	116.135	0	54.438	54.51							
I_2(g)	62.438	260.69	19.327	36.90			37.44	37.57	37.68	37.76	37.84	37.91
KCl(s)	−436.747	82.59	−409.14	51.30								
KI(s)	−327.900	106.32	−324.892	52.93								
KNO_3(s)	−494.63	133.05	−394.86	96.40								
K_2SO_4(s)	−1437.79	175.56	−1321.37	130.46								
$KHSO_4$(s)	−1160.6	138.1	−1031.3									
N_2(g)	0	191.61	0	29.12	29.12	29.25	29.58	30.11	30.76	31.43	32.10	32.70
NH_3(g)	−46.11	192.45	−16.45	35.06	35.69	38.66	42.01	45.23	48.28	51.17	53.85	56.36
NH_4Cl(s)	−314.43	94.6	−202.87	84.1								
$(NH_4)_2SO_4$(s)	−1180.85	220.1	−901.67	187.49								
NO(g)	90.25	210.761	86.55	29.83	29.83	29.96	30.50	31.25	32.05	32.76	33.43	33.97
NO_2(g)	33.18	240.16	51.31	37.07	37.11	40.33	43.43	46.11	48.37	50.21	51.67	52.84
N_2O(g)	82.05	219.85	104.20	38.45	38.70	42.68	45.81	48.37	50.46	52.22	53.64	54.85
N_2O_4(g)	9.16	304.29	97.89	77.28								
N_2O_5(g)	11.3	355.7	115.1	84.5								
NaCl(s)	−411.153	72.13	−384.138	50.50								

续表

物质	$\Delta_f H_m^\ominus$(298K) /kJ·mol^{-1}	$S_m^\ominus$(298K) /J·K^{-1}·mol^{-1}	$\Delta_f G_m^\ominus$(298K) /kJ·mol^{-1}	$C_{p,m}^\ominus$/J·K^{-1}·mol^{-1}								
				298K	300K	400K	500K	600K	700K	800K	900K	1000K
$NaNO_3$(s)	−467.85	116.52	−367.00	92.88								
NaOH(s)	−425.609	64.455	−379.494	59.54								
Na_2CO_3(s)	−1130.68	134.98	−1044.44	112.30								
$NaHCO_3$(s)	−950.81	101.7	−851.0	87.61								
Na_2SO_4(s,正交)	−1387.08	149.58	−1270.16	128.20								
O_2(g)	0	205.138	0	29.355	29.37	30.10	31.08	32.09	32.99	33.74	34.36	34.87
O_3(g)	142.7	238.93	163.2	39.20	39.29	43.64	47.11	49.66	51.46	52.80	53.81	54.56
PCl_3(g)	−287.0	311.78	−267.8	71.84								
PCl_5(g)	−374.9	364.58	−305.0	112.80								
S(s,正交)	0	31.80	0	22.64	22.64							
SO_2(g)	−296.830	248.22	−300.194	39.87	39.96	43.47	46.57	49.04	50.96	52.43	53.60	54.48
SO_3(g)	−395.72	256.76	−371.06	50.67	50.75	58.83	65.52	70.71	74.73	78.86	80.46	82.68
SiO_2(s,α-石英)	−910.94	41.84	−856.64	44.43								
ZnO(s)	−348.28	43.64	−318.30	40.25								
CH_4(g)甲烷	−74.81	186.264	−50.72	35.309	35.77	40.63	46.53	52.51	58.20	63.51	68.37	72.80
C_2H_6(g)乙烷	−84.68	229.60	−32.82	52.63	52.89	65.61	78.07	89.33	99.24	108.07	115.85	122.72
C_3H_8(g)丙烷	−103.85	270.02	−23.37	73.51	73.89	94.31	113.05	129.12	143.09	155.14	165.73	175.02
C_4H_{10}(g)正丁烷	−126.15	310.23	−17.02	97.45	97.91	123.85	147.86	168.62	186.40	201.79	215.22	226.86
C_4H_{10}(g)异丁烷	−134.52	294.75	−20.75	96.82	97.28	124.56	149.03	169.95	187.65	202.88	216.10	227.61
C_5H_{12}(g)正戊烷	−146.44	349.06	−8.21	120.21	120.79	152.84	183.47	207.69	229.41	248.11	264.35	278.45
C_5H_{12}(g)异戊烷	−154.47	343.20	−14.65	118.78	119.41	152.67	182.88	208.74	230.91	249.83	266.35	280.83
C_6H_{14}(g)正己烷	−167.19	388.51	−0.05	143.09	143.80	181.88	216.86	246.81	272.38	294.39	313.51	330.08
C_7H_{16}(g)庚烷	−187.78	428.01	8.22	165.98	166.77	210.96	251.33	285.89	315.39	340.70	362.67	381.58
C_8H_{18}(g)辛烷	−208.45	466.84	16.66	188.87	189.74	239.99	285.85	324.97	358.40	387.02	411.83	433.46
C_2H_4(g)乙烯	52.26	219.56	68.15	43.56	43.72	53.97	63.43	71.55	73.49	84.52	89.79	94.43
C_3H_6(g)丙烯	20.42	267.05	62.79	63.89	64.18	79.91	94.64	107.53	118.70	128.37	136.82	144.18
C_4H_8(g)1-丁烯	−0.13	305.71	71.40	85.65	86.06	108.95	129.41	147.03	161.96	174.89	186.15	195.89
C_4H_6(g)1,3丁二烯	110.16	278.85	150.74	79.54	79.96	101.63	119.33	133.22	144.56	154.14	162.38	159.54
C_2H_2(g)乙炔	226.73	200.94	209.20	43.93	44.06	50.08	54.27	57.45	60.12	62.47	64.64	66.61
C_3H_4(g)丙炔	185.43	248.22	194.46	60.67	60.88	72.51	82.59	91.21	98.66	105.19	110.92	115.94
C_3H_6(g)环丙烷	53.30	237.55	104.46	55.94	56.23	76.61	94.77	109.41	121.42	131.59	140.46	148.07

续表

物质	$\Delta_f H_m^{\ominus}$(298K) /kJ·mol^{-1}	$S_m^{\ominus}$(298K) /J·K^{-1}·mol^{-1}	$\Delta_f G_m^{\ominus}$(298K) /kJ·mol^{-1}	$C_{p,m}^{\ominus}$/J·K^{-1}·mol^{-1}								
				298K	300K	400K	500K	600K	700K	800K	900K	1000K
C_6H_{12}(g)环己烷	−123.14	298.35	31.92	106.27	107.03	149.87	190.25	225.22	254.68	279.32	299.91	317.15
C_6H_{10}(g)环己烯	−5.36	310.86	106.99	105.02	105.77	144.93	178.99	206.90	229.79	248.91	265.01	278.74
C_6H_6(l)苯	49.04	173.26	124.45									
C_6H_6(g)苯	82.93	269.31	129.73	81.67	82.22	111.88	137.24	157.90	174.68	188.53	200.12	209.87
C_7H_8(g)甲苯	50.00	320.77	122.11	103.64	104.35	140.08	171.46	197.48	218.95	236.86	252.00	264.93
C_8H_{10}(l)乙苯	−12.47	255.18	119.86									
C_8H_{10}(g)乙苯	29.79	360.56	130.71	128.41	129.20	170.54	206.48	236.14	260.58	280.96	298.19	312.84
C_8H_{10}(l)间二甲苯	−25.40	252.17	107.81									
C_8H_{10}(g)间二甲苯	17.24	357.80	119.00	127.57	128.28	167.49	202.63	232.25	257.02	277.86	295.52	310.58
C_8H_{10}(l)邻二甲苯	−24.43	246.02	110.62									
C_8H_{10}(g)邻二甲苯	19.00	352.86	122.22	133.26	133.97	171.67	205.48	234.22	258.40	278.82	296.23	311.08
C_8H_{10}(l)对二甲苯	−24.43	247.69	110.12									
C_8H_{10}(g)对二甲苯	17.95	352.53	121.26	126.86	127.57	166.10	201.08	230.79	255.73	276.73	294.51	309.70
C_8H_8(l)苯乙烯	103.89	237.57	202.51									
C_8H_8(g)苯乙烯	147.36	345.21	213.90	122.09	122.80	160.33	192.21	218.15	239.37	256.90	271.67	284.18
$C_{10}H_8$(l)萘	78.07	166.90	201.17									
$C_{10}H_8$(g)萘	150.96	335.75	223.69	132.55	133.43	179.20	218.11	249.66	275.18	296.10	313.42	327.94
C_2H_6O(g)甲醚	−184.05	266.38	−112.59	64.39	66.07	79.58	93.01	105.27	116.15	125.69	134.06	141.38
C_3H_8O(g)甲乙醚	−216.44	310.73	−117.54	89.75	90.08	109.12	127.74	144.68	159.45	172.34	183.55	193.22
$C_4H_{10}O$(l)乙醚	−279.5	253.1	−122.75									
$C_4H_{10}O$(g)乙醚	−252.21	342.78	−112.19	122.51	112.97	138.11	162.21	183.76	202.46	218.66	232.67	244.81
C_2H_4O(g)环氧乙烷	−52.63	242.53	−13.01	47.91	48.53	62.55	75.44	86.27	95.31	102.93	109.41	114.93
C_3H_6O(g)环氧丙烷	−92.76	286.84	−25.69	72.34	72.72	92.72	110.71	125.81	138.53	149.29	158.53	166.48
CH_4O(l)甲醇	−238.66	126.8	−166.27	81.6								
CH_4O(g)甲醇	−200.66	239.81	−161.96	43.89	44.02	51.42	59.50	67.03	73.72	79.66	84.89	89.45
C_2H_6O(l)乙醇	−277.69	160.7	−174.78	111.46								
C_2H_6O(g)乙醇	−235.10	282.70	−168.49	65.44	65.73	81.00	95.27	107.49	117.95	126.90	134.68	141.54
C_3H_8O(l)丙醇	−304.55	192.9	−170.52									
C_3H_8O(g)丙醇	−257.53	324.91	−162.86	87.11	87.49	108.20	127.65	144.60	59.12	171.71	182.63	192.17
C_3H_8O(l)异丙醇	−318.0	180.58	−180.26									
C_3H_8O(g)异丙醇	−272.59	310.02	−173.48	88.74	89.16	112.05	133.43	149.62	164.05	176.27	186.73	195.89

续表

物质	$\Delta_f H_m^{\ominus}$(298K) /kJ·mol^{-1}	$S_m^{\ominus}$(298K) /J·K^{-1}·mol^{-1}	$\Delta_f G_m^{\ominus}$(298K) /kJ·mol^{-1}	$C_{p,m}^{\ominus}$/J·K^{-1}·mol^{-1}								
				298K	300K	400K	500K	600K	700K	800K	900K	1000K
$C_4H_{10}O$(l)丁醇	−325.81	225.73	−160.00									
$C_4H_{10}O$(g)丁醇	−274.42	363.28	−150.52	110.50	111.67	137.24	162.17	183.68	202.13	218.03	231.79	243.76
$C_2H_5O_2$(l)乙二醇	−454.80	166.9	−323.08	149.8								
$C_2H_5O_2$(g)乙二醇	—	—	—	—	97.40	113.22	125.94	136.90	146.44	154.39	158.99	166.86
CH_2O(g)甲醛	−108.57	218.77	−102.53	35.40	35.44	39.25	43.76	48.20	52.26	56.36	59.25	61.97
C_2H_4O(l)乙醛	−192.30	160.2	−128.12									
C_2H_4O(g)乙醛	−166.19	250.3	−128.86	54.64	54.85	65.81	76.44	85.86	94.14	101.25	107.45	112.80
C_3H_6O(l)丙酮	−248.1	200.4	−133.28									
C_3H_6O(g)丙酮	−217.57	295.04	−152.97	74.89	75.19	92.05	108.32	122.76	135.31	146.15	155.60	163.80
CH_2O_2(l)甲酸	−424.72	128.95	−361.35	99.04								
CH_2O_2(g)甲酸	−378.57	—	—	—	45.35	53.76	61.17	67.03	72.47	76.78	80.37	83.47
$C_2H_4O_2$(l)乙酸	−484.5	159.8	−389.9	124.3								
$C_2H_4O_2$(g)乙酸	−432.25	282.5	−374.0	66.53	66.82	81.67	94.56	105.23	114.43	121.67	128.03	133.85
$C_4H_6O_3$(l)乙酐	−624.00	268.61	−488.67									
$C_4H_6O_3$(g)乙酐	−575.72	390.06	−476.57	99.50	100.04	129.12	153.89	174.14	191.38	204.64	216.06	226.40
$C_3H_4O_2$(l)丙烯酸	−384.1											
$C_3H_4O_2$(g)丙烯酸	−336.23	315.12	−285.99	77.78	78.12	95.98	111.13	123.43	133.89	141.96	148.99	155.31
$C_7H_6O_2$(s)苯甲酸	−385.14	167.57	−245.14									
$C_7H_6O_2$(g)苯甲酸	−290.20	369.10	−210.31	103.47	104.01	138.36	170.54	196.73	217.82	234.89	248.95	260.66
$C_2H_4O_2$(l)甲酸甲酯	−379.07	—	—	121								
$C_2H_4O_2$(g)甲酸甲酯	−350.2	—	—		66.94	81.59	94.56	105.44	114.64	121.75	128.87	133.89
$C_4H_8O_2$(l)乙酸乙酯	−479.03	259.4	−332.55									
$C_4H_8O_2$(g)乙酸乙酯	−442.92	362.86	−327.27	113.64	113.97	137.40	161.92	182.63	199.53	213.43	224.89	234.51
C_6H_6O(s)苯酚	−165.02	144.01	−50.31									
C_6H_6O(g)苯酚	−96.36	315.71	−32.81	103.55	104.18	135.77	161.67	182.17	198.49	211.79	222.84	232.17
C_7H_8O(l)间甲酚	−193.26											
C_7H_8O(g)间甲酚	−132.34	356.88	−40.43	122.47	125.14	162.09	198.80	218.66	239.28	256.35	271.67	286.60
C_7H_8O(s)邻甲酚	−204.35											
C_7H_8O(g)邻甲酚	−128.62	357.72	−36.96	130.33	131.00	166.27	196.27	220.79	240.83	257.53	273.01	287.94
C_7H_8O(s)对甲酚	−199.20											
C_7H_8O(g)对甲酚	−125.39	347.76	−30.77	124.47	125.14	161.71	192.76	217.99	238.61	255.68	271.33	286.19

续表

物质	$\Delta_f H_m^\ominus$(298K) /kJ·mol^{-1}	$S_m^\ominus$(298K) /J·K^{-1}·mol^{-1}	$\Delta_f G_m^\ominus$(298K) /kJ·mol^{-1}	$C_{p,m}^\ominus$/J·K^{-1}·mol^{-1}								
				298K	300K	400K	500K	600K	700K	800K	900K	1000K
CH_5N(l)甲胺	−47.3	150.21	35.7									
CH_5N(g)甲胺	−22.97	243.41	32.16	53.1	50.25	60.17	70.00	78.91	86.86	93.89	100.16	105.69
C_2H_7N(l)乙胺	−74.1	—	—	130								
C_2H_7N(g)乙胺	−47.15	—	—	69.9	72.97	90.58	106.44	120.00	131.67	141.80	150.71	158.49
C_5H_5N(l)吡啶	100.0	177.90	181.43									
C_5H_5N(g)吡啶	140.16	282.91	190.27	78.12	78.66	106.36	130.16	149.45	165.02	177.78	188.45	197.36
C_6H_7N(l)苯胺	31.09	191.29	149.21									
C_6H_7N(g)苯胺	86.86	319.27	166.79	108.41	109.08	142.97	162.84	170.75	210.54	225.06	237.27	247.61
C_2H_3N(l)乙腈	31.38	149.62	77.22	91.46								
C_2H_3N(g)乙腈	65.23	245.12	82.58	52.22	52.38	61.17	69.41	76.78	83.26	88.95	93.93	98.32
C_3H_3N(l)丙烯腈	150.2											
C_3H_3N(g)丙烯腈	184.93	274.04	195.34	63.76	64.02	76.82	87.65	96.69	104.18	110.58	116.11	120.83
CH_3NO_2(l)硝基甲烷	−113.09	171.75	−14.42	105.98								
CH_3NO_2(g)硝基甲烷	−74.73	274.96	−6.84	57.32	57.57	70.29	81.84	91.71	100.00	106.94	112.84	117.86
$C_6H_5NO_2$(l)硝基苯	12.5			185.8								
CH_3F(g)一氟甲烷		222.91		37.49	37.61	44.18	51.30	57.86	63.72	68.83	73.26	77.15
CH_2F_2(g)二氟甲烷	−446.9	246.71	−419.2	42.89	43.01	51.13	58.99	65.77	71.46	76.23	80.21	83.60
CHF_3(g)三氟甲烷	−688.3	259.68	−653.9	51.04	51.21	62.26	69.25	75.86	81.00	85.06	87.82	90.96
CF_4(g)四氟化碳	−925	261.61	−879	61.09	61.63	72.84	81.30	87.49	92.01	95.56	97.99	100.04
C_2F_6(g)六氟乙烷	−1297	332.3	−1213	106.7	106.82	125.48	139.16	148.70	155.44	160.33	163.89	166.44
CH_3Cl(g)一氯甲烷	−80.83	234.58	−57.37	40.75	40.88	48.20	55.19	61.34	66.65	71.30	75.35	78.91
CH_2Cl_2(l)二氯甲烷	−121.46	177.8	−67.26	100.0								
CH_2Cl_2(g)二氯甲烷	−92.47	270.23	−65.87	50.96	51.30	61.46	66.40	72.63	77.28	81.09	84.31	87.03
$CHCl_3$(g)氯仿	−103.14	295.71	−70.34	65.69	65.94	74.60	80.92	85.52	88.99	91.67	93.85	95.65
CCl_4(l)四氯化碳	−135.44	216.40	−65.21	131.75								
CCl_4(g)四氯化碳	−102.9	309.85	−60.59	83.30	84.01	92.22	97.40	100.71	102.97	104.60	105.81	106.78
C_2H_5Cl(l)氯乙烷	−136.52	190.79	−59.31	104.35								
C_2H_5Cl(g)氯乙烷	−112.17	276.00	−60.39	62.80	62.97	77.66	90.71	101.71	111.00	118.91	125.77	131.71
CH_4Cl_2(l)1,2-二氯乙烷	−165.23	208.53	−79.52	129.3								
CH_4Cl_2(g)1,2-二氯乙烷	−129.79	308.39	−73.78	78.7	79.50	92.05	103.34	112.55	120.50	127.19	133.05	138.07
C_2H_3Cl(g)氯乙烯	35.6	263.99	51.9	53.72	53.93	65.10	74.48	82.05	88.28	93.51	98.11	101.88
C_6H_5Cl(l)氯苯	10.79	209.2	89.30									
C_6H_5Cl(g)氯苯	51.84	313.58	99.23	98.03	98.62	128.11	152.67	172.21	187.69	200.37	210.87	219.58
CH_3Br(g)溴甲烷	−35.1	246.38	−25.9	42.43	42.55	49.92	56.74	62.63	67.74	72.71	76.11	79.50
CH_3I(g)碘甲烷	13.0	254.12	14.7	44.10	44.27	51.71	58.37	64.06	68.95	73.26	76.99	80.33
CH_4S(g)甲硫醇	−22.34	255.17	−9.30	50.25	50.42	58.74	66.57	73.51	79.62	85.02	89.79	94.06
C_2H_6S(l)乙硫醇	−73.35	207.02	−5.26	117.86								

附录Ⅷ 一些物质的自由能函数

（$p^{\ominus}$=101.325kPa）

物质	$-[G_m^{\ominus}(T)-H_m^{\ominus}(0K)]/T$/J·K^{-1}·mol^{-1}					$\Delta H_m^{\ominus}(298.15K)$ /kJ·mol^{-1}	$\Delta H_m^{\ominus}(298.15K)-H_m^{\ominus}(0K)$ /kJ·mol^{-1}	$H_m^{\ominus}(0K)$ /kJ·mol^{-1}
	298K	500K	1000K	1500K	2000K			
Br(g)	154.14	164.89	179.28	187.82	193.97	—	6.197	112.93
Br_2(g)	212.76	230.08	254.39	269.07	279.62	—	9.728	35.02
Br_2(l)	104.6						13.556	0
C(石墨)	2.22	4.85	11.63	17.53	22.51	—	1.050	0
Cl(g)	144.06	155.06	170.25	179.20	185.52	—	6.272	119.41
Cl_2(g)	192.17	208.57	231.92	246.23	256.65	—	9.180	0
F(g)	136.77	148.16	163.43	172.21	178.41	—	6.519	77.0±4
F_2(g)	173.09	188.70	211.01	224.85	235.02	—	8.828	0
H(g)	93.81	104.56	118.99	127.40	133.39	—	6.197	215.98
H_2(g)	102.17	117.13	136.98	148.91	157.61		8.468	0
I(g)	159.91	170.62	185.06	193.47	199.49	—	6.197	107.15
I_2(g)	226.69	244.60	269.45	284.34	295.06	—	8.987	65.52
I_2(s)	71.88						13.196	0
N_2(g)	162.42	177.49	197.95	210.37	219.58	—	8.669	0
O_2(g)	175.98	191.13	212.13	225.14	234.72	—	8.660	0
S(斜方)	17.11	27.11					4.406	0
CO(g)	168.41	183.51	204.05	216.65	225.93	−110.525	8.673	−113.81
CO_2(g)	182.26	199.45	226.40	244.68	258.80	−393.514	9.364	−393.17
CS_2(g)	202.00	221.92	253.17	273.80	289.11	115.269	10.669	114.60±8
CH_4(g)	152.55	170.50	199.37	221.08	238.91	−74.852	10.029	−66.90
CH_3Cl(g)	198.53	217.82	250.12	274.22	—	−82.0	10.414	−74.1
$CHCl_3$(g)	248.07	275.35	321.25	352.96	—	−100.42	14.184	−96
CCl_4(g)	251.67	285.01	340.62	376.39	—	−106.7	17.200	−104
$COCl_2$(g)	240.58	264.97	304.55	331.08	351.12	−219.53	12.866	−217.82
CH_3OH(g)	201.38	222.34	257.65	—	—	−201.17	11.427	−190.25
CH_2O(g)	185.14	203.09	230.58	250.25	266.02	−115.9	10.012	−112.13
HCOOH(g)	212.21	232.63	267.73	293.59	314.39	−378.19	10.883	−370.91
HCN(g)	170.79	187.65	213.43	230.75	243.97	130.5	9.25	130.1
C_2H_2(g)	167.28	186.23	217.61	239.45	256.60	226.73	10.008	227.32
C_2H_4(g)	184.01	203.93	239.70	267.52	290.62	52.30	10.565	60.75
C_2H_6(g)	189.41	212.42	255.68	290.62	—	−84.68	11.950	−69.12
C_2H_5OH(g)	235.14	262.84	314.97	356.27	—	−236.92	14.18	−219.28
CH_3CHO(g)	221.12	245.48	288.82	—	—	−165.98	12.845	−155.44
CH_3COOH(g)	236.40	264.60	317.65	357.10	—	−434.3	13.81	−420.5
C_3H_6(g)	221.54	248.19	299.45	340.70	—	20.42	13.544	35.44
C_3H_8(g)	220.62	250.25	310.03	359.24	—	−103.85	14.694	−81.50
$(CH_3)_2CO$(g)	240.37	272.09	331.46	378.82	—	−216.40	16.272	−199.74
C_2H_4(g)	184.01	203.93	239.70	267.52	290.62	52.30	10.565	60.75
C_2H_6(g)	189.41	212.42	255.68	290.62	—	−84.68	11.950	−69.12
C_2H_5OH(g)	235.14	262.84	314.97	356.27	—	−236.92	14.18	−219.28
CH_3CHO(g)	221.12	245.48	288.82	—	—	−165.98	12.845	−155.44
CH_3COOH(g)	236.40	264.60	317.65	357.10	—	−434.3	13.81	−420.5
C_3H_6(g)	221.54	248.19	299.45	340.70	—	20.42	13.544	35.44

续表

物质	$-[G_m^\ominus(T)-H_m^\ominus(0K)]/T/J\cdot K^{-1}\cdot mol^{-1}$					$\Delta H_m^\ominus(298.15K)$ /kJ·mol⁻¹	$\Delta H_m^\ominus(298.15K)-H_m^\ominus(0K)$ /kJ·mol⁻¹	$H_m^\ominus(0K)$ /kJ·mol⁻¹
	298K	500K	1000K	1500K	2000K			
$C_3H_8(g)$	220.62	250.25	310.03	359.24	—	−103.85	14.694	−81.50
$(CH_3)_2CO(g)$	240.37	272.09	331.46	378.82	—	−216.40	16.272	−199.74
正-$C_4H_{10}(g)$	244.93	284.14	362.33	426.56	—	−126.15	19.435	−99.04
异-$C_4H_{10}(g)$	234.64	271.94	348.86	412.71	—	−134.52	17.891	−105.86
正-$C_5H_{12}(g)$	269.95	317.73	413.67	492.54	—	−146.44	13.162	−113.93
异-$C_5H_{12}(g)$	269.28	314.97	409.86	488.61	—	−154.47	12.083	−120.54
$C_6H_6(g)$	221.46	252.04	320.37	378.44	—	82.93	14.230	100.42
环-$C_6H_{12}(g)$	238.78	277.78	371.29	455.2	—	−123.14	17.728	−83.72
$Cl_2O(g)$	228.11	248.91	280.50	300.87	—	75.7	11.380	77.86
$ClO_2(g)$	215.10	234.72	264.72	284.30	—	104.6	10.782	107.70
HF(g)	144.85	159.79	179.91	191.92	200.62	−268.6	8.598	−268.6
HCl(g)	157.82	172.84	193.13	205.35	214.35	−92.312	8.640	−92.127
HBr(g)	169.58	184.60	204.97	217.41	226.53	−36.24	8.650	−33.9
HI(g)	177.44	192.51	213.02	225.57	234.82	25.9	8.659	28.0
HClO(g)	201.84	220.05	246.92	264.20	269.5	—	10.220	—
$PCl_3(g)$	258.05	288.22	335.09	—	—	−278.7	16.07	−275.8
$H_2O(g)$	155.56	172.80	196.74	211.76	223.14	−241.885	9.910	−238.993
$H_2O_2(g)$	196.49	216.45	247.54	269.01	—	−136.14	10.84	−129.90
$H_2S(g)$	172.30	189.75	214.65	230.84	243.1	−20.151	9.981	16.36
$NH_3(g)$	158.99	176.94	203.52	221.93	236.70	−46.20	9.92	−39.21
NO(g)	179.87	195.69	217.03	230.01	239.55	90.40	9.182	89.89
$N_2O(g)$	187.86	205.53	233.36	252.23	—	81.57	9.588	85.00
$NO_2(g)$	205.86	224.32	252.06	270.27	284.08	33.861	10.316	36.33
$SO_2(g)$	212.68	231.77	260.64	279.64	293.8	−296.97	10.542	−294.46
$SO_3(g)$	217.16	239.13	276.54	302.99	322.7	−395.27	11.59	−389.46

附录Ⅸ 水溶液中某些离子的热力学数据

标准摩尔生成焓、标准摩尔生成 Gibbs 自由能、标准摩尔熵及标准摩尔定压热容

($p^\ominus$=100kPa，T=298.15K)

物质	$\Delta_f H_m^\ominus$/kJ·mol⁻¹	$\Delta_f G_m^\ominus$/kJ·mol⁻¹	$S_m^\ominus$/J·mol⁻¹·K⁻¹	$C_{p,m}$/J·mol⁻¹·K⁻¹
H^+	−0	0	0	0
Li^+	−278.49	−293.31	13.4	68.6
Na^+	−240.12	−261.905	59.0	46.4
K^+	−252.38	−283.27	102.5	21.8
NH_4^+	−132.51	−79.31	113.4	79.9
Tl^+	5.36	−32.40	125.5	—
Ag^+	105.579	77.107	72.68	21.8
Cu^+	71.67	49.98	40.6	—
Hg_2^{2+}	172.4	153.52	84.5	—
Mg^{2+}	−466.85	−454.8	−138.1	—
Ca^{2+}	−542.83	−553.58	−53.1	—
Ba^{2+}	−537.64	−560.77	9.6	—
Zn^{2+}	−153.89	−147.06	−112.1	46
Cd^{2+}	−75.90	−77.612	−73.2	—

续表

物质	$\Delta_f H_m^{\ominus}$/kJ·mol^{-1}	$\Delta_f G_m^{\ominus}$/kJ·mol^{-1}	$S_m^{\ominus}$/J·mol^{-1}·K^{-1}	$C_{p,m}$/J·mol^{-1}·K^{-1}
Pb^{2+}	−1.7	−24.43	10.5	—
Hg^{2+}	171.1	164.40	−32.2	—
Cu^{2+}	64.77	65.49	−99.6	—
Fe^{2+}	−89.1	−78.90	−137.7	—
Ni^{2+}	−54.0	−45.6	−128.9	—
Co^{2+}	−58.2	−54.4	−113	—
Mn^{2+}	−220.75	−228.1	−73.6	50
Al^{3+}	−531	−485	−321.7	—
Fe^{3+}	−48.5	−4.7	−315.9	—
La^{3+}	−707.1	−683.7	−217.6	−13
Ce^{3+}	−696.2	−672.0	−205	—
Ce^{4+}	−537.2	−503.8	−301	—
Th^{4+}	−769.0	−705.1	−422.6	—
VO^{2+}	−486.6	−446.4	−133.9	—
$[Ag(NH_3)_2]^+$	−111.29	−17.12	245.2	—
$[Co(NH_3)]^{2+}$	−145.2	−92.4	13	—
$[Co(NH_3)_6]^{3+}$	−584.9	−157.0	14.6	—
$[Cu(NH_3)]^{2+}$	−38.9	15.60	12.1	—
$[Cu(NH_3)_2]^{2+}$	−142.3	−30.36	111.3	—
$[Cu(NH_3)_3]^{2+}$	−245.6	−72.97	199.6	—
$[Cu(NH_3)_4]^{2+}$	−348.5	−111.07	273.6	—
F^-	−332.63	−278.79	−13.8	−106.7
Cl^-	−167.159	−131.228	56.5	−136.4
Br^-	−121.55	−103.96	82.4	−141.8
I^-	−55.19	−51.57	111.3	−142.3
S^{2-}	33.1	85.8	−14.6	—
OH^-	−229.994	−157.244	−10.75	−148.5
ClO^-	−107.1	−36.8	42	
ClO_2^-	−66.5	17.2	101.3	—
ClO_3^-	−103.97	−7.95	162.3	—
ClO_4^-	−129.33	−8.25	182.0	—
SO_3^{2-}	−635.5	−486.5	−29	—
SO_4^{2-}	−909.27	−744.53	20.1	−293
$S_2O_3^{2-}$	−648.5	−522.5	67	—
HS^-	−17.6	12.08	62.8	—
HSO_3^-	−626.22	−527.73	139.7	—
NO_2^-	−104.6	−32.2	123.0	−97.5
NO_3^-	−205.0	−108.74	146.4	−86.6
PO_4^{3-}	−1277.4	−1018.7	−222	—
CO_3^{2-}	−677.14	−527.81	−56.9	—
HCO_3^-	−691.99	−586.77	91.2	—
CN^-	150.6	172.4	94.1	—
SCN^-	76.44	92.71	144.3	−40.2
$HC_2O_4^-$	−818.4	−698.34	149.4	—
$C_2O_4^{2-}$	−825.1	−673.9	45.6	—
HCO_2^-	−425.55	−351.0	92	−87.9
CH_3COO^-	−486.01	−369.31	85.6	−6.3

注：本附录中有关数据转引自南京大学化学化工学院傅献彩，沈文霞，姚天扬等编著的《物理化学》（第五版）. 北京：高等教育出版社，2005.7。